数据科学与大数据技术

Python 贝叶斯建模与计算

[阿根廷] 奥斯瓦尔多·A. 马丁(Osvaldo A. Martin)

[美] 拉万·库马尔(Ravin Kumar)　　　　　　著
　　　 劳俊鹏(Junpeng Lao)

　　　 郭　涛　　　　　　　　　　　　　译

清华大学出版社

北　京

北京市版权局著作权合同登记号 图字：01-2022-5478

Bayesian Modeling and Computation in Python/by Osvaldo A. Martin, Ravin Kumar and Junpeng Lao/
ISBN: 9780367894368

Copyright@ 2023 by CRC Press.

Authorized translation from English language edition published by CRC Press, a member of the Taylor & Francis Group. All rights reserved.本书原版由 Taylor & Francis 出版集团旗下 CRC Press 出版公司出版，并经其授权翻译出版。版权所有，侵权必究。

Tsinghua University Press is authorized to publish and distribute exclusively the Chinese (Simplified Characters) language edition. This edition is authorized for sale in the People's Republic of China only, excluding Hong Kong, Macao SAR and Taiwan. No part of the publication may be reproduced or distributed by any means, or stored in a database or retrieval system, without the prior written permission of the publisher. 本书中文简体翻译版授权由清华大学出版社独家出版。此版本仅限在中华人民共和国境内(不包括中国香港、澳门特别行政区和台湾地区)销售。未经出版者书面许可，不得以任何方式复制或发行本书的任何部分。

Copies of this book sold without a Taylor & Francis sticker on the cover are unauthorized and illegal. 本书封面贴有 Taylor & Francis 公司防伪标签，无标签者不得销售。

版权所有，侵权必究。举报：010-62782989，beiqinquan@tup.tsinghua.edu.cn

图书在版编目(CIP)数据

Python贝叶斯建模与计算 /(阿根廷) 奥斯瓦尔多·A. 马丁 (Osvaldo A. Martin)，(美) 拉万·库马尔 (Ravin Kumar)，(美) 劳俊鹏著；郭涛译. 一北京：清华大学出版社，2024.3
(数据科学与大数据技术)
书名原文：Bayesian Modeling and Computation in Python
ISBN 978-7-302-65485-8

I. ①P… II. ①奥…②拉…③劳…④郭… III. ①软件工具—程序设计 IV. ①TP311.561

中国国家版本馆CIP数据核字(2024)第036434号

责任编辑：王　军
装帧设计：孔祥峰
责任校对：成凤进
责任印制：杨　艳

出版发行：清华大学出版社
　　　　　网　　　址：https://www.tup.com.cn，https://www.wqxuetang.com
　　　　　地　　　址：北京清华大学学研大厦 A 座　　　邮　　编：100084
　　　　　社 总 机：010-83470000　　　　　　邮　　购：010-62786544
　　　　　投稿与读者服务：010-62776969，c-service@tup.tsinghua.edu.cn
　　　　　质 量 反 馈：010-62772015，zhiliang@tup.tsinghua.edu.cn
印 装 者：北京联兴盛业印刷股份有限公司
经　　销：全国新华书店
开　　本：170mm×240mm　　　印　　张：21.75　　　字　　数：555 千字
版　　次：2024 年 3 月第 1 版　　　印　　次：2024 年 3 月第 1 次印刷
定　　价：98.00 元

产品编号：097315-01

译 者 序

贝叶斯是概率图模型(Probabilistic Graphical Model，PGM)技术框架体系的核心研究内容，旨在构建多个随机变量的联合概率分布，为刻画数据和模型中的不确定性提供一种严谨、系统和科学的方法。PGM 是一种将概率论与图论有机结合的机器学习方法，是概率机器学习和人工智能可解释性领域的集大成者。PGM 通过将概率论与图论结合，建立了 PGM 框架。可以从不同的视角描述分布的两类图表示，一类用有向图表示(即边有起点和终点)，称为贝叶斯网络；另一类用无向图表示，称为马尔可夫网络，可将其看作定义独立分布的一组断言，也可以将其看作一组紧凑的因子分解。PGM 有 3 个组成部分：表示、推理和学习。这 3 个部分都是构建智能系统的关键。表示是不确定性的有效表示，主要涉及贝叶斯表示、无向 PGM、局部 PGM 等；推理是概率分布的推理，主要涉及精确推理(变量消除、团树)、近似推理(基于粒子)、最大后验概率推理等；学习是根据给定数据集估计合适的模型，主要涉及参数估计、贝叶斯网络结构学习、部分可观测数据等。此外，近年来 PGM 在行为和决策方面也取得了进展，主要是在因果关系、效用和决策以及结构化决策问题等方面。

贝叶斯属数理统计和概率机器学习的研究范畴，历史悠久。得名贝叶斯，是为了纪念托马斯·贝叶斯(Thomas Bayes)在贝叶斯理论和贝叶斯概率方面做出的重要贡献及对后世的影响。1763 年 12 月 23 日，理查德·普莱斯(Richard Price)在伦敦皇家学会会议上宣读了贝叶斯的遗世之作《机遇理论中一个问题的解》("An essay towards solving a problem in the doctrine of chances")。这篇论文提出了一种归纳推理的理论，从此贝叶斯定理诞生于世。虽然拉普拉斯(Pierre-Simon Laplace)等基于贝叶斯推导出一些有价值的成果，但贝叶斯的理论还不够完善，在应用中出现了一些问题，致使贝叶斯方法未被接受。在 20 世纪，一批数学家和统计学家不断完善贝叶斯观点、方法和理论，使其能够应用于工业、物理学和经济学领域。后期也出现了研究论文和著作，通过众多学者的不断完善，贝叶斯的理论最终发展为一种系统的统计推理方法——贝叶斯方法。

统计学在发展过程中出现了两个主要的学派：频率学派和贝叶斯学派。两派之间一直存在着争论，出现了两学派间的争鸣。虽然说两学派在哲理和思想上存在对立的一面，但从长期发展来看，两个学派之间相互补充和促进，都是统计学花园中的鲜花，缺一不可。要解释清楚它们之间的争议，需要从统计推断使用的三种信息说起：**总体信息**、**样本信息**和**先验信息**。**总体信息**即总体分布或总体所属分布族给出的信息，如常见的正态分布。**样本信息**是从总体抽取的样本所提供的信息。基于以这两种信息进行的统计推断称为**经典统计学**，它的基本观点是把数据(样本)看作来自具有一定概率分布的总体，所研究的对象是这个总体，而不局限于数据本身。**先验信息**即在抽样之前有关统计问题的一些信息，一般来说，先验信息主要来源于经验和历史资料。基于上述三种信息(总体信息、样本信息和先验信息)进行的统计推断称为**贝叶斯统**

计。它与经典统计学的差别在于是否利用先验信息。其与经典统计学在使用样本上也存在差异。贝叶斯学派重视已出现的样本观察值，而对尚未发生的样本观察值不予考虑，贝叶斯学派很重视先验信息的收集、挖掘和加工，以达数量化，形成先验分布，参与到统计推断中，以提升统计推断的质量。但先验信息的表示和量化是一个难题，先验的质量参差会导致推断出现不合理的结论。

贝叶斯学派的基本观点是：任一未知量 θ 都可被看作一个随机变量，应该用概率分布描述 θ 的未知状态。此概率分布是关于 θ 先验信息的概率陈述(这个概率分布称为先验分布或先验)，在抽样前就已存在。贝叶斯学派受到了以下两点批评：一是将参数 θ 看作随机变量是否合适；二是先验是否存在，如何确定和量化先验信息。贝叶斯学派主要集中在小样本问题和区间估计的解释，在似然原理的认识等问题上对古典统计学派进行了批评。由于这两个学派的研究方法不同，因而产生的基础理论和方法也不同。在估计理论方法方面，贝叶斯学派估计的总体分布为后验分布，而古典统计学派认为，极大似然估计是贝叶斯最大后验估计的特殊情况。由此可知，古典统计学派的统计推断是从无到有的过程，常常在对总体分布一无所知，或是已知含有未知参数的总体分布族的情况下讨论的，它的推断主要依赖于所使用的统计量的针对性和实际问题与总体样本的近似性，这在大样本情况下可以产生很好的结果。贝叶斯理论则相反，它是从有到有的过程，遵循由浅入深、由表及里的认识思维，这也完全符合人的认知，也是人类认识世界所遵循的普遍规律。为了充分利用贝叶斯推断，必须考虑所有的先验都是主观的，要么来源于信念，要么来源于自己专业领域内的专家知识经验。需要应用贝叶斯定理修订对参数的信念，由此产生后验分布(关于这个主题，可阅读本书译者的另一本译作《概率图模型及计算机视觉应用》)。两个学派正是在相互批评中相互借鉴，不断完善自己的建设思想和理论体系。基于以上诸多不同和假设，统计学家、数学家和计算机科学家从不同角度、不同层面开展了一系列研究，并取得了丰富的成果。

传统的贝叶斯方法往往局限于条件概率分布，属于参数较少的浅层表征模型，很难拟合高维数据，这也是统计学理论的瓶颈。深度学习方法能够有效针对高维数据降维，提供有效特征，因而被广泛应用于人工智能诸多领域。深度学习的可解释性仍然是这一领域的世界难题(具体可阅读本书译者翻译并出版的《AI 可解释性(Python 语言版)》)，深度学习可被看作深度可表征的学习，但依然很难利用先验知识提取可解释性的表征。因此，如何有效且高效地提取海量多源异构数据的高维特征，并对数据提取可解释性特征成为人工智能领域的一个主要热点方向。贝叶斯深度学习(Bayesian Deep Learning，BDL)为解决以上问题提供了契机，将深度学习概率化作为"感知模块"，将 PGM 作为"任务模块"，统一在同一个原则性概率框架内进行学习和推断。用深度学习对文本、图像的感知能力来提高进一步推断的性能，反过来，通过推断过程的反馈增强文本或图像的感知能力。Zhang Hao 等在 *A Survey on Bayesian Deep Learning* 中提出了原则性的概率框架。**主要优势**体现在：①感知任务和推断任务之间的信息交换；②对高维数据的条件依赖；③对不确定性的有效建模。具体需要解决的**不确定性问题包括**：①神经网络参数的不确定性；②任务相关参数的不确定性；③感知部分和任务部分信息传递的不确定性。这也带来了**挑战**：①设计一个具有合理时间复杂度的有效贝叶斯神经网络模型；②确保感知组件和任务组件之间的高效信息交换。**解决思路**：感知组件应是贝叶斯(或概率)神经网络，以便与任务组件(任务组件天生是概率的)兼容，确保感知组件具备处理参数及输出不确定性的能力。感知组件可采用受限玻尔兹曼机(RBM)、概率广义堆叠去噪自动编码器(pSDAE)、变分自编码器(VAE)、概率反向传播(PBP)等。任务组件的目的是将概率先验知识合并到贝叶斯深度学习中。概率先验知识可以用 PGM 自然地表示。具体地说，它可以是典型的(或浅层)贝叶斯网络、双向推断网络或随机过程。

此外，纽约大学 Wilson 教授发表的学术论文 "The Case for Bayesian Deep Learning"，科学地对贝叶斯深度学习存在的误区进行了回应，主要观点为：①贝叶斯的核心特征是边际化，即贝叶斯模型平均；②传统方法是贝叶斯边际化的一种特例；③深度集成方法本质上也是贝叶斯的，但贝叶斯模型平均和深度集成的使用场景有所不同；④先验的重要性主要体现在函数空间中，而不是贝叶斯神经网络的参数空间中；⑤贝叶斯深度学习的研究在方法和实用性上都在蓬勃发展。因此，现代深度学习(特别是大模型和多模态模型)与 PGM 深度相结合，在理论和应用方面将会带来概率机器学习的大发展。

在贝叶斯(贝叶斯深度学习)实现方面，现已实现了编程框架的概率编程语言(Probabilistic Programming Languages，PPL)。概率编程语言旨在描述概率分布，同时以类似 PGM 的方式描述变量之间的关系，以加快推断速度。大多数概率编程语言包括许多不同的优化算法，如 MCMC、变分推断和最大似然估计等。Stan 和 PyMC3 是目前普遍使用的概率编程语言。Stan 是一种灵活的概率建模语言，可以使用贝叶斯技术直接估计多种类型的概率模型，使用一套自己的语言(包括 Python、R、MATLAB、Julia 和一个命令行接口)定义概率模型。PyMC3 用 Python 编写，基于 Theano 实现自动微分。随着深度贝叶斯模型的出现，深度学习框架下的概率编程成为当下流行的趋势，其最主要的要求是自动微分和大规模数据的优化程序。这些概率编程语言与各自的深度学习框架无缝集成，进而使其成为设计、训练和使用贝叶斯神经网络的理想工具。这些工具主要包括 Pyro(构建在 PyTorch 之上)和 Edward(构建在 TensorFlow 之上)，Edward 已经被扩展并集成到了 TensorFlow 的 TensorFlow Probability(TFP)子模块中。本书主要采用 PyMC3 和 TFP 进行建模和计算。

Pyro 的开发重点是变分推断。它基于函数式编程范式，借助上下文管理器来轻松地修改随机函数。Pyro 包括一个封装类，可以将 PyTorch 的网络层转换为概率层，并允许用运行中 (on-the-fly)的样本替换网络参数。Edward 和 TFP 包括一些更高层次的结构，特别是可单独使用的概率层，以及一些建立概率网络的低层次结构。Pyro 可能更适合动态 PGM，因为 PyTorch 使用了动态计算图技术。

本书内容翔实，推导过程简洁，代码优雅，将理论与实践结合进行贝叶斯建模与计算。本书主要由三部分组成，第一部分为贝叶斯推断和探索性分析(第 1 章和第 2 章)；第二部分为常见贝叶斯建模(第 3~8 章)，主要包括线性模型、样条、时间序列、贝叶斯加性回归树、近似贝叶斯推理；第三部分为贝叶斯工作流和概率编程语言(第 9 章和第 10 章)。此外，第 11 章和词汇表介绍了本书所涉及的数理统计基础知识、编程常识及专业术语。尤其对熵、Kullback Leibler 散度、边际似然、推断方法等基础知识进行了补充说明。本书可作为统计学、计算机科学、人工智能等专业本科生和研究生的课程教材，也可作为知识图谱、贝叶斯深度学习等方面的工程师和科学家的参考书。

　　在本书的翻译过程中，我查阅了大量的经典著(译)作，也得到了很多人的帮助。感谢本书的审校者——吉林大学外国语学院吴禹林和吉林财经大学外国语学院张煜琪分别完成了整本书的审校，感谢她们所做的工作。最后，感谢清华大学出版社的编辑，他们做了大量的编辑与校对工作，保证了本书的质量，使本书符合出版要求。在此深表谢意。

　　由于本书涉及的内容广度和深度较大，加上译者翻译水平有限，在翻译过程中难免有不足之处。若各位读者在阅读过程中发现问题，欢迎批评指正。

译者

译者简介

郭涛，主要从事人工智能、现代软件工程、智能空间信息处理以及时空大数据挖掘与分析等前沿交叉研究，已翻译并出版《深度强化学习图解》《AI可解释性(Python语言版)》《概率图模型原理与应用(第2版)》等多部畅销作品。

致 谢

感谢 Romina 和 Abril 对我无微不至的爱。感谢所有帮助过我的人。

——Osvaldo Martin

感谢向我传授知识、为我启迪思维的师长亲朋，是他们无条件的分享成就了如今的我。感谢 Tim Pegg、Michael Collins 先生、Sara LaFramboise Saadeh 夫人、Mehrdad Haghi 教授、Winny Dong 教授、Dixon Davis 教授、Jason Errington、Chris Lopez、John Norman、Ananth Krishnamurthy 教授和 Kurt Campbell(按与我相识的时间顺序排列)。

谢谢你们!

——Ravin Kumar

感谢 Yuli。

——Junpeng Lao

推 荐 序

贝叶斯建模为许多数据科学和决策问题提供了一种简明的方法，但在实践中很难充分发挥其作用。尽管有许多软件库可以轻松指定复杂的分层模型，如 Stan、PYMC3、TensorFlow Probability(TFP)和 Pyro，但用户仍然需要额外的工具来诊断其计算结果是否正确。应对问题时，他们也需要一些实践建议。

本书重点介绍 ArviZ 软件库。该库使用户能够对贝叶斯模型进行探索性分析(例如对任何推断方法生成的后验样本进行诊断)，并可用于诊断贝叶斯推断中的各种故障模式。本书还讨论了多种建模策略(如中心化处理)，可用于消除许多常见问题。本书的大多数示例使用了 PYMC3，另外一些使用了 TFP。书中还包括对其他概率编程语言的简要比较。

本书的作者都是贝叶斯软件领域的专家，并且是 PYMC3、ArviZ 和 TFP 软件库的主要贡献者。他们在实际应用贝叶斯数据分析方面也拥有丰富经验，这在本书采用的各种实用方法中有所体现。总体来说，本书丰富了现有文献，有望进一步推动贝叶斯方法的应用。

——Kevin P. Murphy

前　言

贝叶斯统计这个名字取自长老会牧师兼业余数学家托马斯·贝叶斯(Thomas Bayes，1702—1761)，他最先推导出了贝叶斯定理，该定理于其逝世后的 1763 年发表。但真正开发贝叶斯方法的第一人是 Pierre-Simon Laplace(1749—1827)，因此将其称为拉普拉斯统计也许更合理。尽管如此，我们将遵循斯蒂格勒的同名法则，在本书的其余部分使用传统的贝叶斯方法命名。从贝叶斯和拉普拉斯(以及许多其他人)的开创性时代至今，发生了很多事情，特别是开发了很多新想法，其中大部分是由计算机技术推动和/或实现的。本书旨在提供一个关于此主题的现代视角，涵盖从基础知识到使用现代贝叶斯工作流和工具等各方面内容。

本书旨在帮助贝叶斯初学者成为中级从业者。这并不代表你读完本书后会自动达到中等水平，但希望本书能够引导你朝富有成效的方向发展。如果你通读这本书，认真做练习，把书中的想法应用于自己的问题，并继续向他人学习，那么将更容易进步。

要特别指出，本书面向对应用贝叶斯模型解决数据分析问题感兴趣的贝叶斯从业者。通常，学术界和工业界是有区别的。但本书没有做这样的区分，因为无论是大学生还是就职于公司的机器学习工程师，都能从本书中受益。

我们的目标是：阅读本书后，你不仅能够熟悉**贝叶斯推断**，而且能轻松地对贝叶斯模型进行**探索性分析**，包括模型比较、模型诊断、模型评估和结果交流等。我们计划从现代计算的角度讲授这些内容。对我们来说，如果采用**计算方法**，贝叶斯统计会更易于理解和应用。例如，我们更关注实证检查假设被推翻的原因，而不试图从理论上证明假设是正确的。这也意味着我们会使用许多可视化的表达手段。通读后，建模方法的其他含义将会逐步变得清晰。

如本书标题所表明的，书中使用 Python 编程语言。更具体地说，本书将主要使用 PYMC3[138] 和 TensorFlow Probability(TFP)[47]作为模型构建和推断的主要概率编程语言(PPL)，并使用 ArviZ 作为探索性分析贝叶斯模型的主要软件库[91]。本书并未对所有 Python PPL 进行详尽评述和比较，因为选择较多而且发展迅速。反之，我们专注于贝叶斯分析的实践方面。编程语言和软件库只是用于达到目的的手段。

虽然本书选择的编程语言是 Python 及少量软件库，但书中涵盖的统计和建模概念基本与编程语言和软件库无关，可以应用于许多计算机编程语言，如 R、Julia 和 Scala 等。因此，虽不了解 Python 但掌握上述编程语言的读者，也可以从本书中受益。当然，如果能够在自身熟悉的编程语言中找到等效的软件库或代码进行实践则最好。此外，我们鼓励将本书中的 Python 示例代码转换为其他编程语言或框架。有意者请与我们联系。

知识准备

为使本书帮助初学者向中级从业者转变，希望读者能事先接触乃至掌握贝叶斯统计的基本概念(如先验、似然和后验)，以及一些基本统计概念(如随机变量、概率分布、期望等)。对于技艺生疏的读者，第 11 章回顾了基本统计概念。有关这些概念的更深入解释，参见 *Understanding Advanced Statistical Methods*[158] 和 *Introduction to Probability*[21]。后者更具理论性，但两者都比较重视应用。

如果你因实践或训练对统计学有很好的理解，但从未接触过贝叶斯统计学，也可以将本书作为对该主题的入门读物，只是开始几章(主要是前两章)的节奏会有点快，可能需要通读数次。

我们希望你能够熟悉一些数学概念，如积分、导数和对数的性质等，写作水平最好能够达到技术高中或者科学、技术、工程和数学专业的大学第一学年以上的水平。若需要复习这些数学概念，推荐 3Blue1Brown 的系列视频。这里不要求做过多数学练习，但要求使用代码和交互式计算环境来理解和解决问题。本书中出现数学公式是为了帮助你更好地理解贝叶斯统计建模。

本书假定读者具备一定的计算机编程能力。使用 Python 语言时，还会使用一些专门的软件库，特别是概率编程语言。在阅读本书之前，至少利用概率编程语言拟合一个模型，对你会有帮助，但也不是必须的。关于如何设置本书所需要的计算环境或 Python 参考，可以阅读 GitHub 中的 README.md，了解如何设置编码环境。

阅读方法

我们将使用模拟模型来解释一些重要概念，而不会让数据模糊了主要概念；然后使用真实数据集来近似一些实践中会面临的真实问题，如采样问题、重参数化、先验/后验校准等。鼓励你阅读本书时，在交互式编程环境中运行这些模型。

强烈建议你阅读并使用各种软件库的在线文档。尽管我们已经尽最大努力使本书涵盖海量信息，从而自成一体，但在网上还有大量关于这些工具的文档，参考这些文档有助于学习本书，并帮助你独立使用这些工具。

第 1 章回顾、简介贝叶斯推断中的基本和核心概念。该章中的概念将在本书其余部分被反复提及和应用。

第 2 章介绍了贝叶斯探索性分析(Exploratory Analysis of Bayesian)模型。介绍了许多属于贝叶斯工作流但并非推断本身的概念。该章中的概念将在本书其余部分被反复应用和提及。

第 3 章开始介绍特定模型架构。介绍了线性回归(Linear Regression)模型，并为接下来的 5 章奠定了基础。第 3 章还全面介绍了本书使用的主要概率编程语言：PyMC3 和 TFP。

第 4 章扩展了线性回归模型，并讨论了更高级的主题，如鲁棒回归、分层模型和模型重参数化。本章使用 PyMC3 和 TFP。

第 5 章介绍了基函数，并着重介绍了线性模型的扩展——样条，使我们能够构建更灵活的模型。本章使用 PyMC3。

第 6 章侧重于时间序列模型，包括从时间序列建模为回归模型，以及更复杂的模型[如 ARIMA 和线性高斯状态空间(Gaussian State Space)模型]等内容。本章使用 TFP。

第 7 章介绍了名为贝叶斯加性回归树的非参数模型。本章讨论了这个模型的可解释性和变量的重要性。本章使用 PyMC3。

第 8 章聚焦于逼近贝叶斯计算(Approximate Bayesian Computation,ABC)框架,该框架有助于解决没有明确似然函数的问题。本章使用 PyMC3。

第 9 章概述了端到端的贝叶斯工作流。本章展示了商业应用中的观测性研究和科研环境中的试验性研究。本章使用 PyMC3。

第 10 章深入探讨了概率编程语言,展示了各种不同的概率编程语言。

第 11 章为阅读其他章节提供辅助,各主题之间相关度不高,因此可以有选择地阅读。

强调内容

本书对文本突出强调的方式是用粗体。**粗体文本**表示强调新概念或概念的重点。当提到特定代码时,也会突出显示,如 pymc3.sample。

代码

书中的代码块用阴影框标记,左侧带有行号,并使用章节编号后跟代码块编号进行引用,如代码清单 0.1 所示。

代码清单 0.1

```
1 for i in range(3):
2     print(i**2)
```

```
0
1
4
```

每次看到代码块时都会想查看运行结果。结果通常体现为一张图、一个数字、一份代码输出或一个表格。反之,书中大部分图都有相关的代码,有时会省略一些代码以节省篇幅,但你可以在 GitHub 库(https://github.com/BayesianModelingandComputationInPython)中访问完整代码。该库还包括一些用于练习的附加材料。其中的笔记还可能包含其他图、代码或输出,这些内容未出现在书中但用于开发书中所见模型。GitHub 中还包含说明,指导如何根据已有设备创建标准计算环境。

方框

本书使用方框简要提及重要的统计、数学或(Python)编程概念。书中还会提供参考资料,供你继续学习相应主题。

中心极限定理(Central Limit Theorem)

在概率论中,中心极限定理规定:在某些情况下,添加独立随机变量时,即使原始变量本身不呈正态分布,但它们的适当归一化总和也会趋于正态分布。

设 X_1，X_2，X_3，…独立同分布，平均值为 μ，标准差为 σ。当 $n \to \infty$ 时，有：

$$\sqrt{n}\left(\frac{\bar{X} - \mu}{\sigma}\right) \xrightarrow{\mathrm{d}} \mathcal{N}(0, 1)$$

Introduction to Probability[21]一书介绍了许多概率基础理论，可用于实践。

代码导入

在本书中，导入 Python 包时使用代码清单 0.2 所示的约定。

代码清单 0.2

```
1 # 基本的
2 import numpy as np
3 from scipy import stats
4 import pandas as pd
5 from patsy import bs, dmatrix
6 import matplotlib.pyplot as plt
7
8 # 贝叶斯模型探索性分析
9 import arviz as az
10
11 # 概率编程语言
12 import bambi as bmb
13 import pymc3 as pm
14 import tensorflow_probability as tfp
15
16 tfd = tfp.distributions
17
18 # 计算后端
19 import theano
20 import theano.tensor as tt
21 import tensorflow as tf
```

本书还会使用 ArviZ 样式：az.style.use("arviz-grayscale")。

由于本书是黑白印刷，本书中的彩图为方便读者阅读，以彩插形式放在封底二维码，读者可自行下载。

与本书互动

本书的受众不是贝叶斯读者，而是贝叶斯从业者。我们将提供材料，帮助练习贝叶斯推断和贝叶斯模型探索性分析。由于利用计算和代码是现代贝叶斯从业者所需要的核心技能，因此将提供示例，以供你在多次尝试中建立思维。对于本书代码，我们期望你阅读、执行、修改，并再次执行多次。我们只能在本书中展示有限示例，但你可以使用计算机自己制作无数的示例。通过这种方式，你不仅可以学习统计概念，还可以学习如何使用计算机将这些概念应用于实践。

计算机还将使你摆脱印刷文本的限制，例如缺乏颜色、缺乏动画和并排比较。现代贝叶斯从业者利用监视器和快速可计算"双重检查"提供的灵活性，本书专门创建了示例以允许相同级别的交互性。每章的末尾都设有练习，用于测试学习和实践成果。练习按难易程度标记为简单(E)、中等(M)和困难(H)，可根据需要酌情解答。

本书的参考文献可下载封底二维码获取。

致谢

感谢我们的朋友和同事，他们牺牲了大量时间和精力来阅读早期书稿，提出了建设性的反馈，帮助我们改进了本书，也帮助我们修复了书中的许多错误。非常感谢：

Oriol Abril-Pla、Alex Andorra、Paul Anzel、Dan Becker、Tomás Capretto、Allen Downey、Christopher Fonnesbeck、Meenal Jhajharia、Will Kurt、Asael Matamoros、Kevin Murphy 以及 Aki Vehtari。

符 号 表

符号	解释
$\log(x)$	x 的自然对数
$\mathbb{R}$	实数
$\mathbb{R}^n$	实数的 n 维向量空间
A, S	集合
$x \in A$	集合成员。x 是集合 A 的一个元素
$\mathbb{1}_A$	指示函数。当 $x \in A$ 时返回 1，否则返回 0
$a \propto b$	a 与 b 成比例
$a \mathbin{\tilde{\propto}} b$	a 与 b 近似成比例
$a \approx b$	a 约等于 b
a, c, α, γ	标量用小写字母表示
$\mathbf{x}, \mathbf{y}$	向量用粗体小写字母表示，因此将列向量写为 $\mathbf{x} = [x_1, ..., x_n]^T$
$\mathbf{X}, \mathbf{Y}$	矩阵用粗体大写字母表示
X, Y	随机变量用大写罗马字母表示
x, y	随机变量的结果用小写罗马字母表示
$\boldsymbol{X}, \boldsymbol{Y}$	随机向量采用粗斜体的大写字母表示，$\boldsymbol{X} = [X_1, ..., X_n]^T$
θ	模型参数用小写的希腊字母表示。需要注意的是，在贝叶斯统计中，参数通常被视为随机变量
$\hat{\boldsymbol{\theta}}$	θ 的点估计
$\mathbb{E}_X[X]$	随机变量 X 关于 X 的期望，大多时候被简写为 $\mathbb{E}[X]$
$\mathbb{V}_X[X]$	随机变量 X 关于 X 的方差，大多时候被简写为 $\mathbb{V}[X]$
$X \sim p$	随机变量 X 服从分布 p
$p(\cdot)$	概率密度函数或概率质量函数
$p(y \mid \boldsymbol{x})$	在给定 $\boldsymbol{x}$ 时，y 的概率(密度)。这是 $p(Y = y \mid X = \boldsymbol{x})$ 的简写。
$f(x)$	关于 x 的任意函数
$f(\boldsymbol{X}; \theta, \gamma)$	f 是 $\boldsymbol{X}$ 的函数，其参数为 θ 和 γ。使用这个符号强调 $\boldsymbol{X}$ 是传递给函数(或模型)的数据，而 θ 和 γ 是函数的参数

$\mathcal{N}(\mu, \sigma)$	平均值为 μ、标准差为 σ 的高斯(或正态)分布
$\mathcal{HN}(\sigma)$	标准差为 σ 的半高斯(或半正态)分布
Beta(α, β)	形状参数为 α 和 β 的贝塔分布
Expo(λ)	速率参数为 λ 的指数分布
$\mathcal{U}(a, b)$	下界为 a、上界为 b 的均匀分布
$T(v, \mu, \sigma)$	高斯等级(也称自由度)为 v、位置参数为 μ(当 $v>1$ 时的平均值)、缩放参数为 σ(当 $\lim_{v\to\infty}$时的标准差)的学生 t 分布
$\mathcal{H}T(v, \sigma)$	高斯等级(也称自由度)为 v、尺度参数为 σ 的半学生 t 分布
Cauchy(α, β)	位置参数为 α、尺度参数为 β 的柯西分布
$\mathcal{H}C(\beta)$	尺度参数为 β 的半柯西分布
Laplace(μ, τ)	平均值为 μ、尺度为 τ 的拉普拉斯分布
Bin(n, p)	总试验次数为 n，成功次数为 p 的二项分布
Pois(μ)	平均值(和方差)为 μ 的泊松分布
NB(μ, α)	泊松参数为 μ、伽马分布参数为 α 的负二项分布
$gRW(\mu, \sigma)$	新偏移为 μ、新标准差为 σ 的高斯随机游走分布
$\mathbb{KL}(p \parallel q)$	p 到 q 的 Kullback-Leibler(KL)散度

目　　录

第1章

贝叶斯推断

现代贝叶斯统计主要使用计算机代码执行。从几十年前开始，这就极大地改变了贝叶斯统计的执行方式。我们能够构建越来越复杂的模型，必要的数学和计算技能的障碍逐步减少。而且迭代式建模过程也在多个方面变得比以往更容易实施、更有价值。计算机方法的普及和流行有很大益处，但也需要承担更多责任。现在表达统计方法比以往任何时候都容易，但再强大的计算方法也无法替代统计的微妙之处。因此，具有良好理论知识背景(尤其是与实践相关的知识)是有效应用统计方法的基础。本章先介绍一些基础概念和方法，还有很多内容将在本书的其余部分进一步探索和扩展。

1.1 贝叶斯建模

概念模型是对一个系统的表征，它由若干概念组成，用于帮助人们了解、理解或模拟该模型所代表的对象或过程[39]。此外，模型是人为设计的表征，具有特定的目标。因此，讨论某个(些)模型对于指定问题的充分性，通常比讨论模型内在的正确性更方便。模型的存在仅仅是为了帮助人们实现进一步的目标。

在设计新车时，汽车公司会制作实体模型，以帮助人们理解产品在制造时的外观。此时，有一位雕刻家具有汽车先验知识并且善于估计模型的用处。他会寻找所需的黏土等原材料，并使用手工工具雕刻实体模型。此实体模型能够帮助其他人了解设计，例如外观是否美观、形状是否符合空气动力学等。这样的模型需要同时结合汽车设计专业知识和雕刻知识才能得到想要的结果。此外，建模过程通常需要构建多个模型，以探索不同的选择，或者是因为需要与其他汽车设计团队交流，以获得迭代式的改进和扩展。如今，除了上述实体汽车模型外，用计算机辅助设计软件制作数字模型也很常见。计算机模型与实体模型相比有自身的优势。例如，与在实体汽车模型上进行测试相比，使用数字模型进行碰撞模拟更简单、成本更低，与团队内不同领域的同事共享模型也更加容易。

贝叶斯建模的理念与上述汽车建模非常相似。要构建一个贝叶斯模型，需要结合领域专业知识和统计技能，从而将知识整合到一些可计算的目标中，并确定结果的可用性。在贝叶斯建模场景中，所使用的"原材料"是数据，而"雕刻"统计模型的主要数学工具是统计分布。人们需要结合领域专业知识和统计知识，才能获得有用的结果。此外，贝叶斯从业者同样会以选代方式构建多个模型，往往其中的第一个为基础模型，主要用于帮助从业者识别自身思维的差距或其模型存在的缺陷。然后这些早期模型用于构建后续的改进模型和扩展模型。此外，使用一种推断机制并不会阻碍其他推断机制发挥作用，就像汽车的实体模型不会阻碍数字模型发挥作用一样。现代贝叶斯从业者也有很多方式来表达想法、生成结果和分享输出，从而使从业者及其同行能够更广泛地推广其积极成果。

1.1.1　贝叶斯模型

贝叶斯模型，无论其是否可计算，都有两个基本特征：

- 使用概率分布描述未知量[1]，通常称这些未知量为参数[2]。
- 采用贝叶斯定理，根据数据更新参数的值，此过程也可以被视为概率的重新分配。

在高层次上，可以将贝叶斯模型的构建过程分为以下 3 个步骤。

(1) 给定一些数据，以及关于如何生成这些数据的假设，通过组合(combing)和转换(transforming)随机变量来设计模型。

(2) 利用贝叶斯定理，根据现有数据调整模型，我们称此过程为**推断(inference)**。推断的结果是获得了参数的后验分布。我们希望已有的数据能够减少可能参数值的不确定性，但并非所有贝叶斯模型都能够保证做到。

(3) 根据不同标准检查模型是否有意义，进而对模型进行评判。这些标准包括数据及专业领域知识等。由于模型具有不确定性，因此有时会比较多个模型。

如果你熟悉其他形式的建模，就会认识到模型评判的重要性，以及迭代式执行上述 3 个步骤的必要性。例如，我们可能需要在任何给定点回溯历史步骤。这也许是因为引入了一个低级编程错误，或者在经历一些挑战之后找到了改进模型的方法，或者发现数据不像最初想象的那样可用，以至于需要收集更多数据甚至是不同类型的数据。

本书会详细讨论每一步的实施方法，并学习如何将上述简单流程扩展到更为复杂的**贝叶斯工作流(Bayesian Workflow)**。贝叶斯工作流非常重要，因此将用完整的一章(第 9 章)阐释该主题。

1.1.2　贝叶斯推断介绍

通俗地说，推断是指"根据证据和原因得出结论"。贝叶斯推断是一种特殊形式的统计推断，通过组合概率分布来获得其他概率分布。贝叶斯定理提供了一种通用方法，用于在观测到一些数据 Y 时，估计参数 θ：

$$\underbrace{p(\theta \mid Y)}_{\text{后验}} = \frac{\overbrace{p(Y \mid \theta)}^{\text{似然}} \ \overbrace{p(\theta)}^{\text{先验}}}{\underbrace{p(Y)}_{\text{边际似然}}} \tag{1.1}$$

---

1 更宽泛一些说，甚至可以说一切都是一个概率分布，作为一个你假设知道的量，任意精度由 Dirac δ 函数描述。

2 一些著作将这些量称为潜在变量，并保留名称参数，以识别固定但未知的量。

式(1.1)中，似然函数(简称似然，likelihood)将观测数据(Y)与未知参数(θ)连接起来；先验分布(简称先验，prior)表示在观测到数据 Y 之前参数的不确定性[1]；通过将两者相乘，可以得到后验分布(简称后验，posterior)，即给定观测数据的条件下，模型中所有未知参数的联合分布。图 1.1 展示了一个任意的先验分布、似然函数，以及两者产生的后验分布[2]。

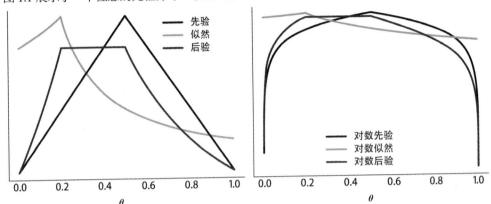

图 1.1   左图为一个假想的先验分布(黑色曲线)，其中 $\theta = 0.5$ 的可能性最大，而其余值则呈现出线性对称的下降趋势；似然函数(灰色曲线)则表明，$\theta = 0.2$ 能更好地解释数据；而两者相乘后的后验分布(蓝色曲线)，则是先验和似然之间的折中。图中省略了 y 轴的值和刻度，因为我们只关注相对值。右图与左图类似，但其 y 轴采用了对数尺度。可以发现对数尺度能够保留相对值，例如，两个图中最大值和最小值所在位置并没有改变。由于对数尺度的数值更稳定，计算时往往被作为首选

注意，虽然 Y 是观测数据，但会被视为随机向量，因为其值取决于特定试验结果[3]。为了获得后验分布，会将数据 Y 的值固定在实际观测值上不变，因此一个常见的替代表示符号是 y_{obs}。

正如式(1.1)和图 1.1 所示，在某个特定点上计算后验的值，从概念层面来说非常简单，只需要将一个先验值乘以一个似然值即可。但后验概率并非仅限于此，因为不仅需要特定点的绝对后验值，还需要其与周围点的相对后验值。后验分布的这种全局信息由**边际归一化常数 $p(Y)$** 表示。然而，这个常数难以计算。把边际似然写成式(1.2)可能更容易理解这一点。

$$p(Y) = \int_{\Theta} p(Y \mid \theta) p(\theta) \mathrm{d}\theta \tag{1.2}$$

其中 Θ 表示需要对 θ 的所有可能值做积分。

计算这样的积分实际上非常难。对于大多数问题而言，可能根本无法给出边际似然的解析表达式。好在有一些数值方法可以应对这一挑战。另外，实践中的很多问题并不需要计算边际似然，此时将贝叶斯定理表示为比率形式比较常见。

$$\underbrace{p(\theta \mid Y)}_{\text{后验}} \propto \overbrace{p(Y \mid \theta)}^{\text{似然}} \overbrace{p(\theta)}^{\text{先验}} \tag{1.3}$$

---

1 也可以从确定性或信息的角度考虑这一点，这取决于你是悲观的人还是乐观的人。

2 有时单词的分布是隐含的，讨论这些主题时通常如此。

3 这里指广义的试验，即用于收集或生成数据的任意程序。

关于符号的说明

在本书中，使用了相同的符号 $p(\cdot)$ 表示不同的量，如似然函数和先验概率分布。这其实是对符号的轻微滥用，但也有一定好处：一是为贝叶斯公式中的所有量都提供了相同的认识论地位；二是反映出即便似然不是严格意义上的概率密度函数，也能接受，因为我们只关注先验背景下的似然，反之亦然。换句话说，为了计算后验分布，将似然和先验分布视为模型中同等必要的元素。

贝叶斯统计的特点之一是：后验(总)是一个概率分布。这使我们能够对参数做出概率性的表示。例如参数 τ 为正的概率是 0.35。或者 Φ 介于 10 和 15 之间的概率为 50%，最可能的值是 12。此外，还可以将后验分布视为将模型与数据相结合所得的逻辑结果，因此保证了由其得出的概率陈述在数学上的一致性。我们只需要记住，实现所有这些好的数学性质的前提是，存在球体、高斯和马尔可夫链等数学对象，即其只在理想情况下有效。当从抽象的数学理论转向现实世界中复杂的数学应用时，必须始终牢记：结果不仅取决于数据，还取决于模型。在实际问题中，有时候即便具有数学一致性，不良数据和/或不良模型也有可能导致毫无意义的结果。因此，必须始终辩证地看待数据、模型和结果。为了更明确这一点，可以更准确地表示贝叶斯定理如下：

$$p(\boldsymbol{\theta} \mid \boldsymbol{Y}, M) \propto p(\boldsymbol{Y} \mid \boldsymbol{\theta}, M)\, p(\boldsymbol{\theta}, M) \tag{1.4}$$

式(1.4)显式地强调了：推断总是依赖于模型 M 的假设。

得到后验分布后，就可以基于它推导出有关参数的其他量。而这通常以计算期望的方式实现，例如：

$$J = \int f(\boldsymbol{\theta})\, p(\boldsymbol{\theta} \mid \boldsymbol{Y})\, \mathrm{d}\boldsymbol{\theta} \tag{1.5}$$

当 f 为恒等函数时，积分 J 就是参数 $\boldsymbol{\theta}$ 的期望平均值[1]：

$$\bar{\boldsymbol{\theta}} = \int_{\Theta} \boldsymbol{\theta} p(\boldsymbol{\theta} \mid \boldsymbol{Y})\, \mathrm{d}\boldsymbol{\theta} \tag{1.6}$$

后验分布是贝叶斯统计的核心对象之一。除了要对参数值进行推断外，也需要对数据做出推断。这可以通过计算**先验预测分布**来完成：

$$p(\boldsymbol{Y}^{*}) = \int_{\Theta} p(\boldsymbol{Y}^{*} \mid \boldsymbol{\theta})\, p(\boldsymbol{\theta})\, \mathrm{d}\boldsymbol{\theta} \tag{1.7}$$

式(1.7)根据模型(即先验和似然)得出了预期的数据概率分布。这是在得到任何实际观测数据 $\boldsymbol{Y}^{*}$ 之前，根据给定模型所得的预期数据。但要注意：式(1.2)(边际似然)和式(1.7)(先验预测分布)看起来很相似，但也存在不同。在边际似然公式中，有已知的观测数据 $\boldsymbol{Y}$ 作为前提条件，最终积分结果是一个数字；而在先验预测分布的公式中，并没有观测数据作为已知前提，最终结果表现为概率分布。

可以使用先验预测分布的样本作为评估和校准模型的一种手段。例如，我们可能会问："人

---

1 严格来讲，应该讨论随机变量的期望值。详见11.1.8 节。

类身高的模型能否将人类身高预测为 - 1.5 米？"对于此类问题，通常在实际观测之前，就能认识到其荒谬性。在本书后面，会介绍许多在实践中使用先验预测分布进行模型评估的案例，以及使用先验预测分布如何为后续建模选择提供有效或无效信息。

作为生成式模型的贝叶斯模型

采用概率视角建模可以得到一个准则：模型生成数据[158]。我们认为此概念至关重要。理解掌握后，所有统计模型都会变得更加清晰，甚至包括非贝叶斯模型。此准则可以指导我们创建新的模型。如果数据是由模型生成的，那么仅通过思考如何生成数据，就能为数据创建适合的模型！此外，此准则并非抽象概念，我们可以将先验预测分布作为其具体表现形式。如果重新审视贝叶斯建模的 3 个步骤，可以将它们重新调整为：编写先验预测分布，添加数据以对其进行约束，检查结果是否有意义。当然，必要时同样需要进行迭代。

另一个需要计算的量是**后验预测分布**：

$$p(\tilde{\boldsymbol{Y}} \mid \boldsymbol{Y}) = \int_{\boldsymbol{\Theta}} p(\tilde{\boldsymbol{Y}} \mid \boldsymbol{\theta}) \, p(\boldsymbol{\theta} \mid \boldsymbol{Y}) \, \mathrm{d}\boldsymbol{\theta} \tag{1.8}$$

这是根据后验 $p(\boldsymbol{\theta} \mid \boldsymbol{Y})$ 预测的未来数据 $\tilde{\boldsymbol{Y}}$ 的分布，而分布是模型(先验和似然)和观测数据的结果。因此，后验预测分布是模型在得到数据集 $\boldsymbol{Y}$ 后预期得到的未来数据，即该分布是模型的预测结果。从式(1.8)可知，通过对参数的后验分布进行积分(边际化)来计算预测。因此，该预测包含了估计的不确定性。

频率主义者眼中的贝叶斯后验

因为后验仅来自模型和观测数据，所以并不是基于未观测到的数据做出陈述，而是基于内在数据生成过程得到的可能观测做出陈述。对未观测到的数据做出推断通常是频率主义者常用的方法。但在使用后验预测样本检查模型时，贝叶斯主义者其实(部分)接受了频率主义者关于"未观测但可能可观测的数据"的思想。我们不仅能够接受该想法，而且将在本书中涵盖多个示例。这真是绝妙的概念，值得进一步探究！

1.2 一个自制采样器，不要随意尝试

式(1.2)中的积分有时没有解析表达式，因此如今大多使用**通用推断引擎(Universal Inference Engines)**这一数值方法进行贝叶斯推断(参见 11.9 节)。有许多通过测试的 Python 软件库能够提供此类数值方法，因此一般来说，贝叶斯从业者不太可能需要编写自己的通用推断引擎。

当前编写自己的推断引擎通常只有两个理由：一是为了设计一个能够改进旧引擎的新引擎；二是为了学习某个引擎的工作原理。本章出于学习目的，将编写一个简易的引擎，但本书其余部分主要使用 Python 库中的可用推断引擎。

可用于通用推断引擎的算法很多，其中使用最广泛、功能最强的算法是马尔可夫链蒙特卡罗(Markov Chain Monte Carlo，MCMC)方法。所有 MCMC 方法几乎都使用样本来逼近后验分

布，而这些样本大多通过接受或拒绝来自某个提议分布的样本生成。我们有理论上的保证，即通过遵循某些规则[1]和假设能够获得非常逼近后验分布的样本。因此，MCMC 方法也称为采样器(Sampler)。所有这些 MCMC 方法都需要具备在给定参数值时估算先验和似然的能力。也就是说，即使不知道完整的后验，通过逐点计算，也能够获取其概率密度。

此类算法之一是 Metropolis-Hastings[103,78,135]。这并不是一个非常现代且有效的算法，但很容易理解，并为理解更复杂、更强大的其他方法奠定了基础。[2]

Metropolis-Hasting 算法定义如下：

(1) 在 x_i 处初始化参数 $\boldsymbol{X}$ 的值。

(2) 使用提议分布[3]$q(x_{i+1}\,|\,x_i)$从旧值 x_i 生成新值 x_{i+1}。

(3) 计算新值被接受的概率：

$$p_a(x_{i+1}\mid x_i) = \min\left(1, \frac{p(x_{i+1})\,q(x_i\mid x_{i+1})}{p(x_i)\,q(x_{i+1}\mid x_i)}\right) \tag{1.9}$$

(4) 如果 $p_a > R$ 其中 $R \sim \mathcal{U}(0,1)$，则保留新值，否则保留旧值。

(5) 迭代步骤(2)~(4)，直到生成足够大的样本。

Metropolis-Hasting 算法非常通用，而且可以用于非贝叶斯应用。但对于本书内容，$p(x_i)$是参数值为 x_i 的后验密度。如果 q 是对称分布，则式(1.9)中的 $q(x_i\,|\,x_{i+1})$和$q(x_{i+1}\,|\,x_i)$将被消掉(这在概念上意味着从 x_{i+1} 转移到 x_i 与从 x_i 转移到 x_{i+1} 具有相同的可能性)，只留下在两个点处估计的后验之比。从式(1.9)可知，该算法始终接受从低概率区到高概率区的转移，接受从高概率区到低概率区的转移则需要一定概率。

需要说明的是：Metropolis-Hastings 算法并不是一种优化方法！我们不关注概率密度最大的参数值，而是想探索整个 p 分布(后验分布)。如果深入洞察和分析，就会发现此方法在达到最大概率区域后并不会停止，而是在后续步骤中继续转移到概率较低的区域。

下面尝试求解一个贝塔二项式(Beta-Binomial)模型。这可能是贝叶斯统计中最常见的示例，常用于对二值的、互斥的事件进行建模，例如 0 或 1、正或负、正面或反面、垃圾邮件或非垃圾邮件、热狗或非热狗、健康或不健康等。贝塔二项式模型经常被用作介绍贝叶斯统计基础知识的第一个示例，因为它足够简单，可以轻松求解和计算。在统计符号系统中，贝塔二项式模型记为：

$$\begin{aligned} \boldsymbol{\theta} &\sim \text{Beta}(\alpha, \beta) \\ Y &\sim \text{Bin}(n=1, p=\boldsymbol{\theta}) \end{aligned} \tag{1.10}$$

在式(1.10)中，未知参数为 $\boldsymbol{\theta}$，其先验分布为 Beta(α, β)；假设数据的似然函数为二项分布 Bin($n=1, p=\boldsymbol{\theta}$)。在此模型中，成功的次数 $\boldsymbol{\theta}$ 可以代表抛硬币得到正面的比例、病亡率(统计有时也涉及消极信息)等量。贝塔二项式模型实际上存在封闭形式的解(详见 1.4.1 节)，但这里为了方便讲解示例，假设不知道如何计算该模型的后验。因此需要在 Python 代码中实现 Metropolis-Hastings 算法，以获得逼近的数值解。在 SciPy 软件库的统计函数支持下，可以实现

---

1 详见 11.1.11 节和 11.9.2 节。

2 关于推断方法的进一步讨论，参见 11.9 节和其附带的参考文献。

3 在其他通用推断引擎中，有时被称为内核。

为代码清单 1.1。

代码清单 1.1

```
1 def post(θ, Y, α=1, β=1):
2     if 0 <=θ <= 1:
3         prior = stats.beta(α, β).pdf(θ)
4         like = stats.bernoulli(θ).pmf(Y).prod()
5         prob = like * prior
6     else:
7         prob = -np.inf
8     return prob
```

推断后验分布需要引入观测数据，为此随机生成了一些伪数据，见代码清单 1.2。

代码清单 1.2

```
1 Y = stats.bernoulli(0.7).rvs(20)
```

最后，运行 Metropolis-Hastings 算法的实现，见代码清单 1.3。

代码清单 1.3

```
1 n_iters = 1000
2 can_sd = 0.05
3 α = β = 1
4 θ = 0.5
5 trace = {"θ":np.zeros(n_iters)}
6 p2 = post(θ, Y, α, β)
7
8 for iter in range(n_iters):
9     θ_can = stats.norm(θ, can_sd).rvs(1)
10    p1 = post(θ_can, Y, α, β)
11    pa = p1 / p2
12
13    if pa > stats.uniform(0, 1).rvs(1):
14        θ=θ_can
15        p2 = p1
16
17    trace["θ"][iter] =θ
```

在代码清单 1.3 的第 9 行，从标准差为 can_sd 的正态分布中采样以生成提议分布。第 10 行在新生成的参数值 θ_can 处估计后验，第 11 行计算接受概率。第 17 行在 trace 数组中保存了 θ 的值。该值是一个新值还是重复上一次的值，取决于第 13 行的比较结果。

> **模糊的 MCMC 术语**
>
> 当使用 MCMC 方法进行贝叶斯推断时，通常将其称为 MCMC 采样器。在每次迭代中，从采样器中抽取一个随机样本，因此很自然地将 MCMC 的输出结果称为样本(sample)或抽取(draw)。有人将样本视为由一组抽取组成，而有人则认为两个概念可以互换。
>
> 由于 MCMC 是按迭代顺序抽取样本的，因此也会说：我们得到了一个采样结果的链(chain)，或者简称为 MCMC 链。为进行计算和诊断，通常需要抽取许多链(详见第 2 章)。所有输出的链，无论是单条还是多条，通常都称为轨迹、迹(trace)或直接称为后验。无论怎么定义这些名词，口语中总是不精确的。如果需要精确，最好的方法还是查看代码以准确了解具体内容。

注意，代码清单 1.3 中的实现方式并非旨在提高效率，实际上生产级代码中会出现许多优化，例如在对数级别上计算概率，以避免过低/过高的对数概率转换(见 10.4.1 节)，或预先计算提议分布和均匀分布值。进行这些优化都需要调整抽象数学理论以适应计算机实现，而构建推断引擎的原因最好由专家解释。同样，can_sd 的值是 Metropolis-Hastings 算法的参数，而不是贝叶斯模型的参数。理论上该参数不应该影响算法的正确行为，但在实践中它又非常重要，因为方法的效率肯定会受到该值的影响(详见 11.9 节)。

回到示例，现在有了 MCMC 样本，我们想了解其形态。检查贝叶斯推断结果的一种常用方法是：将每次迭代得到的采样值通过直方图或其他可视化工具绘制出来，以表示分布。例如，可以使用代码清单 1.4 中的代码绘制图 1.2[1]。

代码清单 1.4

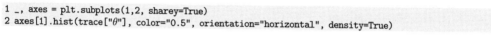

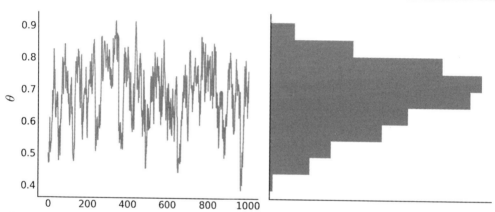

图 1.2　左图为每次迭代产生的参数 θ 的采样值。右图为 θ 采样值的直方图。该直方图经过了旋转，以便更容易看出两幅图之间的密切关系。左图显示了采样值的序列，该序列其实就是马尔可夫链，而右图则显示了采样值的分布情况

通常，计算一些数字汇总信息也很有用。我们将使用名为 ArviZ 的 Python 软件库[91]计算这些统计信息，如代码清单 1.5 所示。

代码清单 1.5

```
az.summary(trace, kind="stats", round_to=2))
```

相关统计信息如表 1.1 所示。

表 1.1　代码清单 1.5 得出的统计信息

	平均值	标准差	hdi_3%	hdi_97%
θ	0.69	0.01	0.51	0.87

ArviZ 的 summary 函数计算参数 θ 的平均值、标准差和 94%最高密度区间(Highest Density

---

1 可以使用 ArviZ 的 plot_trace 函数获得类似的绘图。本书其余部分将使用这一方法。

Interval, HDI)。HDI 是包含给定概率密度(此例为 94%)的最短区间[1]。图 1.3 是由 az.plot_posterior (trace)生成的, 与图 1.2 中的汇总信息非常相似。可以在代表整个后验分布的曲线顶部看到平均值和 HDI。该曲线使用**核密度估计器(Kernel Density Estimator, KDE)**计算, 其类似于直方图的平滑版本。ArviZ 在其许多绘图函数中都使用 KDE, 甚至用于在内部进行一些计算。

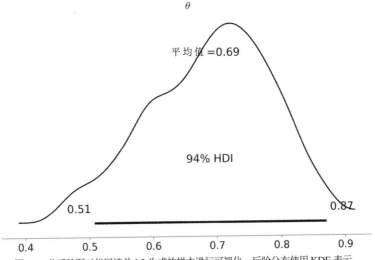

图 1.3 此后验图对代码清单 1.3 生成的样本进行可视化。后验分布使用 KDE 表示, 平均值和 94% HDI 均在图中有所展示

HDI 常用于贝叶斯统计中, 像 50% 或 95% 这样的整数边界值也很常见。但 ArviZ 的默认值为 94%(或 0.94), 如表 1.1 和图 1.3 所示。这样选择的原因是, 94 接近广泛使用的 95, 而同时这种微小的区别可以提醒受众, 边界值为整数并没有特殊之处[101]。理想情况下, 应该选择一个满足需要的值[92], 或者至少表明你使用的是默认值。

1.3 支持自动推断, 反对自动建模

我们可以在概率编程语言(Probabilistic Programming Languages, PPL)的帮助下定义和推断模型, 而不是编写自己的采样器并使用 scipy.stats 方法定义自己的模型。概率编程语言允许用户使用代码表达贝叶斯模型, 然后借助通用推断引擎以自动化的方式执行贝叶斯推断。简而言之, 概率编程语言能够帮助贝叶斯从业者更专注于模型构建, 而不是数学和计算细节。在过去的几十年中, 此类工具的可用性大大提升了贝叶斯方法的普及度和实用性。遗憾的是, 这些通用推断引擎方法并不是真正通用的(但名称仍然很酷), 因为它们无法有效地求解所有贝叶斯模型。现代贝叶斯从业者职责的一部分是理解这些局限性并给出解决方法。

在本书中, 我们使用的概率编程语言是 PyMC3[138]和 TensorFlow Probability(TFP)[47]。例如用 PyMC3 为式(1.10)编写模型, 如代码清单 1.6 所示。

---

1 注意, 原则上, 包含给定比例总密度的区间的数量是无限的。

代码清单 1.6

```
1 # 在 PyMC3 中声明模型
2 with pm.Model() as model:
3    # 指定未知参数的先验分布
4    θ= pm.Beta("θ", alpha=1, beta=1)
5
6    # 指定似然分布并以观测数据为条件
7    y_obs = pm.Binomial("y_obs", n=1, p=θ, observed=Y)
8
9    # 从后验分布中取采样
10    idata = pm.sample(1000, return_inferencedata=True)
```

你可以自己检查这段代码的结果是否与之前使用的自制采样器的结果一致，并且工作量要少得多。如果不熟悉 PyMC3 语法，现阶段只需要关注代码注释中表明的每一行的意图。用 PyMC3 语法定义模型后，可以利用 pm.model_to_graphviz(model)在代码清单 1.6 中生成模型的概率图表征(见图 1.4)。

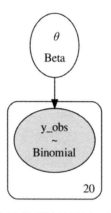

图 1.4   式(1.10)和代码清单 1.6 中定义的贝叶斯模型的概率图表征。椭圆代表先验和似然，而 20 表示观测次数

概率编程语言不仅可以计算随机变量的对数概率以获得后验分布，还可以模拟前面提到的两种预测分布：先验预测分布和后验预测分布。例如，代码清单 1.7 展示了如何使用 PyMC3 分别获得先验预测分布以及后验预测分布的 1000 个样本。注意，第一个函数仅有 model 参数，而第二个函数必须同时传递 model 和 trace 参数，这反映了先验预测分布仅由模型计算，而后验预测分布不仅需要模型还需要后验分布。两种预测分布的样本分别在绘制在图 1.5 的上下图中。

代码清单 1.7

```
1 pred_dists = (pm.sample_prior_predictive(1000, model)["y_obs"],
2               pm.sample_posterior_predictive(idata, 1000, model)["y_obs"])
```

式(1.1)、式(1.7)和式(1.8)清楚地将后验分布、先验预测分布和后验预测分布定义为 3 个不同的数学对象。显然后面两个是数据的概率分布，而第一个是参数的概率分布。图 1.5 可视化了这种区别，图中还包含了先验分布，从而更加完整。

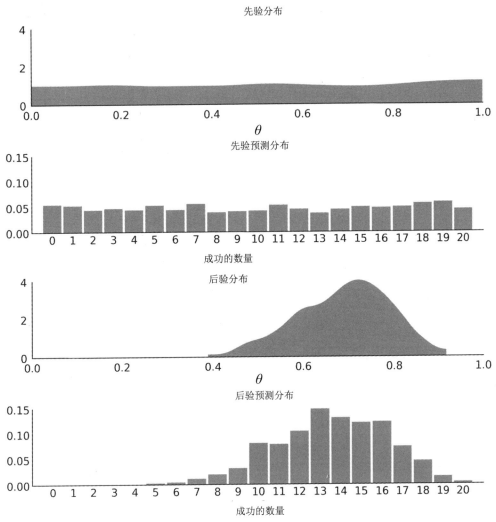

图 1.5　自上至下，展示了：(1)参数 θ 的先验分布样本；(2)先验预测分布样本，绘制成功的数量的概率分布；
(3)参数 θ 的后验分布样本；(4)成功的数量的后验预测分布。在第一幅和第三幅图、
第二幅和第四幅图之间分别共享 x 轴和 y 轴的坐标尺度

几种统计模型表达方式

有许多方法可以表示统计模型的架构，现列示如下(没有特定的顺序)：

● 口语和书面语言。

● 概念图，如图 1.4。

● 数学符号，如式(1.10)。

● 代码，如代码清单 1.6。

对于现代贝叶斯从业者来说，所有这些方法都很有用。常见于演讲、科学论文、与同事讨论时的手绘草图、互联网上的代码示例中。熟练地使用这些方法，能够更好地理解以某种形式

呈现的概念，然后以其他形式进行应用。例如，阅读一篇论文然后实现一个模型，或者在演讲中听到一种技术，然后能够为其写一篇博客。对个人而言，熟练掌握这些会加快学习速度并提高与他人交流的能力。最终，这有助于实现统计界一直追求的目标——对世界的共识。

如前所述，后验预测分布考虑了估计结果的不确定性。图 1.6 表明：根据后验平均值计算得到的预测结果，比后验预测分布中的预测结果范围更窄。此现象不仅对平均值有效，对于其他任何点估计，都会得到类似的图。

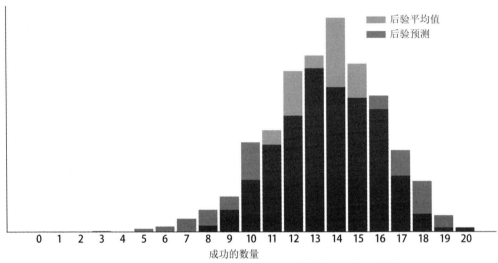

图 1.6　贝塔二项式模型的预测结果对比，使用后验平均值所做的预测表示(灰色直方图)，使用完整后验(即后验预测分布)所做的预测表示(蓝色直方图)

1.4　量化先验信息的方法

在贝叶斯统计中，选择先验分布，这有利也有弊，而我们认为这是必要的。如果没有选择先验分布，那么最大可能是别人已经代为完成。当然，让别人替你做决定并不总是坏事。如果在正确的场景中应用并且意识到其局限性，许多非贝叶斯方法会非常有用和有效。然而，我们坚信：了解模型假设并能够灵活调整这些假设是从业者的优势，而先验即为一种假设。

我们也明白，对于许多从业者来说，先验选择可能导致怀疑、焦虑甚至沮丧等情绪，对于新手来说更是如此。寻找给定问题的最佳先验，是一个常见且有效的问题。但是除了"没有最佳先验"这个结论，很难给出令人满意的答案。好在有一些默认值，可以作为迭代建模工作流的起点。

本节将讨论一些用于选择先验的一般性方法。此讨论所涵盖的信息是递增的，从不包含任何信息的"空白"先验到信息丰富的先验。本章关于先验的讨论更多是从理论角度出发。在后续章节中，将讨论如何在更实际的环境中选择先验。

1.4.1 共轭先验

如果后验与先验属于同一分布族，则先验与似然共轭。例如，如果似然呈泊松分布并且先验呈伽马分布，那么后验也呈伽马分布。

从纯数学角度来看，**共轭先验**是最有利的选择，因为我们仅用纸和笔就可以解析计算后验分布，不需要复杂的计算[1]。但从现代计算角度来看，共轭先验通常并不优于其他方法，主要原因是现代计算方法允许使用几乎任何先验进行推断，而不仅仅是便于数学计算的有限选择。尽管如此，在学习贝叶斯推断时，以及在某些需要对后验使用解析表达式的情况下，共轭先验仍然非常有用(参阅 10.2.2 节的示例)。因此，使用贝塔二项式模型简要讨论解析形式的共轭先验。

顾名思义，该模型的似然为二项分布，而其共轭先验呈贝塔分布：

$$p(\theta \mid Y) \propto \overbrace{\frac{N!}{y!(N-y)!}\theta^y(1-\theta)^{N-y}}^{\text{二项似然}}\overbrace{\frac{\Gamma(\alpha+\beta)}{\Gamma(\alpha)\Gamma(\beta)}\theta^{\alpha-1}(1-\theta)^{\beta-1}}^{\text{贝塔先验}} \tag{1.11}$$

式中所有不包含 θ 的项都为常数，可以省略它们，进而得到：

$$p(\theta \mid Y) \propto \overbrace{\theta^y(1-\theta)^{N-y}}^{\text{二项似然}}\overbrace{\theta^{\alpha-1}(1-\theta)^{\beta-1}}^{\text{贝塔先验}} \tag{1.12}$$

重新组织公式，得到：

$$p(\theta \mid Y) \propto \theta^{\alpha-1+y}(1-\theta)^{\beta-1+N-y} \tag{1.13}$$

如果想确保后验是一个正确的概率分布函数，还需要添加一个归一化常数，以确保 PDF 的积分为 1(参见 11.1.5 节)。注意，式(1.13)看起来与贝塔分布的核一致，由此，在添加贝塔分布的归一化常数后，得出贝塔二项式模型的后验分布为：

$$p(\theta \mid Y) \propto \frac{\Gamma(\alpha_{\text{post}}+\beta_{\text{post}})}{\Gamma(\alpha_{\text{post}})\Gamma(\beta_{\text{post}})}\theta^{\alpha_{\text{post}}-1}(1-\theta)^{\beta_{\text{post}}-1} = \text{Beta}(\alpha_{\text{post}},\beta_{\text{post}}) \tag{1.14}$$

其中，$\alpha_{\text{post}}=\alpha+y$，$\beta_{\text{post}}=\beta+N-y$。

贝塔二项式模型的后验也呈贝塔分布，因此可以使用贝塔后验作为下一步贝叶斯分析的先验。这意味着，一次使用完整的数据集和一次更新一个数据点将获得相同的结果。例如，图 1.7 中的前 4 个子图显示了从 0 次到 1 次、2 次和 3 次试验时，不同的先验更新情况。遵循此顺序，或者直接从 0 次试验跳到 3 次试验(或 n 次试验)，最终会得到一致的结果。

---

1 你头脑中的想法除外。

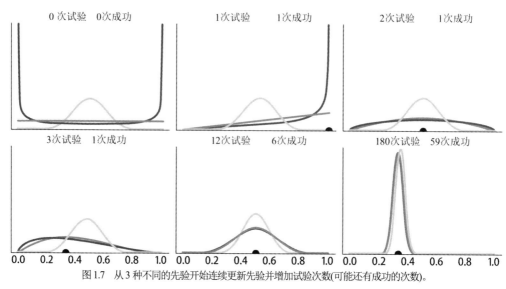

图 1.7　从 3 种不同的先验开始连续更新先验并增加试验次数(可能还有成功的次数)。
黑点代表根据样本得到的成功比例估计值 $\hat{\theta} = \dfrac{y}{n}$

从图 1.7 中还可以得到其他结论。例如，随着试验次数增加，后验的宽度越来越小，即不确定性越来越低。子图 3 和子图 5 分别显示了"2 次试验　　1 次成功"和"12 次试验　　6 次成功"的结果。两种情况根据样本得到的成功比例估计值 $\hat{\theta} = \dfrac{y}{n}$ (黑点)相同，均为 0.5(后验分布的众数也是 0.5)，不过子图 5 中的后验相对更加集中，反映出观测数量更大，不确定性更低。最后可以观察到：随着观测次数增加，不同先验最终可以收敛到同样的后验分布。在无限数据的条件下，后验与先验的选择无关，根据不同的先验推断得到的后验，最终将在点 $\hat{\theta} = \dfrac{y}{n}$ 处具有几乎所有密度，如代码清单 1.8 所示。

代码清单 1.8

```
1 _, axes = plt.subplots(2,3, sharey=True, sharex=True)
2 axes = np.ravel(axes)
3
4 n_trials = [0, 1, 2, 3, 12, 180]
5 success = [0, 1, 1, 1, 6, 59]
6 data = zip(n_trials, success)
7
8 beta_params = [(0.5, 0.5), (1, 1), (10, 10)]
9 θ= np.linspace(0, 1, 1500)
10 for idx, (N, y) in enumerate(data):
11     s_n = ("s" if (N > 1) else "")
12     for jdx, (a_prior, b_prior) in enumerate(beta_params):
13         p_theta_given_y = stats.beta.pdf(θ, a_prior + y, b_prior + N - y)
14
15         axes[idx].plot(θ, p_theta_given_y, lw=4, color=viridish[jdx])
16         axes[idx].set_yticks([])
17         axes[idx].set_ylim(0, 12)
18         axes[idx].plot(np.divide(y, N), 0, color="k", marker="o", ms=12)
19         axes[idx].set_title(f"{N:4d} trial{s_n} {y:4d} success")
```

贝塔分布的平均值为 $\dfrac{\alpha}{\alpha+\beta}$，因此先验平均值为：

$$\mathbb{E}[\theta] = \frac{\alpha}{\alpha+\beta} \tag{1.15}$$

后验平均值为：

$$\mathbb{E}[\theta \mid Y] = \frac{\alpha+y}{\alpha+\beta+n} \tag{1.16}$$

可以看到，如果 n 的值相对于 α 和 β 的值较小，那么后验平均值更接近于先验平均值。也就是说，先验对结果的贡献大于数据。如果 n 的值相对于 α 和 β 的值较大，则后验平均值将更接近成功比例的估计值 $\hat{\theta} = \dfrac{y}{n}$，实际上在 $n \to \infty$ 的情况下，后验平均值将与 α 和 β 的先验无关，最终都会完美地匹配根据样本得到的成功比例。

对于贝塔二项式模型，后验众数为：

$$\underset{\theta}{\operatorname{argmax}}[\theta \mid Y] = \frac{\alpha+y-1}{\alpha+\beta+n-2} \tag{1.17}$$

可以看到，当先验为 Beta(α=1，β=1，即均匀分布)时，后验众数在数值上等于根据样本计算的成功比例的估计值 $\hat{\theta} = \dfrac{y}{n}$。后验众数通常被称为**最大后验(Maximum a Posteriori，MAP)**值。此结果并非贝塔二项式模型独有。事实上，许多非贝叶斯方法的结果都可以理解为贝叶斯方法在特定先验条件下的 MAP[1]。

将式(1.16)与样本得到的成功比例 $\dfrac{y}{n}$ 进行比较。贝叶斯估计器将成功次数增加了 α，将试验次数增加了 $\alpha+\beta$。这使 β 成为失败的次数。从此意义上说，可以将先验参数视为伪计数，或者作为先验数据。先验 Beta(1,1) 等价于进行两次试验，一次成功，一次失败。从概念上讲，贝塔分布的形状由参数 α 和 β 控制，观测数据会更新先验，从而使贝塔分布的形状更接近且更窄地移向大多数观测值。对于 $\alpha<1$ 和/或 $\beta<1$ 的值，先验的解释变得有点奇怪，因为字面解释会得到先验 Beta(0.5,0.5) 对应于一次试验中半次失败，半次成功，或者可能是一次结果未定的试验。

1.4.2　客观先验

在没有先验信息的情况下，遵循无差别原则(也称为理由不充分原则)听起来似乎更合理。此原则基本上是说：如果没有关于某个问题的信息，就没有任何理由相信一个结果会比任何其他结果更有可能发生。在贝叶斯统计背景下，这一原则推动了**客观先验(Objective Priors)**的研究和应用。这是一种"生成对给定分析影响最小的先验"的系统方法。有些统计学者偏爱客观先验，因为他们认为此类先验消除了先验选择的主观性。当然，并没有消除其他来源的主观性，如似然的选择、数据的选择、建模或研究问题的选择等。

---

1 例如，具有 L2 正则化的正则化线性回归与在系数上使用高斯先验相同。

　　一种获得客观先验的方法是著名的 Jeffreys 先验(Jeffreys' Prior, JP)。此类先验虽然总是以某种方式提供了信息，但通常被称为无信息先验。Jeffreys 先验的特点是，在重参数化(reparametrization)时保持不变(重参数化指以形式不同但在数学上等效的方式重写表达式)。下面通过实例具体说明。假设 Alice 具有未知参数为 θ 的二项似然，她选择了某种先验并计算得到后验。而她的朋友 Bob，也对同一问题感兴趣，但他并不关心成功次数 θ，而是关注另外一个参数：成功的赔率(odds)，即参数 k，$k = \dfrac{\theta}{1-\theta}$。此时 Bob 有两种选择：一是使用 Alice 在 θ 上的后验计算 k^1，二是在 k 上选择先验来自己计算后验。如果 Alice 模型和 Bob 模型都为各自的参数设置了 Jeffreys 先验，那么无论 Bob 用哪种方法计算后验，最终都会得到相同的结果。也就是说，最终的后验推断结果对于所选择的参数而言具有不变性。此解释的一个推论是，只有使用 Jeffreys 先验才能保证模型的两种或多种参数化必然得到一致的后验。

　　对于一维 θ 的情况，Jeffreys 先验为：

$$p(\theta) \propto \sqrt{I(\theta)} \qquad (1.18)$$

其中，$I(\theta)$ 为期望的 Fisher 信息：

$$I(\theta) = -\mathbb{E}_{\mathbb{Y}}\left[\frac{d^2}{d\theta^2} \log p(Y \mid \theta)\right] \qquad (1.19)$$

　　一旦从业者确定了似然函数 $p(Y \mid \theta)$，Jeffreys 先验就自动被确定。也就是说，省去了对先验选择的任何讨论。除非高层管理人员从一开始就否定了你选择的 Jeffreys 先验。

　　有关 Alice 和 Bob 问题的 Jeffreys 先验详细推导，参阅 11.6 节。Alice 的 Jeffreys 先验为：

$$p(\theta) \propto \theta^{-0.5}(1-\theta)^{-0.5} \qquad (1.20)$$

这就是 Beta(0.5,0.5)分布的核，是一个 U 形分布，如图 1.8 的左上子图所示。

而对于 Bob 来说，Jeffreys 先验为：

$$p(\kappa) \propto \kappa^{-0.5}(1+\kappa)^{-1} \qquad (1.21)$$

这是一个半 U 形分布，定义在[0, ∞]区间，如图 1.8 的右上子图所示。称其为半 U 形似乎有些奇怪，但实际上它是 Beta-prime 分布(贝塔分布的一个分支)在参数 $\alpha = \beta = 0.5$ 时的核。

　　注意，式(1.19)中的期望是关于观测 $Y|\theta$ 的，这是在样本空间上的期望。这意味着为了获得 Jeffreys 先验，需要对所有可能的试验结果求平均值，这违反了似然原则，因为关于 θ 的推断不仅取决于当前数据，还取决于可能(但尚未)观测到的数据集。

　　Jeffreys 先验可以是不恰当的先验，即它的积分可能不为 1。例如，已知方差的高斯分布，其平均值参数的 Jeffreys 先验在整个实数轴上均匀分布。但只要能够验证，这些不恰当的先验与似然组合后，能够产生恰当(即积分为 1)的后验分布，则这些不恰当的先验就是可用的。另外还要注意，我们不能从不恰当的先验中抽取随机样本(即此类先验是非生成式的)，否则会造成许多模型推断工具失效。

---

1 例如，如果有来自后验的样本，那么可以将这些 θ 样本插入 $k = \dfrac{\theta}{1-\theta}$。

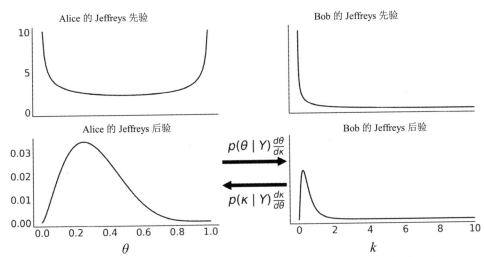

图 1.8 上图：根据成功次数 θ(左)或成功赔率 k(右)参数化的二项似然的 Jeffreys 先验(未归一化)。
下图：根据成功次数 θ(左)或成功赔率 k(右)参数化的二项似然的 Jeffreys 后验(未归一化)。后验之间的箭头表示，
通过调整一些变量规则，两个后验之间可相互转换(详细信息参阅 11.1.9 节)

Jeffreys 先验并不是获得客观先验的唯一方法。另一种途径是通过最大化先验和后验之间 KL 散度的期望来获得先验(参见 11.3 节)。此类先验被称为 Bernardo 参考先验。之所以是客观先验，是因为它们允许数据将最大量的信息带入后验分布。另外，Bernardo 参考先验和 Jeffreys 先验不必一致。此外，对于某些复杂模型，可能不存在客观先验或难以推导出客观先验。

1.4.3 最大熵先验

另一种证明先验选择合理性的方法是选择具有最大熵的先验。如果可取值为任意值，那么此先验就在可取值范围内呈均匀分布[1]。但若可取值有限制呢？例如，我们可能知道参数必须位于$[0,\infty]$区间，那么能得到既有最大熵又能满足约束的先验吗？是的，可以，这正是最大熵先验的原理。在文献中谈论最大熵原理时，通常会提到 MaxEnt 这个词。

为了获得最大熵先验，需要求解包含一组约束条件的优化问题。在数学上，这可以使用拉格朗日乘数实现。但这里不会采用形式化方法推导和证明最大熵先验，而将通过几个代码案例获得灵感。

图 1.9 展示了通过最大化熵获得的 3 个分布。紫色分布是在没有约束条件下获得的，这确实是 11.2 节中讨论熵时所预期的均匀分布。如果我们对问题一无所知，那么所有事件都是同等先验的。第二个青色分布是在知道分布平均值(此例为 1.5)的约束下获得的，这是一个类似指数的分布。最后一个黄绿色的分布是在已知出现 3 和 4 的概率为 0.8 的约束下获得的。注意：如果检查代码清单 1.9，会看到所有的分布都是在两个约束条件下计算的，一是概率只能在$[0,1]$区间中取值，二是总概率必须为 1。它们是有效概率分布的共同约束，因此可以被视为内在的或本体论约束。为此，经常称图 1.9 中的紫色分布是在无约束条件下获得的。

---

1 详见 11.2 节。

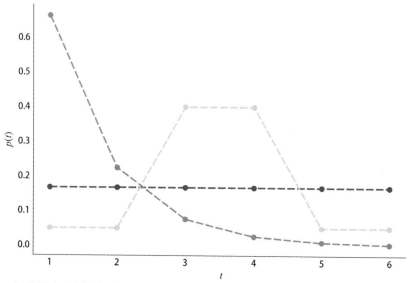

图 1.9   在不同约束下通过最大化熵获得的离散分布。我们使用了 scipy.stats 的 entropy 函数来估计这些分布。注意，在添加约束后分布发生了较大变化

代码清单 1.9

```
 1 cons = [[{"type": "eq", "fun": lambda x: np.sum(x) - 1}],
 2         [{"type": "eq", "fun": lambda x: np.sum(x) - 1},
 3          {"type": "eq", "fun": lambda x: 1.5 - np.sum(x * np.arange(1, 7))}],
 4         [{"type": "eq", "fun": lambda x: np.sum(x) - 1},
 5          {"type": "eq", "fun": lambda x: np.sum(x[[2, 3]]) - 0.8}]]
 6
 7 max_ent = []
 8 for i, c in enumerate(cons):
 9     val = minimize(lambda x: -entropy(x), x0=[1/6]*6, bounds=[(0., 1.)] * 6,
10                    constraints=c)['x']
11     max_ent.append(entropy(val))
12     plt.plot(np.arange(1, 7), val, 'o--', color=viridish[i], lw=2.5)
13 plt.xlabel("$t$")
14 plt.ylabel("$p(t)$")
```

我们可以将最大熵原理理解为在给定约束下选择最平坦分布(可延伸为最平坦先验分布)的过程。在图 1.9 中，均匀分布是最平坦分布，但注意，一旦引入 "3 和 4 的出现概率为 80%"的约束，黄绿色分布就变成了最平坦的分布。注意：要想使 3 和 4 的出现概率之和为 0.8，有很多种选择，如 0 + 0.8、0.7 + 0.1、0.312 + 0.488 等，但本例中二者概率都为 0.4。同理，值 1、2、5 和 6 也有类似情况，它们的总概率值为 0.2，而本例中也采用了均匀分布(每个值的概率均为 0.05)。现在观察类似指数的曲线，它看起来肯定不是很平坦，但应注意到，其他选择会更不平坦且更集中。例如，分别以 50%的概率获得 1 和 2(因此 3 至 6 的概率不变)，这也满足平均值为 1.5 的约束，但更不平坦，如代码清单 1.10 所示。

代码清单 1.10

```
1 ite = 100_000
2 entropies = np.zeros((3, ite))
3 for idx in range(ite):
4     rnds = np.zeros(6)
5     total = 0
6     x_ = np.random.choice(np.arange(1, 7), size=6, replace=False)
7     for i in x_[:-1]:
8         rnd = np.random.uniform(0, 1-total)
9         rnds[i-1] = rnd
10        total = rnds.sum()
11    rnds[-1] = 1 - rnds[:-1].sum()
12    H = entropy(rnds)
13    entropies[0, idx] = H
14    if abs(1.5 - np.sum(rnds * x_)) < 0.01:
15        entropies[1, idx] = H
16    prob_34 = sum(rnds[np.argwhere((x_ == 3) | (x_ == 4)).ravel()])
17    if abs(0.8 - prob_34) < 0.01:
18        entropies[2, idx] = H
```

图 1.10 显示了在满足与图 1.9 中 3 个分布完全相同的约束时，随机生成样本的熵的分布。垂直虚线表示图 1.10 中曲线的熵。虽然并未证明，但试验似乎表明没有分布会比图 1.10 中的分布具有更高的熵，这与理论完全一致。

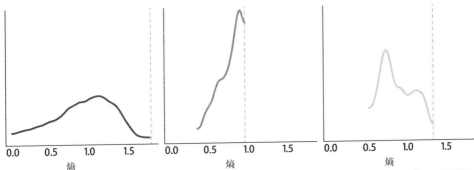

图 1.10　一组随机生成的分布的熵的分布。垂直虚线表示具有最大熵分布的值，使用代码清单 1.9 计算。可以看到，没有一个随机生成的分布的熵大于具有最大熵分布的熵，尽管这不是正式证明，但结果足够令人信服

下面给出相应约束下，对应的最大熵分布。[1]

- 无约束时：均匀分布(连续的或离散的，取决于变量类型)。
- 具有正平均值，值域为$[0,\infty]$时：指数分布。
- 具有绝对值平均值，值域为$(-\infty, \infty)$时：拉普拉斯(Laplace，也称为双指数)分布。
- 具有指定的平均值和方差，值域为$(-\infty, \infty)$时：正态分布。
- 具有指定的平均值和方差，值域为$[-\pi, \pi]$时：冯·米塞斯(Von Mises)分布。
- 只有两个无序值，且平均值为常数：二项分布，或者泊松(Poission)分布(泊松可以看作特殊的二项分布)。

值得注意的是，考虑到模型约束的情况下，许多广义线性模型(如第 3 章中的模型)仍使用最大熵分布来定义。与客观先验类似，MaxEnt 先验有可能并不存在或难以推导。

---

1 详见 https://en.wikipedia.org/wiki/Maximum_entropy_probability_distribution#Other_examples。

1.4.4   弱信息先验与正则化先验

在前几节中，使用一般性的过程生成了无信息先验，旨在不将太多信息纳入分析中。这些过程甚至还提供了"以某种方式"自动生成先验的方法。这两个特征听起来非常有吸引力，而且实际上被大量贝叶斯从业者和理论家所采用。

但在本书中，不会过分依赖这些先验。我们认为先验的选择与其他建模选择一样，应该取决于上下文。这意味着特定问题的细节、给定科学领域的特性等，都可以为先验的选择提供信息。虽然 MaxEnt 先验能够包含其中一些约束，但似乎还可以更加靠近信息先验频谱的信息端。用弱信息先验可以实现这一点。

构造弱信息先验的方法通常没有 Jeffreys 先验或 MaxEnt 先验那样完备的数学定义。相反，弱信息先验更多是经验主义和模型驱动的。也就是说，弱信息先验大多通过结合领域知识和模型本身来定义。对于很多问题，经常有关于参数可取值的信息，这些信息往往来自参数的物理意义，例如身高必须是正数。我们甚至可以从之前的试验或观测中得到取值范围。我们或许可以充分证明一个值应该接近 0 或高于某个预定义的下限。上述这些信息都能够为选择先验提供弱信息，同时保持一定程度的未知。

这里再次使用贝塔二项式模型作为示例，图 1.11 显示了 4 个可选的先验。前两个分别是 Jeffreys 先验和最大熵先验；第三个是弱信息先验，它优先考虑 $\theta = 0.5$，同时对其他值保持宽泛或相对模糊；最后一个是信息先验，以 $\theta = 0.8$ 为中心[1]。如果从理论、之前的试验、观测数据中能够获得高质量的信息，则信息先验是最有效的选择。信息先验可以传达大量信息，因此相较于其他先验通常需要更有力的理由。正如 Carl Sagan 说的"非凡主张需要非凡的证据"[45]。重要的是：先验的信息量取决于模型及其上下文。某个先验可能在某种情境中无信息，但在另一个情境中的信息量很大[63]。例如，如果以米为单位对成年人的平均身高进行建模，则 $N(2, 1)$ 的先验被认为是无信息的；但如果用于估计长颈鹿的高度，则该先验涵盖的信息量非常大。因为现实中长颈鹿的高度与人类身高相差很大。

弱信息先验可以将后验分布保持在一定的合理范围内，所以它们也被称为正则化先验。正则化是一种添加信息的过程，目的是解决病态问题或减少过拟合的概率，先验提供了一种执行正则化的规范方法。

在本书中，经常使用弱信息先验。有时会在没有太多理由的情况下在模型中使用先验，仅仅是因为示例的重点可能与贝叶斯建模工作流的其他方面有关。但我们也会展示一些使用先验预测检查来校准先验分布的示例。

过拟合(overfitting)

出现过拟合的情况为：某模型生成的预测非常接近用于拟合它的有限数据集，但这样的模型无法拟合新数据且/或不能很好地预测未来的观测。也就是说，模型未能将其预测推广到更广泛的可观测结果。过拟合的反义词是欠拟合，即模型未能充分捕获数据的内在结构。我们会在 2.5 节和 11.4 节进一步讨论。

---

1 即使这种先验的定义需要的背景信息比已有的先验所需要的更多，我们仍然认为该示例传达了一种有用的理念，这将在后面进一步讨论。

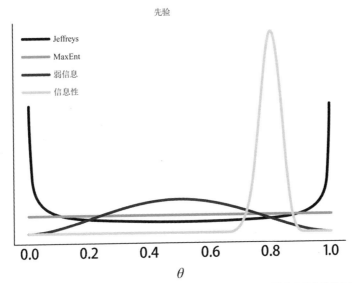

图 1.11　先验信息谱：Jeffrey 先验和 MaxEnt 先验仅为二项似然定义，但弱信息先验和信息先验则不同，二者取决于之前的信息和从业者的建模决策

1.4.5　先验预测分布用于评估先验选择

在评估先验选择时，1.3 节中介绍的先验预测分布是一个方便的工具。通过从先验预测分布中采样，计算机会将在参数空间中的选择转换为在观测变量空间中的样本。考虑观测值通常会比考虑模型参数更直观，这使模型评估更为容易。以贝塔二项式模型为例，先验预测分布并不判断 θ 的特定值是否合理，而是允许判断特定的成功次数是否合理。这对复杂模型更有用，因为需要通过许多数学操作转换参数或是有多个先验相交互。最后，计算先验预测分布可以帮助我们确保模型已经被正确地编码，并且能够用我们的概率编程语言运行，甚至可以帮助调试模型。接下来将介绍更具体的示例，了解如何推断先验预测样本并使用它们选择合理的先验。

1.5　练习

问题按难易程度标记为简单(Easy, E)、中等(Medium, M)和困难(Hard, H)。

1E1. 如前文所述，模型是一个人工表示，用于定义和理解某对象或过程。然而，没有任何模型能够完美地复制它所代表的事物，因此模型在某种程度上是有缺陷的。在本书中，将重点介绍一种特殊模型，即统计模型。你还能想到哪些其他类型的模型？它们如何帮助理解所建模的事物？它们在哪些方面还有不足？

1E2. 按照语言描述，匹配相应的数学表达式：

(a) 给定观测数据的参数概率

(b) 查看任何数据之前的参数分布

(c) 给定参数值的观测数据的合理性

(d) 给定观测数据的不可见观测的概率

(e) 查看任何数据之前，不可见观测的概率

1E3. 下面的表达式中，哪一个对应于"1816 年 7 月 9 日为晴天的概率"？

(a) p(晴天)

(b) p(晴天 | 7 月)

(c) p(晴天 | 1816 年 7 月 9 日)

(d) p(1816 年 7 月 9 日 | 晴天)

(e) p(晴天，1816 年 7 月 9 日)/p(1816 年 7 月 9 日)

1E4. 证明随机选择一个人并选择 Pope 的概率与 Pope 是人类的概率不同。注：在美国系列动画片《飞出个未来》中，(太空)Pope 是一种爬行动物。这如何改变你以前的计算？

1E5. 对于以下情况，绘制可能观测值的分布：

(a) 假设呈泊松分布，光顾当地咖啡馆的人数

(b) 假设呈均匀分布，成年犬的体重(千克)

(c) 假设呈正态分布，成年大象的体重(千克)

(d) 假设呈偏正态分布，成年人类的体重(磅)

1E6. 对于练习 1E5 中的每个示例，使用 Python 中的 SciPy 指定分布。选择你认为合理的参数，随机抽取 1000 个样本，并绘制结果分布。根据你的领域知识判断此分布是否合理？如果不合理，则调整参数并重复该过程，直到合理为止。

1E7. 比较先验 Beta(0.5, 0.5)、Beta(1, 1) 和 Beta(1, 4)。先验的形状有何不同？

1E8. 重新运行代码清单 1.8，但要使用你选择的两个 Beta 先验。提示：你可以尝试使用 $\alpha \neq \beta$ 的先验，类似 Beta(2, 5)。

1E9. 尝试提出新的约束条件，以获得新的 Max-Ent 分布(代码清单 1.9)。

1E10. 在代码清单 1.3 中，更改 can_sd 的值并运行 Metropolis-Hastings 采样器。尝试 0.001 和 1 这样的值。

(a) 计算平均值、SD 和高密度区间(HDI)，并将这些值与书中的值进行比较(使用 can_sd = 0.05 计算所得)。估计值有何不同？

(b) 使用函数 az.plot_posterior。

1E11. 你需要估计蓝鲸、人类和老鼠的重量。假设它们呈正态分布，并且为方差设置了相同的先验 $\mathcal{HN}$(200kg)。

对于成年蓝鲸来说，这是什么类型的先验？强信息、弱信息还是无信息？对于老鼠和人类来说，情况如何呢？先验的信息如何对应于我们对这些动物的真实感知？

1E12. 使用代码清单 1.11 所示的函数探索先验(更改参数 a 和 b)和数据(更改头部和试验)的不同组合。总结观察结果。

代码清单 1.11

```
1 def posterior_grid(grid=10, a=1, b=1, heads=6, trials=9):
2     grid = np.linspace(0, 1, grid)
3     prior = stats.beta(a, b).pdf(grid)
```

```
4    likelihood = stats.binom.pmf(heads, trials, grid)
5    posterior = likelihood * prior
6    posterior /= posterior.sum()
7    _, ax = plt.subplots(1, 3, sharex=True, figsize=(16, 4))
8    ax[0].set_title(f"heads = {heads}\ntrials = {trials}")
9    for i, (e, e_n) in enumerate(zip(
10       [prior, likelihood, posterior],
11       ["prior", "likelihood", "posterior"])):
12     ax[i].set_yticks([])
13     ax[i].plot(grid, e, "o-", label=e_n)
14     ax[i].legend(fontsize=14)
15
16
17   interact(posterior_grid,
18     grid=ipyw.IntSlider(min=2, max=100, step=1, value=15),
19     a=ipyw.FloatSlider(min=1, max=7, step=1, value=1),
20     b=ipyw.FloatSlider(min=1, max=7, step=1, value=1),
21     heads=ipyw.IntSlider(min=0, max=20, step=1, value=6),
22     trials=ipyw.IntSlider(min=0, max=20, step=1, value=9))
```

1E13. 在先验、先验预测、后验和后验预测分布之间，哪个分布有助于回答以下各个问题？某些问题可能有多个答案。

(a) 在看到任何数据之前，如何看待参数值的分布？

(b) 在看到任何数据之前，我们认为可以看到哪些观测值？

(c) 在使用模型估计参数之后，我们预测接下来会观察到什么？

(d) 哪些参数值解释了调整数据后观察到的数据？

(e) 哪个(些)分布可以用于计算参数的数值汇总信息(如平均值)？

(f) 哪个(些)分布可以用于可视化最高密度区间(HDI)？

1M14. 式(1.1)的分母中包含边际似然，这很难计算。在式(1.3)中，表明知道比例常数的后验值足以进行推断。请说明为什么 Metropolis-Hasting 方法不需要边际似然。提示：用纸和笔完成此练习，尝试展开式(1.9)。

1M15. 在概率模型的以下定义中，确定先验、似然和后验：

$$Y \sim \mathcal{N}(\mu, \sigma)$$
$$\mu \sim \mathcal{N}(0, 1)$$
$$\sigma \sim \mathcal{HN}(1)$$

1M16. 在之前的模型中，后验有多少个参数？将你的答案与式(1.10)中掷硬币问题模型的答案进行比较。

1M17. 假设有两枚硬币；投掷第一枚硬币时，它落在反面与正面的概率同为 1/2。另一枚硬币不均衡，总是落在正面。如果随机选择其中一枚硬币，观察发现其落在正面，那么这枚硬币是不均衡硬币的概率是多少？

1M18. 修改代码清单 1.2，使用你选择的参数从泊松分布生成随机样本。然后修改代码清单 1.1 和代码清单 1.3 以生成 MCMC 样本，估计所选参数。测试样本数、MCMC 迭代次数和初始起点对收敛到你真正选择的参数的影响。

1M19. 假设正在建立一个模型以估计成人身高(厘米)的平均值和标准差。建立一个模型进行上述评估。从代码清单 1.6 开始，根据需要更改似然和先验。在此之后

(a) 从先验预测中取样。生成先验预测分布的可视化和数值汇总。

(b) 使用(a)中的输出来证明你选择的先验和似然的合理性。

1M20. 根据领域知识可得，给定的参数不可能是负值，其平均值大致在 3 到 10 个单位之间，标准差约为 2。使用 Python 确定满足这些约束的两个先验分布。为此，可能需要通过抽取样本并使用绘图和数字汇总来验证是否满足这些标准，以进行反复试验。

1M21. 一家商店在某一天有 n 位顾客光顾。进行购买的顾客数量 Y 分布为 Bin(n, θ)，其中 θ 是顾客进行购买的概率。假设知道 θ 的值，且 n 的先验是 Pois(4.5)。

(a) 使用 PyMC3 计算 $Y \in 0,5,10$ 和 $\theta \in 0.2,0.5$ 的所有组合的 n 的后验分布。使用 az.plot_posterior 在单个图中绘制结果。

(b) 总结 Y 和 θ 对后验的影响。

1H22. 修改代码清单 1.2 以从正态分布生成样本，注意你选择的平均值和标准差参数。然后修改代码清单 1.1 和代码清单 1.3 以从正态模型中取样，检查是否可以得到所选参数。

1H23. 制作一个模型，估计你所在地区晴天与阴天的比例。使用过去 5 天的个人观察数据。仔细考虑数据收集过程。要记住过去的 5 天有多难？如果需要过去 30 天的数据，怎么办？需要过去一年的数据呢？请证明你选择的先验是正确的。获得后验分布，估计晴天与阴天的比例。生成对未来 10 天天气的预测。使用数字汇总和可视化给出你的答案。

1H24. 你种了 12 棵幼苗，有 3 棵发芽了。设 θ 为幼苗发芽的概率。假设 θ 的先验分布为 $\beta(1, 1)$。

(a) 用笔和纸计算后验平均值和标准差。使用 SciPy 验证你的计算。

(b) 使用 SciPy 计算等尾且 HD 为 94%的后验区间。

(c) 使用 SciPy 计算后验预测概率，如果再种植 12 棵幼苗，则至少有 1 棵幼苗会发芽。

使用 SciPy 获得结果后，使用 PyMC3 和 ArviZ 重复此练习。

第 2 章
贝叶斯模型的探索性分析

如第 1 章所述，贝叶斯推断使模型适应可用数据并获得后验分布。我们可以使用纸、笔、计算机等设备进行推断。此外，推断过程通常还包括对一些其他量的计算，如先验预测分布和后验预测分布。但贝叶斯建模比贝叶斯推断内容更为广泛。我们通常希望贝叶斯建模能够靠简单指定模型和计算后验就能实现，但一般不会这样。事实上，要想成功进行贝叶斯数据分析，需要完成许多其他同等重要的任务。本章将讨论其中一些任务，包括检查模型假设、诊断推断结果和模型比较。

2.1 贝叶斯推断前后的工作

成功的贝叶斯建模方法除了要进行贝叶斯推断，还需要执行很多其他任务[1]。典型的如：

- 模型诊断，对使用数值方法获得的推断结果进行诊断，评估其质量。
- 模型评判，包括对模型假设和模型预测的评估。
- 模型比较，包括模型选择或模型平均。
- 为特定受众准备结果。

实现上述任务需要用一些数字汇总和可视化手段来帮助从业者分析模型，我们称此类任务为**贝叶斯模型的探索性分析(Exploratory Analysis of Bayesian Models)**。此名称源于统计方法中的探索性数据分析(Exploratory Data Analysis，EDA)[150]。该分析方法通常使用可视化方法，来汇总数据集的主要特征。引用 Persi Diaconis 所说[46]：

EDA 旨在揭示数据中的结构或简单描述。人们查看数字或图并尝试找到其中蕴含的模式(pattern)，从背景信息、想象、感知到的模式和其他数据分析经验中寻求线索。

---

1 我们一开始省略了与获取数据相关的任务，但试验设计与统计分析中的其他方面一样重要，甚至更重要，见第 10 章。

EDA 通常在推断之前执行，有时甚至可以代替推断。我们以及之前的许多研究者[57,64]认为，EDA 中的许多想法都可以被使用、重新解释，并扩展为鲁棒的贝叶斯建模方法。在本书中将主要使用 Python 的 ArviZ 库来对贝叶斯模型进行探索性分析。

在现实生活中，贝叶斯推断和贝叶斯模型的探索性分析经常交织在一个迭代的工作流中，其中可能还包括低级编码错误、计算问题、对模型充分性的怀疑、对当前对数据的理解的怀疑、非线性模型构建、模型检查等很多方面。试图在一本书中描述这种复杂的工作流非常有挑战性，也不是本书的重点。因此，我们会省略部分甚至全部探索性分析步骤，或者将其留作练习。这并非因为探索性分析没有必要或不重要；相反，它非常重要，在编写本书的过程中，我们实际上在"幕后"进行了大量迭代工作。但也确实在某些地方省略了这些内容，以便重点关注其他方面，如模型细节、计算特征或基础数学。

2.2   理解你的假设

如在 1.4 节中讨论的，"什么是最好的先验？"是一个很吸引人的话题。但很难给出一个令人满意的答案，只能说"视情况而定"。我们可以尝试得出给定模型或模型族的默认先验，将其结果推广到更多数据集。但如果能够为特定问题生成涵盖更多信息的先验，那么一定也能够找到更好的方法。事实上，好的默认先验不仅可以作为快速/默认分析的基础，当深入迭代探索性贝叶斯建模工作流时，它还可以作为更优先验的一个占位符。

选择先验时的一个问题在于：先验通过模型传导到数据中时，有时候很难直观理解其产生的结果。在参数空间中做出的选择可能会在观测数据空间中引发一些意想不到的结果。因此，为了更好地理解假设，需要一种能够查看其效果的工具——先验预测分布，我们在 1.1.2 节和式(1.7)中有所提及。在实际工作中，不需要以观测数据为条件，就可以通过从模型中采样来获得先验预测分布。通过从先验预测分布中采样，计算机将我们在参数空间中所做的选择转换到观测数据空间。用这种样本评估先验的过程被称为**先验预测检查**(prior predictive check)。

假设希望建立一个足球模型。具体来说，研究点球得分的概率。经过思考，我们决定使用几何模型来建模。根据图 2.1 中的示意图和三角函数知识，可以得出以下计算进球概率的公式：

$$p\left(|\alpha| < \tan^{-1}\left(\frac{L}{x}\right)\right) = 2\Phi\left(\frac{\tan^{-1}\left(\frac{L}{x}\right)}{\sigma}\right) - 1 \tag{2.1}$$

式(2.1)的原理是：①假设进球概率取决于$|\alpha|$是否小于某个角度阈值$\tan^{-1}\left(\frac{L}{x}\right)$；②假设球员努力直向踢球(即射门角度为 0°)，但存在某些因素导致足球的轨迹出现偏差σ。

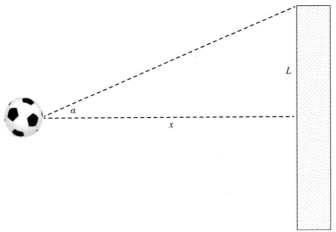

图2.1　点球的示意图。虚线表示要想得分所必须的踢球角度 α。x 代表罚球距离(11m)，L 代表球门长度的一半(3.66m)

式(2.1)中唯一的未知量是偏差参数 σ，L 和 x 的值都可以从足球规则中得到。作为贝叶斯从业者，不知道一个量时，通常会为其分配先验，然后尝试建立贝叶斯模型去估计它。例如，可以这样写：

$$\sigma = \mathcal{HN}(\sigma_\sigma)$$
$$\text{p\_goal} = 2\Phi\left(\frac{\tan^{-1}\left(\frac{L}{x}\right)}{\sigma}\right) - 1 \tag{2.2}$$
$$Y = \text{Bin}(n = 1, p = \text{p\_goal})$$

现在尚不完全确定模型对足球领域知识的表达程度如何，因此可以尝试从先验预测中采样，以获得一些直观感觉。图 2.2 显示了 3 个先验样本(分别用 σ_σ 的 3 个值 5、20 和 60 来表示)对应的预测结果。灰色的扇形区域代表假设罚点球角度为 0° 且未受其他因素(如风、摩擦等)影响时，应该进球的一组角度。可以看到，当前的模型假设：即使在射门角度比灰色区域更大时，也有可能进球。更为有趣的是，如果存在较大的 σ_σ 值，该模型会认为朝球门相反的方向射门也有可能进球(虽然可能性很小)。

针对上述问题，现在有几个选择：一是重新设计模型以结合更多的几何性质；二是调整先验以减少得出无意义结果的概率(但并没有完全排除它们)；三是直接用当前先验拟合数据，然后查看数据是否有足够信息，能够排除无意义的参数值得出后验。图 2.3 显示了另一个我们可能觉得意外的示例[1]。该示例显示了一个具有两个预测变量的逻辑回归[2]，其回归系数上的先验为 $\mathcal{N}(0, 1)$。当增加预测变量的数量时，先验预测分布的平均值参数从聚集在 0.5 左右(左侧子图)变为均匀分布(中间子图)，又变为集中在极值 0 或 1(右侧子图)。这个示例提示我们：随着预测变量数量的增加，先验预测分布会更加集中于极值。因此，我们可能需要一个更强的正则化先验(如拉普拉斯分布)，以使模型远离极值。

1　该示例改编自[64]。

2　有关逻辑回归模型的详细信息，参见第 3 章。

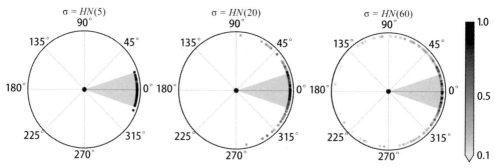

图 2.2   式(2.2)中模型的先验预测检查。每个子图对应于 σ 参数的不同先验值。每个圆形图中心的黑点代表罚球点，边际处的点代表射门位置，由角度 α 的值刻画(见图 2.1)，颜色代表进球概率

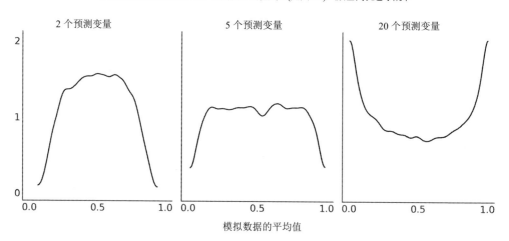

图 2.3   对逻辑回归模型做出的先验预测分布，从左至右模型分别具有 2 个、5 个、15 个预测变量，每个都有 100 个数据点。KDE 表示了 10 000 条模拟数据的平均值呈现出的分布。3 个子图中的系数均采用了 $\mathcal{N}(0,1)$ 先验，但增加预测变量数量实际上等价于使先验集中于极值

　　上述两个示例都表明，不能孤立地理解先验，必须将其置于特定模型中。通常，根据观测值进行思考比根据模型参数进行思考更容易，因此先验预测分布有助于降低模型评估的难度。在参数经过多次数学转换或多个先验存在交互的复杂模型场景中，先验预测分布的作用更为明显。此外，先验预测分布也可用于向广大涉众直观展示结果或讨论模型。当领域专家不熟悉统计符号或代码时，沟通很难富有成效。但如果展示的是一个或多个模型的直观涵义，就可以为他们提供更多的讨论材料，进而为你和合作伙伴提供有价值的见解。计算先验预测还有其他优势，例如辅助调试模型、确保模型编写正确、保证模型能够在计算环境中正确运行等。

2.3   理解你的预测

　　我们可以使用来自先验预测分布的合成(生成)数据帮助我们检查模型，也可以使用后验预

测分布进行类似的分析，这个概念在 1.1.2 节和式(1.8)中有所提及。生成后验预测样本并基于样本做模型评估的过程，通常称为**后验预测检查(posterior predictive check)**。其基本原理是评估生成数据与实际观测数据的接近程度。理论上，评估接近程度的方法因研究问题而异，但也存在一些通用规则。我们甚至可能想要使用多种指标来评估模型匹配数据(或错配数据)的各种方式。

图 2.4 显示了一个非常简单的贝塔二项式模型和数据的示例。在左图中，将数据中观测到的成功次数(蓝线)与后验预测分布中超过 1000 个样本的预测成功次数进行了比较。右图是另一种表示结果的方式，显示了观测数据(蓝线)与来自后验分布的 1000 个样本中的成功/失败比。正如所见，在当前设置下，即使模型认识到存在很多不确定性，仍能很好地捕获平均值。不过，我们不应该对此感到惊讶，因为我们直接对二项分布的平均值进行了建模。在后续章节中，还将看到一些示例，说明后验预测检查为模型拟合数据提供更有价值的信息。

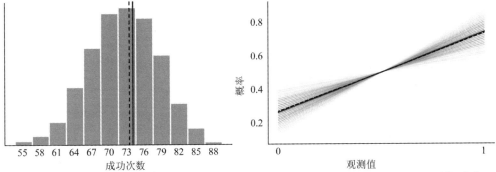

图 2.4　贝塔二项式模型的后验预测检查。左图中有预测成功的数量(灰色直方图)，黑色虚线表示预测成功的平均值，蓝线是根据观测数据计算的平均值。右图用另外一种形式表达了相同的信息，该图中绘制的是获得 0(或 1)的概率，而不是成功的数量。我们用一条直线表示 $p(y=0)=1-p(y=1)$ 的概率，其中黑虚线代表预测概率的平均值，蓝线则是从观测数据中计算的概率平均值

后验预测检查不仅限于绘图，还可以用于执行数值检验[59]。计算贝叶斯 p 值就是其中一种：

$$p_B = p(T_{\text{sim}} \le T_{\text{obs}} \,|\, \tilde{Y}) \tag{2.3}$$

其中，p_B 是贝叶斯 p 值，定义为模拟的统计量 T_{obs} 小于或等于观测统计量 T_{sim} 的概率。统计量 T 可以是任何用于评估模型是否拟合数据的指标。对于上述二项式模型的示例，可以选择成功率作为统计量，其中观测到的成功率作为 T_{obs}，然后将其与后验预测分布的成功率 T_{sim} 进行比较。如果 $p_B=0.5$，表明模拟生成的统计量 T_{sim} 低于和高于观测统计量 T_{obs} 的概率均为 1/2，而这恰恰是我们期望的正确拟合结果。

因为绘图更加直观一些，所以也可以使用贝叶斯 p 值制图。图 2.5 的左图以黑色实线显示了贝叶斯 p 值的分布，虚线表示相同大小数据集期望的分布。这里使用 ArviZ 的 az.plot_bpv(.,kind = "p_value")函数获得此图。右图在概念上相似，不同之处在于，其评估了有多少模拟数据低于(或高于)观测数据。对于一个校准良好的模型，所有观测值都应该得到同样好的预测，即预测高于或低于期望的数量应该相同，因此应该得到一个均匀分布。对于任何有限数据集，即使完美校准的模型也会与均匀分布有偏差，我们绘制了一个区域，期望看到类均匀

曲线的 94%区间。

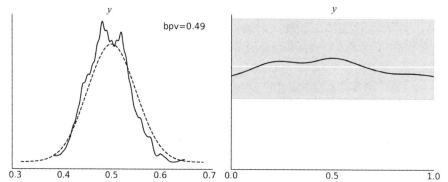

图 2.5   贝塔二项式模型的后验预测分布。在左图中，实曲线表示小于或等于实际观测值的预测值比例(采用了 KDE)。虚线表示当预测数据集与观测数据大小相同时，我们期望的分布。在右图中，黑线同样表示了小于或等于观测值的预测值比例(采用了 KDE)。但左图是在每个模拟上做计算，而右图是在每个观测上做计算。白线代表一个标准均匀分布的理想情况，灰色区域表示在相同大小的数据集上，期望看到的与该均匀分布的偏差(94%区间)

贝叶斯 p 值

将 p_B 称为贝叶斯 p 值，因为式(2.3)中的量实质上是 p 值的定义，之所以称其为贝叶斯 p 值，是因为并没有使用零假设条件下统计量 T 的分布作为采样分布，而是使用了后验预测分布。注意，我们没有以任何零假设为条件；也没有使用任何预定义的阈值来表示统计显著性或执行假设检验。

如前所述，为汇总观测数据和预测结果，可以选择的 T 统计量有很多。图 2.6 显示了其中两个示例，左图中的 T 为平均值，右图中的 T 为标准差。曲线表示基于后验预测分布的 T 统计量的分布(采用了 KDE)，底部的黑点是实际观测数据的值。

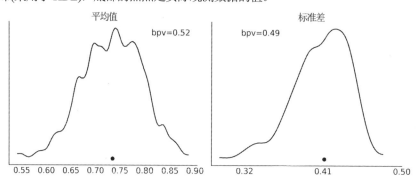

图 2.6   贝塔二项式模型的后验预测分布。在左图中，实曲线表示平均值小于或等于实际观测数据的模拟预测结果的比例(采用了 KDE)。在右图中，变成了标准差。黑点代表根据观测数据计算的平均值(左图)或标准差(右图)

在继续阅读之前，应该先仔细观察图 2.7。对于图 2.7，有一系列简单示例帮助我们理解后验预测检查图[1]。在所有这些示例中，观测数据(蓝色)都遵循高斯分布。

---

1 后验预测检查图是一个非常普遍的概念。这些图并不试图显示唯一可用的选项，显示的是 ArviZ 提供的一些选项。

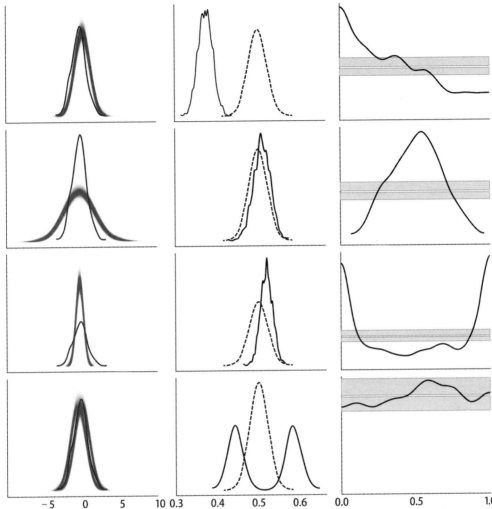

图 2.7　一组简单的假设模型的后验预测检查。在第一列中，蓝色实线代表观测数据；浅灰色部分表示来自假设模型的预测结果。在第二列中，实线是小于或等于观测数据的预测结果比例(采用了 KDE)，而虚线表示采用与观测数据集大小相同的数据集时预期的分布。在第三列中，黑色曲线指在每个观测处，小于或等于观测数据的预测结果比例。白线代表预期的均匀分布，灰色区域表示采用与观测数据集大小相同的数据集时预期的偏差。该图使用 ArviZ 的函数 az.plot_ppc(.)、az.plot_bpv(.,kind="p_values")和 az.plot_bpv(.,kind="u_values")绘制

(1) 在第一行，模型预测的观测值相对于观测数据系统地转移到更高值。

(2) 在第二行，模型做出的预测比观测数据更广泛。

(3) 在第三行，在相反的情况下，模型在尾部没有生成足够的预测。

(4) 最后一行显示了一个模型在混合高斯后进行预测。

现在注意图 2.7 的第三列。此列中的图非常有用，但也容易令人困惑。从上到下，可以理解为：

(1) 模型左尾缺少观测值(而右尾观测值较多)。

(2) 模型在中间做出的预测较少(而在尾部做出的预测较多)。

(3) 模型在两侧尾部的预测都较少。

(4) 该模型尽力做出良好校准的预测，但我是一个持怀疑态度的人，所以我应该运行另外的后验预测检查来进一步确认。

如果这种解读方式仍然让你感到困惑，可以从完全等效的不同角度更直观地理解，但要记住你可以更改模型，而不是观测结果[1]。从上到下，可以理解为：

(1) 左侧观测较多。

(2) 中间观测较多。

(3) 尾部观测较多。

(4) 观测结果似乎均匀分布(至少在预期范围内)，但你不应该轻易相信我。这只是理想情况下的模型。

我们希望图 2.7 及其讨论能帮助你更好地在实际场景中执行模型检查。

无论是采用绘图、数字汇总信息还是两者结合的方式，后验预测检查都是一个足够灵活的概念。这个概念足以让从业者发挥想象力，从不同的方式，通过自己的后验预测来探索、评估和理解不同的模型，进一步在面向特定问题时，掌握这些模型的适用程度。

2.4　诊断数值推断

对于某些模型，用笔和纸求解后验可能很乏味，或是数学求解很复杂，此时采用数值方法逼近计算后验分布，有助于求解贝叶斯模型。但是，这些数值方法并不总是按照预期工作。因此，必须人工参与评估其结果的可用性。目前，有一系列数值和可视化诊断工具用于辅助诊断。在本节中，将针对 MCMC 方法，讨论其最常见、有用的诊断工具。

为了理解这些诊断工具，我们先创建 3 个合成后验。第一个为来自 Beta(2, 5)的样本。使用 SciPy 生成该样本，并称之为 good_chains，表示这是一个好样本。因为这是在理想情况下，我们想要的独立同分布样本(independent and identically distributed，iid)。第二个合成后验称为 bad_chains0，表示来自后验的不良样本。在对 good_chains 排序后，添加一个小的高斯误差生成该样本。bad_chains0 是不良样本的原因有两个：

● 这些值不独立。相反，它们是高度自相关的。这意味着如果给定序列中任何位置的任何数字，都可以以高精度计算出其前后的值。

● 这些值不是同分布的，因为我们将之前展平并排序的数组转换为二维数组，代表了两条链。

第三个合成后验称为 bad_chains1，也从 good_chains 生成，我们随机引入彼此高度相关的连续样本片段，生成后验的不良样本表示。bad_chains1 代表了一种很常见的场景，即采样器可以很好地处理参数空间的大部分区域，但同时存在一个或多个很难采样的区域，如代码清单 2.1 所示。

---

1 除非你需要再次收集数据，但那是完全不同的情况。

代码清单 2.1

```
1 good_chains = stats.beta.rvs(2, 5,size=(2, 2000))
2 bad_chains0 = np.random.normal(np.sort(good_chains, axis=None), 0.05,
3                                 size=4000).reshape(2, -1)
4
5 bad_chains1 = good_chains.copy()
6 for i in np.random.randint(1900, size=4):
7     bad_chains1[i%2:,i:i+100] = np.random.beta(i, 950, size=100)
8
9 chains = {"good_chains":good_chains,
10          "bad_chains0":bad_chains0,
11          "bad_chains1":bad_chains1}
```

注意，3 个合成后验都是标量(单参数)的后验分布样本，不过这对于当前讨论来说已经足够了，因为后面的诊断都是针对模型中的每个参数计算的。

2.4.1　有效样本量

使用 MCMC 采样方法时，有理由怀疑样本是否足够大，是否能够可靠地计算所需要的量，如平均值或 HDI。对于这个问题，无法仅通过查看样本数量直接回答，由于来自 MCMC 方法的样本具有一定程度的**自相关性**，因此其中包含的实际信息量会比相同大小的独立同分布样本中要少。一系列数值有自相关性，是指可以观测到这些值之间的相似性是其时间滞后的函数。例如，如果今天的日落时间是傍晚 6:03，那么你知道明天的日落时间大约是同一时间。事实上，在知道今天的值后，离赤道越近，预测未来日落时间的时间滞后就越长。也就是说，赤道处的自相关性比靠近两极的地方大。

从上述分析出发，可以将有效样本量(Effective Sample Size，ESS)视为一个考虑自相关性的估计量，能够提供当样本为独立同分布时应该具备的抽样次数。此解释很合理，但小心不要过度解读，后文将进一步说明。

可以使用 ArviZ 的 az.ess()函数计算平均值参数的有效样本大小，如代码清单 2.2 所示。

代码清单 2.2

```
az.ess(chains)
<xarray.Dataset>
Dimensions: ()
Data variables:
    good_chains float64 4.389e+03
    bad_chains0 float64 2.436
    bad_chains1 float64 111.1
```

可以看到，当合成后验中的真实样本数为 4000 时，bad_chains0 的有效样本数量仅相当于样本量≈2 个的独立同分布样本。这个数字过低，表明采样器存在问题。不过考虑到 ArviZ 用于计算 ESS 的方法和创建 bad_chains0 的方法，此结果完全可以预期。bad_chains0 为双峰分布，每条链都被卡在了每个峰值中。此时，ESS 大约等于 MCMC 链所探索的峰值数量。bad_chains1 也得到了一个较低的数字≈111，只有 good_chains 的 ESS 接近实际样本数。

关于有效样本的有效性

如果使用不同的随机种子重新生成合成后验的样本，会看到每次得到的有效样本数都不同，这是由于每次的样本不会完全相同，它们毕竟是样本。对于 good_chains，平均而言有效样本数将低于样本数。但注意，ESS 实际上可能更大！使用 NUTS 采样器(参见 11.9 节)时，如果存在某些参数的后验分布接近高斯分布但几乎独立于模型中的其他参数，则可能会出现大于实际样本总数的 ESS。

马尔可夫链的收敛性在参数空间上并不均匀[155]，直观地说，从分布主体比从尾部更容易获得良好近似值，因为尾部主要是罕见的事件。az.ess()返回的默认值为 bulk-ESS，它主要评估分布中心的情况。如果对后验区间或罕见事件感兴趣，可以检查 tail-ESS 的值，它对应于 5%和95%处的最小 ESS。如果对特定分位数感兴趣，可以使用 az.ess(.,method='quantile')函数对特定值进行查询。

由于 ESS 在参数空间中存在变化，因此在一个图中可视化这种变化会很有用。目前至少有两种方法可以做到这一点：一是用 az.plot_ess(.,kind="quantiles")函数绘制 ESS 的具体分位数，二是用 az.plot_ess(.,kind="local")函数绘制两个分位数之间定义的小区间，如图 2.8 所示。代码如代码清单 2.3 所示。

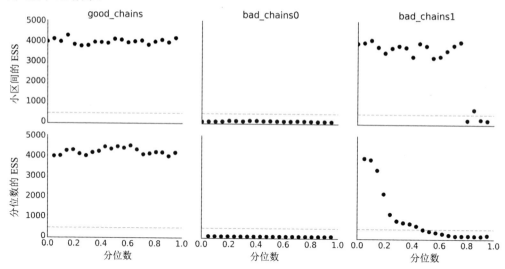

图 2.8   上图：小区间概率估计的局部 ESS。下图：分位数 ESS 估计。虚线为人为设定的有效样本数最小建议值 400。
理想情况下，我们希望局部和分位数 ESS 在参数空间的所有区域都很高

代码清单 2.3

```
1 _, axes = plt.subplots(2, 3, sharey=True, sharex=True)
2 az.plot_ess(chains, kind="local", ax=axes[0]);
3 az.plot_ess(chains, kind="quantile", ax=axes[1]);
```

根据经验，建议 ESS 大于 400，否则，对 ESS 自身的估计和对其他量(如下面将介绍的 $\hat{R}$)的估计，基本上不可靠[155]。最后再次强调，这里讨论的 ESS 是指当样本为独立同分布时的样

本数量，但对于这种解释必须多加小心，因为参数空间不同区域的实际 ESS 并不相同。因此，直觉判断仍然有用。

2.4.2　潜在尺度缩减因子($\hat{R}$)

在一般条件下，MCMC 方法有理论上的保证：无论该链的起点在何处，最终都会得到正确答案，但这仅对无限样本有效。因此在实践中，需要一些估计有限样本收敛性的方法。一个普遍做法是运行多个链，各个链从不同的点开始，然后检查生成的链是否看起来相似。这个概念可以表示为数值诊断 $\hat{R}$。该指标的计算公式有很多版本，因为多年来一直在改进[155]。最初，$\hat{R}$ 诊断被解释为 MCMC 有限采样导致的方差高估。这意味着，如果继续无限采样，估计方差应该会减少一个 $\hat{R}$，因此得名"潜在尺度缩减因子"(Potential Scale Redution Factor，PSRF)。$\hat{R}$ 的目标值为 1，也就是说，当 $\hat{R}$ 达到 1 时，采样就进入了理想状态，继续增加样本也不会再减少估计的方差。但是，实际使用时，最好只是将其视为一种诊断工具，而不要过度理解。

参数 θ 的 $\hat{R}$ 为：θ 的所有样本的标准差(包括所有链)除以分离的链内标准差的均方根。实际计算时涉及的内容会更多一点，但总体思路不变[155]。在理想情况下，应该得到值 1，即链间方差应该与链内方差一致。但实际上，$\hat{R} \lesssim 1.01$ 通常也可行。

使用 ArviZ，可以调用 az.rhat()函数来计算 $\hat{R}$，如代码清单 2.4 所示。

代码清单 2.4

```
az.rhat(chains)
<xarray.Dataset>
Dimensions:     ()
Data variables:
    good_chains float64 1.000
    bad_chains0 float64 2.408
    bad_chains1 float64 1.033
```

从此结果可以看出 $\hat{R}$ 准确地将 good_chains 识别为好样本，将 bad_chains0 和 bad_chains1 识别为具有不同程度问题的样本。虽然 bad_chains0 完全不可用，但 bad_chains1 似乎更接近良好链，只是偏差较大。

2.4.3　蒙特卡罗标准差

通过 MCMC 方法，用有限数量的样本逼近整个后验分布，进而引入了额外的不确定性。这种不确定性可以使用蒙特卡罗标准差(Monte Carlo Standard Error，MCSE)来量化，MCSE 基于马尔可夫链中心极限定理(参见 11.1.11 节)。MCSE 考虑到样本并非真正相互独立，其实际上是从 ESS 计算得出的[155]。ESS 和 $\hat{R}$ 的取值与参数自身的尺度无关，但对 MCSE 大小的解释需要分析人员具有相关领域专业知识。如果想要将估计的参数值取到小数点后两位，就需要确保 MCSE 小于小数点后两位，否则将错误地取得比实际精度更高的精度。此外，只有确定 ESS 足够大并且 $\hat{R}$ 足够小时，检查 MCSE 才有意义；否则，MCSE 没有用。

使用 ArviZ，可以调用函数 az.mcse()来计算 MCSE，如代码清单 2.5 所示。

代码清单 2.5

```
az.mcse(chains)
<xarray.Dataset>
Dimensions:     ()
Data variables:
    good_chains  float64 0.002381
    bad_chains0  float64 0.1077
    bad_chains1  float64 0.01781
```

与 ESS 一样，MCSE 在参数空间中也会变化，因此有时可能想进一步评估不同区域的 MCSE，如特定分位数的 MCSE。此外，有时会需要像图 2.9 一样，同时可视化多个值。相应的代码如代码清单 2.6 所示。

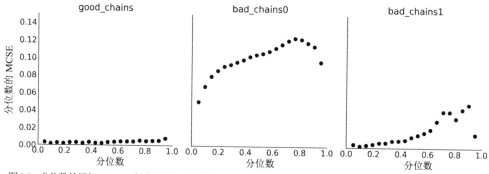

图 2.9   分位数的局部 MCSE。每个子图中垂直轴的尺度相同，以方便对比。理想情况下，希望 MCSE 在参数空间的所有区域中都很小。注意，与两条不良链的 MCSE 相比，good_chains 的 MCSE 值在参数空间的所有值处都相对较低

代码清单 2.6

```
az.plot_mcse(chains)
```

最后，可以通过一次性调用 az.summary(.)函数一起计算 ESS、$\hat{R}$ 和 MCSE，如代码清单 2.7 所示。

代码清单 2.7

```
az.summary(chains, kind="diagnostics")
```

表 2.1 中第一列是平均值参数的 MCSE；第二列是标准差参数的 MCSE[1]；然后依次是参数空间的主体区域和尾部区域的有效样本数；最后是 $\hat{R}$ 。

表 2.1   一次性计算得到的 ESS、$\hat{R}$ 和 MCSE

	mcse_mean	mcse_sd	ess_bulk	ess_tail	r_hat
good_chains	0.002	0.002	4389.0	3966.0	1.00
bad_chains0	0.108	0.088	2.0	11.0	2.41
bad_chains1	0.018	0.013	111.0	105.0	1.03

---

1 不要与平均值的 MCSE 的标准差混淆。

2.4.4 轨迹图

轨迹图可能是贝叶斯领域中最流行的图。它通常是贝叶斯推断完成后制作的第一张图，可以非常直观地检查我们得到了什么。轨迹图利用在每个迭代步骤中抽取得到的样本值绘制。在轨迹图中，能够看到不同的链是否收敛到了同一分布、可以了解自相关性……如图 2.10 所示，使用 ArviZ，只需要调用函数 az.plot_trace(.)即可方便地获得模型参数的轨迹图(右)和样本值的概率分布图(左)，其中，连续型随机变量的概率分布图(右)采用 KDE 绘制，离散型随机变量(左)采用直方图表示(见代码清单 2.8)。

代码清单 2.8

```
az.plot_trace(chains)
```

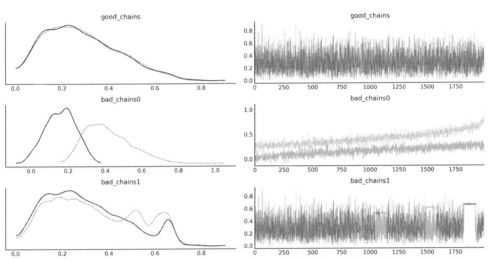

图 2.10   在左侧，可以看到每条链的样本概率分布图(采用 KDE)。在右侧，可以看到每条链每一步的采样值。注意 3 条链之间 KDE 和轨迹图的差异，特别是 good_chains 类似毛毛虫，而另外两条链则存在不规则性

图 2.10 显示了 chains 的轨迹图。从中可以看到：在 good_chains 中，两条独立链的抽取几乎属于同一分布，因为它们的分布图之间(随机)差异很小。按照迭代顺序(即轨迹本身)查看抽取的样本时，可以发现两条链都相当杂乱且不存在明显趋势或模式，而且肉眼很难将两条链区分开来。bad_chains0 的情况与之形成了鲜明对比，可以通过 KDE 和轨迹图清楚地看到两个不同的分布，其间只有少量重叠区，这表明两条链正在探索参数空间的不同区域。bad_chains1 的情况有点微妙。其 KDE 似乎与 good_chains 中的分布相似，但两条独立链之间存在更加明显的差异。真的有两个或三个峰值吗？分布似乎也不一致，也许真实分布只有一个峰值，而另外一个是伪影！多峰形态通常看起来比较可疑，除非有确切理由表明存在多峰分布，例如，数据来自多个群组。其轨迹图似乎也与 good_chains 中的轨迹有些相似，但仔细检查会发现其中存在部分单调性区域(图中平行于 x 轴的线)。这清楚地表明采样器卡在了参数空间的某些区域，这或许因为后验存在多峰，且在峰之间存在低概率的障碍区，又或许是因为参数空间中有一些区域的曲率与其他区域存在明显不同。

2.4.5   自相关图

正如在讨论有效样本数时所述,自相关性减少了样本中包含的实际信息量,因此我们希望尽量将其控制在最低限度,此时可以使用 az.plot_autocorr 函数直接可视化地检查自相关性代码,如代码清单 2.9 所示,运行结果如图 2.11 所示。

代码清单 2.9

```
az.plot_autocorr(chains, combined=True)
```

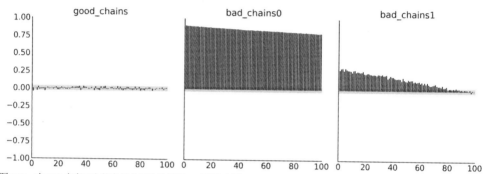

图 2.11   在 100 步窗口上的自相关函数柱状图。对于整个图,good_chains 的柱高度接近于零(并且大部分在灰色区域内),这表明自相关性非常低。bad_chains0 和 bad_chains1 中较高的柱状图表明自相关值较大,这是不可取的。灰色区域代表 95%置信区间

至少可定性预见,图 2.11 中的内容出现在看到 az.ess 结果后。good_chains 自相关值基本为 0;bad_chains0 高度相关;而 bad_chains1 并没有那么糟糕,但自相关性仍然很明显并且不会迅速下降。

2.4.6   秩图

秩图(rank plot)是另一种可视化诊断工具,可以用它比较链内和链间的采样行为。秩图是排序后样本的直方图,它先组合所有链,统一计算秩,然后分别为每条链绘制排序结果。如果所有链都针对同一分布,则秩应当服从均匀分布。此外,如果所有链的秩图看起来相似,通常表明链的混合良好[155],如图 2.12 所示。代码如代码清单 2.10 所示。

代码清单 2.10

```
az.plot_rank(chains, ax=ax[0], kind="bars")
```

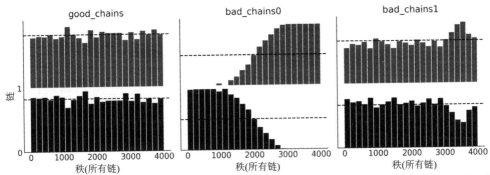

图2.12　使用 bar 表示的两条链的秩图。特别注意比较柱高度与表示均匀分布的虚线。理想情况下，柱图应遵循均匀分布

柱图表示法的一种替代方法是垂线，缩写为"vlines"，如图 2.13 所示。代码如代码清单 2.11 所示。

代码清单 2.11

```
az.plot_rank(chains, kind="vlines")
```

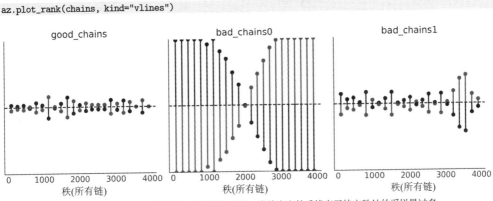

图2.13　使用 vlines 表示的秩图。垂线越短越好，虚线上方的垂线表示特定秩处的采样量过多，而下方的垂线表示采样量不足

在图 2.12 和图 2.13 中可以看到，good_chains 的秩非常接近均匀分布，并且两条链彼此相似，不存在明显的模式。而 bad_chains0 与之形成了鲜明对比，其结果偏离了均匀分布，并且两条链在分别探索不同的区域，只是在中间的秩附近有一些重叠。这个现象与 bad_chains0 的创建方式以及轨迹图显示的内容一致。bad_chains1 在某种程度上是均匀的，但存在较大的偏差，反映出问题比 bad_chains0 更局部化。

秩图比轨迹图更灵敏，因此推荐使用秩图。可以使用 az.plot_trace(.,kind="rank_bars")函数或 az.plot_trace(.,kind="rank_vlines")函数绘制上述两种秩图。这些函数不仅可以绘制秩图，还能绘制后验的边际分布。这有助于快速了解后验形式，并帮助我们发现采样或模型定义中存在的问题。尤其是在建模早期阶段，我们不太确定真正想做的事情时，需要探索许多不同的选择。随着模型成熟，待模型变得更有意义后，再检查 ESS、$\hat{R}$ 和 MCSE 等指标是否正常，如果不正常，也可以知道模型下一步需要改进。

2.4.7 散度

到目前为止，我们一直在研究 MCMC 方法生成的样本，以诊断采样器的性能。本节将介绍另外一种方法：通过监控采样器内部工作进行诊断。一个常见的此类诊断方法是 Hamiltonian Monte Carlo(HMC)采样器[1]中涉及的散度(divergences)。散度(离散转换)是一种强大而灵敏的样本诊断方法，可作为前几节中诊断方法的补充。

这里通过一个简单模型讨论散度，本书后面还能找到更现实的示例。模型由一个参数 $\theta2$ 组成，该参数在区间[$-\theta1$, $+\theta1$]内服从均匀分布，$\theta1$ 采样自正态分布。当 $\theta1$ 很大时，$\theta2$ 将服从一个跨越很大范围的均匀分布，当 $\theta1$ 接近 0 时，$\theta2$ 的分布宽度也将接近 0。使用 PyMC3，可以将此模型编写为如代码清单 2.12 所示。

代码清单 2.12

```
1 with pm.Model() as model_0:
2     θ1 = pm.Normal("θ1", 0, 1, testval=0.1)
3     θ2 = pm.Uniform("θ2", -θ1, θ1)
4     idata_0 = pm.sample(return_inferencedata=True)
```

> ### ArviZ 的 InferenceData 格式
>
> *az.InferenceData* 是一种专门为 MCMC 的贝叶斯用户设计的数据格式。它以一个 N 维数组的软件库 xarray[82]为基础。InferenceData 对象的主要目的是提供一种方便的方式，来存储和操作贝叶斯工作流中生成的信息，包括来自后验、先验、后验预测、先验预测分布等的样本，以及采样期间生成的其他信息和诊断数据。InferenceData 对象使用组这一概念来组织这些信息。
>
> 在本书中，会大量使用 az.InferenceData。用它存储贝叶斯推断结果、计算诊断、生成绘图以及从磁盘读取和写入。有关完整的技术说明和 API，请参阅 ArviZ 文档。

注意代码清单 2.12 中的模型不以任何观测为条件，这意味着 model_0 指定了由两个未知数($\theta1$ 和 $\theta2$)参数化的后验分布。你可能注意到代码中包含了参数 testval = 0.1。这样做是为了指示 PyMC3 从特定值(本例中为 0.1)开始采样，而不是从其默认值 $\theta1 = 0$ 开始采样。因为对于 $\theta1 = 0$，$\theta2$ 的概率密度函数将对应狄拉克 δ 函数[2]，这会产生错误。使用 testval = 0.1 只影响采样的初始化方式。

在图 2.14 中，可以在 model0 的 KDE 底部看到很多竖条。每个竖条代表一个散度，表明在采样过程中出现了问题。其他图也同理，例如图 2.15 所示的 az.plot_pair(.,divergences=True)，其中散度表示为蓝点，可以看到它无处不在！

---

1 贝叶斯推断中最有用、最常用的采样方法是 HMC 的变体，例如包括 PyMC3 中连续变量的默认方法。该方法详见 11.9.3 节。
2 该函数处处为 0 且在有限值为 0。

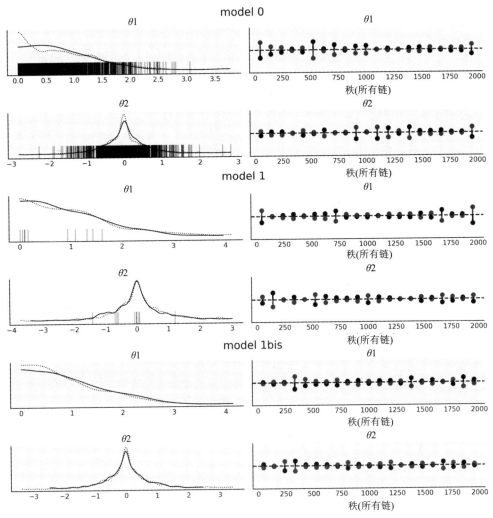

图 2.14 model 0(代码清单 2.12)、model 1(代码清单 2.13)、model 1bis(与 model 1 相同，但使用了
pm.sample(.,target_accept=0.95))的 KDE 和秩图。黑色竖条代表散度

　　model 0 肯定有问题。通过检查代码清单 2.12 中的模型定义，可能会意识到我们的定义方式出现了问题。$\theta1$ 是一个以 0 为中心的正态分布，因此预期有一半的值是负数，但是对于负值，$\theta2$ 将定义在区间[$+\theta1$, $-\theta1$]内，这多少有点奇怪。因此，我们尝试**重参数化**(reparameterize)该模型，即采用数学上等效但参数化不同的形式来表达模型，如代码清单 2.13 所示。

代码清单 2.13

```
1 with pm.Model() as model_1:
2     θ1 = pm.HalfNormal("θ1", 1 / (1-2/np.pi)**0.5)
3     θ2 = pm.Uniform("θ2", -θ1, θ1)
4     idata_1 = pm.sample(return_inferencedata=True)
```

　　现在 $\theta 1$ 将始终提供合理的值，可以将其输入 $\theta 2$ 的定义中。注意，将 $\theta 1$ 的标准差定义为

$\dfrac{1}{\sqrt{\left(1-\dfrac{2}{\pi}\right)}}$ 而不是 1。这是因为半正态分布的标准差是 $\sigma\sqrt{\left(1-\dfrac{2}{\pi}\right)}$，其中 σ 是半正态分布的尺

度参数。换句话说，σ 是展开了的正态分布的标准差，而不是半正态分布的标准差。

　　下面观察重参数化的模型如何处理散度。图 2.14 和图 2.15 表明，model1 的散度数量已大幅减少，但仍然可以看到一部分。减少散度的一个简单做法是，增加 target_accept 的值，如代码清单 2.14 所示，默认情况下此值为 0.8，最大有效值为 1(详见 11.9.3 节)。

代码清单 2.14

```
1 with pm.Model() as model_1bis:
2     θ1 = pm.HalfNormal("θ1", 1 / (1-2/np.pi)**0.5)
3     θ2 = pm.Uniform("θ2", -θ1, θ1)
4     idata_1bis = pm.sample(target_accept=.95, return_inferencedata=True)
```

　　图 2.14 和图 2.15 中的 model1bis 与 model1 相同，但更改了一个采样参数的默认值 pm.sample(.,target_accept=0.95)。可以看到最终消除了所有散度。这是个好消息，但要想信任这些样本，仍然需要像前几节一样，检查 $\hat{R}$ 和 ESS 的值。

> **重参数化**
>
> 　　重参数化有助于将难以采样的后验几何形态转换为更容易采样的几何形态。这有助于消除散度，但即使不存在散度，重参数化也有用。例如，可以将其用于加快采样速度或增加有效样本数，而不会增加计算成本。此外，重参数化还有助于更好地解释或传达模型及其结果(参见 1.4.1 节中的 Alice 和 Bob 的示例)。

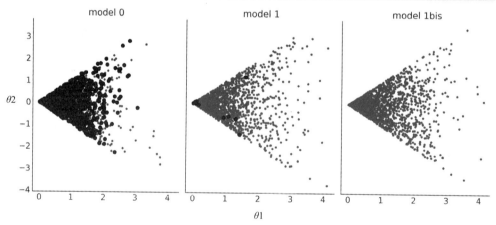

图2.15　model 0(代码清单 2.12)、model 1(代码清单 2.13)、model 1bis(与 model 1 相同但使用了 pm.sample(.,target_accept=0.95))的后验分布样本的散点图。蓝点代表散度

2.4.8　采样器的参数和其他诊断方法

　　大多数采样器方法都有影响自身性能的超参数。虽然大多数概率编程语言尝试使用合理的

默认值，但实践中并不适用于所有的数据和模型。有时(例如散度源于数值不精确时)可以通过增加参数 target_accept 的值来消除散度。另外还有其他采样器参数能够帮助解决采样问题，例如，我们可能希望增加调整 MCMC 采样器的迭代次数。在 PyMC3 中，有默认的采样器参数 pm.sample(..,tune=1000)。在调优阶段，采样器参数会自动调整。有些模型更复杂，需要更多交互才能让采样器学习到更好的参数。因此增加调整步数有助于增加 ESS 或降低 $\hat{R}$。增加抽样次数也有助于收敛，但总的来说其他途径更有效。如果一个模型在数千次抽取后都未能收敛，那么通常抽取次数增加到原来的 10 倍仍然会失败，或者虽稍有改进但其额外计算成本并不合理。此时，重参数化、改进模型结构、提供信息更多的先验，甚至更改模型，通常会更有效[1]。需要注意的是，在建模早期，可以使用较少的抽取次数来测试模型是否能够运行、是否已经编写了期望的模型、是否大致得到了合理结果等。这种初始检查大约只需要 200 或 300 次抽样即可达到目的。然后，对模型更有信心时，可以将抽取次数增加到几千次，大约可以设置为 2000 或 4000 次。

除了本章中介绍的诊断，还存在其他诊断方法，如平行图和分离图。所有这些诊断方法都有自己的用途。但是为了简洁，本节中没有介绍。建议查看 ArviZ 文档和绘图库以获得更多示例。

2.5　模型比较

通常，我们希望模型既不会太简单以至于错过了数据中有价值的信息，也不会太复杂从而导致过拟合数据中的噪声。找到这个平衡点是一项复杂的任务，一是没有单一的标准来定义最佳解决方案，二是可能根本不存在最佳解决方案，三是在实践中需要在同一数据集支撑下的有限个模型中选择。

尽管如此，我们仍然可以尝试寻找一些好的通用策略。一种解决方案是计算模型的泛化误差，也称为样本外预测精度(out-of-sample predictive accuracy)，估计模型在预测不用于拟合的数据时的性能。理想情况下，任何预测精度的度量都应该考虑到问题本身，包括与模型预测有关的效益和成本。也就是说，应该用一些决策论方法。不过也可以依赖一些适用于广泛模型和问题的通用手段，这种手段有时被称为评分规则，因为它们有助于对模型进行评分和排序。在众多评分规则中，对数评分规则具有非常好的理论性质[67]，因此被广泛使用。贝叶斯背景下，对数评分规则的计算公式为：

$$\text{ELPD} = \sum_{i=1}^{n} \int p_t(\tilde{y}_i) \, \log p(\tilde{y}_i \mid y_i) \, \mathrm{d}\tilde{y}_i \tag{2.4}$$

其中，$p_t(\tilde{y}_i)$ 为生成数据 $\tilde{y}_i$ 的真实过程的分布，而 $p(\tilde{y}_i \mid y_i)$ 为模型对应的后验预测分布。式(2.4)中定义的量被称为**逐点对数预测密度期望(ELPD)**。称为"期望"，是因为我们是在真实

1　对于像顺序蒙特卡罗这样的采样器，增加抽取的数量也会增加粒子的数量，因此它实际上可以提供更好的收敛。见 11.9.4 节。

数据生成过程上做积分操作，即在可能由该过程生成的所有数据集上做积分；称为"逐点"，是因为是在 n 个观测点上对每个观测点(y_i)进行计算；称为"密度"，则是为了简化表示连续和离散模型[1]。

在实践中，并不知道 $p_t(\tilde{y}_i)$，因此无法直接使用式(2.4)中定义的 ELPD，只能用式(2.5)计算：

$$\sum_{i=1}^{n} \log \int p(y_i \mid \boldsymbol{\theta}) \, p(\boldsymbol{\theta} \mid y) \mathrm{d}\boldsymbol{\theta} \tag{2.5}$$

式(2.5)定义的量(或乘以某个常数)通常称为偏差，它在贝叶斯和非贝叶斯场景中都使用[2]。当似然呈高斯分布时，式(2.5)与均方差成正比。

为了计算式(2.5)，使用了用于拟合模型的数据，因此平均而言，会高估 ELPD[式(2.4)]，并导致最终选择的模型容易过拟合。幸运的是，还有几种方法可以更好地估计 ELPD。其中之一在 2.5.1 节介绍。

2.5.1 交叉验证和留一法

交叉验证(Cross-Validation，CV)是一种估计样本外预测精度的方法。该方法需要在留出部分数据的情况下多次重复拟合模型(每次留出不同的数据)，每次拟合后都使用被留出的数据来观测模型的精度。此过程重复多次后，将所有精度观测结果的平均值视为模型的预测精度。此后用完整数据集再拟合一次模型，此模型是用于进一步分析和/或预测的最终模型。我们可以将 CV 视为一种在使用所有样本点的情况下(或者说不需要投入新观测点的情况下)仍然能够模拟(或逼近)样本外统计量的方法。

当被留出的数据仅包含一个数据点时，就是非常著名的留一法交叉验证(Leave-One-Out Cross-Validation，LOO-CV)。使用 LOO-CV 计算的 ELPD 为 $\mathrm{ELPD_{LOO\text{-}CV}}$：

$$\mathrm{ELPD_{LOO\text{-}CV}} = \sum_{i=1}^{n} \log \int p(y_i \mid \boldsymbol{\theta}) \, p(\boldsymbol{\theta} \mid y_{-i}) \mathrm{d}\boldsymbol{\theta} \tag{2.6}$$

计算式(2.6)的成本很高，因为在实践中，$\boldsymbol{\theta}$ 并不确定，因此需要计算 n 次后验值，即 $\boldsymbol{\theta}_{-i}$ 值数量与数据集中观测点数量相同。幸运的是，可以使用帕雷托平滑重要性采样留一交叉验证(Pareto Smoothed Importance Sampling Leave-One-Out Cross Validation，PSIS-LOO-CV)，仅通过一次拟合就可以得到 $\mathrm{ELPD_{LOO\text{-}CV}}$ 的近似值，详情参阅 11.5 节。为简便起见，并且为了与 ArviZ 保持一致，本书将此方法表示为 LOO。除非另有说明，否则本书中提到 ELPD 时，也均指采用 PSIS-LOO-CV 方法估计的 ELPD。

ArviZ 提供了许多与 LOO 相关的函数，使用起来也非常简单，但理解其结果时可能需要仔细一点。为了说明如何解释这些函数的输出，下面使用代码清单 2.15 中定义的 3 个简单模型。

---

1 严格来说，应该使用离散模型的概率，但这种区分在实践中很不方便。

2 在非贝叶斯场景中，θ 是一个点估计，可以通过最大化似然获得。

代码清单 2.15

```
1 y_obs = np.random.normal(0, 1, size=100)
2 idatas_cmp = {}
3
4 # 从具有固定均值、偏度和随机
5 # 标准差的偏态似然模型生成数据
6 with pm.Model() as mA:
7     σ = pm.HalfNormal("σ ", 1)
8     y = pm.SkewNormal("y", 0, σ, alpha=1, observed=y_obs)
9     idataA = pm.sample(return_inferencedata=True)
10
11 # add_groups 可以修改现有的 az.InferenceData
12 idataA.add_groups({"posterior_predictive":
13                       {"y":pm.sample_posterior_predictive(idataA)["y"][None,:]}})
14 idatas_cmp["mA"] = idataA
15
16 # 根据正态似然模型生成数据,
17 # 采用固定均值和随机标准差
18 with pm.Model() as mB:
19     σ= pm.HalfNormal("σ", 1)
20     y = pm.Normal("y", 0, σ, observed=y_obs)
21     idataB = pm.sample(return_inferencedata=True)
22
23 idataB.add_groups({"posterior_predictive":
24                       {"y":pm.sample_posterior_predictive(idataB)["y"][None,:]}})
25 idatas_cmp["mB"] = idataB
26
27 # 用随机平均值和随机标准差
28 # 的正态似然模型生成数据
29 with pm.Model() as mC:
30     μ = pm.Normal("μ", 0, 1)
31     σ = pm.HalfNormal("σ", 1)
32     y = pm.Normal("y",μ, σ, observed=y_obs)
33     idataC = pm.sample(return_inferencedata=True)
34
35 idataC.add_groups({"posterior_predictive":
36                       {"y":pm.sample_posterior_predictive(idataC)["y"][None,:]}})
37 idatas_cmp["mC"] = idataC
```

计算 LOO 只需要来自后验的样本[1],然后通过调用 az.loo(.)函数计算单个模型的 LOO。在实践中,常常需要为多个模型计算 LOO,为此常用函数 az.compare(.)。表 2.2 就是通过 az.compare(idatas_cmp)生成的。

表 2.2　由 az.compare(.)计算所得模型比较的汇总数据。模型按照 loo 列的 ELPD 值自低至高排序

	rank	loo	p_loo	d_loo	weight	se	dse	warning	loo_scale
mB	0	- 137.87	0.96	0.00	1.0	7.06	0.00	False	log
mC	1	- 138.61	2.03	0.74	0.0	7.05	0.85	False	log
mA	2	- 168.06	1.35	30.19	0.0	10.32	6.54	False	log

表 2.2 中有很多列,下面逐个说明其含义。

- 第一列为索引,列出了模型名称,模型取自传递给 az.compare(.)的字典键。
- rank 列:按照预测精度做的排名,值从 0 依次到模型总数,其中 0 代表最高精度的模型。

---

1 我们还从后验预测分布中计算样本,以用于计算 LOO-PIT。

- loo 列：各模型 ELPD 值列表。DataFrame 总是按照 ELPD 值从最好到最差排序。
- p_loo 列：惩罚项的值，可以将其粗略地视为有效参数数量的估计值(但仅供参考)。此值可能低于具有更多结构的模型(如分层模型)中的实际参数数量，或者在模型预测能力非常弱并指明严重的模型规格错误时高于实际参数数量。
- d_loo 列：每个模型与排名第一的模型之间的 LOO 相对差。因此第一个模型始终取值为 0。
- weight 列：分配给每个模型的权重。权重可以粗略地解释为，在指定数据的条件下，(参与比较的各模型中)每个模型的概率，详见 2.5.6 节。
- se 列：ELPD 的标准差。
- dse 列：ELPD 相对差的标准差。dse 与 se 不一定相同，因为 ELPD 的不确定性在模型之间可能存在相关性。排名第一的模型 dse 值始终为 0。
- warning 列：如果为 True，则警告 LOO 的逼近估计不可靠，详见 2.5.4 节。
- loo_scale 列：估计值所用的尺度。默认为对数尺度。其他选项还包括：偏差尺度，即对数分值乘以 - 2，这会颠倒排序，ELPD 越低越好；负对数尺度，即对数分值乘以 - 1，与偏差尺度一样，值越低越好。

还可以在图 2.16 中以图形方式表示表 2.2 中的部分信息。图中模型的预测精度也是从高到低排列。空心点代表 loo 值，黑点是没有 p_loo 惩罚项时的预测精度。黑色区域代表计算 LOO 的标准差 se。以三角形为中心的灰色区域表示每个模型与最佳模型之间 LOO 值相对差 dse 的标准差。可以看到 mB≈mC＞mA。

从表 2.2 和图 2.16 可以看到，模型 mA 的排名最低，并且与其他两个有明显区别。现在讨论另外两个模型，因为其间的区别更加细微。mB 是预测精度最高的模型，但与 mC 相比差异几乎可以忽略不计。根据经验，低于 4 的 d_loo 被认为很小。这两个模型之间的主要区别在于：对于 mB，平均值固定为 0；而对于 mC，平均值具有先验分布。LOO 会对添加此先验做出惩罚，由 p_loo 的值表示，可以看出 mC 大于 mB；黑点(未惩罚的 ELPD)和空心点(ELPD$_{LOO\text{-}cv}$)之间的距离表现出，mC 大于 mB。还可以看到，两个模型之间的 dse 远低于各自的 se，表明两者的预测结果高度相关。

鉴于 mB 和 mC 之间的微小差异，在稍微不同的数据集下，这些模型的排名就可能会交换，mC 可能会成为最佳模型。此外，权重的值也会发生变化，参见 2.5.6 节。可以更改随机种子并重新拟合几次模型来检查这一点。

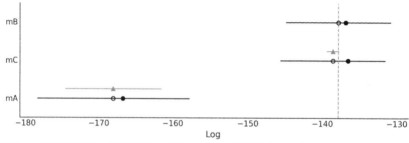

图 2.16　使用 LOO 进行模型比较。空心点代表 loo 的值，黑点是不含惩罚项 p_loo 的预测精度。黑色区域代表计算 LOO 的标准差 se。以三角形为中心的灰色区域表示每个模型与最佳模型之间 LOO 值的相对差 dse 的标准差

2.5.2　对数预测密度的期望

在 2.5.1 节中，计算了每个模型的 ELPD 值。这是一个有关模型全局的比较，它会将模型和数据简化为一个数字。但是从式(2.5)和式(2.6)可以看到，LOO 是对逐点值求和得到的，每个观测值都有一个点。因此，还可以执行局部的比较，可以通过 ELPD 的每个值判断一个模型在预测特定观测值时的难易程度。

为了利用逐观测点的 ELPD 值比较模型，ArviZ 提供了 az.plot_elpd(.)函数。图 2.17 以成对方式显示了模型 mA、mB 和 mC 之间的比较情况。正值表示第一个模型比第二个模型更好地解释了观测结果。例如，如果观察第一个图(mA-mB)，模型 mA 比模型 mB 更好地解释了观测 49 和 72，而对于观测 75 和 95，则是 mB 更优。可以看到 mA-mB 和 mA-mC 这两个图非常相似，原因是模型 mB 和模型 mC 实际上非常相似。图 2.19 表明观测 34、49、72、75 和 82 实际上是 5 个最极端的观测。

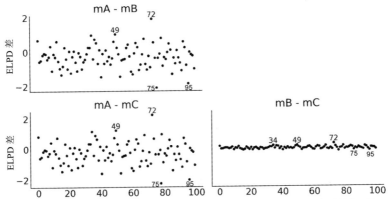

图 2.17　逐观测点的 ELPD 差。被标记的点对应的观测值的 ELPD 差为计算所得 ELPD 差标准差的 2 倍。所有 3 个示例中的差都很小，尤其是在 mB 和 mC 之间。正值表示第一个模型比第二个模型更好地解释了观测结果

2.5.3　帕累托形状参数 $\hat{k}$

用 LOO 逼近计算 $\text{ELPD}_{\text{LOO-CV}}$ 涉及帕累托分布的计算(详见 11.5 节)，其主要目的是获得更鲁棒的估计。另外，帕累托分布的 $\hat{k}$ 参数还可以用于检测影响力较大的观测点，即能够指示如果不参与拟合就会严重影响预测分布的观测值。通常较高的 $\hat{k}$ 值(尤其是当 $\hat{k} > 0.7$ 时[154,57])可能表明数据或模型存在问题。此时建议[152]：

- 使用匹配矩方法[113]1。通过一些额外的计算，有可能通过对后验分布样本进行转换，获得更可靠的重要性采样估计。
- 对存在问题的观测点执行精确的留一交叉验证或使用 k 折交叉验证。
- 使用对异常观测更鲁棒的模型。

当计算结果中存在至少一个 $\hat{k} > 0.7$ 的值时，调用 az.loo(.)或 az.compare(.)会输出警告。表 2.2 中的 warning 列的值是 False，是因为 $\hat{k}$ 的所有值都 < 0.7，可以通过图 2.18 自行验证。在

---

1 在撰写本书时，该方法尚未在 ArviZ 中实现，但在你阅读本书时可能已经可用。

图 2.18 中，对 $\hat{k} > 0.09$ 的观测进行了标记，0.09 是随意选择的值，没有特定含义。比较图 2.17 和图 2.18，可以看到 $\hat{k}$ 的最大值和 ELPD 的最大值并不一定对应，反之亦然。

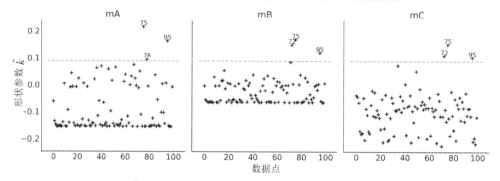

图 2.18　$\hat{k}$ 值。标记点对应于 $\hat{k} > 0.09$ 的观测值，这是随意选取的一个阈值

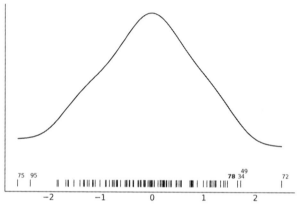

图 2.19　被模型 mA、mB 和 mC 拟合的观测值的核密度估计曲线。底部的每条黑色竖线代表一个观测点。被标记的观测点与图 2.17 中突出显示的观测点相同，其中观测值 78 以粗体标记，仅在图 2.18 中突出显示

2.5.4　解读帕累托参数 $\hat{k}$ 较大时的 p_loo

如前所述，p_loo 可以粗略地解释为模型中有效参数数量的估计值。然而，对于 $\hat{k}$ 值较大的模型，可以获得一些额外的信息。如果 $\hat{k} > 0.7$，那么将 p_loo 与参数数量 p 进行比较，则可以提供一些额外信息[152]。

- 如果 p_loo $\ll p$，那么模型很可能被错误指定。通常还会在后验预测检查中观察到后验预测样本与观测结果匹配不佳的现象。
- 如果 p_loo $< p$，并且 p 与观测次数相比相对较大(例如，$p > \dfrac{N}{5}$，N 为观测总数)，通常表明模型过于灵活或先验信息太少。因此，模型很难预测被留出的观测。
- 如果 p_loo $> p$，那么模型也很可能被严重错误指定。如果参数数量 $p \ll N$，那么后验预测检查也可能已经反映了一些问题。但是，如果 p 与观测次数相比相对较大，如 $p > \dfrac{N}{5}$，那么可能在后验预测检查中观察不到任何问题。

你可以尝试修复模型错误指定，方法包括：为模型添加更多的结构(如添加非线性组件)、使用不同的似然(例如，用 NegativeBinomial 这种过度分散的似然代替泊松分布)、使用混合似然等。

2.5.5　LOO-PIT

如 2.5.2 节和 2.5.3 节所述，模型比较(尤其是 LOO)除了可以表明某个模型的优劣外，还可以用于实现其他目的。事实上可以将模型比较作为深入理解模型的一种途径。模型越复杂，仅通过查看其数学定义或实现代码来理解模型会变得越加困难。此时使用 LOO 或其他工具(如后验预测检查)比较模型，有助于更好地理解它们。

对后验预测检查的一种评判机制是使用两次数据，一次是为了拟合模型，一次是为了评判模型。LOO-PIT 图为此提供了解决答案，通过将 LOO 作为交叉验证的一个快速而可靠的逼近，避免使用两次数据。其中 PIT 部分表示概率积分转换(Probability Integral Transform)[1]，在此一维转换中能够通过 CDF 获得任何连续随机变量的均匀分布$\mathcal{U}(0, 1)$(详见 11.5 节)。在 LOO-PIT 中，我们不知道真正的 CDF，但可以用经验 CDF 来逼近它。暂时不考虑这些数学细节，权且认为它是可计算的。那么对于一个经过良好校准的模型，我们应该期望 LOO-PIT 表现为一个逼近均匀的分布。你可能会有似曾相识的感觉，因为在 2.3 节中使用函数 az.plot_bpv(idata,kind="u_value") 绘制贝叶斯 p 值时有过类似的讨论。

通过将观测数据 y 与后验预测数据 $\tilde{y}$ 比较获得 LOO-PIT，该比较是逐点进行的。有：

$$p_i = P(\tilde{y}_i \leq y_i \mid y_{-i}) \tag{2.7}$$

从式(2.7)中可以直观地看到：当留出第 i 个观测点时，LOO-PIT 计算的是后验预测数据 $\tilde{y}_i <$ 观测数据 y_i 的概率。因此，az.plot_bpv(idata,kind="u_value") 和 LOO-PIT 之间的区别在于，后者避免了使用两次数据，不过两者对图的总体解释大致相同。

图 2.20 展示了模型 mA、mB 和 mC 的 LOO-PIT。可以观察到，从模型 mA 的角度来看，低值的观测数据比预期的多，高值的数据少，即模型存在偏差。相反，模型 mB 和 mC 似乎校准得较好。

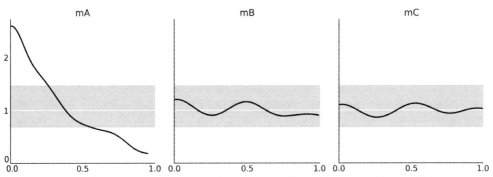

图 2.20　黑线是 LOO-PIT 的 KDE，即小于或等于观测数据的预测值的比例，根据每次观测计算。
白线表示预期的均匀分布，灰色区域表示数据集(大小与所用数据集相同)的预期偏差

---

1 概率积分转换详见 11.1.7 节。

2.5.6　模型平均

模型平均可以被视为针对模型不确定性的贝叶斯，因为模型也和参数一样具有不确定性。如果不能确切地认定某模型就是想要的模型(通常不能)，就应该以某种方式在模型分析中考虑这种不确定性。处理模型不确定性的方法之一是，对所有模型进行加权平均，将更大的权重赋予似乎能更好解释或预测数据的模型。

对贝叶斯模型赋权的一种自然方式是利用边际似然值，这也被称为贝叶斯模型平均 (Bayesian Model Averaging)[79]。虽然其理论上很有说服力，但在实践中却存在很多问题(详见 11.7 节)。另外一种赋权方法是使用 LOO 估计模型的权重。可以使用以下公式：

$$w_i = \frac{e^{-\Delta_i}}{\sum_j^k e^{-\Delta_j}} \tag{2.8}$$

其中，Δ_i 是排序后的第 i 个 LOO 值与最大 LOO 值之差。此处假设使用对数尺度，这也是 ArviZ 的默认值。

此方法被称为伪贝叶斯模型平均或类 Akaike 加权[1]，是一种从 LOO 计算(若干指定)模型相对概率的启发式方法[2]。注意分母只是一个归一化项，以确保权重总和为 1。式(2.8)提供的权重计算方案简单且好用，但需要注意它没有考虑 LOO 计算本身的不确定性。对此，可以假设高斯近似来计算标准差，并相应地修改式(2.8)；或者可以更鲁棒地使用贝叶斯自举法(Bayesian Boostrapping)。

模型平均的另一个方法是堆叠多个预测分布[163]。其主要原理是将多个模型组合在一个元模型中，使元模型和真实生成模型之间的散度最小化。当使用对数评分规则时，这等效于计算：

$$\max_n \frac{1}{n} \sum_{i=1}^{n} \log \sum_{j=1}^{k} w_j p(y_i \mid y_{-i}, M_j) \tag{2.9}$$

其中，n 是数据点数量，k 是模型数量。为了能够强制求解，将 ω 限制为 $\omega_j \geqslant 0$，$\sum_{j=1}^{k} \omega_j = 1$。$p(y_i \mid y_{-i}, M_j)$ 是 M_j 模型的留一法预测分布。前面已经谈到过，该预测分布的计算成本过高，在实践中可以使用 LOO 来逼近。

预测分布堆叠法具有比伪贝叶斯模型平均法更吸引人的特性。从其定义中可以看出：式(2.8) 只是对每个模型权重的归一化，而且这些权重独立于其他模型计算得出。相反，在式(2.9)中，通过最大化组合对数评分来计算权重，即：即便在伪贝叶斯模型平均中独立地拟合模型，权重的计算仍会同时考虑所有模型。这有助于解释即使模型 mB 和 mC 非常相似，但模型 mB 的权重为 1，而 mC 的权重为 0 的原因(参见表 2.2)。为什么权重没有都在 0.5 左右？原因是，根据堆叠过程，一旦 mB 包含在比较模型中，加入模型 mC 不会再提供新信息。也就是说，包含它是多余的。

函数 pm.sample_posterior_predictive_w(.)的输入参数为轨迹列表和权重列表，从而能够轻松

---

1 Akaike 信息准则(Akaike Information Criterion，AIC)是一种泛化误差的估计量，通常用于频率统计，但其假设一般不足以用于贝叶斯模型。

2 该公式也适用于 WAIC22 和其他信息准则。

生成加权的后验预测样本。权重可以采用多种方式获取，但使用 az.compare(.,method="stacking") 计算的权重可能更有意义。

2.6 练习

2E1. 用你自己的话总结：先验预测检查和后验预测检查之间的主要区别是什么？这些经验评估与式(1.7)和式(1.8)有何关系？

2E2. 用自己的话解释 ESS、$\hat{R}$ 和 MCSE。重点说明这些量的观测结果及其表示的 MCMC 的潜在问题。

2E3. ArviZ 包括一些模型预先计算的 InferenceData 对象。我们将加载一个从贝叶斯统计中的经典示例(8 个统计模型[137])生成的 InferenceData 对象。InferenceData 对象包括先验样本、先验预测样本和后验样本。可以使用命令 az.load_arviz_data("centered_eight")加载 InferenceData 对象。使用 ArviZ 可以完成以下任务。

(a) 列出 InferenceData 对象上的所有可用组。

(b) 确定链的数量和后验样本的总数。

(c) 绘制后验图。

(d) 绘制后验预测分布。

(e) 计算参数的估计平均值和最高密度区间(HDI)。

如有必要，请查看 ArviZ 文档以帮助你完成这些任务 https://arviz-devs.github.io/arviz/。

2E4. 加载 az.load_arviz_data("non_centered_eight")，这是对练习 2E3 中 centered_eight 模型的重参数化版本。使用 ArviZ 通过以下方式评估两个模型的 MCMC 采样收敛性。

(a) 自相关图

(b) 排名图

(c) $\hat{R}$ 值

关注 mu 和 tau 参数的绘图。这 3 种不同的诊断显示了什么结果？将这些结果与从 az.load_arviz_data("centered_eight")加载的 InferenceData 结果进行比较。3 种诊断方法是否都倾向于某种模式？哪种模型具有更好的收敛诊断？

2E5. InferenceData 对象可以存储与采样算法相关的统计信息。可以在 sample_stats 组中查找它们，包括散度(diverging)。

(a) 计算 centered_eight 和 non_centered_eight 模型的散度数。

(b) 使用 az.plot_parallel 确定散度倾向于集中在参数空间中的位置。

2E6. 在 GitHub 仓库中，我们包含了一个具有泊松模型的 InferenceData 对象和一个具有 NegativeBinomial 模型的 InferenceData 对象，这两个模型都被拟合到同一个数据集。使用 az.load_arviz_data(.)加载它们，然后使用 ArviZ 函数回答以下问题。

(a) 哪个模型为数据提供了更好的拟合？使用函数 az.compare(.)和 az.plot_compare(.)

(b) 解释为什么某个模型比另一个模型提供更好的拟合。使用 az.plot_ppc(.)和

az.plot_loo_pit(.)

(c) 比较两个模型的逐点 ELPD 值。确定(绝对)差最大的 5 个观察值。哪种模型预测效果更好？对于哪个模型，p_loo 更接近实际参数数量？你能解释一下原因吗？提示：泊松模型有一个同时控制方差和平均值的参数，而 NegativeBinomial 模型有两个参数。

(d) 使用 $\hat{k}$ 值诊断 LOO。是否有任何理由担心这种特定情况下 LOO 的精度？

2E7. 使用 az.plot_loo(ecdf = True)代替 az.plot_bpv(.)，重制图 2.7。解释结果。提示：使用选项 ecdf=True 时，将获得 LOO-PIT 经验累积分布函数(Empirical Cumulative Distribution Function，ECDF)与统一 CDF 之间的差异图，而不是 LOO-PIT KDE。理想的绘图的差值为 0。

2E8. 用你自己的话解释：为什么 MCMC 后验估计技术需要收敛诊断。特别是将其与 1.4.1 节所述的不需要诊断的共轭方法进行对比。这两种推断方法的区别是什么？

2E9. 访问 ArviZ 图库 https://arviz-devs.github.io/arviz/examples/index.html。你可以找到哪些本章未涵盖的诊断？根据文档，该诊断评估什么？

2E10. 列出贝叶斯工作流中每一步都有用的一些图和数值(如9.1 节所示)。解释它们的原理，以及它们评估的内容。你可以随意使用本章或 ArviZ 文档中看到的任何内容。

(a) 先验选择

(b) MCMC 采样

(c) 后验预测

2M11. 我们想建立一个有 N 支球队的足球联赛模型。按照常理，我们从一个简单的模型开始，即只有一个团队。假设得分是根据得分率 μ 得到的泊松分布。我们选择先验 Gamma(0.5，0.00001)，因为这有时被推荐为"对象"先验，如代码清单 2.16 所示。

代码清单 2.16

```
1 with pm.Model() as model:
2     μ = pm.Gamma("μ", 0.5, 0.00001)
3     score = pm.Poisson("score",μ)
4     trace = pm.sample_prior_predictive()
```

(a) 生成并绘制先验预测分布。你觉得其合理性如何？

(b) 利用你的体育知识重新选择先验。

(c) 假设你现在想对篮球建模。你能提出一个合理的先验吗？在模型中定义先验，并生成先验预测分布，以验证你的想法。

提示：你可以使用代码清单 2.16 中的速率和形状参数或使用平均值和标准差来参数化伽马(Gamma)分布。

2M12. 在第 1 章的代码清单 1.3 中，更改 can_sd 的值并运行 Metropolis 采样器。尝试 0.2 和 1 这样的值。

(a) 使用 ArviZ 运用自相关图、轨迹图和 ESS 等诊断方法比较采样值。解释观察到的差异。

(b) 修改代码清单 1.3，以便获得多个独立的链。使用 ArviZ 计算秩图和 $\hat{R}$。

2M13. 使用 np.random.binomial(n = 1，p = 0.5，size = 200)生成随机样本，并使用贝塔二项式模型进行拟合。

使用 pm.sample(.，step = pm.Metropolis())(Metropolis-Hastings 采样器)和 pm.sample(.)(标准采

样器）。根据 ESS、$\hat{R}$、自相关、轨迹图和秩图比较结果。读取 PyMC3 日志记录语句时，自动分配了什么样的采样器？与 Metropolis-Hastings 相比，你对采样器性能的结论是什么？

2M14. 生成自己的具有收敛问题的合成后验的示例，称之为 bad_chains3。

(a) 解释为什么你生成的合成后验是"坏的"。如果不希望在实际的建模场景中看到，该如何做？

(b) 对 bad_chains0 和 bad_chains1 运行与本书中相同的诊断。将你的结果与书中的结果进行比较，并解释异同。

(c) (b)中的诊断结果是否让你重新考虑 bad_chains3 是一个"坏链"的原因？

2H15. 使用 np.random.binomial(n = 1，p = 0.5，size = 200)生成随机样本，并使用贝塔二项式模型进行拟合。

(a) 检查 LOO-PIT 是否大致均匀。

(b) 调整先验，使模型拟合失败，并获得 LOO-PIT，值接近 0 为低，值接近 1 为高。证明你选择的先验是正确的。

(c) 调整先验，使模型拟合失败，并获得 LOO-PIT，值接近 0 为高，值接近 1 为低。证明你选择的先验是正确的。

(d) 调整先验，使模型拟合失败，并获得 LOO-PIT，值接近 0.5 为高，值接近 0 和 1 为低。你能做到吗？解释原因。

2H16. 使用 PyMC3 编写具有正态似然的模型。使用以下随机样本作为数据，并使用以下先验作为平均值。将似然中的标准差参数固定为 1。

(a) 来自 $\mathcal{N}(0, 1)$ 和先验分布 $\mathcal{N}(0, 20)$ 的大小为 200 的随机样本。

(b) 来自 $\mathcal{N}(0, 1)$ 和先验分布 $\mathcal{N}(0, 20)$ 的大小为 2 的随机样本。

(c) 来自 $\mathcal{N}(0, 1)$ 和先验分布 $\mathcal{N}(20, 1)$ 的大小为 200 的随机样本。

(d) 来自 $\mathcal{U}(0, 1)$ 和先验分布 $\mathcal{N}(10, 20)$ 的大小为 200 的随机样本。

(e) 来自 $\mathcal{HN}(0, 1)$ 和先验分布 $\mathcal{N}(10, 20)$ 的大小为 200 的随机样本。

通过运行本书中针对 bad_chains0 和 bad_chains1 的诊断来评估收敛性。将你的结果与书中的结果进行比较，并解释异同。

2H17. 本章介绍了先验预测检查、后验预测检查、数值推断诊断和模型比较，详细介绍了贝叶斯工作流中的具体步骤。用你自己的话解释：每一步的目的是什么？如果省略了某一步，会缺少什么？每个步骤对统计模型有何解释？

第 3 章
线性模型与概率编程语言

随着概率编程语言(Probabilistic Programming Language，PPL)的出现，现代贝叶斯建模只需要编码一个模型，"按一个按钮"就能做到。然而，要想有效地建立和分析模型通常需要更多的工作。随着本书的推进，我们将建立许多不同类型的模型，但在本章中将从最简单的线性模型开始。线性模型是一类广泛应用的模型，其中一个指定观测值(结果变量)的期望值是相关预测因子(预测变量)的线性组合。深刻理解拟合和解释线性模型的方法是后续很多模型的坚实基础，并将有助于我们巩固贝叶斯推断(第 1 章)和贝叶斯模型的探索性分析(第 2 章)的基本知识，进而用不同 PPL 进行应用。本章将介绍两种 PPL，二者是本书主要使用的语言：PYMC3 和 TensorFlow Probability(TFP)。当使用这两种 PPL 构建模型时，应当重点关注同一基础统计思想是如何在两种 PPL 中实现的。我们将首先拟合一个仅包含截距的模型(即没有预测变量的模型)，然后通过添加一个或多个预测变量来增加复杂性，并扩展到广义线性模型。学习本章后，你将能更好地理解线性模型，更加熟悉贝叶斯工作流中的常见步骤，并且更轻松地使用 PYMC3、TFP 和 ArviZ 实施贝叶斯工作流。

3.1　比较两个或多个组

为进行比较，企鹅是非常合适的示例。我们的第一个问题可能是"每个企鹅物种的平均体重是多少？"，或者可能是"它们的平均体重有什么不同？"，或者用统计学术语来说"平均值的离散度是多少？"。Kristen Gorman 热衷于研究企鹅，她到访了 3 个南极岛屿并收集了有关 Adelie、Gentoo 和 Chinstrap 3 个物种的数据，这些数据被编译到 Palmer Penguins 数据集中[81]。观测数据包括企鹅的体重、鳍长、性别特征、所居住岛屿等地理特征。

首先加载数据，并过滤掉代码清单 3.1 中存在缺失数据的行。这种方式被称为完整案例分析，顾名思义，我们只使用所有观测值都存在的行。尽管有其他处理缺失数据的成熟方法(如数据归整，或建模期间归整)，但此处将采用最简单的剔除法。

代码清单 3.1

```
1 penguins = pd.read_csv("../data/penguins.csv")
2 # 子集到所需的列
3 missing_data = penguins.isnull()[
4     ["bill_length_mm", "flipper_length_mm", "sex", "body_mass_g"]
5 ].any(axis=1)
6 # 删除数据缺失的行
7 penguins = penguins.loc[~missing_data]
```

然后，可以用代码清单 3.2 中的 body_mass_g 计算企鹅体重的经验平均值，其结果展示在表 3.1 中。

代码清单 3.2

```
1 summary_stats = (penguins.loc[:, ["species", "body_mass_g"]]
2                  .groupby("species")
3                  .agg(["mean", "std", "count"]))
```

表 3.1　企鹅体重的经验平均值和标准差。计数列表示观测到的各物种企鹅数量

物种	平均值(克)	std	计数
Adelie	3706	459	146
Chinstrap	3733	384	68
Gentoo	5092	501	119

现在有了平均值和离散度的点估计，但无法掌握这些统计数据的不确定性。获得不确定性估计的方法之一就是贝叶斯方法。为此，需要推测观测数据与参数之间的关系，例如：

$$\underbrace{p(\mu, \sigma \mid Y)}_{\text{Posterior}} \propto \underbrace{\mathcal{N}(Y \mid \mu, \sigma)}_{\text{likelihood}} \overbrace{\underbrace{\mathcal{N}(4000, 3000)}_{\mu} \underbrace{\mathcal{H}T(100, 2000)}_{\sigma}}^{\text{Prior}} \tag{3.1}$$

式(3.1)是对式(1.3)的重述，其中明确列出了本例中的每个参数。由于没有特定理由选择信息先验，因此对 μ 和 σ 使用了宽泛的无信息先验。目前情况下，先验的选择依据是观测数据的经验平均值和标准差。然后我们从 Adelie 种企鹅的体重开始，而不是估计所有种类企鹅的体重。一般而言，高斯是企鹅体重(以及其他生物体重)似然函数的合理选择，因此根据式(3.1)转换为如代码清单 3.3 所示的计算模型。

代码清单 3.3

```
1 adelie_mask = (penguins["species"] == "Adelie")
2 adelie_mass_obs = penguins.loc[adelie_mask, "body_mass_g"].values
3
4 with pm.Model() as model_adelie_penguin_mass:
5   σ = pm.HalfStudentT("σ", 100, 2000)
6   μ = pm.Normal("μ", 4000, 3000)
7   mass = pm.Normal("mass", mu=μ, sigma=σ, observed=adelie_mass_obs)
8
9   prior = pm.sample_prior_predictive(samples=5000)
10  trace = pm.sample(chains=4)
11  inf_data_adelie_penguin_mass = az.from_pymc3(prior=prior, trace=trace)
```

在计算后验分布之前，有必要先检查先验。特别是，需要检查当前模型的采样在计算上是

否可行，并基于领域知识确认选择的先验是否合理。图 3.1 中绘制了先验样本。通过图形，可以判断该模型并没有"明显的"计算问题，例如，形状问题、误差指定的随机变量、误差指定的似然等。从先验样本可以看出，我们并没有过度限制企鹅可能的体重，尽管实际上可能会受到先验的限制，因为体重平均值的先验目前还包括不合理的负值。然而，这是一个简单的模型，并且有相当数量的观测结果，因此暂时只留意这种情况，继续估计后验分布。

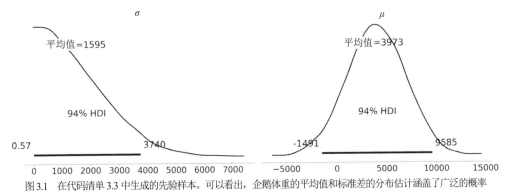

图 3.1　在代码清单 3.3 中生成的先验样本。可以看出，企鹅体重的平均值和标准差的分布估计涵盖了广泛的概率

从模型中采样后，可以创建图 3.2，其中包括 4 个子图，右边的两个是秩图，左边是参数的 KDE，每条线为一个链。还可以参考表 3.2 中的数值诊断来了解采样链的收敛情况。根据第 2 章，我们大致能够判断该拟合可以接受，可以继续进行分析。

为了理解拟合结果，我们在图 3.3 中绘制了一个结合所有链的后验图；将表 3.1 中的平均值和标准差的点估计值与图 3.3 中的贝叶斯估计值进行比较。

表 3.2　Adelie 种企鹅体重的平均值(μ)和标准差(σ)的贝叶斯估计。显示了这两个参数的后验平均值、标准差(sd)和 HDI。还包括诊断数据(mcse，ess and r_hat)，以验证采样过程中没有问题

	mean	sd	hdi_3%	hdi_97%	mcse_mean	mcse_sd	ess_bulk	ess_tail	r_hat
μ	3707	38	3632	3772	0.6	0.4	3677.0	2754.0	1.0
σ	463	27	401	511	0.5	0.3	3553.0	2226.0	1.0

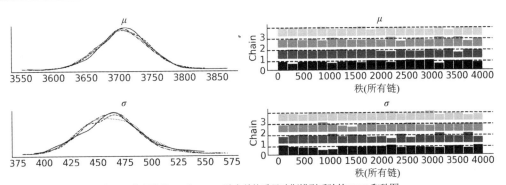

图 3.2　代码清单 3.3 中 Adelie 种企鹅体重贝叶斯模型后验的 KDE 和秩图。该图用作采样的可视化诊断，以辅助判断在跨多个链的采样过程中是否存在问题

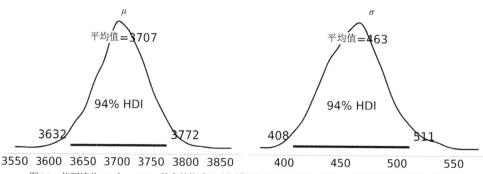

图3.3 代码清单 3.3 中，Adelie 种企鹅体重贝叶斯模型的后验分布图，其中，垂线是经验平均值和标准差

通过贝叶斯估计，我们得到了合理的参数分布。使用表 3.2 中的汇总信息，以及来自图 3.2 中的后验分布，该企鹅物种的体重平均值从 3632 到 3772 克相当合理；此外边际后验分布的标准差也比较大。切记，后验分布是高斯分布参数(我们假设能够描述企鹅体重的参数平均值)的分布，而非每个企鹅体重的分布。因此如果想要企鹅体重的分布估计，我们需要基于平均值和标准差参数的后验样本生成后验预测分布。也就是说，根据当前模型设定，企鹅体重的分布应该是以 μ 和 σ 的后验分布为条件的高斯分布。

现在已经描述了 Adelie 种企鹅的体重，可以继续对其他种类企鹅做同样的工作。在编程上，可以再编写两个模型来实现。但此处只运行一个模型，其中包含 3 个独立的组，每个物种对应一个组，见代码清单 3.4。

代码清单 3.4

```
1 # pd.categorical 可以方便地对以下物种进行索引
2 all_species = pd.Categorical(penguins["species"])
3
4 with pm.Model() as model_penguin_mass_all_species:
5     # 注意添加了形状参数
6     σ = pm.HalfStudentT("σ", 100, 2000, shape=3)
7     μ= pm.Normal("μ", 4000, 3000, shape=3)
8     mass = pm.Normal("mass",
9                      mu=μ[all_species.codes],
10                     sigma=μ[all_species.codes],
11                     observed=penguins["body_mass_g"])
12
13 trace = pm.sample()
14 inf_data_model_penguin_mass_all_species = az.from_pymc3(
15     trace=trace,
16     coords={"μ_dim_0": all_species.categories,
17             "σ_dim_0": all_species.categories})
```

我们为每个参数使用了可选的形状参数，并在似然中添加一个索引，以告诉 PyMC3 我们希望独立调节每个物种的后验。在编程语言设计中，使表达思想更加无缝的小技巧被称为**语法糖**。概率编程开发人员也会使用一些语法糖。概率编程语言会努力让表达模型更容易且错误更少。

运行模型后，再次检查 KDE 和秩图，参阅图 3.4。与图 3.2 相比，你将看到 4 个额外的图，每个物种添加了 2 个参数。比较平均值的估计与表 3.1 中各物种的汇总平均值。为了更好地可

视化各物种分布之间的差异，可以使用代码清单 3.5 绘制多个后验分布的森林图。图 3.5 使我们
更容易比较不同物种的估计，注意 Gentoo 种企鹅似乎比 Adelie 种或 Chinstrap 种有更大的体重。

代码清单 3.5

```
az.plot_forest(inf_data_model_penguin_mass_all_species, var_names=["μ"])
```

图 3.5 让我们更容易比较估计结果，并且很容易注意到 Gentoo 种企鹅的体重比 Adelie 种或
Chinstrap 种企鹅更大。同时查看图 3.6 中的标准差。后验的 94%最高密度区间报告了大约存在
100 克的不确定性(见代码清单 3.6)。

代码清单 3.6

```
az.plot_forest(inf_data_model_penguin_mass_all_species, var_names=["σ"])
```

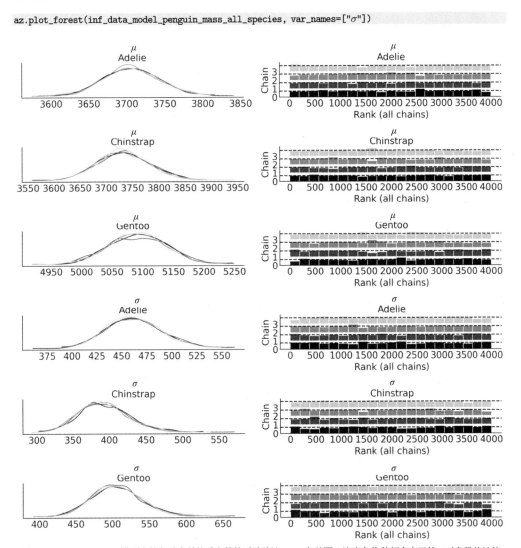

图 3.4 penguins_masses 模型中的各种企鹅体重参数的后验估计 KDE 和秩图。注意各物种都有自己的一对参数估计值

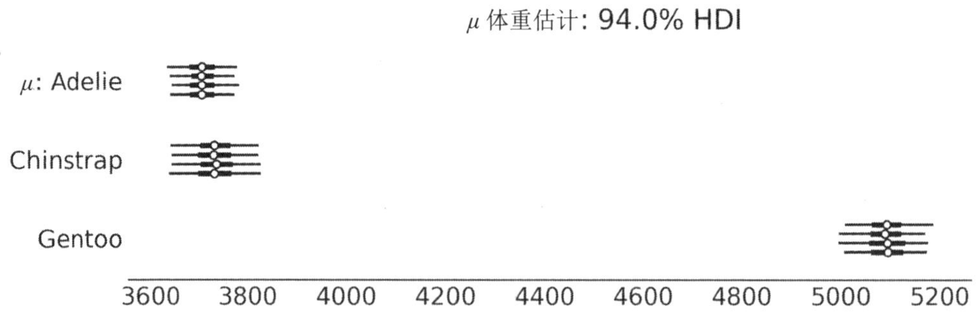

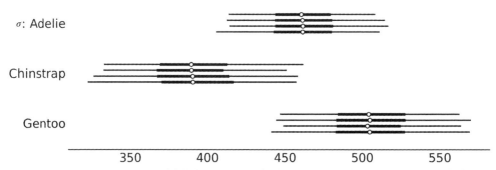

图 3.5　model_penguin_mass_all_species 中各物种组的体重平均值参数的后验森林图。每条线代表采样器中的一条链，点代表点估计(当前情况下指平均值)，细线是后验的 25%到 75%四分位数范围，粗线是 94%最高密度区间

σ 体重估计: 94.0% HDI

图 3.6　model_penguin_mass_all_species 中各物种组的体重标准差参数的后验森林图，描述了对各组企鹅体重离散度的估计。例如，给定 Gentoo 种企鹅体重分布平均值的估计后，相关标准差可能在 450 克到 550 克之间

比较两种 PPL

在进一步扩展统计建模思想之前，我们先介绍将在本书中使用的另一种概率编程语言：TensorFlow Probability(TFP)。为此，将在代码清单 3.4 中，将 PyMC3 的截距模型转换为 TFP。

学习不同的 PPL 似乎没有必要。但本书中选择使用两种 PPL 有些特殊的原因：用不同 PPL 看待相同的工作流，将使你对贝叶斯建模和计算有更透彻的理解，帮助你区分计算细节与统计概念，并使你成为一个更强大的建模者。此外，不同 PPL 有不同的优点和重点。PyMC3 是更高级别的 PPL，可以轻松地以较少代码表达模型，而 TFP 为建模和推断提供了更低级别的 PPL。并非所有 PPL 都能够非常容易地表达所有模型。例如，时间序列模型(第 6 章)用 TFP 更容易定义，而贝叶斯加性回归树用 PyMC3 更容易表达(第 7 章)。通过接触多种语言，你将对贝叶斯建模的基本要素以及其在计算上的实现有更深入的了解。

概率编程语言(强调语言)由原语组成，在编程语言中，原语是用于构建更复杂程序的最简单元素。你可以将原语理解成自然语言中的单词，能够形成更复杂的结构，比如句子。由于不同语言使用不同的词，不同 PPL 也会使用不同的原语。这些原语主要用于表达模型、执行推断或表达工作流的其他部分。在 PyMC3 中，与模型构建相关的原语包含在命名空间 pm 中。例如，在代码清单 3.3 中，可以看到 pm.HalfStudentT(.)和 pm.Normal(.)，其中 "." 代表一个随机变量。

with pm.Model() as.语句调用 Python 的上下文管理器, PyMC3 使用该管理器收集其中的随机变量, 并构建模型 model_adelie_penguin_mass。然后可以使用 pm.sample_prior_predictive(.)和 pm.sample(.)分别获得先验预测分布和后验分布的样本。

同理, TFP 为用户提供原语, 用于在 tfp.distributions 中指定分布和模型、运行 MCMC 推断 (tfp.mcmc)等。例如, 为了构建贝叶斯模型, TensorFlow 提供了多个名为 tfd.JointDistribution 的 API 原语[122]。在本章以及下文, 我们会主要使用 tfd.JointDistributionCoroutine, 但还有 tfd.JointDistribution 的一些变体可能更适合你的应用[1]。由于导入数据和计算汇总统计量与代码清单 3.1 和代码清单 3.2 一致, 因此这里我们专注于模型构建和推断。用 TFP 表示的 model_penguin_mass_all_species 如代码清单 3.7 所示。

代码清单 3.7

```
1 import tensorflow as tf
2 import tensorflow_probability as tfp
3
4 tfd = tfp.distributions
5 root = tfd.JointDistributionCoroutine.Root
6
7 species_idx = tf.constant(all_species.codes, tf.int32)
8 body_mass_g = tf.constant(penguins["body_mass_g"], tf.float32)
9
10 @tfd.JointDistributionCoroutine
11 def jd_penguin_mass_all_species():
12     σ = yield root(tfd.Sample(
13             tfd.HalfStudentT(df=100, loc=0, scale=2000),
14             sample_shape=3,
15             name="sigma"))
16     μ = yield root(tfd.Sample(
17             tfd.Normal(loc=4000, scale=3000),
18             sample_shape=3,
19             name="mu"))
20     mass = yield tfd.Independent(
21         tfd.Normal(loc=tf.gather(μ, species_idx, axis=-1),
22                 scale=tf.gather(σ, species_idx, axis=-1)),
23       reinterpreted_batch_ndims=1,
24       name="mass")
```

这是我们第一次遇到用 TFP 编写的贝叶斯模型, 下面详细介绍 API。原语是 tfp.distributions 中的分布类, 我们通常为其赋予一个较短的别名 tfd = tfp.distributions。tfd 中包含了常用的分布, 如 tfd.Normal(.)。代码中还使用了 tfd.Sample, 它返回来自基础分布的多个独立副本(从概念上讲, 实现了 PyMC3 语法糖 shape=(.)的功能)。tfd.Independent 用于指示该分布包含的副本, 我们希望在计算对数似然时在某个轴上对这些副本求和, 这由 reinterpreted_batch_ndims 函数参数指定。通常用 tfd.Independent 封装与观测相关的分布[2]。关于 TFP 和 PPL 中的形状处理, 详见 10.8.1 节。

tfd.JointDistributionCoroutine 模型的一个特征值得注意: 顾名思义, 其使用 Python 中的协

---

1 可以在 TensorFlow 教程和文档中找到更多信息。例如 https://www.tensorflow.org/probability/examples/JointDistributionAuto-Batched_A_Gentle_Tutorial 和 https://www.tensorflow.org/probability/examples/Modeling_with_JointDistribution。

2 tfd.Sample 和 tfd.Independent 是将其他分布作为输入并返回新分布的分布构造函数。还有其他元分布, 但有不同的目的, 如 tfd.Mixed、tfd.TransformedDistribution 和 tfd.JointDistribution。有关 tfp.distributions 的更全面介绍, 参见 https://www.tensorflow.org/probability/examples/TensorFlow_Distributions_Tutorial。

程(Coroutine)。不过我们在此不过多地介绍生成器和协程的概念。yield 语句会为你提供模型函数内部的一些随机变量，可以将 y = yield Normal(.)视为 y~Normal(.)的代码表达方式。此外，通过 tfd.JointDistributionCoroutine.Root 封装没有依赖项的随机变量(根节点)。该模型被编写为没有输入参数和返回值的 Python 函数。将@tfd.JointDistributionCoroutine 放在 Python 函数之上作为装饰器，以方便直接获取模型(即 tfd.JointDistribution)。

　　结果 jd_penguin_mass_all_species 是代码清单 3.4 中的截距回归模型用 TFP 进行的重写。它具有与其他 tfd.Distribution 类似的、可以在贝叶斯工作流中使用的方法。例如，抽取先验和先验预测样本可以调用.sample(.)方法，该方法返回一个类似于 namedtuple 的自定义嵌套 Python 结构。在代码清单 3.8 中，我们抽取了 1000 个先验和先验预测样本。

代码清单 3.8

```
prior_predictive_samples = jd_penguin_mass_all_species.sample(1000)
```

　　tfd.JointDistribution 的.sample(.)方法也可以抽取条件样本，这也是将来抽取后验预测样本时采用的机制。可以运行代码清单 3.9，检查输出，查看将模型中的某些随机变量设置为特定值时随机样本的变化情况。总体来说，我们在调用.sample(.)函数时，会调用前向的数据生成过程。

代码清单 3.9

```
1 jd_penguin_mass_all_species.sample(sigma=tf.constant([.1, .2, .3]))
2 jd_penguin_mass_all_species.sample(mu=tf.constant([.1, .2, .3]))
```

　　一旦将生成模型 jd_penguin_mass_all_species 调整为企鹅体重的观测值，就能够获得模型参数的后验分布。从计算角度看，我们希望生成一个能够返回输入点处后验对数概率的函数。这可以通过创建 Python 函数闭包或使用.experimental_pin 方法来实现，如代码清单 3.10 所示。

代码清单 3.10

```
1 target_density_function = lambda *x: jd_penguin_mass_all_species.log_prob(
2     *x, mass=body_mass_g)
3
4 jd_penguin_mass_observed = jd_penguin_mass_all_species.experimental_pin(
5     mass=body_mass_g)
6 target_density_function = jd_penguin_mass_observed.unnormalized_log_prob
```

　　使用 target_density_function 完成推断，例如，可以找到函数的最大值，这给出了最大后验概率(MAP)估计。还可以使用 tfp.mcmc[94]中的方法从后验采样。或者更方便地使用类似于 PyMC3[1]中当前使用的标准采样例程，如代码清单 3.11 所示。

代码清单 3.11

```
1 run_mcmc = tf.function(
2     tfp.experimental.mcmc.windowed_adaptive_nuts,
3     autograph=False, jit_compile=True)
4 mcmc_samples, sampler_stats = run_mcmc(
5     1000, jd_penguin_mass_all_species, n_chains=4, num_adaptation_steps=1000,
6     mass=body_mass_g)
7
```

---

1 https://mc-stan.org/docs/2_23/reference-manual/hmc-algorithm-parameters.html#automatic-parameter-tuning

```
8 inf_data_model_penguin_mass_all_species2 = az.from_dict(
9     posterior={
10        # TFP mcmc 返回值(num_samples, num_chains, ...), 将下面每个 RV 的第一轴和第二轴对调, 使形状符合
              Arviz 的预期
11        k:np.swapaxes(v, 1, 0)
12        for k, v in mcmc_samples._asdict().items()},
13    sample_stats={
14        k:np.swapaxes(sampler_stats[k], 1, 0)
15        for k in ["target_log_prob", "diverging", "accept_ratio", "n_steps"]}
16 )
```

在代码清单 3.11 中，运行了 4 个 MCMC 链，每条链在 1000 个适应步骤后有 1000 个后验样本。在内部，它通过使用观测到的(最后附加关键字参数 mass=body_mass_g)调节模型(作为参数传递给函数)来调用 experimental_pin 方法。第 8~18 行将采样结果解析为 ArviZInferenceData，现在可以在 ArviZ 中对贝叶斯模型进行诊断和探索性分析。我们还可以在代码清单 3.12 中以透明的方式将先验和后验预测样本和数据对数似然添加到 inf_data_model_penguin_mass_all_species2。注意，我们使用了 tfd.JointDistribution 的 sample_distributions 方法，该方法抽取样本并生成以后验样本为条件分布。

代码清单 3.12

```
1 prior_predictive_samples = jd_penguin_mass_all_species.sample([1, 1000])
2 dist, samples = jd_penguin_mass_all_species.sample_distributions(
3     value=mcmc_samples)
4 ppc_samples = samples[-1]
5 ppc_distribution = dist[-1].distribution
6 data_log_likelihood = ppc_distribution.log_prob(body_mass_g)
7
8 # 在 REPL 工作流程中, 注意不要重复运行这段代码
9 inf_data_model_penguin_mass_all_species2.add_groups(
10    prior=prior_predictive_samples[:-1]._asdict(),
11    prior_predictive={"mass": prior_predictive_samples[-1]},
12    posterior_predictive={"mass": np.swapaxes(ppc_samples, 1, 0)},
13    log_likelihood={"mass": np.swapaxes(data_log_likelihood, 1, 0)},
14    observed_data={"mass": body_mass_g}
15 )
```

以上是对 TensorFlow Probability 的简介。像任何语言一样，你在初次接触时可能无法熟练掌握。但是通过比较这两个模型，你现在应该更好地了解哪些概念是以贝叶斯为中心，哪些概念是以 PPL 为中心。在本章的剩余部分和第 4 章中，我们将在 PyMC3 和 TFP 之间切换，以继续帮助你识别这种差异并查看更多的实用示例。本章末有关于将某种语言的代码示例转换到另一种语言的练习，以帮助你更快掌握多种概率编程语言。

3.2　线性回归

在上一节中，通过在高斯分布的平均值和标准差参数上设置先验分布来模拟企鹅体重的分布。特别是，我们假设体重不会随数据中其他特征的变化而变化。不过，我们也希望通过其他观测数据能够预测企鹅的体重信息。直观地说，如果看到两只企鹅，其中一只长鳍、一只短鳍，

那么即使没有设备来精确观测体重，我们也会认为长鳍企鹅的体重较大。利用鳍长估计企鹅体重的最简单方法是拟合一个线性回归模型，其中体重的平均值被有条件地建模为其他变量的线性组合。

$$
\begin{aligned}
\mu &= \beta_0 + \beta_1 X_1 + \cdots + \beta_m X_m \\
Y &\sim \mathcal{N}(\mu, \sigma)
\end{aligned}
\tag{3.2}
$$

在式(3.2)中，系数(也称为预测变量)由参数 β_i 表示，其中 β_o 是线性模型的截距。X_i 被称为预测变量或自变量；Y 被称为目标变量、输出、结果变量或因变量。公式中需要注意，X 和 Y 都是观测数据，并且它们是成对的 $\{y_i, x_j\}$。也就是说，如果改变 Y 的顺序而不改变 X 的顺序，将会破坏数据中的信息。

上述模型被称为线性回归模型，因为其中的参数(注意：并非预测变量)以线性方式被引入模型中。对于具有单个预测变量的模型，可以将模型视为：将一条线拟合到观测数据 (X, y)，对于更高维度，则可能是一个平面或超平面。

可以采用矩阵表示法表示式(3.2)：

$$
\mu = \mathbf{X}\boldsymbol{\beta}
\tag{3.3}
$$

这里用系数列向量 $\boldsymbol{\beta}$ 和预测变量矩阵 $\mathbf{X}$ 之间的矩阵向量乘积表达了这种线性关系。

在其他(非贝叶斯)场景中，你可能会看到另一种表达方式，将式(3.2)重写为对线性预测的含噪声观测。

$$
Y = \mathbf{X}\boldsymbol{\beta} + \epsilon,\ \epsilon \sim \mathcal{N}(0, \sigma)
\tag{3.4}
$$

式(3.4)将线性回归的确定性部分(线性预测)和随机部分(噪声)分开。不过式(3.2)能够更清楚地展示出数据的生成过程。

设计矩阵

式(3.3)中的矩阵 $\mathbf{X}$ 被称为设计矩阵，它是给定对象集的解释变量值的矩阵，加上一列表示截距的附加列。每行代表一个独特的观测结果(如企鹅)，连续的列对应于变量(如鳍长)及其针对该对象的特定值。

设计矩阵不限于连续预测变量。对于表示类别型预测变量的离散预测变量(即只有几个类别)，将其转换为设计矩阵的常用方法称为 Dummy 编码或独热编码。例如，在企鹅截距模型(见代码清单 3.5)中，我们并没有使用 mu = μ[species.codes]，而是使用 pandas.get_dummies 将类别变量转换成设计矩阵 mu = pd.get_dummies(penguins["species"])@μ，其中@是用于执行矩阵乘法的 Python 操作符。在 Python 中还有几个其他执行独热编码的函数，例如，sklearn.preprocessing.OneHotEncoder 是常用的数据操作技术。

或者，可以对类别预测变量进行编码，以使结果列和关联系数表示线性对比度。例如，两个类别预测变量的不同设计矩阵编码与 ANOVA 的零假设检验设置中的 I、II 和 III 型平方和相关。

如果在"三维空间"中绘制式(3.2)，会得到图 3.7，它显示了似然分布的估计参数随着观测数据 x 的变化而变化。需要说明的是，本章仅使用了线性关系来建模 x 和 Y 之间的关系，使用

高斯分布作为似然。但在许多其他模型架构中，可能会有不同的选择，详见第 4 章。

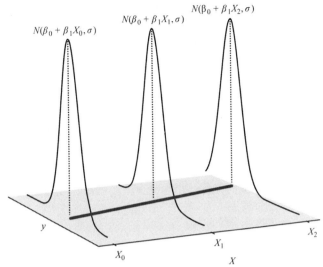

图3.7　在 3 个点处评估了使用高斯似然函数的线性回归。此图仅显示了每个 x 点处的一种可能的高斯分布；在完成整个贝叶斯模型拟合后，将得到最终的高斯分布。不过该高斯分布的参数(即平均值和标准差)并非一定要服从高斯分布

3.2.1　一个简单的线性模型

回顾企鹅的例子，我们希望使用鳍长估计和预测企鹅的平均体重。可以用代码清单 3.13 构建一个线性回归模型，其中包括两个新参数 β_0 和 β_1 (通常称为截距和斜率)。对于此示例，代码中设置了 $\mathcal{N}(0,4000)$ 的宽泛先验，这符合我们没有领域先验知识的假设。在运行采样器后，会估计 3 个参数 σ、β_o 和 β_1。

代码清单 3.13

```
1 adelie_flipper_length_obs = penguins.loc[adelie_mask, "flipper_length_mm"]
2
3 with pm.Model() as model_adelie_flipper_regression:
4     # pm.Data 允许我们在后面的代码块中更改基础值
5     adelie_flipper_length = pm.Data("adelie_flipper_length",
6                                      adelie_flipper_length_obs)
7     σ = pm.HalfStudentT("σ", 100, 2000)
8     β_0 = pm.Normal("β_0", 0, 4000)
9     β_1 = pm.Normal("β_1", 0, 4000)
10    μ = pm.Deterministic("μ",β_0 + β_1 * adelie_flipper_length)
11
12    mass = pm.Normal("mass", mu=μ, sigma=σ, observed = adelie_mass_obs)
13
14    inf_data_adelie_flipper_regression = pm.sample(return_inferencedata=True)
```

为了节省篇幅，本书中不会每次都展示诊断程序，但你不应盲目相信任何采样器。相反，你应该将运行诊断程序作为工作流中的固定步骤，以验证你是否有可靠的逼近后验。

在采样器完成运行后，可以绘制完整后验分布图(见图 3.8)，用于检查 β_0 和 β_1。系数 β_1 表示，对于 Adelie 种企鹅来说，鳍长的每毫米变化理论上预计会平均产生 32 克的体重变化，不

过任何在 22 克到 41 克之间的变化值也都可能出现。此外，从图 3.8 中可以看到，94% 的最高密度区间未覆盖 0 克，这表明体重和鳍长之间确实存在某种联系，支撑了我们的假设。此观察有助于解释"鳍长和体重之间的关系"。但我们应该注意：不要过度解释系数，也不要认为线性模型必然意味着因果关系。例如，如果对一只企鹅进行鳍状肢的增肢手术，不一定会造成体重增加。实际上，由于企鹅获取食物困难，体重反而可能降低。两者之间的逆向关系也不一定正确，给企鹅提供更多食物使其增重，这有助于其拥有更大的鳍，但也可能只有体重增加。现在看一下 β_0，它代表什么？根据后验估计结果，如果看到一只鳍长为 0 毫米的 Adelie 种企鹅，那么我们预计这只不存在的企鹅，体重在 −4213 到 −546 克之间。按照模型来说，这个陈述是正确的，但负的体重并没有意义。这不一定是问题，没有规定模型中的每个参数都必须可解释，也没有规定模型对每个参数值都必须提供合理的预测。在当前情况下，上述特定模型的有限目的只是估计鳍长和企鹅体重之间的关系，通过后验估计，我们已经成功实现了这个目标。

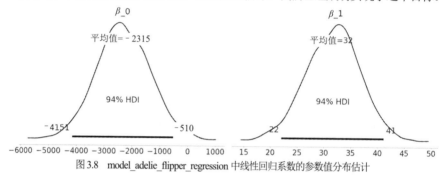

图 3.8　model_adelie_flipper_regression 中线性回归系数的参数值分布估计

模型：数学和现实之间的平衡

在企鹅示例中，即使模型允许，企鹅体重低于 0(甚至接近 0) 也是没有意义的。由于建模和拟合时使用了远离 0 的体重值，因此当我们想要推断接近 0 或低于 0 的结果时，不应该对模型失败感到惊讶。模型不一定必须为所有可能的值提供合理预测，它只需要为构建时的有限目的提供合理预测。

本节中，我们设想加入预测变量会更好地预测企鹅的体重。可以通过图 3.9 比较固定平均值模型和线性变化平均值模型的 σ 后验估计来验证此设想，我们对似然的标准差估计已经从平均约 460 克降到了约 380 克。

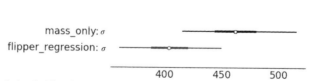

图 3.9　在估计企鹅体重时，通过使用鳍长作为预测变量，估计误差的平均值从略高于 460 克平均值减少到大约 380 克。直觉上这是有道理的，使我们得到了关于估计量的信息，可以利用这些信息做出更好的估计

3.2.2　预测

在 3.2.1 节，我们估计了鳍长和体重之间的线性关系。而回归的另一个主要用途是利用此关系进行预测。在本例中，给定企鹅的鳍长，我们能够预测它的体重吗？当然可以！(见图 3.10) 可以使用模型 model_adelie_flipper_regression 的推断结果做预测。在贝叶斯统计中，处理的对象都是概率分布，因此最终不会得到体重的单一预测值，而是得到所有可能体重值构成的分布。该分布就是式(1.8)中定义的后验预测分布。在实践中，我们通常不会(也可能无法)解析计算预测分布，而是使用 PPL，利用后验分布的样本来估计预测值的分布。例如，如果有一只具有平均鳍长的企鹅，想预测其可能的体重，可以使用 PyMC3 写代码清单 3.14。

代码清单 3.14

```
1 with model_adelie_flipper_regression:
2     # 将基础值改为后验预测样本的平均观测翻转长度
3     pm.set_data({"adelie_flipper_length": [adelie_flipper_length_obs.mean()]})
4     posterior_predictions = pm.sample_posterior_predictive(
5         inf_data_adelie_flipper_regression.posterior, var_names=["mass", "$\mu$"])
```

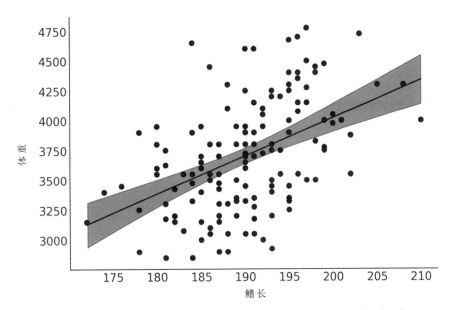

图 3.10　观测的 Adelie 种企鹅的鳍长与体重数据作散点图，似然的平均值参数估计为黑线，
平均值参数的 94% HDI 为灰色区域。注意平均值在随鳍长变化而变化

在代码清单 3.14 的第一行，我们将鳍长的值固定为观测数据中的平均鳍长。然后使用回归模型 model_adelie_flipper_regression，在该固定值处生成企鹅体重的后验预测样本。图 3.11 中绘制了具有平均鳍长的企鹅体重的后验预测分布。

简而言之，我们不仅可以使用代码清单 3.13 中的模型来估计鳍长和企鹅体重之间的关系，还可以获得任意鳍长对应的企鹅体重估计分布。换句话说，可以利用 β_0 和 β_1 系数的估计值，通过后验预测分布来预测任意鳍长对应的企鹅体重。

因此，后验预测分布在贝叶斯环境中是一个强大的工具，它不仅使我们可以预测最可能的值，还可以预测包含不确定性的合理值的分布，如式(1.8)。

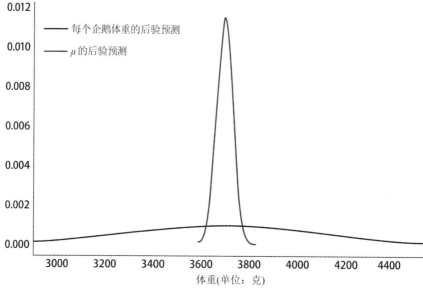

图 3.11   在平均鳍长处评估的平均值参数 μ 的后验分布，标记为蓝色；在平均鳍长处评估的企鹅体重的后验预测分布标记为黑色。可以看出，黑色曲线更宽，因为它描述了(给定鳍长时)预测数据的分布，而蓝色曲线仅表达了预测数据平均值的分布

3.2.3   中心化处理

代码清单 3.13 中的模型能很好地估计鳍长和企鹅体重之间的关系，以及预测给定鳍长下的企鹅体重。遗憾的是，数据和模型对 β_0 的估计并不是特别有意义，因此可以通过数据转换使 β_0 更易于解释。通常我们会选择中心化处理，即取一组数据并将其平均值中心化为零，如代码清单 3.15 所示。

代码清单 3.15

```
1 adelie_flipper_length_c = (adelie_flipper_length_obs -
2                            adelie_flipper_length_obs.mean())
```

使用中心化后的预测变量再次拟合模型，这次使用 TFP。

代码清单 3.16

```
1 def gen_adelie_flipper_model(adelie_flipper_length):
2     adelie_flipper_length = tf.constant(adelie_flipper_length, tf.float32)
3
4     @tfd.JointDistributionCoroutine
5     def jd_adelie_flipper_regression():
6       σ = yield root(
7           tfd.HalfStudentT(df=100, loc=0, scale=2000, name="sigma"))
8       β1 = yield root(tfd.Normal(loc=0, scale=4000, name="beta_1"))
9       β0 = yield root(tfd.Normal(loc=0, scale=4000, name="beta_0"))
10      μ = β_0[..., None] + β_1[..., None] * adelie_flipper_length
```

```
11     mass = yield tfd.Independent(
12         tfd.Normal(loc=μ, scale=σ [..., None]),
13         reinterpreted_batch_ndims=1,
14         name="mass")
15
16     return jd_adelie_flipper_regression
17
18 # 如果使用非居中预测因子，将得到与 model_adelie_flipper_regression 相同的模型
19 jd_adelie_flipper_regression = gen_adelie_flipper_model(
20   adelie_flipper_length_c)
21
22 mcmc_samples, sampler_stats = run_mcmc(
23   1000, jd_adelie_flipper_regression, n_chains=4, num_adaptation_steps=1000,
24   mass=tf.constant(adelie_mass_obs, tf.float32))
25
26 inf_data_adelie_flipper_length_c = az.from_dict(
27   posterior={
28       k:np.swapaxes(v, 1, 0)
29       for k, v in mcmc_samples._asdict().items()},
30 sample_stats={
31       k:np.swapaxes(sampler_stats[k], 1, 0)
32       for k in ["target_log_prob", "diverging", "accept_ratio", "n_steps"]})
33 )
```

代码清单 3.16 中定义的数学模型与代码清单 3.13 中的 PyMC3 模型 model_adelie_flipper_regression 基本相同，唯一的区别是前者对预测变量做了中心化处理(见图 3.12)。不过，在 PPL 方面，TFP 的结构导致需要在不同行中添加 tensor_x[...,None]来扩展批量标量，使其能够与批量向量一起传播。具体来说，None 会添加一个新轴，这也可以使用 np.newaxis 或 tf.newaxis 来完成。此外，TFP 还将模型封装在一个函数中，以便轻松地将不同的预测变量作为条件。此例中使用经中心化处理的鳍长。当然，即使不进行中心化处理，也应得到相同的结果。

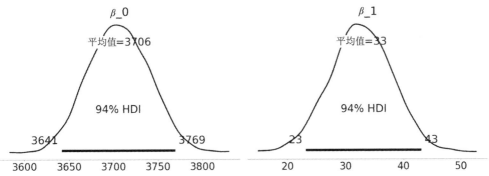

图 3.12　来自代码清单 3.16 的系数估计。注意，β_1 的分布与图 3.8 中相同，但 β_0 的分布发生了偏移。由于我们在鳍长的平均值处做了中心化处理，因此现在 β_0 代表具有平均鳍长的企鹅体重分布

当再次绘制系数的后验分布时，β_1 与 PyMC3 模型相同，但 β_0 的分布发生了变化。由于我们将输入数据中心化到了其平均值上，β_0 的后验分布将代表非中心化数据集中平均值对应的预测分布。通过将数据中心化，现在可以将 β_0 解释为具有平均鳍长的 Adelie 种企鹅的平均体重分布。转换输入变量的想法也可以在任意选择的值上执行。例如，可以减去最小鳍长后拟合模型。在做这种转换后，对 β_0 的解释变更为：观测到的最小鳍长的平均体重分布。为了更深入地讨论线性回归中的转换，推荐应用回归分析和广义线性模型[53]。

3.3   多元线性回归

在许多物种中，不同性别之间存在双态性或差异。实际上，企鹅性别的双态性研究是收集 Palmer Penguin 数据集[71]的出发点之一。为了更仔细地研究企鹅的双态性，数据集中添加了第二个预测变量：性别(sex)，并将其编码为二值型类别变量。现在来看我们是否可以更精确地估计企鹅的体重(见代码清单 3.17)。

代码清单 3.17

```
1 # 对分类预测因子进行二进制编码
2 sex_obs = penguins.loc[adelie_mask ,"sex"].replace({"male":0, "female":1})
3
4 with pm.Model() as model_penguin_mass_categorical:
5     σ = pm.HalfStudentT("σ", 100, 2000)
6     β_0 = pm.Normal("β_0", 0, 3000)
7     β_1 = pm.Normal("β_1", 0, 3000)
8     β_2 = pm.Normal("β_2", 0, 3000)
9
10    μ = pm.Deterministic(
11        "μ", β_0 + β_1 * adelie_flipper_length_obs + β_2 * sex_obs)
12
13    mass = pm.Normal("mass", mu=μ, sigma=σ, observed=adelie_mass_obs)
14
15    inf_data_penguin_mass_categorical = pm.sample(
16        target_accept=.9, return_inferencedata=True)
```

你会注意到新参数 β_2 也会影响 μ。由于性别是一个类别预测变量(本例中为雄性和雌性)，我们将其分别编码为 0 和 1(见图 3.13)。这对于模型意味着：对于雌性企鹅来说，μ 的值是 3 个项的总和；而对于雄性企鹅来说，μ 的值是两个项的总和(因为 β_2 项的取值归零)。

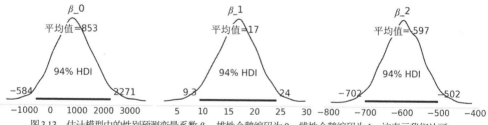

图3.13   估计模型中的性别预测变量系数 β_2。雄性企鹅编码为 0，雌性企鹅编码为 1，这表示我们认可：
具有相同鳍长的雄性和雌性 Adelie 种企鹅之间存在额外的体重差别

线性模型的语法糖

线性模型的使用十分广泛，以至于有人为其回归专门编写了语法、方法和库。其中一个典型库是 Bambi(贝叶斯模型构建接口，Bayesian Model-Building Interface 的缩写)。Bambi 是一个 Python 软件库，使用形式化语法拟合广义线性层次模型，该语法类似于在 R 包中的 lme4 包[7]、nlme 包[121]、rstanarm 包[56]或 brms 包[28]等。Bambi 使用 PyMC3 并提供更高级别的 API。要编写同一个模型，在忽略代码清单 3.17 中的先验时[a]，可以用 Bambi 编程为(见代码清单 3.18)：

代码清单 3.18

```
1 import bambi as bmb
2 model = bmb.Model("body_mass_g ~ flipper_length_mm + sex",
3                   penguins[adelie_mask])
4 trace = model.fit()
```

　　如果不人为设置先验，软件库会自动分配先验。在 Bambi 内部几乎存储了 PyMC3 生成的所有对象，使用户可以轻松检索、检查和修改这些对象。此外，Bambi 还返回一个 az.InferenceData 对象，可以直接与 ArviZ 一起使用。

　　[a]如果想要完全相同的模型，可以指定 Bambi 的先验，这里没有显示。然而，就我们的目的而言，模型"足够接近"。

　　由于我们将"雄性"编码为 0，因此来自 model_penguin_mass_categorical 的后验估计了雄性企鹅与具有相同鳍长的雌性企鹅相比的体重差异。这里比较重要的一点是：模型通过引入第二个预测变量，形成了一个多元线性回归，在解释系数时也必须更加小心(见图 3.14)。在多元线性回归中，系数通常提供了如下信息：如果所有其他预测变量保持不变时，某个预测变量与结果变量之间的线性关系[1]。

　　可以再次在图 3.15 中比较 3 个模型的标准差，查看是否减少了估计中的不确定性。可以看出，额外提供的信息进一步改进了估计。在当前情况下，我们对 σ 的估计从无预测变量模型(代码清单 3.3)中的平均 462 克下降到了多元线性模型(代码清单 3.17，鳍长和性别为预测变量)中的平均 298 克。这种不确定性的减少表明，性别确实有助于估计企鹅体重(见代码清单 3.19)。

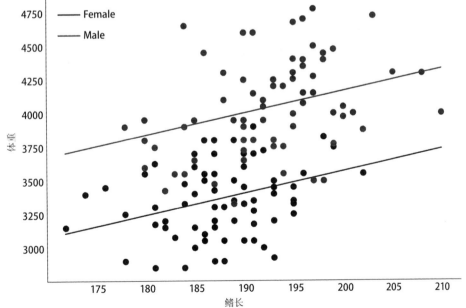

图 3.14　使用类别预测变量编码的雄性和雌性 Adelie 种企鹅的鳍长与体重之间的多元回归。
注意雄性和雌性企鹅之间的体重差异在所有鳍长上保持不变，该差异相当于 β_2 系数的大小

---

1 还可以用不同方式解析设计矩阵，以使预测变量表示列中两个类别之间的对比。

代码清单 3.19

```
1 az.plot_forest([inf_data_adelie_penguin_mass,
2     inf_data_adelie_flipper_regression,
3     inf_data_penguin_mass_categorical],
4     var_names=["σ"], combined=True)
```

预测变量(或协变量)并非越多越好

拟合算法的所有模型能够拟合所有观测信号(即使该信号是一个随机噪声)。这一现象被称为产生了过拟合。过拟合情况下,算法可以很容易地将预测变量映射到已知案例中的结果,但无法推广到新的数据。在线性回归中,可以随机地生成 100 个预测变量,并将它们拟合到随机的模拟数据集上,能够很好地证明这种现象[101]。结果会表明,即使预测变量和结果变量之间完全随机且没有任何关系,仍然可以说线性模型性能良好。

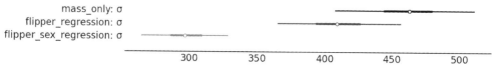

图 3.15   将性别作为预测变量纳入 model_penguin_mass_categorical 中,可以观察到,该模型中 σ 参数的估计值分布以 300 克为中心,远低于无预测变量模型和单预测变量模型的估计结果,说明新模型的不确定性有减少。该图由代码清单 3.19 生成

反事实分析

在代码清单 3.14 中,我们使用拟合的参数进行预测,调整鳍长以获得相应的体重估计。在多元回归中同理。可以保持其他所有预测变量固定,然后查看剩下的那个预测变量对结果变量的影响。此分析方法通常被称为反事实分析(Counterfactual Analysis)。我们扩展上一节代码清单 3.17 的多元回归,这次增加喙长(bill length),并在 TFP 中运行反事实分析。模型构建和推断见代码清单 3.20。

代码清单 3.20

```
1 def gen_jd_flipper_bill_sex(flipper_length, sex, bill_length, dtype=tf.float32):
2     flipper_length, sex, bill_length = tf.nest.map_structure(
3         lambda x: tf.constant(x, dtype),
4         (flipper_length, sex, bill_length)
5     )
6
7     @tfd.JointDistributionCoroutine
8     def jd_flipper_bill_sex():
9         σ = yield root(
10             tfd.HalfStudentT(df=100, loc=0, scale=2000, name="sigma"))
11         β_0 = yield root(tfd.Normal(loc=0, scale=3000, name="beta_0"))
12         β_1 = yield root(tfd.Normal(loc=0, scale=3000, name="beta_1"))
13         β_2 = yield root(tfd.Normal(loc=0, scale=3000, name="beta_2"))
14         β_3 = yield root(tfd.Normal(loc=0, scale=3000, name="beta_3"))
15         μ = (β_0[..., None]
```

```
16          + β_1[..., None] * flipper_length
17          + β_2[..., None] * sex
18          + β_3[..., None] * bill_length
19      )
20      mass = yield tfd.Independent(
21          tfd.Normal(loc=μ, scale=σ[..., None]),
22          reinterpreted_batch_ndims=1,
23          name="mass")
24
25  return jd_flipper_bill_sex
26
27 bill_length_obs = penguins.loc[adelie_mask, "bill_length_mm"]
28 jd_flipper_bill_sex = gen_jd_flipper_bill_sex(
29     adelie_flipper_length_obs, sex_obs, bill_length_obs)
30
31 mcmc_samples, sampler_stats = run_mcmc(
32    1000, jd_flipper_bill_sex, n_chains=4, num_adaptation_steps=1000,
33     mass=tf.constant(adelie_mass_obs, tf.float32))
```

在该模型中，添加了另一个系数 β_3 对应于预测变量喙长。推断完成后，我们可以固定企鹅性别为雄性、喙长为数据集平均值，然后模拟具有不同鳍长的企鹅体重。这在代码清单 3.21 中实现，结果见图 3.16。由于将模型生成过程封装在 Python 函数中(一种函数式编程风格方法)，因此很容易在新预测变量上做条件化，这对于反事实分析非常有用。

代码清单 3.21

```
1 mean_flipper_length = penguins.loc[adelie_mask, "flipper_length_mm"].mean()
2 # 将反事实维数设为 21，以便准确获得平均值
3 counterfactual_flipper_lengths = np.linspace(
4     mean_flipper_length-20, mean_flipper_length+20, 21)
5 sex_male_indicator = np.zeros_like(counterfactual_flipper_lengths)
6 mean_bill_length = np.ones_like(
7     counterfactual_flipper_lengths) * bill_length_obs.mean()
8
9 jd_flipper_bill_sex_counterfactual = gen_jd_flipper_bill_sex(
10    counterfactual_flipper_lengths, sex_male_indicator, mean_bill_length)
11 ppc_samples = jd_flipper_bill_sex_counterfactual.sample(value=mcmc_samples)
12 estimated_mass = ppc_samples[-1].numpy().reshape(-1, 21)
```

遵循 McElreath[101]所述，图 3.16 被称为反事实图。顾名思义，我们评估的是一种与观测数据或事实相悖的情况。或者换句话说，我们正在评估尚未发生的情况。反事实图的用途之一是通过调整预测变量来探索结果变量的预测值。这是一种很棒的方法，因为它使我们能够探索现实中无法实现的一些 "what-if" 场景[1]。但是，在解释这种方法时我们必须谨慎，因为可能存在一些陷阱。第一个陷阱是，反事实的结果有可能根本不会出现，例如，永远不会存在鳍长大于 1500 毫米的企鹅，但该模型会机械地提供对这种假设情况的估计。第二个陷阱更不易察觉：虽然我们假设可以独立地改变每个预测变量，但这在实际中几乎不可能实现。例如，随着企鹅鳍长的增加，其他预测变量(如喙长)也会增加。反事实分析法的强大之处在于：其允许我们探索尚未发生的结果，或者至少没有被观测到发生的结果。但该方法也很容易为永远不会发生的情况生成估计值。模型本身无法区分两者，只能由建模者识别它们。

---

1 也许是因为要想收集更多的数据，成本很高，或者很难，甚至不可能。

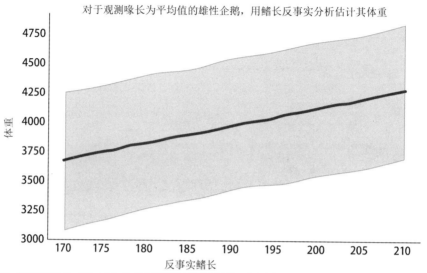

图 3.16   代码清单 3.21 中的 Adelie 种企鹅的反事实体重估计值，其中保持所有其他预测变量不变，只有鳍长变化

相关性(Correlation)与因果性(Causality)

在解释线性回归时，很容易将其描述为 "X 的原因导致了 Y 的增加"，但事实并不一定如此。事实上，因果关系无法仅从(线性)回归关系中得出。在数学上，回归模型只是将两个(或更多)变量联系在一起，但这种联系不需要是因果关系。例如，增加降水量可以(至少在一定范围内)促进植物的生长，并且呈因果关系。但我们也可以颠倒这种关系，即用植物的生长估计降水量，尽管我们都知道植物的生长不会导致降雨 [a]。因果推断的统计子领域涉及在随机试验或观测研究背景下做出因果陈述所必需的一些工具和程序，感兴趣的读者可以参见第 7 章中的简要讨论。

a 但若我们谈论的是像雨林这样的大型系统，植物的存在实际会对天气产生影响。简单的陈述很难理解自然。

3.4   广义线性模型

到目前为止，我们讨论的所有线性模型都假设观测值的分布为高斯分布，这在许多情况下都适用。但有时可能要对受限于某个区间的事物建模，例如概率在区间[0,1]内，或者计数事件为自然数{1,2,3}。此时需要使用其他分布。为此，我们使用线性函数 $\mathbf{X}\beta$，并使用反向链接函数[1] ϕ 对其进行修改，如式(3.5)所示。

---

1 人们习惯于将 ϕ 等函数应用于式(3.5)的左侧，并将其称为链接函数。与之相反，我们更倾向于将它们应用于右侧。因此为了避免混淆，我们使用术语 "反向链接函数"。

$$\mu = \phi(\mathbf{X}\beta)$$
$$Y \sim \Psi(\mu, \theta) \tag{3.5}$$

其中，Ψ 是由 μ 和 θ 参数化的分布，表示数据的似然。

反向链接函数的具体目的是将实数范围 $(-\infty, \infty)$ 的输出映射到受限区间范围。换句话说，反向链接函数用于将线性模型推广到更多模型架构。我们在这里处理的仍然是线性模型，因为生成观测数据的分布(即似然)期望平均值仍然遵循模型参数和预测变量之间的线性函数，只不过现在可以将其使用推广到更多场景[1]。

3.4.1　逻辑回归

最常见的广义线性模型之一是逻辑回归。它在只有两种可能结果之一的数据建模中特别有用。掷硬币"正面"或"反面"结果的概率是常见的示例。更多"现实世界"中的例子包括：生产中的缺陷可能性、癌症测试的阴性或阳性、火箭发射是否失败[43]。在逻辑回归中，反向链接函数被称为逻辑函数(logistic function)，它将 $(-\infty, \infty)$ 映射到 $(0,1)$ 区间(见图3.17)。这很方便，因为现在可以将线性函数映射到预测概率值的参数范围 $(0, 1)$ 内，见式(3.6)。

$$p = \frac{1}{1 + e^{-\mathbf{X}\beta}} \tag{3.6}$$

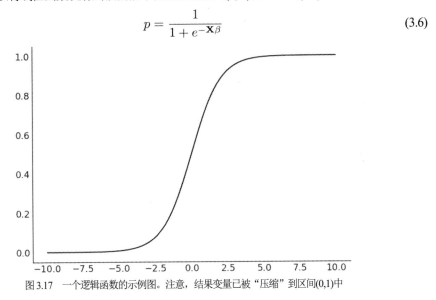

图 3.17　一个逻辑函数的示例图。注意，结果变量已被"压缩"到区间 $(0,1)$ 中

通过逻辑回归，能够使用线性模型来估计事件的概率。有时，我们想要对给定数据分类或预测特定类，此时希望将区间 $(-\infty, \infty)$ 内的某个连续预测值转换至 0 到 1 之间。然后，可以使用决策边界将其划分为集合 $\{0,1\}$ 中的某一个元素。假设将决策边界设置为 0.5 的概率，则对于具有截距和单预测变量的模型，我们有：

---

1 通常在传统的广义线性模型文献中，观测的似然需要来自指数族。但在贝叶斯背景下，我们实际上不受此限制，可以使用可以由期望值参数化的任何似然。

$$0.5 = \text{logistic}\left(\beta_0 + \beta_1 * x\right)$$
$$\text{logit}(0.5) = \beta_0 + \beta_1 * x$$
$$0 = \beta_0 + \beta_1 * x \tag{3.7}$$
$$x = -\frac{\beta_0}{\beta_1}$$

注意，logit 是 logistic 的逆函数。也就是说，一旦拟合了逻辑模型，就可以使用系数 β_0 和 β_1 轻松计算出类概率大于 0.5 的 x 值。

3.4.2   分类模型

在前面部分中，我们使用企鹅性别和喙长来估计企鹅的体重。现在改变该问题：如果给定企鹅的体重、性别和喙长，我们能够预测其种类吗？我们使用 Adelie 和 Chinstrap 这两个种类来完成此二元任务。和之前同理，首先使用只有一个预测变量(喙长)的简单模型。我们用代码清单 3.22 编写这个逻辑模型。

代码清单 3.22

```
1 species_filter = penguins["species"].isin(["Adelie", "Chinstrap"])
2 bill_length_obs = penguins.loc[species_filter, "bill_length_mm"].values
3 species = pd.Categorical(penguins.loc[species_filter, "species"])
4
5 with pm.Model() as model_logistic_penguins_bill_length:
6     β_0 = pm.Normal("β_0", mu=0, sigma=10)
7     β_1 = pm.Normal("β_1", mu=0, sigma=10)
8
9     μ = β_0 + pm.math.dot(bill_length_obs, β_1)
10
11    # 应用我们的 sigmoid 链接函数
12    θ = pm.Deterministic("θ", pm.math.sigmoid(μ))
13
14    # 有助于稍后绘制决策边界
15    bd = pm.Deterministic("bd", -β_0/β_1)
16
17    # 注意似然变化
18    yl = pm.Bernoulli("yl", p=θ, observed=species.codes)
19
20    prior_predictive_logistic_penguins_bill_length = pm.sample_prior_predictive()
21    trace_logistic_penguins_bill_length = pm.sample(5000, chains=2)
22    inf_data_logistic_penguins_bill_length = az.from_pymc3(
23        prior=prior_predictive_logistic_penguins_bill_length,
24        trace=trace_logistic_penguins_bill_length)
```

在广义线性模型中，从参数先验到结果的映射有时难以理解，此时可以利用先验预测样本帮助我们可视化预期的观测结果。在企鹅分类的例子中，在看到任何数据之前，对于所有喙长，Gentoo 种和 Adelie 种的预期相同。通过先验预测检查可以双重检查先验设置和模型是否能够切实表达我们的建模意图。在看到数据之前，图 3.18 中这些类大致上是均匀分布的，这也是我们所期望的。

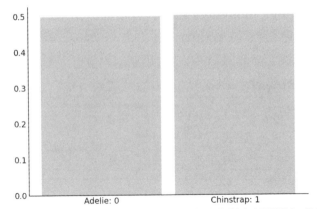

图 3.18　来自 model_logistic_penguins_bill_length 的 5000 个关于类别预测的先验预测样本。这种似然是离散的，
更具体地说是二值的，与之前模型中估计的连续分布的企鹅体重有所不同

在模型中拟合参数后，可以使用 az.summary(.) 函数检查系数(参见表 3.3)。你会发现，此模型的系数并不像线性回归那样可直接解释。在指定正值的 β_1 系数(其 HDI 不过 0)时，可以看出喙长和种类存在某种关系。可以相当直接地解释决策边界，看到大约 44 毫米喙长是两个物种之间的黄金分割值。在图 3.19 中绘制回归的输出更加直观。图中可以看到，随着类别变化，从左侧 0 逐步移到右侧 1 的逻辑曲线，以及在给定数据时的预期决策边界。

表 3.3　根据 model_logistic_penguins_bill_length 估计的拟合的逻辑回归系数。
β_1 的 HDI 范围不为零，这表明喙长可以识别种类之间的差异

	mean	sd	hdi_3%	hdi_97%
β_0	− 46.052	7.073	− 58.932	− 34.123
β_1	1.045	0.162	0.776	1.347

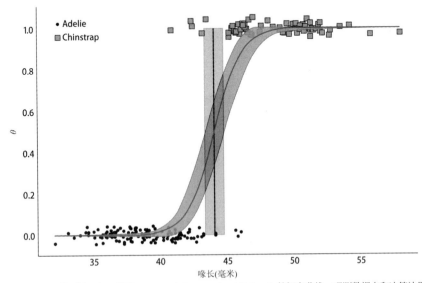

图 3.19　拟合后的逻辑回归，显示 model_logistic_penguins_bill_length 的概率曲线、观测数据点和决策边界。
仅从观测数据看，两个物种的喙长似乎在 45 毫米左右存在区分，我们的模型同样识别出围绕该值的这种区分

现在尝试换种方法，我们仍然想对企鹅进行分类，但这次使用企鹅的体重作为预测变量。代码清单 3.23 显示了该模型。

代码清单 3.23

```
1 mass_obs = penguins.loc[species_filter, "body_mass_g"].values
2
3 with pm.Model() as model_logistic_penguins_mass:
4     β_0 = pm.Normal("β_0", mu=0, sigma=10)
5     β_1 = pm.Normal("β_1", mu=0, sigma=10)
6
7     μ = β_0 + pm.math.dot(mass_obs, β_1)
8     θ = pm.Deterministic("θ", pm.math.sigmoid(μ))
9     bd = pm.Deterministic("bd", -β_0/β_1)
10
11     yl = pm.Bernoulli("yl", p=θ, observed=species.codes)
12
13     inf_data_logistic_penguins_mass = pm.sample(
14         5000, target_accept=.9, return_inferencedata=True)
```

在表 3.4 展示的汇总信息中，β_1 被估计为 0，表明体重预测变量中并没有足够信息来区分两个种类。这不一定是坏事，只是表明模型在两个物种的体重之间没有发现明显的差异。一旦我们在图 3.20 中绘制数据和逻辑回归的拟合结果，这一点就会表现得非常明显。

表 3.4   根据 model_logistic_penguins_mass 估算的拟合的逻辑回归系数。
β_1 的值为 0 表明，体重在识别种类之间的差异方面没有太大价值

	mean	sd	hdi_3%	hdi_97%
β_0	− 1.131	1.317	− 3.654	1.268
β_1	0.000	0.000	− 0.000	0.001

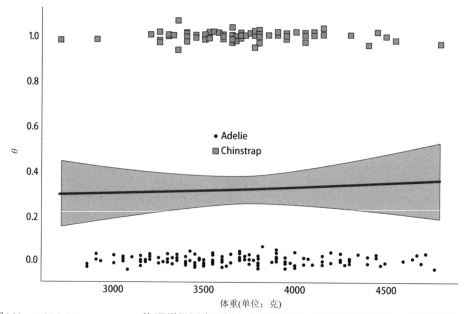

图 3.20   model_logistic_penguins_mass 的观测数据和逻辑回归图。与图 3.19 不同，数据看起来不可分离，模型也看出这一点

　　我们不应该因缺失这种关系而受到影响，因为有效的建模就包含一定的试错。这不意味着随意试错，靠运气取胜，而是意味着可以使用计算工具为你提供进行下一步的线索。

　　现在尝试同时使用喙长和体重，在代码清单 3.24 中创建多元逻辑回归，并在图 3.21 中绘制决策边界。这次图中的坐标轴有点不同，垂直轴不再是分类概率，而是企鹅的体重。这样就可以明显地看到预测变量之间的决策边界。所有这些可视检查都有所帮助，但也较为主观。可以使用一些诊断工具来量化拟合程度。

代码清单 3.24

```
1 X = penguins.loc[species_filter, ["bill_length_mm", "body_mass_g"]]
2
3 # 为截距添加一列 1
4 X.insert(0,"Intercept", value=1)
5 X = X.values
6
7 with pm.Model() as model_logistic_penguins_bill_length_mass:
8     β = pm.Normal("β", mu=0, sigma=20, shape=3)
9
10    μ = pm.math.dot(X, β)
11
12    θ= pm.Deterministic("θ", pm.math.sigmoid(μ))
13    bd = pm.Deterministic("bd", -β[0]/ β[2] - β[1]/ β[2] * X[:,1])
14
15    yl = pm.Bernoulli("yl", p=θ, observed=species.codes)
16
17    inf_data_logistic_penguins_bill_length_mass = pm.sample(
18        1000,
19        return_inferencedata=True)
```

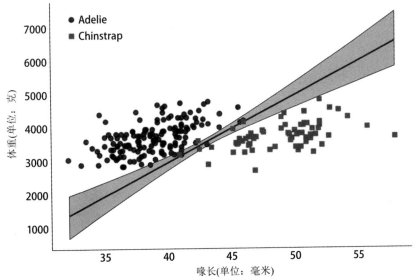

图 3.21　针对喙长和体重绘制的物种类别决策边界。可以看到大部分可分离性来自喙长，体重也添加了一些关于可分离性的额外信息，如线的斜率

　　为了评估模型是否适合逻辑回归，可以使用分离图[72]，如代码清单 3.25 和图 3.22 所示。分

离图是一种评估二值观测数据模型校准的方法。它显示了每个类的预测排序,当两个类完美分离时,应当体现为两个不同的矩形。在本示例中,可以看到我们的模型没能完美地分离两个物种,但包含喙长的模型比仅包含体重的模型的性能更好。一般来说,完美校准不是贝叶斯分析的目标,使用分离图(以及其他校准评估方法,如 LOO-PIT)的目的是帮助我们比较模型并改进。

代码清单 3.25

```
1 models = {"bill": inf_data_logistic_penguins_bill_length,
2          "mass": inf_data_logistic_penguins_mass,
3          "mass bill": inf_data_logistic_penguins_bill_length_mass}
4
5 _, axes = plt.subplots(3, 1, figsize=(12, 4), sharey=True)
6 for (label, model), ax in zip(models.items(), axes):
7     az.plot_separation(model, "p", ax=ax, color="C4")
8     ax.set_title(label)
```

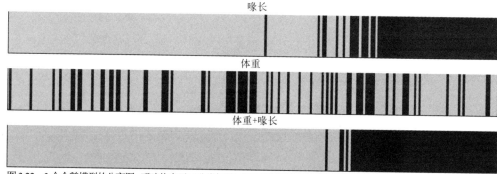

图 3.22   3 个企鹅模型的分离图。明暗值表示二分类标签。图中明显看出,仅含体重的模型在区分两个物种方面性能很差,而单喙长模型和"体重+喙长"模型表现更好

还可以使用 LOO 比较刚创建的 3 个模型:单体重模型、单喙长模型以及代码清单 3.26 和表 3.5 中的"体重+喙长"二元预测模型。根据 LOO,单体重模型在分离物种方面性能最差,单喙长模型性能适中,"体重+喙长"模型性能最好。对于上面分离图中的结果,现在得到了数值上的确认。

表 3.5   "体重+喙长"二元预测模型

	rank	loo	p_loo	d_loo	weight	se	dse	warning	loo_scale
mass_bill	0	− 11.3	1.6	0.0	1.0	3.1	0.0	True	log
bill	1	− 27.0	1.7	15.6	0.0	6.2	4.9	False	log
mass	2	− 135.8	2.1	124.5	0.0	5.3	5.8	False	log

代码清单 3.26

```
1 az.compare({"mass":inf_data_logistic_penguins_mass,
2            "bill": inf_data_logistic_penguins_bill_length,
3            "mass_bill":inf_data_logistic_penguins_bill_length_mass})
```

3.4.3　解释对数赔率

在逻辑回归中，斜率表示当 x 增加一个单位时，增加了多少单位的对数赔率(log odds)。赔率指事件发生的概率与不发生的概率之比。例如，在企鹅示例中，如果从 Adelie 种或 Chinstrap 种企鹅中随机选择一只企鹅，那么我们选中 Adelie 种企鹅的概率将为 0.68，如代码清单 3.27 所示。

代码清单 3.27

```
1 # 每种企鹅的分类计数
2 counts = penguins["species"].value_counts()
3 adelie_count = counts["Adelie"],
4 chinstrap_count = counts["Chinstrap"]
5 adelie_count / (adelie_count + chinstrap_count)
```

```
array([0.68224299])
```

对于同一事件，赔率将如代码清单 3.28 所示。

代码清单 3.28

```
adelie_count / chinstrap_count
```

```
array([2.14705882])
```

赔率由与概率相同的组分组成，但以一种更直接的方式解释了一个事件发生与另一个事件发生的比率。如果从 Adelie 种和 Chinstrap 种企鹅中随机采样，则根据代码清单 3.28 计算，预计最终得到的 Adelie 种企鹅的赔率比 Chinstrap 种企鹅高 2.14。

利用对赔率的了解，可以定义 logit。logit 是赔率的自然对数，它是式(3.8)中显示的分数。可以用 logit 重写式(3.6)中的逻辑回归。

$$\log\left(\frac{p}{1-p}\right) = \boldsymbol{X}\beta \tag{3.8}$$

该替代公式[见式(3.8)]让我们可以将逻辑回归的系数解释为对数赔率的变化。此时，如果给定喙长的变化，则可以计算出观测到 Adelie 种到 Chinstrap 种企鹅的概率，如代码清单 3.29 所示。像这样的转换在数学上很值得探讨，而且在讨论统计结果时也非常实用，我们将在 9.10 节更深入地讨论这个主题。

代码清单 3.29

```
1 x = 45
2 β_0 = inf_data_logistic_penguins_bill_length.posterior["β_0"].mean().values
3 β_1 = inf_data_logistic_penguins_bill_length.posterior["β_1"].mean().values
4 bill_length = 45
5
6 val_1 = β_0 + β_1*bill_length
7 val_2 = β_0 + β_1*(bill_length+1)
8
9 f"(Class Probability change from 45mm Bill Length to 46mm:
10 {(special.expit(val_2) - special.expit(val_1))*100:.0f}%)"
```

```
'Class Probability change from 45mm Bill Length to 46mm: 15%'
```

3.5　回归模型的先验选择

在熟悉了广义线性模型之后，现在关注先验及其对后验估计的影响。我们将从 Regression and Other Stories[58]中借用一个例子，特别是其中一项探讨父母吸引力与生女孩的概率之间的关系的研究[63]。在这项研究中，研究人员以五分制评估了美国青少年的吸引力。最终，这些受试者中许多人都有了孩子，其中对每种吸引力类别对应的性别比例进行计算，其结果以数据点形式显示在代码清单 3.30 和图 3.23 中。在同一段代码中，我们还编写了一个单变量回归模型。此时重点关注如何一起评估先验和似然，而不是分别评估。

代码清单 3.30

```
1  x = np.arange(-2, 3, 1)
2  y = np.asarray([50, 44, 50, 47, 56])
3
4  with pm.Model() as model_uninformative_prior_sex_ratio:
5      σ = pm.Exponential("σ", .5)
6      β_1 = pm.Normal("β_1", 0, 20)
7      β_0 = pm.Normal("β_0", 50, 20)
8
9      μ = pm.Deterministic("μ",β_0 + β_1 * x)
10
11     ratio = pm.Normal("ratio", mu=μ, sigma=σ, observed=y)
12
13     prior_predictive_uninformative_prior_sex_ratio = pm.sample_prior_predictive(
14         samples=10000
15     )
16     trace_uninformative_prior_sex_ratio = pm.sample()
17     inf_data_uninformative_prior_sex_ratio = az.from_pymc3(
18         trace=trace_uninformative_prior_sex_ratio,
19         prior=prior_predictive_uninformative_prior_sex_ratio
20     )
```

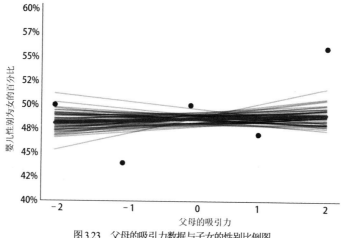

图 3.23　父母的吸引力数据与子女的性别比例图

理论上，我们将假设生男孩和生女孩的比例一样，并且吸引力对性别比例没有影响。这意味着将截距 β_0 的先验平均值设置为 50，将斜率 β_1 的先验平均值设置为 0；并且由于我们缺乏领域专业知识，因此还为两个参数都设置了比较宽泛的先验以表达这种不确定性。该先验并非一个完全无信息的先验(详见 1.4 节)，但它确实是一个非常宽泛的先验。根据上述选择，在代码清单 3.30 中编写模型、运行推断并生成样本来估计后验分布。根据数据和模型，β_1 的估计平均值为 1.4，这意味着与最具吸引力的群体相比，吸引力最小的群体的男女出生率平均相差 7.4%。在图 3.24 中，如果考虑不确定性，则在将参数条件化为数据之前，从 50 条可能的"拟合线"随机样本中，每单位吸引力的变化可能带来超过 20% 的男女出生比率变化[1]。

从数学角度看，此结果是有效的。但从常识和出生性别比来理解，此结果有待考究。出生时的"自然"性别比约为"105 个男孩/100 个女孩"(大约 103 到 107 个男孩)，这意味着出生时的性别比为 48.5，标准差为 0.5。此外，即使因素与人类生物学存在内在联系，也不会对出生率影响到这么大的程度，这主观上削弱了吸引力应该具有此影响程度的想法。鉴于此信息，两组之间 8% 的变化将需要特殊的观测。

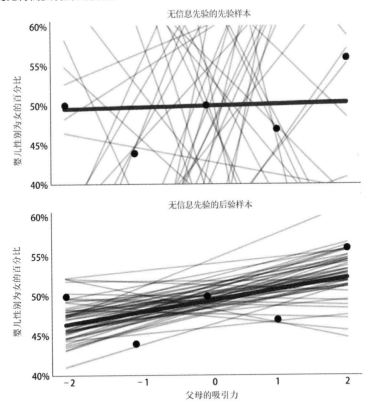

图 3.24　在采用模糊先验或宽泛先验的情况下，该模型表明，有吸引力的父母所生孩子的性别比率存在很大差异。其中一些拟合值存在高达 20% 的变化，这似乎令人难以置信，因为没有任何其他研究表明吸引力会对出生性别有如此大的影响

我们再次运行模型，但这次使用代码清单 3.31 中的信息先验。绘制后验样本，会发现系数

---

1 估计值显示在相应的笔记中。

的分布非常集中，并且在考虑可能的比率时，后验预测直线会落入更合理的范围内。

代码清单 3.31

```
1 with pm.Model() as model_informative_prior_sex_ratio:
2     σ = pm.Exponential("σ", .5)
3
4     # 注意现在信息更丰富的先验
5     β_1 = pm.Normal("β_1", 0, .5)
6     β_0 = pm.Normal("β_0", 48.5, .5)
7
8     μ = pm.Deterministic("μ",β_0 + β_1 * x)
9     ratio = pm.Normal("ratio", mu=μ, sigma=σ, observed=y)
10
11    prior_predictive_informative_prior_sex_ratio = pm.sample_prior_predictive(
12        samples=10000
13    )
14    trace_informative_prior_sex_ratio = pm.sample()
15    inf_data_informative_prior_sex_ratio = az.from_pymc3(
16        trace=trace_informative_prior_sex_ratio,
17        prior=prior_predictive_informative_prior_sex_ratio)
```

这次看到吸引力对性别的影响几乎可以忽略不计，根本没有足够信息能影响后验。如在 1.4 节中提到的，选择先验有利有弊。无论是何种情况，重要的是使用这种统计工具并做出可解释和有原则的选择(见图 3.25)。

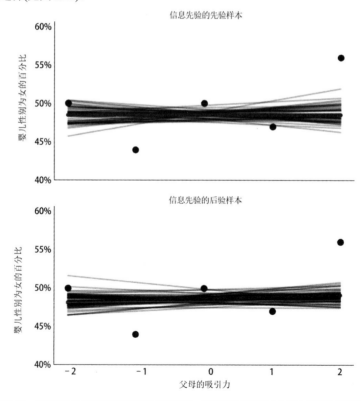

图 3.25　根据其他论文和领域知识优化后的先验，平均后验在吸引力比率上几乎没有变化。这表明如果认为父母吸引力对出生率有影响，则应该收集更多数据来展示这种影响

3.6　练习

3E1. 比较是日常生活的一部分。考虑你每天比较什么，并回答以下问题。

- 你用于比较的数字量是多少？
- 你如何决定观察的逻辑分组？例如，在企鹅模型中，我们使用物种或性别。
- 你将使用什么样的点估计来比较它们？

3E2. 参考模型 3.3，完成以下任务。

(a) 使用 az.summary 计算蒙特卡罗标准差平均值。给定计算值，以下 μ 值中哪一个无法作为点估计？3707.235、3707.2、3707。

(b) 绘制每个分位数的 ESS 和 MCSE，并描述结果。

(c) 进行少量抽取重新对模型进行采样，直到获得错误的 $\hat{R}$ 和 ESS 值。

(d) 使用 az.plot_posterior，用数值报告 HDI 50%。

3E3. 用你自己的话解释如何使用回归进行以下操作：

(a) 协方差估计

(b) 预测

(c) 反事实分析

解释它们的不同之处，执行每个操作步骤，以及应用它们的情况。用企鹅的例子，或者想出你自己的例子。

3E4. 在代码清单 3.15 和代码清单 3.16 中，我们的重点是鳍长这个预测变量。重新拟合模型，但不进行中心化处理，而是减去观察到的最小鳍长。比较经中心化处理的模型的斜率和截距参数的后验估计。有何异同？与中心化处理的模型相比，该模型的解释有何不同？

3E5. 将以下原语从 PyMC3 转换为 TFP。假设模型名称为 pymc_model

(a) pm.StudentT("x", 0, 10, 20)

(b) pm.sample(chains = 2)

提示：先用 PyMC3 编写模型并进行推断，并使用本章所示的代码在 TFP 中查找类似的原语。

3E6. PyMC3 和 TFP 的分布参数化使用不同的参数名称。例如，在 PyMC3 中，均匀分布参数化为 pm.Uniform.dist(lower =，upper =)，而在 TFP 中则是 tfd.Uniform(low =，high =)。请使用在线文档确定以下分布的参数名称的差异。

(a) 正态

(b) 泊松

(c) Beta

(d) 二项

(e) Gumbel

3E7. 参数化贝叶斯多重回归的一种常见建模技术是给截距分配一个宽先验，并给斜率系数分配更多的信息先验。尝试修改代码清单 3.24 中的 model_logistic_penguins_bill_length_mass 模型。你得到更好的推断结果吗？注意，与原始参数化存在差异。

3E8. 在线性回归模型中，我们有两项。平均线性函数和噪声项。用数学符号记下这两个术语，参考本章中的公式以获取指导。用你自己的话解释这两部分回归的目的是什么。特别是当数据生成或数据收集过程的任何部分存在随机噪声时，它们为什么有用。

3E9. 使用公式 $y = 10 + 2x + \mathcal{N}(0, 5)$ 模拟数据，其中整数协变量 x 生成 np.linspace($-10, 20,$ 100)。拟合形式为 $b_0 + b_1X + \sigma$ 的线性模型。根据需要，使用似然和协变先验的正态分布和噪声项的半学生 T 先验。使用后验图和森林图恢复验证结果的参数。

3E10. 为代码清单 3.13 中的模型生成诊断，以验证本章中显示的结果是否可信。结合使用视觉和数字诊断。

3E11. 重新拟合代码清单 3.13 中关于 Gentoo 种企鹅和 Chinstrap 种企鹅的模型。两者后验有何区别？它们与 Adelie 种后验估计有何不同？对于其他种类的企鹅，你能做出什么样的推论来解释它们的鳍长和体重之间的关系？根据 σ 的变化可知，鳍长估计体重的效果如何？

3M12. 使用代码清单 3.21 中的模型，对雌性企鹅的鳍长进行反事实分析，平均鳍长为 20mm，喙长为 20mm。绘制后验预测样本的核密度估计。

3M13. 通过添加 β_2 系数复制代码清单 3.13 中的鳍长协变，然后重新运行模型。ESS 和 rhat 等诊断对具有重复系数的该模型有何指示？

3M14. 将代码清单 3.13 中的 PyMC3 模型转换为 TensorFlow Probability。列出 3 个语法差异。

3M15. 将代码清单 3.16 中的 TFP 模型转换为 PyMC3。列出 3 个语法差异。

3M16. 使用协变量数量增加的逻辑回归来重制先验预测图 2.3。解释为什么具有许多协变量的逻辑回归会产生具有极值的先验结果。

3H17. 将代码清单 3.24 中的 PyMC3 模型转换为 TFP，以对 Adelie 种企鹅和 Chinstrap 种企鹅进行分类。重复使用相同的模型来分类 Chinstrap 种企鹅和 Gentoo 种企鹅。比较这些系数有何不同？

3H18. 在代码清单 3.3 中，我们的模型允许体重出现负值。更改模型，使负值不再产生。进行先验预测检查，以验证你的更改有效。执行 MCMC 采样并绘制后验图。后验是否与原始模型不同？考虑到结果，你为什么会选择一种模型而不是另一种？为什么？

3H19. Palmer 企鹅数据集包括观察到的企鹅的额外数据，如岛屿和喙深度。将这些协变量分两部分纳入代码清单 3.13 中定义的线性回归模型，首先添加喙深度，然后添加岛屿协变量。这些协变量是否有助于更精确地估计 Adelie 的体重？使用参数估计和模型比较工具验证你的答案。

3H20. 类似于练习 2H19，查看在企鹅逻辑回归中添加喙深度或岛屿协变量是否有助于更精确地分类 Adelie 种和 Gentoo 种企鹅。使用本章所示的数值和可视化工具，验证附加协变量是否有用。

第4章

扩展线性模型

销售广告中常见的说辞是"但是，等等！还有更多！"在开场白中，观众看到了一个似乎已经达到效果的产品，但销售人员转而展示了这个已经非常通用的工具的另一个用例。这就是我们所说的线性回归。在第 3 章中，我们展示了使用和扩展线性回归的几种方法。但其实还可以用线性模型做更多的事情，从"转换预测变量"，到"支持可变的方差"，再到"分层模型"。这些想法为更广泛地使用线性回归提供了灵活性。

4.1 转换预测变量

在第 3 章中，通过线性模型和恒等链接函数，在任意 X_i 的取值处，x_i 的一个单位变化导致结果变量 Y 的 β_i 个单位的预期变化。然后，我们学习了如何通过改变似然函数(例如从高斯到伯努利)来创建广义线性模型，这通常需要改变链接函数。

本节介绍对简单线性模型的另一种改进方法，即对预测变量 X 进行转换，使 X 和 Y 之间产生一种非线性关系。例如，可以假设 x_i 平方根的单位变化(或者 x_i 对数的单位变化等)，会导致结果变量 Y 中 β_i 个单位的预期变化。在数学形式上，可以通过对任意预测变量(X_i)实施转换 $f(.)$，来扩展式(3.2)：

$$\mu = \beta_0 + \beta_1 f_1(X_1) + \cdots + \beta_m f_m(X_m)$$
$$Y \sim \mathcal{N}(\mu, \sigma) \tag{4.1}$$

实际上，之前的示例都存在 $f(.)$，只不过由于它表现为恒等转换而被习惯性省略了。另外，在前面示例中，我们曾经对预测变量做过中心化处理，以使系数更易于解释。本质上来说，中心化处理就是一种对预测变量的转换，只是更一般性地，$f(.)$ 可以是任意转换。为了说明此方法，这里借用 Python 贝叶斯分析[100]中的一个示例，为婴儿的身高创建一个模型。首先，在代码清单 4.1 中加载数据，图 4.1 中展示了月龄和身高之间关系的散点图。

代码清单 4.1

```
1 babies = pd.read_csv("../data/babies.csv")
2 # 添加一个常数项，这样就可以用点积表示截距了
3 babies["Intercept"] = 1
```

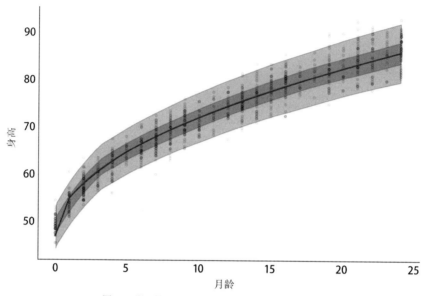

图 4.1   婴儿的月龄与身高之间的非线性相关性散点图

我们在代码清单 4.2 中指定了一个模型，可以用它预测婴儿每个月的身高，并确定婴儿每个月的生长速度。注意，该模型不包含任何对预测变量的转换，也没有第 3 章所述的内容。

代码清单 4.2

```
1 with pm.Model() as model_baby_linear:
2     β = pm.Normal("β", sigma=10, shape=2)
3
4     μ = pm.Deterministic("μ", pm.math.dot(babies[["Intercept", "Month"]], β))
5     ε = pm.HalfNormal("ε", sigma=10)
6
7     length = pm.Normal("length", mu=μ, sigma=ε, observed=babies["Length"])
8
9     trace_linear = pm.sample(draws=2000, tune=4000)
10    pcc_linear = pm.sample_posterior_predictive(trace_linear)
11    inf_data_linear = az.from_pymc3(trace=trace_linear,
12                        posterior_predictive=pcc_linear)
```

model_linear 提供了如图 4.2 所示的线性增长率。根据模型和数据，婴儿在观测期间，每个月都会以大约 1.4 厘米的稳定速度增高。但是，根据常识可知，人在一生中的成长速度并不相同，而且在生命早期阶段往往长得更快。换句话说，年龄和身高之间的关系是非线性的。仔细观测图 4.2，可以看到线性趋势和基础数据存在一些问题。该模型倾向于高估接近 0 月龄的婴儿身高、高估 10 月龄的婴儿身高，但低估 25 月龄的婴儿身高。我们需要一条直线，即使拟合效

果不是太好，仍然能得到预期的结果。

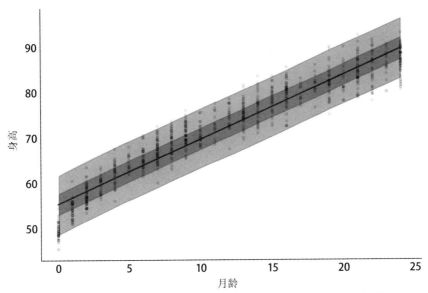

图 4.2　婴儿身高的线性预测，其中平均值为蓝线，后验预测的 50%最高密度区间为深灰色，后验预测的 94%最高密度区间为浅灰色。平均拟合线附近的最高密度区间覆盖了大部分数据点，可以明显看出在早期(0 到 3 月龄)以及后期(22 到 25 月龄)存在预测偏高的情况，而在中间(10 到 15 月龄)则存在预测偏低的情况

回顾一下模型的选择，我们仍然可以认为，在任何年龄的垂直分片中，婴儿身高的分布类似于高斯分布；但在水平方向上，月份和平均身高之间的关系似乎是非线性的。具体来说，我们决定让这种非线性体现为代码清单 4.3 中的 model_sqrt，即对月份预测变量实施平方根转换。

代码清单 4.3

```
1 with pm.Model() as model_baby_sqrt:
2     β = pm.Normal("β", sigma=10, shape=2)
3
4     μ = pm.Deterministic("μ",β[0] +β[1] * np.sqrt(babies["Month"]))
5     σ = pm.HalfNormal("σ", sigma=10)
6
7     length = pm.Normal("length", mu=μ, sigma=σ, observed=babies["Length"])
8     inf_data_sqrt = pm.sample(draws=2000, tune=4000)
```

绘制平均值的拟合结果以及预测身高的最高密度区间，可以生成图 4.3，其中平均值倾向于拟合观测到的关系曲线。除了这种视觉检查，还可以使用 az.compare 来验证非线性模型的 ELPD 值。在你自己的分析中，可以使用任何想要的转换函数。与所有模型一样，重要的是能够证明你的选择是合理的，并使用视觉和数字检查来验证结果的合理性。

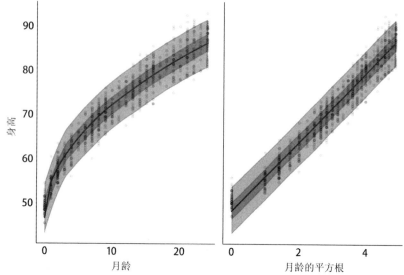

图 4.3　对预测变量进行转换后的线性预测。左图的水平轴未转换，右图的水平轴已转换为平方根。非线性增长率的线性化在右图转换后的坐标轴上可以表现出来

4.2　可变的不确定性

到目前为止，我们使用线性模型对 Y 的平均值进行建模，同时假设残差的方差[1]在结果范围内恒定。但这种恒定方差的假设是一种不够充分的建模选择。为了能够对不断变化的不确定性做出解释，可以将式(4.1)扩展为：

$$\begin{aligned}
\mu =& \beta_0 + \beta_1 f_1(X_1) + \cdots + \beta_m f_m(X_m) \\
\sigma =& \delta_0 + \delta_1 g_1(X_1) + \cdots + \delta_m g_m(X_m) \\
Y \sim& \mathcal{N}(\mu, \sigma)
\end{aligned} \tag{4.2}$$

估计 σ 的第二行代码与对平均值建模的线性项非常相似。可以使用线性模型对平均值/位置参数之外的其他参数进行建模。例如，扩展在代码清单 4.3 中定义的 model_sqrt。现在假设当孩子们小的时候，身高更集中一些。但随着年龄增长，他们的身高变得越来越发散。

为了模拟随着儿童年龄增长而增加的身高离散度，我们将 σ 的定义从固定值更改为其值随年龄变化的函数。换句话说，我们将模型假设从具有恒定方差的**同质性**更改为具有变化方差的**异质性**。模型定义在代码清单 4.4 中，我们需要做的就是更改定义 σ 的表达式，然后 PPL 会自动处理后验估计。该模型的结果绘制在图 4.4 中。

代码清单 4.4

```
1 with pm.Model() as model_baby_vv:
```

---

1 所研究量的观测值和估计值之间的差异称为残差。

```
2    β = pm.Normal("β", sigma=10, shape=2)
3
4    # 添加方差项
5    δ = pm.HalfNormal("δ", sigma=10, shape=2)
6
7    μ = pm.Deterministic("μ", β[0] + β[1] * np.sqrt(babies["Month"]))
8    σ = pm.Deterministic("σ", δ[0] +δ[1] * babies["Month"])
9
10   length = pm.Normal("length", mu=μ, sigma=σ, observed=babies["Length"])
11
12   trace_baby_vv = pm.sample(2000, target_accept=.95)
13   ppc_baby_vv = pm.sample_posterior_predictive(trace_baby_vv,
14                                    var_names=["length", "σ"])
15   inf_data_baby_vv = az.from_pymc3(trace=trace_baby_vv,
16                                    posterior_predictive=ppc_baby_vv)
```

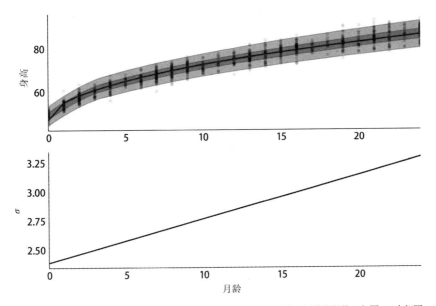

图 4.4　显示婴儿月龄与身高之间关系的拟合图。上图中蓝线表示平均值预测的期望值，与图 4.3 中相同，
但后验的 HDI 区间是非恒定的。下图绘制了误差估计的期望值 σ 与月龄之间关系的拟合图。
注意，随着月数增加，误差估计的期望也增加

4.3　引入交互效应

到目前为止的所有模型中，都假设某个预测变量对结果变量的影响独立于任何其他预测变量，但实践中并非总是如此。假设我们想为特定城镇的冰淇淋销售情况建模。通常我们会自然而然想到：如果冰淇淋店比较多，有了更多的冰淇淋可供选择，则预计冰淇淋的销售业绩会更好；但如果这个城镇气候寒冷，日均气温为 - 5℃，那么冰淇淋的销量应该会下降。在相反情况下，如果该城镇处于平均温度为 30℃ 的炎热沙漠中，但并没有太多冰淇淋店，则冰淇淋的销量也会很低。只有当满足天气炎热和冰淇淋销售点比较多两个条件时，才会预计销量会增加。要

对这种联合现象进行建模，需要引入交互效应的概念，即某个预测变量对结果变量的影响，取决于其他预测变量的值。如果在建模时，假设预测变量均相互独立(如标准线性回归模型)，则无法完全解释这种现象。可以将交互效应表示为：

$$\mu = \beta_0 + \beta_1 X_1 + \beta_2 X_2 + \beta_3 X_1 X_2$$
$$Y \sim \mathcal{N}(\mu, \sigma)$$

$$(4.3)$$

式中，β_3 是交互项 $X_1 X_2$ 的系数。其实还存在其他引入交互的方法，但采用原始预测变量乘积的形式应用比较广泛。现在定义了交互效应是什么，就可以对比性地定义主效应，即一个预测变量对结果变量的影响只与自身取值有关，与所有其他预测变量取值无关。

为更好地说明，我们使用一个消费模型的例子，代码清单 4.5 对用餐者留下的小费金额进行了建模，将小费建模为关于总账单的函数。这听起来很合理，因为小费金额通常是按总账单的百分比计算的。不过确切的百分比会因不同因素而异，如餐厅类型、服务质量、所在国家等。在此示例中，我们重点关注吸烟者与非吸烟者的小费金额差异，重点研究吸烟与总账单金额之间是否存在交互作用[1]。就像模型 3.17 一样，先将吸烟者作为类别型自变量添加到回归模型中。

代码清单 4.5

```
1 tips_df = pd.read_csv("../data/tips.csv")
2 tips = tips_df["tip"]
3 total_bill_c = (tips_df["total_bill"] - tips_df["total_bill"].mean())
4 smoker = pd.Categorical(tips_df["smoker"]).codes
5
6 with pm.Model() as model_no_interaction:
7     β = pm.Normal("β", mu=0, sigma=1, shape=3)
8     σ = pm.HalfNormal("σ", 1)
9
10    μ = (β[0] +
11         β[1] * total_bill_c +
12         β[2] * smoker)
13
14    obs = pm.Normal("obs",μ, σ, observed=tips)
15    trace_no_interaction = pm.sample(1000, tune=1000)
```

我们另外创建一个包含交互项的模型，见代码清单 4.6。

代码清单 4.6

```
1 with pm.Model() as model_interaction:
2     β = pm.Normal("β", mu=0, sigma=1, shape=4)
3     σ = pm.HalfNormal("σ", 1)
4
5     μ = ([0]
6         + β[1] * total_bill_c
7         + β[2] * smoker
8         + β[3] * smoker * total_bill_c
9         )
10
11    obs = pm.Normal("obs",μ, σ, observed=tips)
12    trace_interaction = pm.sample(1000, tune=1000)
```

两种模型的差异可见于图 4.5。比较左侧的无交互模型和右侧的交互模型，在交互模型中，

---

1 请记住，这只是一个模拟数据集，所以重要的信息应该是建模交互，而不是小费。

平均拟合线不再平行，吸烟者和非吸烟者的斜率不同！通过引入交互项，可以构建一个能高效划分数据的模型。在本例中划分为两类：吸烟者和非吸烟者。你可能会认为手动划分数据并拟合两个单独的模型也是可以的。但不够快速。使用交互的好处之一是：能够使用所有可用数据来拟合单个模型，从而提高参数估计的精度。例如，通过使用单个模型，我们假设方差 σ 不受变量 smoker 影响，因此可以利用所有吸烟者和非吸烟者的数据来估计 σ，进而获得更好的参数估计。另一个好处是，可以估计交互的效应强度。如果只是为了划分数据，则其隐含假设交互作用的强度正好为 0。通过对交互作用建模，我们能够估计交互作用的强度。最后，为同一数据分别构建一个有交互模型和一个无交互模型，使得更易于使用 LOO 比较模型。如果数据被划分了，我们最终比较的是在不同数据上的不同模型，而不是在同一数据上评估的不同模型，而后者是 LOO 的必要条件。总而言之，虽然交互效应模型的主要区别在于对每组不同斜率进行建模的灵活性，但将所有数据建模在一起会产生许多额外的好处。

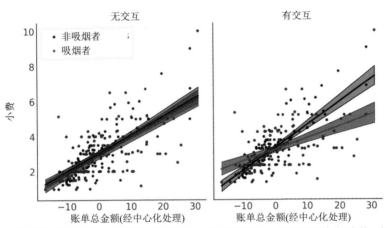

图 4.5　两种小费模型的线性估计图。左图显示了代码清单 4.5 的无交互估计，其中估计的线是平行的。右图展示了来自代码清单 4.5 的有交互模型，其中包括吸烟者(或非吸烟者)与账单总金额之间的交互项。该图中由于添加的交互项导致不同组的斜率存在差异

4.4　鲁棒的回归

顾名思义，异常值指位于"合理预期"范围之外的观测值。异常值通常不可取，因为其中的某个或几个异常值可能会显著改变模型的参数估计结果。存在多种异常值的处理方法[75]，但无论如何，如何处理异常值都是统计学家必须做出的主观选择。一般来说，至少有两种方法可以解决异常值问题。一种是使用一些预定义规则删除异常值，例如 3 个标准差或四分位间距的 1.5 倍。另一种策略是选择一个可以处理异常值并仍然提供有用结果的模型。在回归问题中，后者通常被称为鲁棒回归模型，特别要注意：此类模型对远离大量数据的观测点不太灵敏。从技术上讲，鲁棒回归模型旨在减少基础数据生成过程中有违假设的影响。在贝叶斯回归中，一个

常见的例子是将似然函数从高斯分布更改为学生 t 分布。

高斯分布由位置 μ 和尺度 σ 两个参数定义，这些参数控制高斯分布的平均值和标准差。学生 t 分布也有位置参数和尺度参数[1]。但还有一个附加的参数，被称为自由度 ν。自由度参数控制学生 t 分布尾部的权重，如图 4.6 所示。图中比较了 3 个学生 t 分布和一个正态分布，其间的主要区别在于尾部密度在总概率中所占的比例。当 ν 较小时，分布主体处的体重比例减少，尾部分布的体重更多；随着 ν 值的增加，分布主体处的密度也增加，此时学生 t 分布越来越接近于一个高斯分布。这也意味着：当 ν 较小时，更可能出现远离平均值的值。因此，当用学生 t 分布替换高斯分布似然时，将会为异常值提供鲁棒性。

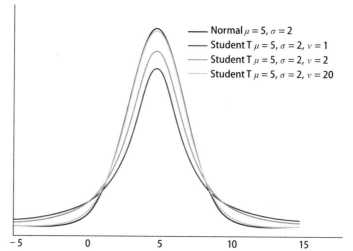

图 4.6　正态分布(蓝色)，与 3 个具有不同 ν 参数的学生 t 分布比较。位置和尺度参数都是相同的，这可以分离出 ν 对分布尾部的影响。ν 的值越小，分布尾部的密度越大

鲁棒回归可以在下面的例子中体现。假设你在阿根廷拥有一家餐厅并出售肉馅馅饼[2]。随着时间推移，你收集了每天顾客数量和餐厅收入总金额的数据，如图 4.7 所示。其中，大多数数据点沿着一条线排列，只是偶尔有几天，售出的单客馅饼数量远高于邻近数据点。这可能是因为时值某些大型节日(如 5 月 25 日或 7 月 9 日)[3]，人们比平时吃的馅饼更多。

无论异常值如何，我们都希望能够估计顾客与餐厅收入之间的关系。通过图形绘制，我们发现线性回归似乎是合适的，例如在代码清单 4.7 中编写的使用高斯似然的线性回归。在完成参数估计后，我们在图 4.8 中以两个不同的尺度绘制了回归的平均值。注意图中拟合回归线几乎位于所有可见数据点之上。在表 4.1 中，还可以看到各参数的估计值，特别注意 σ 的平均值为 574，显著大于图中的大部分数据。对于正态似然，后验分布必须在主体观测和 5 个异常值之间做"伸缩"，从而导致了上述估计结果。

1　平均值仅为 $\nu>1$ 定义，并且只有在 $\nu \rightarrow \infty$ 时，σ 的值才与标准差一致。

2　一种薄膜的面团，内馅为咸或甜的配料，烘烤或油炸制成。肉馅可以包括红肉或白肉、鱼肉、蔬菜或水果。肉馅馅饼常见于南欧、拉丁美洲和菲律宾文化。

3　分别为纪念阿根廷建立独立政府和阿根廷独立日。

代码清单 4.7

```
1 with pm.Model() as model_non_robust:
2     σ = pm.HalfNormal("σ", 50)
3     β = pm.Normal("β", mu=150, sigma=20)
4
5     μ = pm.Deterministic("μ",  β* empanadas["customers"])
6
7     sales = pm.Normal("sales", mu=_, sigma=_, observed=empanadas["sales"])
8
9     inf_data_non_robust = pm.sample(.)
```

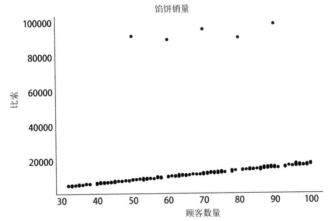

图 4.7　根据顾客数量和营业额绘制的模拟数据。图顶部的 5 个点被视为异常值

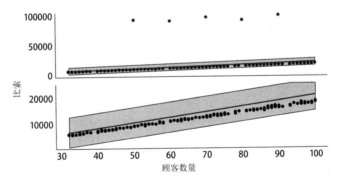

图 4.8　来自代码清单 4.7 的 model_non_robust 的数据、拟合回归线和 94% HDI 区间。有两个尺度：在上部子图中，顶部的点为异常值，底部的点为主体数据，蓝色线为回归线；在下部尺度被放大的子图中，重点关注回归本身。可以明显看出拟合线存在系统偏差，因为估计的平均值回归线高于大部分数据点

我们使用学生 t 分布作为似然，对同一数据再次运行回归，如代码清单 4.8 所示。注意，数据集没有更改，仍然包含异常值。当检查图 4.9 中的拟合回归线时，可以看到拟合落在主体观测数据点之间，更接近预期的位置。查看表 4.2 中的平均值估计值，注意增加了参数 v。可以看到 σ 的估计值已从非鲁棒回归中的约 2951 比索，大幅下降到鲁棒回归中的约 152 比索。似然分布的变化表明，尽管数据中存在异常值，但学生 t 分布足够灵活，能够合理地对大部分数据进行建模。

表 4.1 non_robust_regression 的参数估计值

	mean	sd	hdi_3%	hdi_97%
β	207.1	2.9	201.7	212.5
σ	2951.1	25.0	2904.5	2997.7

注意，与图 4.8 中的绘制数据相比，σ 的估计值相当宽。

表 4.2 robust_regression 的参数估计

	mean	sd	hdi_3%	hdi_97%
β	179.6	0.3	179.1	180.1
σ	152.3	13.9	127.1	179.5
υ	1.3	0.2	1.0	1.6

注意，与表 4.1 相比，σ 的估计值较低；与绘制数据相比，其逻辑合理。

代码清单 4.8

```
1  with pm.Model() as model_robust:
2      σ = pm.HalfNormal("σ", 50)
3      β = pm.Normal("β", mu=150, sigma=20)
4      ν = pm.HalfNormal("ν", 20)
5
6      μ = pm.Deterministic("μ",β* empanadas["customers"])
7
8      sales = pm.StudentT("sales", mu=μ, sigma=σ, nu=ν,
9                          observed=empanadas["sales"])
10
11     inf_data_robust = pm.sample(.)
```

在本例中，异常值并不是观测误差、数据输入错误等，而是在某些条件下实际发生的真实观测结果，我们希望能够将其作为建模问题的组成部分。如果我们的目的仅仅是模拟常规时间的馅饼平均销售数量，那么确实可以将其视为异常值。但如果用其拟合的模型来确定下一个重大节日的馅饼数量，结果一定不合理。在此示例中，鲁棒线性回归模型避免了显式地为高销售日单独建模(所谓显式指将"常规时间"和"节假日"区分开建模)。除了进行鲁棒回归建模外，使用其他形式的模型(如混合模型或分层模型)也能实现对异常值的建模。

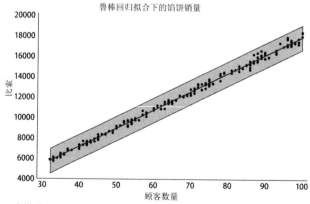

图 4.9 代码清单 4.8 中模型 model_robust 对应的数据绘图，包括拟合回归线和 94% HDI。图中未绘制异常值，但其仍然存在于数据中。与图 4.8 相比，新模型的拟合回归线落在了大部分数据点范围内

适应数据的模型调整

改变似然以实现鲁棒性，仅仅是通过修改模型以适应观测数据的一种方式，还有许多其他方法。例如，在检测放射性粒子发射时，由于传感器故障[16](或其他一些观测问题)，或者实际上没有要记录的事件，因此可能会出现零计数。而这种情况会导致夸大零计数的效果。针对此类问题，开发了一种零膨胀模型，用于估计一种组合的数据生成过程。例如，将泊松似然(通常最先用于建模计数)扩展为零膨胀泊松似然。有了这种似然，我们可以更好地将正常的泊松过程产生的计数与异常零生成过程产生的计数区分开来。

零膨胀模型仅是处理混合数据的一种方法，其中观测来自两个或多个组，而且不知道哪个观测属于哪个组。实际上，完全可以使用此类混合似然来实现另一种鲁棒回归，它将为每个数据点分配一个隐标签(异常值或非异常值)。

贝叶斯模型的可定制性使建模者能够灵活地创建适合各种情况的模型，而不必强制将数据情况与预定义的模型做匹配。

4.5　池化、多级模型和混合效应

在实际问题中，有时候预测变量之间会包含一些嵌套结构，使得我们能够采用一些层次性方法对数据进行分组。可以将这种分组视为不同的数据生成过程。下面用一个例子来说明。假设你在一家销售沙拉的公司工作。这家公司在一些区域市场拥有成熟的业务系统，并且开发了一个新市场以响应顾客需求。出于财务规划目的，你需要预测这个新市场中的门店每天将赚取多少美元。你有两个数据集，3 天的沙拉销售数据，以及同一市场中大约一年的比萨和三明治的销售数据。(模拟)数据显示在图 4.10 中。

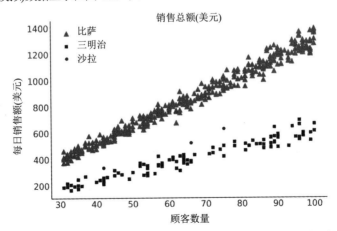

图 4.10　面向真实世界场景的模拟数据集。在此案例中，一个企业仅有 3 条有关沙拉的日常销售数据，但有大量关于比萨和三明治的销售数据

从专业知识和数据来看，一致认为这 3 种食品的销售额存在相似之处。因为它们都吸引相同类型的顾客，都是典型的快销食品类别，但它们又不完全相同。在接下来的几节中，我们将讨论如何对这种相似但又不完全相似的情况进行建模。我们先从"所有组彼此无关"的最简单情况开始。

4.5.1　非池化参数

我们可以创建一个能够将每个组(此例为每个食品类别)与其他组完全分离的回归模型。这种模型等价于为每个类别运行单独的回归，这也是称其为非池化回归的原因。运行分离回归模型的唯一不同是，需要编写一个模型并同时估计所有组的系数。参数和组之间的关系视觉化展示在图 4.11 中，式(4.4)中以数学符号直观表示，其中 j 为每个分组的索引。

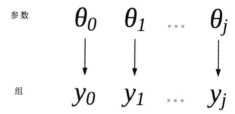

图 4.11　一个非池化模型，其中每个组的观测 $y_1, y_2 \ldots, y_j$ 都有独立于其他组的参数

$$\beta_{mj} \sim \overbrace{\mathcal{N}(\mu_{\beta m}, \sigma_{\beta m})}^{\text{Group-specific}}$$

$$\sigma_j \sim \overbrace{\mathcal{HN}(\sigma_\sigma)}^{\text{Group-specific}} \tag{4.4}$$

$$\mu_j = \beta_{1j} X_1 + \cdots + \beta_{mj} X_m$$

$$Y \sim \mathcal{N}(\mu_j, \sigma_j)$$

这些参数被标记为特定于组的参数，表示每个组都有一个专用参数。非池化的 PyMC3 模型和数据清洗体现在代码清单 4.9 中，可视化结果如图 4.12 所示。此处所有组都没有截距参数，原因很简单：如果门店顾客为零，总销售额也将为零，因此没有必要为其建模。

代码清单 4.9

```
1 customers = sales_df.loc[:, "customers"].values
2 sales_observed = sales_df.loc[:, "sales"].values
3 food_category = pd.Categorical(sales_df["Food_Category"])
4
5 with pm.Model() as model_sales_unpooled:
6     σ = pm.HalfNormal("σ", 20, shape=3)
7     β = pm.Normal("β", mu=10, sigma=10, shape=3)
8
9     μ = pm.Deterministic("μ",β[food_category.codes] *customers)
10
11    sales = pm.Normal("sales", mu=_, sigma=_[food_category.codes],
12                  observed=sales_observed)
13
14    trace_sales_unpooled = pm.sample(target_accept=.9)
15    inf_data_sales_unpooled = az.from_pymc3(
```

```
16          trace=trace_sales_unpooled,
17          coords={"β_dim_0":food_category.categories,
18                  "σ_dim_0":food_category.categories})
```

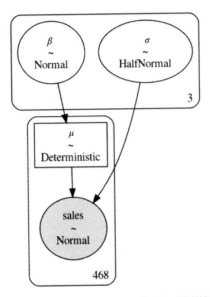

图 4.12　model_sales_unpooled 模型的示意图。注意参数 β 和 σ 周围的框在右下角有一个 3，
表明模型为 β 和 σ 分别估计了 3 个参数

从 model_sales_unpooled 采样后，可以创建参数估计的森林图，如图 4.13 和图 4.14 所示。注意，与三明治组和比萨组相比，沙拉组的 σ 后验估计相当广泛。当观测数据中某些组的样本少而其他组的样本多时，非池化模型应当有此预期结果。

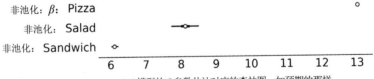

图 4.13　model_sales_unpooled 模型的 β 参数估计对应的森林图。如预期的那样，
沙拉组的 β 系数估计是最宽泛的，因为该组数据量最少

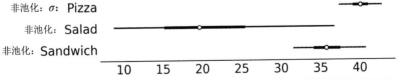

图 4.14　model_sales_unpooled 模型的 σ 参数估计对应的森林图。与图 4.13 类似，沙拉组的销售额变化的估计值 σ 最大，
因为相对于比萨组和三明治组而言，其数据点较少

非池化模型与使用数据子集创建 3 个分离的模型本质上没有什么不同，就像 3.1 节比较两个或多个组中所做的那样，其中各组的参数都单独估计，因此可以考虑将非池化模型应用于对各组独立建模的线性回归模型。现在可以将非池化模型及其参数估计作为基线，来比较后面几节的其他模型，特别是可以了解额外的复杂性是否具备合理性。

4.5.2　池化参数

既然有非池化参数，你可能会猜到也应该有池化的参数。没错！顾名思义，池化参数是忽略了组间区别的参数。此类模型显示在图 4.15 中，从概念上讲，各组共享相同的参数，因此我们也将池化的参数称为公共参数。

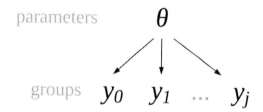

图 4.15　一个池化模型，其中各组观测值 $y_1, y_2 \ldots, y_j$ 共享参数

对于餐厅示例，池化模型见式(4.5)和代码清单 4.10。该模型的 GraphViz 图表示见图 4.16。

$$\beta \sim \overbrace{\mathcal{N}(\mu_\beta, \sigma_\beta)}^{\text{Common}}$$

$$\sigma \sim \overbrace{\mathcal{HN}(\sigma_\sigma)}^{\text{Common}} \tag{4.5}$$

$$\mu = \beta_1 X_1 + \cdots + \beta_m X_m$$

$$Y \sim \mathcal{N}(\mu, \sigma)$$

代码清单 4.10

```
 1 with pm.Model() as model_sales_pooled:
 2     σ = pm.HalfNormal("σ", 20)
 3     β = pm.Normal("β", mu=10, sigma=10)
 4
 5     μ = pm.Deterministic("μ", β * customers)
 6
 7     sales = pm.Normal("sales", mu=μ, sigma=σ,
 8                 observed=sales_observed)
 9
10     inf_data_sales_pooled = pm.sample()
```

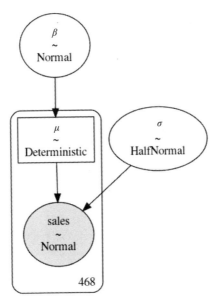

图 4.16　model_sales_pooled 模型示意图。与图 4.12 不同，β 和 σ 只有一个实例

　　池化方法的好处是有更多数据用于估计每个参数，但这同时意味着我们无法单独地了解每个组，而只能整体了解所有类别。查看图 4.18，β 和 σ 的估计并不表示任何特定的组，因为模型将具有不同尺度的多组数据合并在一个组里。将 σ 的值与图 4.17 中非池化模型的值比较。当在图 4.18 中绘制回归时，可以看到一条比任何单组都包含更多数据的回归线，却无法很好地拟合任何一个组。该结果意味着组间差异太大而无法忽略，因此池化数据对于我们的预期目的可能并不是特别有用。

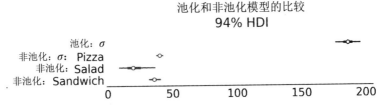

图 4.17　model_pooled_sales 模型和 model_unpooled_sales 模型的 σ 参数估计值比较。注意，与非池化模型相比，池化模型的 σ 估计值高很多，因为线性拟合必须捕获所有池化数据中的方差

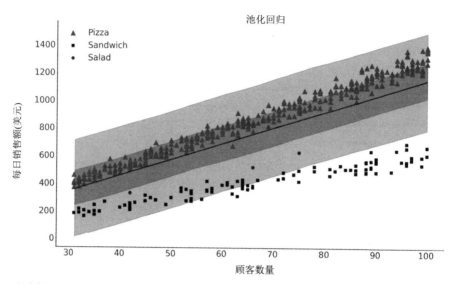

图4.18　池化的线性回归模型 model_sales_pooled，所有数据都汇集在一起。每一个参数都是使用所有数据估计的，但最终对各组的估计都非常差，因为一个仅有两个参数的模型，无法很好地泛化并捕获各组之间的细微差别

4.5.3　组混合与公共参数

在非池化方法中，我们具有保留组间差异的优势，能够获得每个组的参数估计结果。在池化方法中，我们利用了所有数据来估计同一组参数，以得到更通用但也信息更多的估计。幸运的是，我们并不是只能选择某一个，还可以将两种方法混合在一个模型中，如式(4.6)所示。在该式中，保持各组的 β 估计是非池化的，但 σ 估计是池化的。示例中依然没有截距，但应当清楚，包含截距项的回归模型也是类似的：将所有数据集中到一个单独的估计中，或将数据分组，以便对每组进行估计。

$$
\beta_{mj} \sim \overbrace{\mathcal{N}(\mu_{\beta m}, \sigma_{\beta m})}^{\text{Group-specific}}
$$
$$
\sigma \sim \overbrace{\mathcal{HN}(\sigma_{\sigma})}^{\text{Common}}
$$
$$
\mu_j = \beta_{1j} X_1 + \cdots + \beta_m X_m
$$
$$
Y \sim \mathcal{N}(\mu_j, \sigma)
$$

(4.6)

> **随机效应和固定效应以及为什么你应该忘记这些术语**
>
> 特定于每个级别的参数和所有级别的通用参数有着不同的名称，前者被称为随机效应或变化效应，而后者被称为固定效应或恒定效应。经常令人困惑的是，不同的人可能会对这些术语赋予不同的含义，尤其是在谈论固定效应和随机效应时[60]。如果必须有区别地标记这些术语，我们建议采用组间通用的参数和组内专用的参数[56,30]。但是，由于所有这些术语都被广泛使用，我们建议你始终验证模型的细节，以避免混淆和误解。

重新审视食品销售模型，我们对采用池化数据来估计 σ 非常感兴趣，因为比萨组、三明治组和沙拉组的销售额可能存在相同的方差，但我们对各组的 β 参数并没池化，因为我们知道各组之间存在差异。有了这些想法，就可以编写 PyMC3 模型，如代码清单 4.11 所示，并生成图 4.19 所示的模型结构图。从模型中可以得到图 4.20，图中显示了叠加在数据上的拟合结果。此外还能够得到图 4.21，其中比较和展示了池化和非池化方法估计出来的 σ 参数。对于所有 3 个组别来说，拟合结果看起来都是合理的，特别是对于沙拉组来说，该模型似乎能够对此新市场的沙拉销售产生合理的推断。

代码清单 4.11

```
 1 with pm.Model() as model_pooled_sigma_sales:
 2     σ = pm.HalfNormal("σ", 20)
 3     β = pm.Normal("β", mu=10, sigma=20, shape=3)
 4
 5     μ = pm.Deterministic("μ",β[food_category.codes] * customers)
 6
 7     sales = pm.Normal("sales", mu=μ, sigma=σ, observed=sales_observed)
 8
 9     trace_pooled_sigma_sales = pm.sample()
10     ppc_pooled_sigma_sales = pm.sample_posterior_predictive(
11         trace_pooled_sigma_sales)
12
13     inf_data_pooled_sigma_sales = az.from_pymc3(
14         trace=trace_pooled_sigma_sales,
15         posterior_predictive=ppc_pooled_sigma_sales,
16         coords={"β_dim_0":food_category.categories})
```

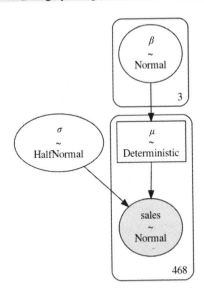

图 4.19　model_pooled_sigma_sales 模型，其中，β 是非池化的，如右上角含 3 的框所示；σ 是池化的，不含数字表示所有组具有相同的参数

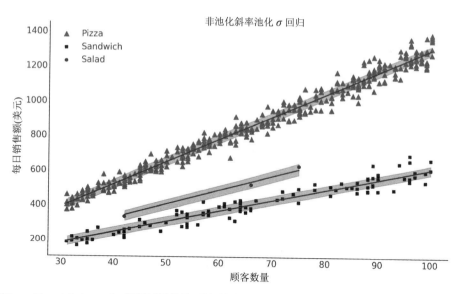

图 4.20　model_pooled_sigma_sales 模型的拟合结果，叠加显示 50% HDI。此模型更利于估计沙拉预计销售额，因为每个组的斜率独立，并且所有数据都用来估计相同的 σ 参数后验分布

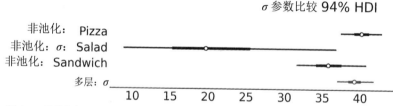

图 4.21　比较来自 model_pooled_sigma_sales 模型和 model_pooled_sales 模型的。注意，多级模型中的 σ 估计值在池化模型的 σ 估计值范围之内

4.6　分层模型

　　根据上一节内容，我们建模时，对参数的分组有两种可能：一是参数在组之间没有区别时做池化，二是组之间有区别的情况下不做池化。回想一下，在餐厅示例中，我们相信 3 种食物的 σ 参数相似，但有可能并不完全相同。在贝叶斯建模中，有一种分层模型可以表达这种情形。在分层模型中，参数是部分池化的。部分是指各组之间并不共享固定的参数值，而是共享用于生成该参数值的同一个假设分布。此想法的概念图见图 4.22。图中各组都有自己的参数，这些参数值都来自同一个超先验分布。

　　使用统计符号，可以将分层模型写为式(4.7)，代码清单 4.12 中展示了相应源码，图 4.23 中绘制了其图形化表示。

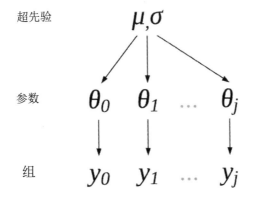

图 4.22 一个部分池化的模型架构, 其中每个组的观测 $y_1, y_2..., y_k$ 都有自己的参数,
但不同组的参数并非完全独立, 因其来自同一个分布

$$\beta_{mj} \sim \mathcal{N}(\mu_{\beta m}, \sigma_{\beta m})$$
$$\sigma_h \sim \overbrace{\mathcal{HN}(\sigma)}^{\text{Hyperprior}}$$
$$\sigma_j \sim \overbrace{\mathcal{HN}(\sigma_h)}^{\substack{\text{Group-specific}\\\text{pooled}}} \tag{4.7}$$
$$\mu_j = \beta_{1j}X_1 + \cdots + \beta_{mj}X_m$$
$$Y \sim \mathcal{N}(\mu_j, \sigma_j)$$

注意: 与图 4.19 中的多级模型相比, 添加了新的参数 σ_h。这是新的超先验分布, 用于定义各组中参数的可能值。我们可以在代码清单 4.12 中添加超先验。你可能会问 "我们是否也可以为 β 项添加一个超先验?", 答案很简单: 可以。只是针对当前问题, 我们假设只有方差存在一定的相关性(这证明了部分池化合理), 而斜率则完全独立。因为这是一个模拟的示例, 所以可以仅做出陈述。但在现实生活场景中, 建议用更多的领域专业知识和模型比较来证明这一说法。

代码清单 4.12

```
1 with pm.Model() as model_hierarchical_sales:
2     σ_hyperprior = pm.HalfNormal("σ_hyperprior", 20)
3     σ = pm.HalfNormal("σ",σ_hyperprior, shape=3)
4
5     β = pm.Normal("β", mu=10, sigma=20, shape=3)
6     μ = pm.Deterministic("μ",β[food_category.codes] * customers)
7
8     sales = pm.Normal("sales", mu=μ, sigma=σ [food_category.codes],
9                       observed=sales_observed)
10
11    trace_hierarchical_sales = pm.sample(target_accept=.9)
12
13    inf_data_hierarchical_sales = az.from_pymc3(
14      trace=trace_hierarchical_sales,
15      coords={"β_dim_0":food_category.categories,
16             "σ_dim_0":food_category.categories})
```

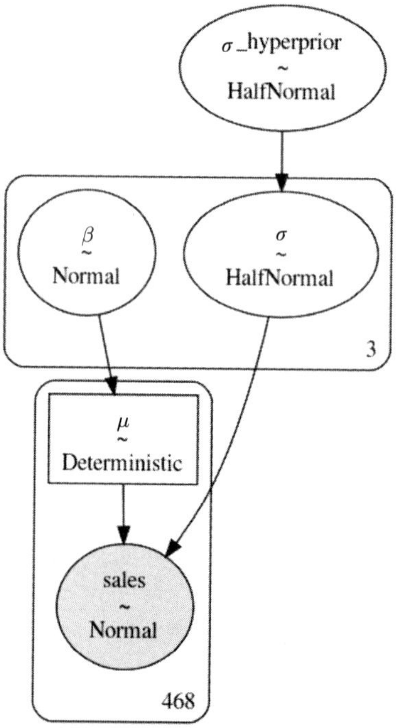

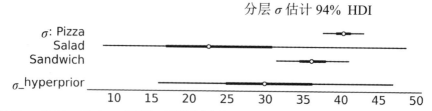

图 4.23　model_hierarchical_sales 分层模型。其中 $\sigma_{hyperprior}$ 是 3 个 σ 分布的分层分布

拟合分层模型后，可以检查图 4.24 中的 σ 参数估计值。注意模型添加了 $\sigma_{hyperprior}$，该分布估计 3 个食物类别中的参数分布。如果比较表 4.3 中非池化模型和分层模型的汇总表，可以看到分层模型的效果。在非池化估计中，沙拉的 σ 估计的平均值是 21.3，而在分层模型的估计中，相同参数估计的平均值现在是 25.5，并且被比萨组和三明治组的平均值"提升"(见表 4.4)。与此同时，在分层类别中，比萨组和沙拉组的估计值虽然略微向平均值回归，但与非池化的估计值基本相同。

图 4.24　model_hierarchical_sales 模型的 σ 参数估计的森林图。注意其中超先验倾向于落在 3 个分组的范围之内

表 4.3　非池化销售模型中各类别的 σ 估计值。注意每个 σ 的估计值不同。考虑到我们观察到的数据和不在组之间共享信息的模型，这与我们的预期一致

	mean	sd	hdi_3%	hdi_97%
σ [Pizza]	40.1	1.5	37.4	42.8
σ [Salad]	21.3	8.3	8.8	36.8
σ [Sandwich]	35.9	2.5	31.6	40.8

表 4.4　分层分布的每个类别的 σ 估计以及多组间共享信息的 σ 超先验分布的 σ 估计

	mean	sd	hdi_3%	hdi_97%
σ [Pizza]	40.3	1.5	37.5	43.0
σ [Salad]	25.5	12.4	8.4	48.7
σ [Sandwich]	36.2	2.6	31.4	41.0
σ hyperprior	31.2	8.7	15.8	46.9

听说你喜欢超先验，所以我在超先验之上又为你设置了一个超先验 σ_j。

在代码清单 4.14 中，各组的参数 σ_j 上放置了超先验。同样，也可以为参数添加超先验 β_{mj} 来进一步扩展模型。不过，由于 β_{mj} 是高斯先验，因此实际上可以设置两个超先验，每个超参数对应一个。你可能会问：我们是否可以更进一步，将超-超先验添加到参数的超先验分布的参数中呢？能更进一步，设置超-超-超先验，甚至超-超-超-超先验呢？虽然设计这种很多层次的模型并从中采样是可行的，但必须要退一步思考超先验的作用。直观地说，超先验是模型从数据的子组中"借用"信息的一种方式，以便为观测较少的其他子组提供估计所需的信息。具有更多观测的组将信息传递给超参数的后验，然后超参数的后验反过来调节具有较少观测值的子组参数。从这个视角看，将超先验放在组间通用参数上毫无意义。

分层模型不仅限于两个级别。例如，餐厅销售模型可以扩展为三层模型，顶层代表公司级别，中间层代表区域市场(纽约、芝加哥、洛杉矶)，最低层代表具体门店。此时，我们可以拥有一个描述整个公司运行方式的超先验，多个指示某区域运行方式的超先验，以及描述各门店运行方式的先验。这样就可以轻松地比较平均值和变化，并基于同一个模型以多种不同方式扩展应用。

4.6.1　后验几何形态很重要

到目前为止，我们主要关注模型蕴含的结构和数学，并假设采样器能够提供对后验的"准确"估计。对于相对简单的模型而言，这大体上是对的，最新版本的通用推断引擎大多能够"正常运作"，但要注意的是它们并不总是能够工作。某些后验的几何形态对采样器而言具有较大的挑战，一个常见的例子是图 4.25 中显示的 Neal 漏斗[111]。顾名思义，此类分布的几何形态中，有一端形状很宽，然后在另一端变窄形成瓶颈。回顾 1.2 节，一个采样器的功能是从一组参数值转移到另一组参数值，其中一个关键设置是在探索后验时要采取多大步长。在复杂的几何形态中，如 Neal 漏斗，某步长在一个区域性能良好，但在另一个区域却会惨遭失败。

在分层模型中，后验的几何形态主要由超先验和其他参数之间的相关性定义，这种相关性会导致上述难以采样的漏斗形态。这并非一种理论上的可能，而是切实存在的问题，可能使贝叶斯措手不及。幸运的是，有一种被称为"非中心参数化"的建模技巧，有助于缓解此问题。

继续沙拉示例，假设我们开了 6 家沙拉餐厅，并且像以前一样，希望将销售额预测为有关顾客数量的某个函数。合成数据集已经用 Python 代码生成，并显示在图 4.26 中。由于餐厅销售完全相同的产品，因此分层模型适用于跨组共享信息。我们在式(4.8)和代码清单 4.13 中以数学方式编写了中心化后的模型。我们将在本章剩余部分使用 TFP 和 tfd.JointDistributionCoroutine，这更容易突出参数化的改变。该模型遵循标准的分层格式，其中一个超先验参数被用于部分池

化斜率参数 β_m。

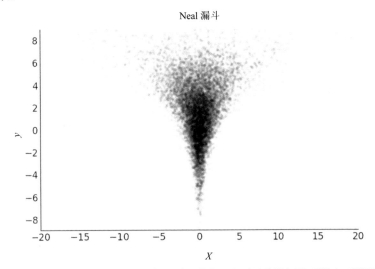

图 4.25　被称为 Neal 漏斗的特定几何形态的相关样本。当在 Y 值为 6 到 8 左右的漏斗顶部采样时，采样器使用 1 个单位的大步长进行转移，依然能够保持在后验的密集区域内。但是，如果在 Y 值约为 − 6 到 − 8 的漏斗底部附近进行采样，则几乎在任何方向上的 1 个单位步长都会导致转移至低密度区域。后验几何形态造成的这种差异使采样器的后验估计性能变差。对于 HMC 采样器，散度会有助于诊断此类采样问题

$$
\begin{aligned}
\beta_{\mu h} &\sim \mathcal{N} \\
\beta_{\sigma h} &\sim \mathcal{HN} \\
\beta_m &\sim \overbrace{\mathcal{N}(\beta_{\mu h}, \beta_{\sigma h})}^{\text{Centered}} \\
\sigma_h &\sim \mathcal{HN} \\
\sigma_m &\sim \mathcal{HN}(\sigma_h) \\
Y &\sim \mathcal{N}(\beta_m * X_m, \sigma_m)
\end{aligned}
\tag{4.8}
$$

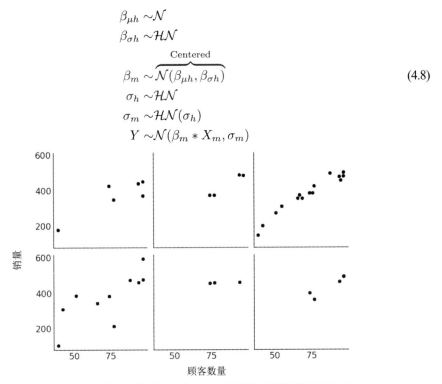

图 4.26　在 6 个门店观测的沙拉销售情况。注意，某些位置相对于其他位置的数据点较少

代码清单 4.13

```
1 def gen_hierarchical_salad_sales(input_df, beta_prior_fn, dtype=tf.float32):
2     customers = tf.constant(
3         hierarchical_salad_df["customers"].values, dtype=dtype)
4     location_category = hierarchical_salad_df["location"].values
5     sales = tf.constant(hierarchical_salad_df["sales"].values, dtype=dtype)
6
7     @tfd.JointDistributionCoroutine
8     def model_hierarchical_salad_sales():
9         β_μ_hyperprior = yield root(tfd.Normal(0, 10, name="beta_mu"))
10        β_σ_hyperprior = yield root(tfd.HalfNormal(.1, name="beta_sigma"))
11        β = yield from beta_prior_fn(β_μ_hyperprior, β_σ_hyperprior)
12
13        σ_hyperprior = yield root(tfd.HalfNormal(30, name="sigma_prior"))
14        σ = yield tfd.Sample(tfd.HalfNormal(σ_hyperprior), 6, name="sigma")
15
16        loc = tf.gather(β, location_category, axis=-1) * customers
17        scale = tf.gather(σ, location_category, axis=-1)
18        sales = yield tfd.Independent(tfd.Normal(loc, scale),
19                                      reinterpreted_batch_ndims=1,
20                                      name="sales")
21
22    return model_hierarchical_salad_sales, sales
```

　　与第 3 章中使用的 TFP 模型类似，该模型被封装在一个函数中，因此可以更轻松地对任意输入进行条件化。除了输入数据，gen_hierarchical_salad_sales 还接收一个可调用的参数 beta_prior_fn，它用于定义斜率参数 β_m 的先验。在 Coroutine 模型中，使用 yield from 语句调用 beta_prior_fn。文字描述过于抽象，在代码清单 4.14 中可能更容易理解操作。

代码清单 4.14

```
1 def centered_beta_prior_fn(hyper_mu, hyper_sigma):
2     β = yield tfd.Sample(tfd.Normal(hyper_mu, hyper_sigma), 6, name="beta")
3     return β
4
5 # hierarchical_salad_df 是以 pandas.DataFrame 格式生成的数据集
6 centered_model, observed = gen_hierarchical_salad_sales(
7     hierarchical_salad_df, centered_beta_prior_fn)
```

　　如上所示，代码清单 4.14 定义了中心化的斜率参数 β_m，它服从具有超参数 hyper_mu 和 hyper_sigma 的正态分布。centered_beta_prior_fn 是一个生成 tfp.distribution 的函数，类似于我们编写 tfd.JointDistributionCoroutine 模型的方式。现在我们有了模型，可以在代码清单 4.15 中运行推断并检查结果。

代码清单 4.15

```
1 mcmc_samples_centered, sampler_stats_centered = run_mcmc(
2     1000, centered_model, n_chains=4, num_adaptation_steps=1000,
3     sales=observed)
4
5 divergent_per_chain = np.sum(sampler_stats_centered["diverging"], axis=0)
6 print(f"""There were {divergent_per_chain} divergences after tuning per chain.""")
```

```
There were [37 31 17 37] divergences after tuning per chain.
```

我们重用之前在代码清单 3.11 中显示的推断代码来运行模型。结果中的第一个问题是散度，我们在 2.4.7 节中介绍过它。样本空间中的另外一个诊断工具展示在图 4.27 中。注意随着超先验 $\beta_{\sigma h}$ 接近零，β_m 参数的后验估计的宽度趋于缩小。特别注意零附近没有样本。换句话说，当 $\beta_{\sigma h}$ 接近零时，对参数 β_m 进行采样的区域会崩溃，并且采样器无法有效地表征这个后验空间。

为了缓解这个问题，可以将中心参数化转换为代码清单 4.16 和式(4.9)中所示的非中心参数化。关键区别在于，它不是直接估计斜率 β_m 的参数，而是建模为所有组之间共享的公共项和每个组的一个项，该项捕获了各组与公共项的偏差。这使采样器能够更容易地探索 $\beta_{\sigma h}$ 的所有可能值，并修改后验几何形态。这种后验几何形态变化的影响如图 4.28 所示，其中水平轴上有多个样本下降到 0 值。

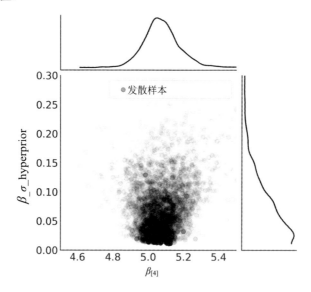

图 4.27 来自代码清单 4.14 中定义的 centered_model 的超先验和 $\beta_{[4]}$ 斜率的散点图。当超先验接近零时，斜率塌陷的后验空间导致散度(标为蓝色)

$$\beta_{\mu h} \sim \mathcal{N}$$
$$\beta_{\sigma h} \sim \mathcal{HN}$$
$$\beta_{\text{m\_offset}} \sim \mathcal{N}(0, 1)$$
$$\beta_m = \overbrace{\beta_{\mu h} + \beta_{\text{m\_offset}} * \beta_{\sigma h}}^{\text{Non-centered}}$$
$$\sigma_h \sim \mathcal{HN}$$
$$\sigma_m \sim \mathcal{HN}(\sigma_h)$$
$$Y \sim \mathcal{N}(\beta_m * X_m, \sigma_m)$$

(4.9)

代码清单 4.16

```
1 def non_centered_beta_prior_fn(hyper_mu, hyper_sigma):
2     β_offset = yield root(tfd.Sample(tfd.Normal(0, 1), 6, name="beta_offset"))
3     return β_offset * hyper_sigma[..., None] + hyper_mu[..., None]
4
5 # hierarchical_salad_df 是以 pandas.DataFrame 格式生成的数据集
```

```
6 non_centered_model, observed = gen_hierarchical_salad_sales(
7     hierarchical_salad_df, non_centered_beta_prior_fn)
8
9 mcmc_samples_noncentered, sampler_stats_noncentered = run_mcmc(
10    1000, non_centered_model, n_chains=4, num_adaptation_steps=1000,
11       sales=observed)
12
13 divergent_per_chain = np.sum(sampler_stats_noncentered["diverging"], axis=0)
14 print(f"There were {divergent_per_chain} divergences after tuning per chain.")
```

```
There were [1 0 2 0] divergences after tuning per chain
```

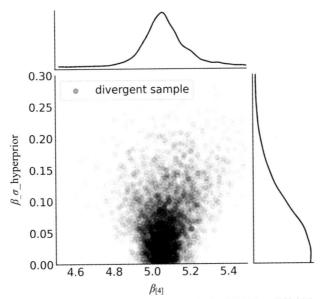

图 4.28　代码清单 4.16 中定义的 non_centered_model 中位置 4 的超先验和估计斜率 $\beta_{[4]}$ 的散点图。在非中心参数化中，采样器能够对接近零的参数进行采样。散度的数量较少，不集中在一个区域

采样的改进对图 4.29 中显示的分布估计有重大影响。再次提醒，采样器只是估计后验分布，虽然在许多情况下它们性能较好，但不能保证永远很好！如果出现警告，请务必注意诊断并进行更深入的检查。

值得注意的是，对于中心或非中心参数化[115]方案，没有一种适合所有情况的通用方法。它是组级单个似然的信息量(通常对于特定组拥有的数据越多，似然函数的信息量越多)、组级先验的信息量和参数化之间的复杂交互。一般的启发式方法是，如果观测不多，则首选非中心参数化。然而实践中，你应该尝试使用指定了不同先验的中心化和非中心化参数的不同组合。你甚至可能会发现，在单个模型中需要同时采用中心化和非中心化的情况。如果你怀疑模型的参数化导致了采样问题，建议你阅读 Michael Betancourt 的"分层建模案例研究"[15]。

中心化和非中心化估计的对比

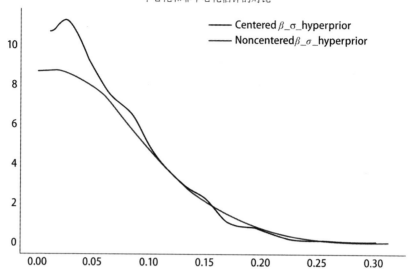

图 4.29 β_{oh} 在中心化和非中心化参数的概率分布(KDE 处理)。这种变化源于采样器能够更充分地探索可能的参数空间

4.6.2   分层模型的优势

分层模型的一个特征是，它们能够在多个层次上进行估计。虽然看起来很明显，但非常有用，因为它让我们可以使用一个模型来回答比单层模型更多的问题。在第 3 章中，可以建立一个模型来估计单个物种的体重；或者建立一个单独的模型来估计任何企鹅的体重，而不考虑物种。使用分层模型，我们可以用一个模型同时估计所有企鹅和每个企鹅物种的体重。使用我们的沙拉销售模型，既可以对单个位置进行估计，也可以对整体进行估计。可以使用代码清单 4.16 的 non_centered_model 模型做到这一点，然后编写一个 out_of_sample_prediction_model 模型，如代码清单 4.17 所示。这使用拟合参数估计同时对两个地点和整个公司的 50 个顾客分布进行样本外预测。由于 non_centered_model 也是一个 TFP 分布，因此可以将它嵌套到另一个 tfd.JointDistribution 中，这样做构建了一个更大的贝叶斯图模型，该模型扩展了初始 non_centered_model 以包含用于样本外预测的节点。估计值绘制在图 4.30 中。

代码清单 4.17

```
1  out_of_sample_customers = 50.
2
3  @tfd.JointDistributionCoroutine
4  def out_of_sample_prediction_model():
5      model = yield root(non_centered_model)
6      β = model.beta_offset * model.beta_sigma[..., None] + model.beta_mu[..., None]
7
8      β_group = yield tfd.Normal(
9          model.beta_mu, model.beta_sigma, name="group_beta_prediction")
10     group_level_prediction = yield tfd.Normal(
11         β_group * out_of_sample_customers,
12         model.sigma_prior,
13         name="group_level_prediction")
14     for l in [2, 4]:
```

```
15        yield tfd.Normal(
16            tf.gather(β, l, axis=-1) * out_of_sample_customers,
17            tf.gather(model.sigma, l, axis=-1),
18            name=f"location_{l}_prediction")
19
20 amended_posterior = tf.nest.pack_sequence_as(
21    non_centered_model.sample(),
22    list(mcmc_samples_noncentered) + [observed],
23 )
24 ppc = out_of_sample_prediction_model.sample(var0=amended_posterior)
```

使用具有超先验的分层模型进行预测的另一个优势是，我们可以对从未观测过的组进行预测。在这种情况下，假设我们正在新地点开设另一家沙拉门店，已经可以对沙拉的销售情况做出一些预测：首先从超先验抽样，得到新位置的 $β_{i+1}$ 和 $σ_{i+1}$，然后通过后验预测采样得到沙拉销售的预测数据，见代码清单 4.18。

代码清单 4.18

```
1 out_of_sample_customers2 = np.arange(50, 90)
2
3 @tfd.JointDistributionCoroutine
4 def out_of_sample_prediction_model2():
5      model = yield root(non_centered_model)
6
7      β_new_loc = yield tfd.Normal(
8          model.beta_mu, model.beta_sigma, name="beta_new_loc")
9      σ_new_loc = yield tfd.HalfNormal(model.sigma_prior, name="sigma_new_loc")
10     group_level_prediction = yield tfd.Normal(
11         β_new_loc[..., None] * out_of_sample_customers2,
12         σ_new_loc[..., None],
13          name="new_location_prediction")
14
15 ppc = out_of_sample_prediction_model2.sample(var0=amended_posterior)
```

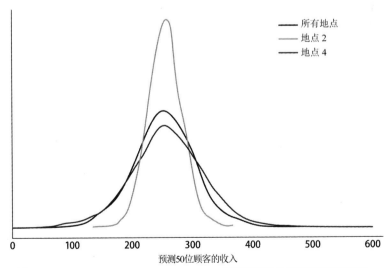

图 4.30　model_hierarchical_salad_sales_non_centered 模型同时给出的两种后验预测估计：
两个组的单独收入预测和总体的收入预测

分层建模除了具有数学优势，计算方面也有优势：我们只需要构建和拟合单个模型。如果随着时间的推移多次重复使用模型，这会加快建模过程和后续的模型维护过程的速度。

关于 LOO 验证

分层模型使我们可以对以前从未观测过的组进行后验预测。但其预测有效性如何？可以使用交叉验证来评估模型性能吗？通常在统计中，答案是"视情况而定"。交叉验证(以及 LOO 和 WAIC 等方法)是否有效取决于要执行的预测任务以及数据生成机制。如果只是想使用 LOO 评估模型预测某一个新观测值的能力，那么 LOO 可能就够了。现在，如果想要评估整个组的预测效果，则需要执行留一交叉验证方法，该方法程序完备。但这种情况下，LOO 方法很可能不是太好，因为要一次删除许多观测值，并且 LOO 逼近中的重要性采样依赖于点/组/等的分布彼此是否接近。

4.6.3 分层模型的先验选择

先验选择对于分层模型来说更为重要，因为先验与似然的信息量交互，如 4.6.1 节所示。此外，不仅先验分布的形状很重要，我们还需要选择参数化方式。这并不仅限于高斯先验，还适用于位置尺度分布族[1]中的所有分布。

在分层模型中，先验分布不仅可以表征组内变化，还可以表征组间变化。从某种意义上说，超先验的选择是在定义"变化的变化"，这可能会使我们难以表达和推断先验信息。此外，部分池化是超先验的信息量、组数量以及每组中的观测数的组合效应。因此，如果你在相似数据集上使用相同的模型但使用较少的组执行推断，则相同的超先验可能不起作用。

因此，除了经验主义(例如文章中发表的一般性推荐)或一般性建议[2]，我们还可以进行灵敏性研究，以更好地了解我们的先验选择。例如，Lemoine[95]表明，当使用如下模型结构对生态数据进行建模时：

$$
\begin{aligned}
\alpha_i &\sim \mathcal{N}(\mu_\alpha, \sigma_\alpha^2) \\
\mu_i &= \alpha_i + \beta Day_i \\
Y &\sim \mathcal{N}(\mu_j, \sigma^2)
\end{aligned}
\tag{4.10}
$$

在未池化截距的情况下，柯西先验在数据点稀少的地方提供了正则化，并且在模型拟合附加数据时不会影响后验。这是在先验参数化和不同的数据量基础上，通过先验灵敏性分析完成的。在你自己的分层模型中，请务必注意先验选择影响推断的多种方式，并使用你的领域专业知识，或先验预测分布之类的工具做出明智的选择。

4.7 练习

4E1. 日常生活中有哪些非线性的协变-结果关系的例子？

---

1 https://en.wikipedia.org/wiki/Locationscale_family

2 https://github.com/stan-dev/stan/wiki/Prior-Choice-Recommendations

4E2. 假设你正在研究协变和结果之间的关系，数据可以分为两组。你将使用带有斜率和截距的回归作为基本模型结构。

$$\mu = \beta_0 + \beta_1 X_1$$
$$Y \sim \mathcal{N}(\mu, \sigma)$$

$\qquad\qquad$ (4.11)

还假设你现在需要以下面列出的每种方式扩展模型结构。对于每一项，写下指定完整模型的数学公式。

(a) 池化

(b) 非池化

(c) 用池化 β_0 混合效应

(d) 分层 β_0

(e) 分层所有参数

(f) 使用非中心化 β 参数分层所有参数

4E3. 使用统计符号为婴儿数据集编写鲁棒的线性回归模型。

4E4. 设想一个健美运动员的困境，他需要举重、做有氧运动和规范饮食，以建立强健的体魄，从而在比赛中获得高分。如果我们要建立一个模型，其中举重、有氧运动和饮食是协变量，你认为这些协变量是独立的还是交互的？根据你的领域知识证明你的答案正确？

4E5. 学生 t 分布的一个有趣的特性是，当值 $v=1$ 和 $v=\infty$ 时，学生 t 分布变成了两个相同的分布，即柯西分布和正态分布。绘制两种 v 参数值的学生 t 分布，并将每个参数化与柯西分布或正态分布相匹配。

4E6. 假设我们试图预测人的身高。如果给定一个高度数据集和以下协变量之一，请说明在非池化、池化、部分池化和交互之间哪种类型的回归较为合适。并解释原因。

(a) 随机噪声矢量

(b) 性别

(c) 家庭关系

(d) 体重

4E7. 使用 LOO 比较 baby_model_linear 和 baby_model_sqrt 的结果。使用 LOO 说明为什么将转换后的协变量作为建模选择。

4E8. 回到企鹅数据集。添加一个交互项来根据物种和鳍长估计企鹅体重。预测结果如何？这个模型更好吗？用文字和 LOO 证明你的推断是正确的。

4M9. Ancombe's Quartet 是一个著名的数据集，突出了仅根据数字汇总评估回归的难度。数据集在 GitHub 仓库中可用。使用鲁棒和非鲁棒回归，对 Anscombe's Quartet 的第三个案例进行回归。绘制结果。

4M10. 重新审视图 3.4 中定义的企鹅体重模型。为 μ 添加分层项。超先验的估计平均值是多少？所有企鹅的平均体重是多少？将经验平均值与超优先级的估计平均值进行比较。比较这两个估计值对你来说有意义吗？为什么？

4M11. 混凝土的抗压强度取决于用于制造混凝土的水和水泥的量。在 GitHub 仓库中，提供了混凝土抗压强度的数据集，其中包含水和水泥含量(千克/立方米)。使用水和水泥之间的交互项创建线性模型。这个交互模型的输入与我们之前的吸烟者模型的输入有什么不同？绘制水含量不同值下混凝土抗压强度随混凝土含量变化的曲线。

4M12. 重新运行比萨回归，但这次使用异方差回归。结果是什么？

4H13. 氡是一种放射性气体，会导致肺癌，因此不可出现在住所。遗憾的是，地下室可能会增加房屋的氡水平，因为氡可能更容易通过地面进入房屋。我们提供了明尼苏达州家庭中氡水平的数据集，在 GitHub 仓库中还包括家庭所在县，以及是否有地下室。

(1) 运行非池化回归，估计地下室对氡水平的影响。

(2) 创建按县分组的分层模型。说明该模型对于给定数据有用的原因。

(3) 创建非中心回归。使用绘图和诊断来说明是否需要非中心参数化。

4H14. 使用你自己选择的参数为以下每个模型生成一个合成数据集。然后对每个数据集拟合两个模型，一个模型与数据生成过程匹配，另一个模型不匹配。查看诊断总结，绘制两者之间的关系图。

例如，可以生成遵循线性模式的数据 $x = [1, 2, 3, 4]$，$y = [2, 4, 6, 8]$。然后拟合一个 $y = bx$ 形式的模型，和 $y = bx**2$ 形式的模型。

(a) 线性模型

(b) 具有转换协变的线性模型

(c) 具有交互作用的线性模型

(d) 4 组模型，分别具有池化截距、非池化斜率和噪声

(e) 分层模型

4H15. 对于沙拉示例的分层回归模型，评估斜率参数 β_{ih} 的后验几何形态。然后创建模型的一个版本，其中 β_{ih} 非中心化。现在绘制几何图形。有什么差异吗？评估差异和输出。在这种情况下，非中心化有用处吗？

4H16. 假设你的一位同事，现在生活在一个未知的星球上，进行了一项试验来测试物理学的基本定律。她丢了一个球，并记录了 20 秒内的位置。

这些数据可以在 GitHub 仓库的 gravity_measurements.csv 文件中找到。根据牛顿物理定律可知，如果加速度为 g，时间为 t，那么

$$速度 = gt$$
$$位置 = \frac{1}{2}gt^2 \tag{4.12}$$

你的朋友请你估算以下数量：

(a) 该星球的引力常数

(b) 她的观测装置的噪声特性

(c) 在她的观测过程中，球在每个点的速度

(d) 从时间 20 到时间 30 的球的估计位置

第 5 章

样　条

在本章中，我们将讨论样条，它是对第 3 章中概念的延伸，旨在增加更多的灵活性。在第 3 章介绍的模型中，因变量和自变量之间的关系在整个定义域中是相同的。相比之下，样条可以将一个问题分解为多个局部的解决方案，所有这些局部解可以组合起来生成一个有用的全局解决方案。下面说明方法。

5.1　多项式回归

如在第 3 章中所述，可以将线性模型写为：

$$\mathbb{E}[Y] = \beta_0 + \beta_1 X \tag{5.1}$$

其中，β_0 是截距，β_1 是斜率，$\mathbb{E}[Y]$ 是结果(随机)变量 Y 的期望(或平均值)。可以将式(5.1)扩展为如下形式：

$$\mathbb{E}[Y] = \beta_0 + \beta_1 X + \beta_2 X^2 + \cdots + \beta_m X^m \tag{5.2}$$

式(5.2)被称为多项式回归。起初，式(5.2)似乎表示预测变量 $X, X^2 \cdots + X^m$ 的多元线性回归。从某种意义上说这也没有错，但关键是所有预测变量 X^m 都是由 X 的 1 到 m 次整数幂派生而来。因此，就实际问题而言，我们仍然在拟合一个预测变量。

我们称 m 为多项式的度。第 3 章和第 4 章的线性回归模型都是度为 1 的多项式。唯一的例外是 4.1 节中的变方差模型，其中使用了 $m = 1/2$。

图 5.1 显示了 3 个度分别为 2、10 和 15 的多项式回归示例。随着多项式阶数的增加，我们会得到更灵活的曲线。

多项式的缺陷之一是其全局性，当我们应用一个度为 m 的多项式时，其实是在说："自变量和因变量之间的关系对于整个数据集而言的度是 m"。当数据的不同区域需要不同级别的灵活性时，这会出现问题，比如在某些区域导致曲线过于灵活[1]。在图 5.1 的最后一个度为 15 的子图中，可以看到，在 X 值增大的过程中，拟合曲线呈现出一个深谷，然后是一个高峰，但其

---

1 详见 Runge 现象。这也可以由泰勒定理得出，多项式将有助于近似接近单个给定点的函数，但在其整个域上不会很好。如果你感到困惑，可以参考这个视频 https://www.youtube.comwatch?v=3d6DsjIBzJ4。

实不存在相应的真实观测点。

此外，随着度数增加，拟合变得更易于删除点，或者等效于添加了若干未来数据；换句话说，随着度数的增加，模型变得易于过拟合。例如，在图 5.1 中，黑线表示对整个数据集的拟合，虚线表示删除一个数据点后的拟合。可以看到，尤其是在最后一个子图中，即使删除单个数据点也会改变模型的拟合结果，这种效应甚至延伸至远离该点的位置。

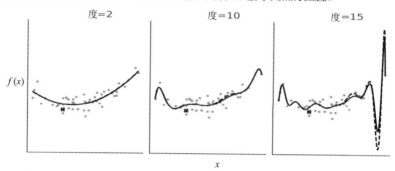

图 5.1 度分别为 2、10 和 15 的多项式回归示例。随着度的增加，拟合变得更加弯曲。虚线是删除用蓝色叉号表示的观测点后的拟合。当多项式的度为 2 或 10 时，删除数据点的影响较小，但在度为 15 时产生的影响比较明显。
使用最小二乘法计算拟合

5.2 扩展特征空间

在概念层面上，可以将多项式回归视为一种创建新预测变量的方法，或者表示为更正式的术语：**扩展特征空间方法**。通过执行特征扩展，在扩展空间中拟合的一条直线可能代表原始数据空间中的一条曲线，非常简洁！但特征扩展并不能随意使用，我们不能总是期望通过随意地对数据使用转换，就能得到我们享有的好结果。实际上，应用多项式的过程有很多问题。

为了概括特征扩展的概念，可以将式(5.1)进一步扩展为以下形式：

$$\mathbb{E}[Y] = \beta_0 + \beta_1 B_1(X_1) + \beta_2 B_2(X_2) + \cdots + \beta_m B_m(X_m) \tag{5.3}$$

其中，B_i 是任意函数，我们称之为基函数。基函数的线性组合构造一个函数 f，它才是真正拟合的模型。从这个意义上说，B_i 是构建灵活函数 f 的真正原理[见式(5.4)]。

$$\mathbb{E}[Y] = \sum_i^m \beta_i B_i(X_i) = f(X) \tag{5.4}$$

基函数 B_i 有很多选择，多项式是其中之一，可以得到上述多项式回归，也可以应用任意一组函数，如 2 的幂、对数、平方根等。函数的选择通常取决于待解决的问题，例如，在 4.1 节中，通过平方根模拟婴儿的身高随年龄变化的函数，因为人类婴儿在生命早期阶段成长得较快，然后趋于平稳，(类似于平方根函数的效果)。

另一种方法是使用 $I(c_i \leqslant x_k < c_j)$ 之类的指示函数，将原始预测变量 X 分解为若干个(非重叠的)子集。然后在这些子集内局部拟合多项式。此过程导致拟合**分段多项式**[1]，如图 5.2 所示。

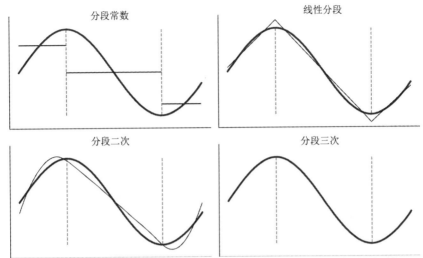

图 5.2 蓝线是我们试图逼近的真实函数。黑色实线是阶数递增(1、2、3 和 4)的分段多项式。在水平轴上垂直的灰色虚线标记每个子域的约束边界

在图 5.2 的 4 个子图中，目标是相同的，即逼近蓝色函数。首先将函数划分成 3 个子区域，用灰色虚线分隔，然后将不同的函数拟合到每个子域。在第一个子图(分段常数)中，我们拟合了一个常数函数，可以将其视为零次多项式。聚合的解决方案，即黑色的 3 条线段被称为**阶跃函数 (step-function)**。这似乎是一个相当粗略的逼近值，但它可能就是我们所需要的。例如，如果我们想得出早上、下午和晚上的预期平均温度，则阶跃函数可以解决问题。或者尽管我们认为结果平滑，但觉得可以得出不平滑的逼近[2]。

在第二个子图(线性分段)中，我们执行与第一个子图相同的操作，但不使用常数，而使用线性函数，即一次多项式。注意，相邻的两个线性解决方案在虚线处重合是有意为之。这种限制是为了使解决方案尽可能平滑[3]。

在第三个子图(分段二次)和第四个子图(分段三次)中，我们分别使用二次分段多项式和三次分段多项式。通过增加分段多项式的次数，可以得到越来越灵活的解决方案，这带来了更好的拟合，同时也带来了更高的过拟合风险。

由于最终拟合是由局部解(B_i 基函数)构造的函数 f，因此可以更轻松地调整模型的灵活性以适应不同区域的数据需求。在这种特殊情况下，可以使用更简单的函数(阶数较低的多项式)来拟合不同区域的数据，同时提供适合整个数据域的良好整体模型。

---

1 分段函数是使用多个子函数定义的函数，其中每个子函数适用于域中的不同区间。

2 在第 7 章中，我们探讨了阶跃函数在贝叶斯加性回归树中的中心作用。

3 这也可以用数字解释，因为这减少了我们计算解所需的系数数量。

到目前为止，我们假设仅有一个预测变量 X，但同样的想法可以扩展到多个预测变量 X_0，X_1, $\cdots$, X_p。在此基础上，甚至可以添加一个反向链接函数 ϕ^1[见式(5.5)]，而这种形式的模型被称为广义加性模型(Generalized Additive Model，GAM)。

$$\mathbb{E}[Y] = \phi\left(\sum_i^p f(X_i)\right) \tag{5.5}$$

概括一下本节中学到的知识，式(5.3)中的 B_i 函数是一种巧妙的统计工具，使我们拟合更灵活的模型。原则上，可以自由选择任意 B_i 函数，或是根据领域知识，还可以做探索性数据分析，甚至可以通过反复试验来选择 B_i。并非所有转换都具有相同的统计属性，因此最好能够在更广泛的数据集上评估一些具有良好通用属性的默认函数。从下一节开始，到本章结束，将讨论一种基函数——B-样条[2]。

5.3 样条的基本原理

样条试图利用多项式的灵活性，同时又能控制多项式，能够得到具有良好统计特性的模型。要定义样条，首先要定义样条中的结点(knots)[3]。结点的作用是将变量 X 的域划分成连续区间。例如，图 5.2 中的灰色垂直虚线就表示结点。为了达到既具备灵活性，又能控制多项式的目的，样条被设计为一个连续的分段多项式。也就是说，强制要求两个连续区间的子多项式在结点处重合。如果子多项式的度数(degree)为 n，则称该样条的度数为 n。有时也用样条的阶数(order)表示，阶数为 $n+1$。

在图 5.2 中，可以看到随着分段多项式阶数增加，结果函数的平滑度也会增加。如前所述，子多项式应该在结点处重合。在第一个子图上却并非如此，因为相邻区间之间存在阶跃，其也被称为不连续。但如果限制条件是在每个区间使用常数，那么这可能是最好的结果。

在谈论样条时，子多项式被称为 B-样条或简称 B-样条，任意指定度数的样条函数，都可以被构造为若干具有相同度数 B-样条的线性组合。图 5.3 显示了度数从 0 度到 3 度(从上到下)递增的 B-样条示例，底部的点代表结点，其中蓝色点表示突出显示的 B-样条(黑色实线)值不为 0 的区间。图中也标出了其他 B-样条，均使用不同颜色较细的虚线来区分(但所有样条都同等重要)。事实上，图 5.3 中的 4 个子图都显示了由指定结点定义的所有 B-样条。也就是说，B-样条完全由一组结点和一个度数定义。

---

1 通常，恒等函数是一个有效的选择。

2 其他基函数还有小波或傅里叶级数，详见第 6 章。

3 也被称为断点，这是一个更易于记忆的名字，但在文献中仍然广泛使用结点。

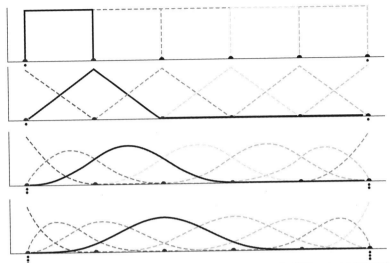

图 5.3　度数从 0 度到 3 度逐步增加的 B-样条。顶部子图为一个阶跃函数，第二个子图为一个三角状的函数，然后是两个越来越高斯状的函数。图中在边界处添加了堆叠结点(用较小黑点表示)，以便在边界附近构建 B-样条

从图 5.3 中可以看到，随着 B-样条度数的增加，B-样条的域跨度也越来越大[1]。为了使更高度数的样条有意义，需要定义更多结点。需要注意的是：在所有情况下，限制 B-样条仅在给定区间内取值非 0。此属性使样条回归比多项式回归更具备局部性。

用于控制每个 B-样条的结点数，也会随着度数增加而增长。因此对于所有大于 0 的度数，在边界附近无法定义 B-样条。这会带来一个潜在问题——在边界处的 B-样条较少，所以逼近会受到影响。好在此边界问题很容易解决，只需要在边界处添加足够数量的结点即可(见图 5.3 中的小黑点)。举例来说，如果结点集合为 {0,1,2,3,4,5}，现在想要拟合一个三次样条(如图 5.3 的最后一个子图)，那么为解决边界效应问题，我们实际使用的节点集合应当为 {0,0,0,0,1,2,3,4,5,5,5,5}。也就是说，在开始填加了 3 次结点 0，在最后填加了 3 次结点 5。通过这种方法，就可以有 5 个必要结点 {0,0,0,0,1} 来定义第一个 B-样条(见图 5.3 最后一个子图中类似指数分布的靛蓝色虚线)；然后使用结点 {0,0,0,1,2} 定义第二个 B-样条(类似贝塔分布的曲线)，以此类推。注意观察由(蓝色)结点集合 {0,1,2,3,4} 定义的第一个完整的 B-样条(黑色实线)。在边界处需要填充的结点数应当与样条的度数保持一致，因此 0 度样条无须添加结点，而 3 度样条需要添加 6 个结点。

单独的 B-样条本身并不是很有用，但它们的线性组合允许我们生成复杂的函数。因此，在实践中，拟合样条需要我们选择 B-样条的顺序、结点的数量和位置，然后求出一组系数来加权每个 B-样条，如图 5.4 所示。我们可以看到使用不同颜色表示的基函数，从而区分每个单独的基函数。节点在每个子图的底部用黑点表示。第二行更有趣，因为我们可以看到与第一行相同的基函数，这些基函数由一组系数 β_i 缩放。较粗的连续黑线表示样条，该样条是通过 B-样条与系数 β 给出的权重的加权和得出。

1　在有限度数的限制下，B 样条将跨越整个实线。不仅如此，它还将收敛为高斯曲线(https://www.youtube.com/watch9CS7j5I6aOc)。

在本例中，通过从半正态分布(代码清单 5.2 中的第 17 行)采样来生成系数 β_i。因此，图 5.4 中的每个子图仅显示了样条上概率分布的一种实现。通过移除随机种子并运行代码清单 5.2 几次，你可以很容易地看到这一点，每次都会得到不同的样条。此外，还可以尝试用另一种分布(如正态分布、指数分布等)替换半正态分布。图 5.5 显示了三次样条的 4 种实现。

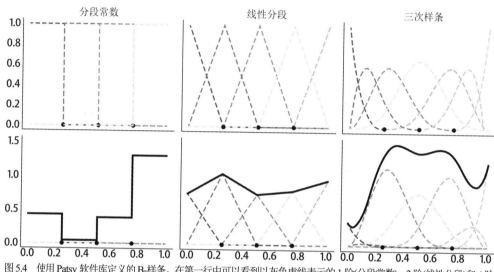

图 5.4　使用 Patsy 软件库定义的 B-样条。在第一行中可以看到以灰色虚线表示的 1 阶(分段常数)、2 阶(线性分段)和 4 阶 (三次)样条。为了清楚起见，每个基函数都用不同的颜色表示。在第二行中，将第一行的 B-样条按一组系数加权，粗黑线表示这些基函数的和。需要注意的是，图中的系数值是随机生成的，因此第二行每个子图都只能被视为样条空间中先验分布的一个随机样本

三次样条是样条中的王者

在所有可能的样条中，三次样条最常用。但为什么三次样条是样条的王者呢？图 5.2 和图 5.4 给出了一些提示。三次样条为我们提供了能够为大多数场景生成足够平滑曲线所需的最低阶样条，从而降低了更高阶样条对人们的吸引力。所谓足够平滑是什么意思？在不深入数学细节的情况下，其大致意思是拟合的函数的斜率不会突然变化。为此，一种方法是添加约束条件，使两个连续的分段多项式在其公共结点处重合。而三次样条另外增加了两个约束：其在结点处的一阶和二阶导数都是连续的。这意味着斜率在结点处是连续的，并且斜率的斜率也如此。事实上，m 度的样条在结点处会有 $m-1$ 阶导数。尽管如此，低阶或高阶样条对于某些特定问题还是有用的，只是三次样条是很好的默认值。

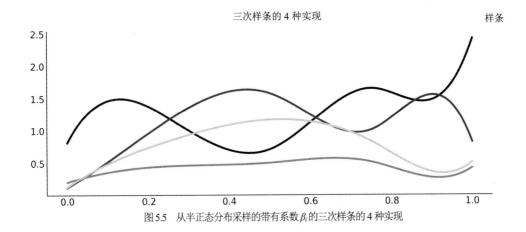

图 5.5　从半正态分布采样的带有系数 β_i 的三次样条的 4 种实现

5.4　使用 Patsy 软件库构建设计矩阵

在图 5.3 和图 5.4 中，我们绘制了 B-样条，但一直没有提到如何计算它们，主要原因是样条的计算很麻烦，并且在 Scipy[1]等软件库中已经有有效的可用算法。因此，我们不打算再从头开始计算 B-样条，而是依赖 Patsy 软件库，该软件库用于描述统计模型(尤其是线性模型，或具有线性组件的模型)和构建设计矩阵。其灵感来自 R 编程语言生态系统的许多包中广泛使用的公式迷你语言。例如，具有两个预测变量的线性模型看起来类似"y~x1+x2"，如果想添加交互，可以写成"y ~ x1 + x2 + x1:x2"。这与第 3 章中提到的 Bambi 语法有相似之处。有关详细信息，请查看 patsy 文档[2]。

要用 Patsy 定义 B-样条设计矩阵，需要将字符串传递给以粒子 bs() 开头的 dmatrix 函数，该粒子是一个能够被 Patsy 解析为函数的字符串。因此，它可以取多个参数，包括数据、结点数组，其表示样条的位置和度数。在代码清单 5.1 中，我们定义了 3 个设计矩阵，第一个为 0 次(分段常数)，第二个为 1 次(线性分段)，最后一个为 3 次(三次样条)。

代码清单 5.1

```
1 x = np.linspace(0., 1., 500)
2 knots = [0.25, 0.5, 0.75]
3
4 B0 = dmatrix("bs(x, knots=knots, degree=0, include_intercept=True) - 1",
5             {"x": x, "knots":knots})
6 B1 = dmatrix("bs(x, knots=knots, degree=1, include_intercept=True) - 1",
7             {"x": x, "knots":knots})
8 B3 = dmatrix("bs(x, knots=knots, degree=3,include_intercept=True) - 1",
9             {"x": x, "knots":knots})
```

图 5.6 表示使用代码清单 5.1 计算的 3 个设计矩阵。为了更好地掌握 Patsy 的功能，建议你

1　如果你感兴趣，可以查看 https://en.wikipedia.org/wiki/De_Boor's_algorithm。

2　https://patsy.readthedocs.io

使用 Jupyter notebook/lab 或其他 IDE 来检查对象 B0、B1 和 B2。

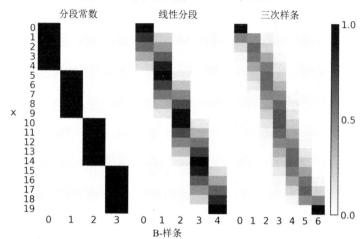

图 5.6　使用代码清单 5.1 中 Patsy 生成的设计矩阵。颜色从黑色(1)变为浅灰色(0)，列数是 B-样条数，行数是数据点数

图 5.6 的第一个子图对应于 B0，一个 0 次样条。可以看到设计矩阵是一个只有 0(浅灰色)和 1(黑色)的矩阵。第一个 B-样条(第 0 列)对于前 5 个观测值为 1，否则为 0；第二个 B-样条(第 1 列)对于前 5 个观测值为 0，其后 5 个观测值为 1；然后再次为 0。并且重复相同的模式。将此与图 5.4 的第一个子图(第一行)进行比较，你应该会看到设计矩阵编码该图的方式。

对于图 5.6 中的第二个子图，第一个 B-样条从 1 到 0，第二、第三和第四个 B-样条从 0 到 1，然后从 1 到 0。第五个 B-样条从 0 到 1。可以在图 5.4 的第二个子图(第一行)中看到与此模式匹配的一条负斜率的线、3 个三角函数和一条正斜率的线。

最后，如果比较图 5.6 的第三个子图中的 7 列与图 5.4 的第三个子图(第一行)中的 7 条曲线，可以看到匹配的类似结果。

代码清单 5.1 用于生成图 5.4 和图 5.6 中的 B-样条，唯一不同的是前者使用了 x = np.linspace(0.,1.,500)，所以曲线看起来更平滑。而后者使用了 x = np.linspace(0.,1.,20)，使得矩阵更容易理解(见代码清单 5.2)。

代码清单 5.2

```
1 _, axes = plt.subplots(2, 3, sharex=True, sharey="row")
2 for idx, (B, title) in enumerate(zip((B0, B1, B3),
3                                       ("Piecewise constant",
4                                        "Piecewise linear",
5                                        "Cubic spline"))):
6     # 绘制样条曲线基函数
7     for i in range(B.shape[1]):
8         axes[0, idx].plot(x, B[:, i],
9                           color=viridish[i], lw=2, ls="--")
10    # 生成一些正的随机系数
11    # 负值没有任何问题
12    β = np.abs(np.random.normal(0, 1, size=B.shape[1]))
13    # 绘制按其β比例缩放的样条曲线基函数
14    for i in range(B.shape[1]):
15        axes[1, idx].plot(x, B[:, i]* β[i],
16                          color=viridish[i], lw=2, ls="--")
```

```
17    # 绘制基函数之和
18    axes[1, idx].plot(x, np.dot(B, β), color="k", lw=3)
19    # 绘制结点
20    axes[0, idx].plot(knots, np.zeros_like(knots), "ko")
21    axes[1, idx].plot(knots, np.zeros_like(knots), "ko")
22    axes[0, idx].set_title(title)
```

到目前为止,我们已经探索了几个示例,直观了解了样条是什么以及如何借助 Patsy 自动创建它们。下一步可以学习如何计算权重。为此,将用 PyMC3 在贝叶斯模型中操作。

5.5 用 PyMC3 拟合样条

在本节中,我们使用 PyMC3 将一组 B-样条拟合到观测数据上,进而获得回归系数 β 的值。

现代共享单车系统允许人们以完全自动化的方式租用和归还自行车,有助于提高公共交通的效率,使生活更加便捷畅通。我们将利用加州大学欧文分校机器学习库[1]的一个共享单车系统数据集,来估计 24 小时内每小时的自行车租用数量(见代码清单 5.3)。下面加载并绘制数据:

代码清单 5.3

```
1  data = pd.read_csv("../data/bikes_hour.csv")
2  data.sort_values(by="hour", inplace=True)
3
4  # 我们将响应变量标准化
5  data_cnt_om = data["count"].mean()
6  data_cnt_os = data["count"].std()
7  data["count_normalized"] = (data["count"] - data_cnt_om) / data_cnt_os
8  # 删除数据,以后可以尝试根据全部数据重新拟合模型
9  data = data[::50]
```

查看图 5.7 会发现,一天中的时间与出租自行车数量之间的关系并不能通过拟合一条线来很好地捕获到。因此,我们尝试使用样条回归来更好地逼近非线性模式。

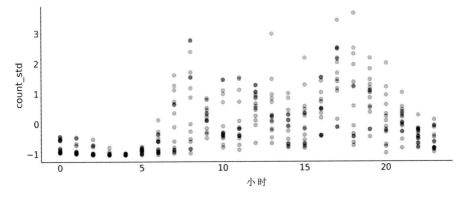

图 5.7 自行车数据的可视化。每个点是一天中每小时的自行车租用归一化值(在区间[0, 23]上)。
这些点是半透明的,以避免点过度重叠,从而有助于查看数据的分布

---

1 https://archive.ics.uci.edu/ml/datasets/bike+sharing+dataset

如之前所述，为了使用样条，需要定义结点的数量和位置。我们将使用 6 个结点并使用最简单的选项来定位它们，每个结点之间的间距相等。

注意，在代码清单 5.4 中，我们定义了 8 个结点，但随后删除了第一个和最后一个结点，保留在数据的内部定义的 6 个结点。该策略有用与否取决于数据。例如，如果大部分数据远离边界，则证明该方法的效果很好。结点的数量越大，它们的位置就越不重要。

代码清单 5.4

```
1 num_knots = 6
2 knot_list = np.linspace(0, 23, num_knots+2)[1:-1]
```

现在使用 Patsy 为我们定义和构建设计矩阵，如代码清单 5.5 所示。

代码清单 5.5

```
1 B = dmatrix(
2     "bs(cnt, knots=knots, degree=3, include_intercept=True) - 1",
3     {"cnt": data.hour.values, "knots": knot_list[1:-1]})
```

建议的统计模型是：

$$\begin{aligned}
\tau &\sim \mathcal{HC}(1) \\
\beta &\sim \mathcal{N}(0, \tau) \\
\sigma &\sim \mathcal{HN}(1) \\
Y &\sim \mathcal{N}(\boldsymbol{B}(X)\boldsymbol{\beta}, \sigma)
\end{aligned} \tag{5.6}$$

我们的样条回归模型与第 3 章中的线性模型非常相似。所有工作都是由设计矩阵 $\boldsymbol{B}$ 及其对特征空间的扩展完成的。注意，我们使用线性代数符号将式(5.3)和式(5.4)的乘法和求和写成更短的形式，即写成 $\mu = \boldsymbol{B}\boldsymbol{\beta}$ 而不是 $\boldsymbol{\mu} = \sum_i^n B_i \beta_i$。

像往常一样，统计语法以几乎一对一的方式转换为 PyMC3(见代码清单 5.6)。

代码清单 5.6

```
1 with pm.Model() as splines:
2     τ = pm.HalfCauchy("τ", 1)
3     β = pm.Normal("β", mu=0, sd=  , shape=B.shape[1])
4     μ = pm.Deterministic("μ", pm.math.dot(B, β))
5     σ = pm.HalfNormal("σ", 1)
6     c = pm.Normal("c",μ, σ, observed=data["count_normalized"].values)
7     idata_s = pm.sample(1000, return_inferencedata=True)
```

我们在图 5.8 中将最终拟合的线性预测显示为黑色实线，每个加权 B-样条显示为虚线。这是一个很好的表示，因为我们可以看到 B-样条对最终结果的影响。

当我们想要显示模型的结果时，更有用的绘图是使用重叠样条及其不确定性绘制数据，如图 5.9 所示。从这个图中可以很容易地看出，在深夜租用自行车的数量是最低的。然后有增加，可能由于人们醒来之后的通勤需要。在 10 小时左右出现第一个高峰，然后趋于平稳，或者可能略有下降，然后在 18 小时左右人们通勤回家时出现第二个高峰，之后稳步下降。

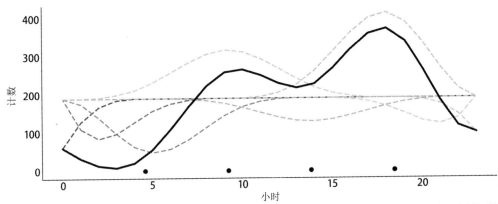

图 5.8　使用样条拟合的自行车数据。B-样条用虚线表示。它们的总和产生更粗的黑色实线。绘制的值对应于后验的平均值。黑点代表结点。相对于图 5.4 中绘制的样条线，此图中的样条线看起来参差不齐。原因是我们在较少的点上评估函数。此处为 24 个点，因为与图 5.4 中的 500 数据相比，此处数据每小时都被分装

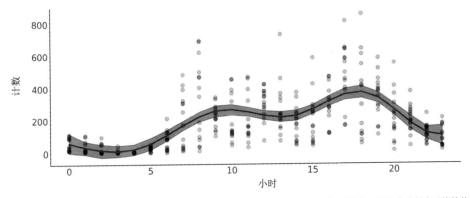

图 5.9　使用样条拟合的自行车数据(黑点)。阴影曲线代表(平均值的)94% HDI 区间平均值，蓝色曲线代表平均趋势

　　在这个自行车租赁示例中，我们正在处理一个循环变量，这意味着 0 小时等于 24 小时。这对我们来说或许是显而易见的，但对于我们的模型来说绝对不明显。Patsy 提供了一个简单的解决方案，来告诉我们的模型：变量是循环的。可以使用 cc 代替使用 bs 定义设计矩阵，这是一个圆形感知的三次样条。建议你查看 Patsy 文档以获取更多详细信息，并探索在以前的模型中使用 cc 并比较结果。

5.6　选择样条的结点和先验

　　在使用样条时，我们必须做出的一项建模决策是：选择结点数量和结点位置。这可能有点令人担忧，因为结点数量和它们的间距不是很好确定。当面临这种情形时，可以尝试拟合多个模型，然后使用 LOO 等方法来帮助我们选择最佳模型。表 5.1 显示了模型拟合的结果，如代码清单 5.6 中定义的模型，其具有 3、6、9、12 和 18 个等距结点，可以看到 LOO 选择了 12 个结点的样条作为最佳模型。

图 5.6 中有一个有趣现象：模型 m_12k(秩最高模型)的权重为 0.88，模型 m_3k(秩最后模型)的权重为 0.12。而其余模型的权重几乎为 0。如 2.5.6 节中解释的，默认情况下，权重是使用堆叠计算的。堆叠尝试在一个元模型中组合多个模型，以最小化该元模型和真实生成模型之间的散度。因此，即便模型 m_6k、m_9k 和 m_18k 均具有更好的 loo 值，但一旦元模型中已经包含了模型 m_12k，则它们并没添加太多新的信息；相反，模型 m_3k 的秩最低，但它似乎可以为模型平均做出一些额外的贡献。图 5.10 显示了所有模型的平均值拟合样条。

表5.1　使用 LOO 对具有不同结点数的样条模型进行比较所得的汇总信息

	rank	loo	p_loo	d_loo	weight	se	dse	warning	loo_scale
m_12k	0	− 377.67	14.21	0.00	0.88	17.86	0.00	False	log
m_18k	1	− 379.78	17.56	2.10	0.00	17.89	1.45	False	log
m_9k	2	− 380.42	11.43	2.75	0.00	18.12	2.97	False	log
m_6k	3	− 389.43	9.41	11.76	0.00	18.16	5.72	False	log
m_3k	4	− 400.25	7.17	22.58	0.12	18.01	7.78	False	log

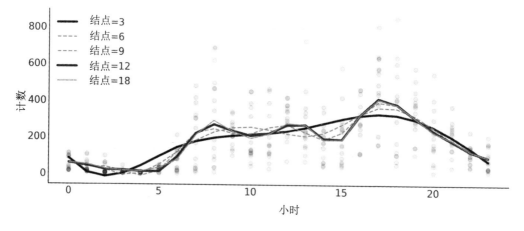

图 5.10　代码清单 5.6 中描述的，具有不同结点数{3,6,9,12,18}的模型平均值后验样条。根据 LOO，模型 m_12k 以蓝色突出显示为秩最高的模型。模型 m_3k 以黑色突出显示，而其余模型则显示为灰色，因为其权重为零(参见表 5.1)

确定结点位置的一种建议方法，是根据分位数设置结点而不是均匀设置。在代码清单 5.4 中，可以使用 knot_list = np.quantile(data.hour,np.linspace(0,1,num_knots))定义 knot_list。这样的话，我们就能够在数据较多的地方设置更多结点，而在数据较少的地方放置更少结点。这为数据更丰富的部分提供了更灵活的逼近。

样条的正则化先验

设置过少的结点会导致欠拟合，而设置过多的结点又可能会导致过拟合，因此我们希望能够使用具有恰当数量的结点，然后选择正则化先验。从样条的定义和图 5.4 可以看出，相邻 β 系数之间越接近，得到的函数就越平滑。想象一下，如果你在图 5.4 中删除了设计矩阵的两个相邻列，实际上是将其系数设置为 0，导致拟合的平滑度降低，因为在预测变量中缺少足够信息来覆盖一些子区域(样条是局部的)。因此，通过选择 β 系数的先验，使 β_{i+1} 的值与 β_i 值相关，可以实现更平滑的拟合回归线：

$$\begin{aligned} \beta_i &\sim \mathcal{N}(0,1) \\ \tau &\sim \mathcal{N}(0,1) \\ \beta &\sim \mathcal{N}(\beta_{i-1}, \tau) \end{aligned}$$ (5.7)

使用 PyMC3，可以使用高斯随机游走先验分布来获得等效结果：

$$\begin{aligned} \tau &\sim \mathcal{N}(0,1) \\ \beta &\sim \mathcal{G}RW(\beta, \tau) \end{aligned}$$ (5.8)

要查看此先验的效果，可以再次对自行车数据集进行分析，但这次使用 num_knots = 12。我们使用 splines 模型和以下模型重新拟合数据(见代码清单 5.7)。

代码清单 5.7

```
1 with pm.Model() as splines_rw:
2     τ = pm.HalfCauchy("τ", 1)
3     β = pm.GaussianRandomWalk("β", mu=0, sigma=_, shape=B.shape[1])
4     μ = pm.Deterministic("_", pm.math.dot(B, β))
5     σ = pm.HalfNormal("σ", 1)
6     c = pm.Normal("c",μ, σ, observed=data["count_normalized"].values)
7     trace_splines_rw = pm.sample(1000)
```

在图 5.11 中，可以看到模型 splines_rw(黑线)的样条平均值函数比没有平滑先验的样条平均值函数(灰色粗线)波动更小，但是差异非常小。

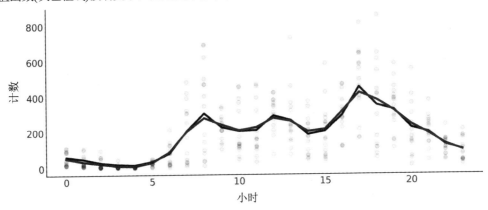

图 5.11　使用高斯先验(黑色)或正则化高斯随机游走先验(蓝色)拟合的自行车数据。两种情况都使用了 22 个结点。黑线对应于从 splines 模型计算的平均值样条函数。蓝线是模型 splines_rw 对应的平均值函数

5.7　用样条对二氧化碳吸收量建模

作为样条的最后一个例子，我们将使用一个试验研究的数据[125,116]。该试验观测了 12 种不同植物在不同条件下的二氧化碳吸收量。这里主要探索外部二氧化碳浓度，即环境中二氧化碳

的浓度对不同植物二氧化碳吸收能力的影响。试验分别观测了 12 类植物中的每一类在 7 个二氧化碳浓度下的二氧化碳吸收量。首先加载和整理数据(见代码清单 5.8)。

代码清单 5.8

```
1 plants_CO2 = pd.read_csv("../data/CO2_uptake.csv")
2 plant_names = plants_CO2.Plant.unique()
3
4 # 为每株植物的前7次二氧化碳测量值建立索引
5 CO2_conc = plants_CO2.conc.values[:7]
6
7 # 获取完整数组，即重复12次的上述7个测量值
8 CO2_concs = plants_CO2.conc.values
9 uptake = plants_CO2.uptake.values
10
11 index = range(12)
12 groups = len(index)
```

我们要拟合的第一个模型只有一个结果曲线，即假设所有 12 类植物的结果曲线相同。首先使用 Patsy 定义设计矩阵，详见前文。由于每种植物仅有 7 个观测值，因此设置 num_knots = 2，结点数量较少应该也可以正常工作。在代码清单 5.9 中，CO2_concs 是一个二氧化碳浓度列表，其值[95,175,250,350,500,675,1000]共重复 12 次，每次分别对应一类植物。

代码清单 5.9

```
1 num_knots = 3
2 knot_list = np.linspace(CO2_conc[0], CO2_conc[-1], num_knots+2)[1:-1]
3
4 Bg = dmatrix(
5     "bs(conc, knots=knots, degree=3, include_intercept=True) - 1",
6     {"conc": CO2_concs, "knots": knot_list})
```

这个问题看起来类似于前面几节中的自行车租赁问题，因此可以先应用相同的模型。使用已经在以前的问题中应用过的模型或从文献中学到的模型有助于快速开始分析。这种模型-模板方法可以被视为模型设计的捷径，免去了漫长的构思过程[64]。除了不必从零开始考虑模型这一明显优势，还有其他优势，例如更好地了解如何执行模型的探索性分析，然后可以修改模型以简化它或使它更复杂(见代码清单 5.10)。

代码清单 5.10

```
1 with pm.Model() as sp_global:
2     τ = pm.HalfCauchy("τ", 1)
3     β = pm.Normal("β", mu=0, sigma=τ, shape=Bg.shape[1])
4     μg = pm.Deterministic("μg", pm.math.dot(Bg, β))
5     σ = pm.HalfNormal("σ", 1)
6     up = pm.Normal("up", μg, σ, observed=uptake)
7     idata_sp_global = pm.sample(2000, return_inferencedata=True)
```

从图 5.12 中可以清楚地看到，该模型只为某些植物提供了良好的拟合。该模型对于整体数据的平均性能较好，但对于特定植物来说并不是太好。

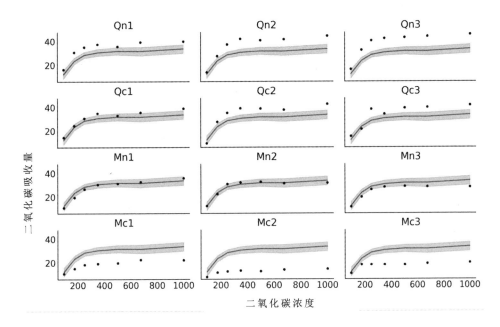

图 5.12 黑点代表 12 种植物(Qn1、Qn2、Qn3、Qc1、Qc2、Qc3、Mn1、Mn2、Mn3、Mc1、Mc2、Mc3)
在 7 个二氧化碳浓度下观测的二氧化碳吸收量。黑线是代码清单 5.10 中模型的平均值样条拟合,
灰色阴影曲线表示该拟合的 94% HDI 区间

现在让我们尝试使用对于每种植物具有不同结果的模型,为此在代码清单 5.11 中定义了设计矩阵 Bi。为定义 Bi,使用列表 CO2_conc = [95,175,250,350,500,675,1000],因此 Bi 是一个 7×7 的矩阵,而 Bg 是一个 84×7 矩阵。

代码清单 5.11

```
1 Bi = dmatrix(
2    "bs(conc, knots=knots, degree=3, include_intercept=True) - 1",
3    {"conc": CO2_conc, "knots": knot_list})
```

对应于 Bi 的形状,代码清单 5.12 中的参数 β 具有形状 shape=(Bi.shape[1],groups))(不是 shape=(Bg.shape[1]))),并且做整形操作 μi[:,index].T.ravel()。

代码清单 5.12

```
1 with pm.Model() as sp_individual:
2    τ = pm.HalfCauchy("τ", 1)
3    β = pm.Normal("β", mu=0, sigma=τ, shape=(Bi.shape[1], groups))
4    μi = pm.Deterministic("μi", pm.math.dot(Bi, β))
5    σ = pm.HalfNormal("σ", 1)
6    up = pm.Normal("up", μi[:,index].T.ravel(),σ, observed=uptake)
7    idata_sp_individual = pm.sample(2000, return_inferencedata=True)
```

从图 5.13 中可以看到,我们对 12 种植物中的每一种都有了更好的拟合。

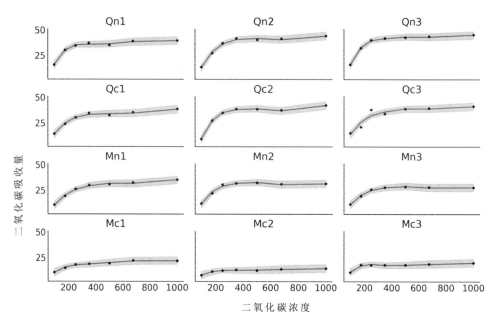

图 5.13   12 种植物在 7 个二氧化碳浓度下观测的二氧化碳吸收量。黑线是代码清单 5.12 中模型的平均值样条拟合，灰色
阴影曲线表示该拟合的 94% HDI 区间。

还可以混合前面两种模型[1]。当我们想估计 12 种植物的整体趋势和其各自的拟合时，这会
非常有用处。代码清单 5.13 中的模型 sp_mix 使用了之前定义的设计矩阵 Bg 和 Bi。

代码清单 5.13

```
1 with pm.Model() as sp_mix:
2     τ = pm.HalfCauchy("τ", 1)
3     βg = pm.Normal("βg", mu=0, sigma=τ, shape=Bg.shape[1])
4     μg = pm.Deterministic("μg", pm.math.dot(Bg, βg))
5     βi = pm.Normal("βi", mu=0, sigma=τ, shape=(Bi.shape[1], groups))
6     μi = pm.Deterministic("μi", pm.math.dot(Bi, βi))
7     σ = pm.HalfNormal("σ", 1)
8     up = pm.Normal("up",μg+μi[:,index].T.ravel(),σ, observed=uptake)
9     idata_sp_mix = pm.sample(2000, return_inferencedata=True)
```

图 5.14 显示了模型 sp_mix 的拟合结果。该模型的一个优点是可以将各种植物的拟合(蓝色)
分解为两项。一项是全局趋势，表示为黑色；另一项是每种植物的趋势偏差，表示为灰色。注
意黑色的全局趋势在每个子图中是重复的。而偏差不仅在平均吸收量上有所不同(即它们不是平
的直线)，而且它们的函数结果形状也在不同程度上存在区别。

---

1 是的，这也被称为混合效应模型，你可能会想起我们在第 4 章中讨论的相关概念。

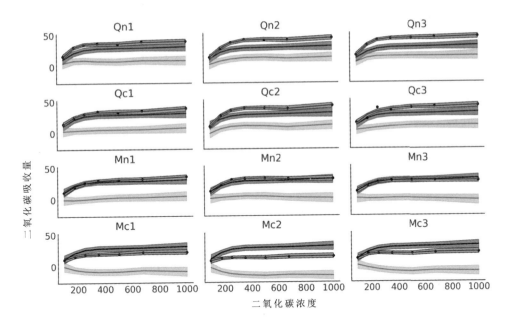

图 5.14   12 种植物在 7 种二氧化碳浓度下观测的二氧化碳吸收量。蓝线是代码清单 5.13 中模型的平均值样条拟合，
灰色阴影曲线表示该拟合的 94% HDI 区间。这种拟合被分解为两项。黑色和深灰色带表示全局贡献，
灰色和浅灰色带表示与全局贡献的偏差。蓝线和蓝带是全局趋势及其偏差的总和

图 5.15 表明，根据 LOO，sp_mix 模型优于其他两个模型。我们可以看到，由于 sp_mix 和 sp_individual 模型的标准差部分重叠，因此该说法仍然存在一些不确定性。我们还可以看到，模型 sp_mix 和 sp_individual 比 sp_global 受到更严重的惩罚(sp_global 的空圆圈和黑色圆圈之间的距离更短)。我们注意到 LOO 计算返回警告：帕累托分布的估计形状参数大于 0.7。对于此示例，我们将在此停止，但为了进行真正的分析，应该进一步注意这些警告，并尝试遵循 2.5.3 节中描述的一些操作(见代码清单 5.14)。

代码清单 5.14

```
1 cmp = az.compare({"global":idata_sp_global,
2                   "individual":idata_sp_individual,
3                   "mix":idata_sp_mix})
```

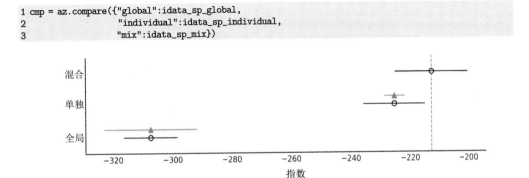

图 5.15   使用 LOO 对本章讨论的 3 种不同二氧化碳吸收模型(sp_global、sp_individual、sp_mix)进行模型比较。
将模型按照预测准确度从高到低排列。空心点代表 LOO 的值，黑点是样本内预测精度。黑色部分代表 LOO 计算的
标准差。以三角形为中心的灰色部分表示每个模型的 LOO 值与秩最佳的模型之间的差值的标准差

5.8 练习

5E1. 样条功能非常强大，因此最好了解其使用时机。为了加强这一点，请解释以下各项：

(a) 线性回归和样条之间的差异

(b) 何时在样条上使用线性回归

(c) 样条通常优于高阶多项式回归的原因

5E2. 重做图 5.1，但拟合 0 次和 1 次多项式。它们看起来与其他类型的模型相似吗？提示：可能需要使用 GitHub 仓库中的代码。

5E3. 重做图 5.2，但更改一个或两个结点的值。结点的位置会如何影响拟合？你将在 GitHub 仓库中查找代码。

5E4. 下面我们提供了一些数据。对每个数据拟合 0、1 和 3 度样条。绘制拟合，包括结点的数据和位置。使用 knots = np.linspace(−0.8，0.8，4)。描述拟合。

(a) x = np.linspace(−1, 1., 200)和 y = np.random.normal(2*x, 0.25)

(b) x = np.linspace(−1, 1., 200)和 y = np.random.normal(x**2, 0.25)

(c) 选择一个你喜欢的函数。

5E5. 在代码清单 5.5 中，使用了非循环感知设计矩阵。绘制此设计矩阵。然后生成循环设计矩阵，也绘制出来。区别是什么？

5E6. 使用 Patsy 生成以下设计矩阵(见代码清单 5.15)。

代码清单 5.15

```
 1 x = np.linspace(0., 1., 20)
 2 knots = [0.25, 0.5, 0.75]
 3
 4 B0 = dmatrix("bs(x, knots=knots, degree=3, include_intercept=False) +1",
 5              {"x": x, "knots":knots})
 6 B1 = dmatrix("bs(x, knots=knots, degree=3, include_intercept=True) +1",
 7              {"x": x, "knots":knots})
 8 B2 = dmatrix("bs(x, knots=knots, degree=3, include_intercept=False) -1",
 9              {"x": x, "knots":knots})
10 B3 = dmatrix("bs(x, knots=knots, degree=3, include_intercept=True) -1",
11              {"x": x, "knots":knots})
```

(a) 每个矩阵的形状是什么？你能调整形状的值吗？

(b) 你能解释参数 include_intercept = True/False 和+1/−1 的作用吗？尝试生成图 5.3 和图 5.6 这样的图来帮助你回答这个问题。

5E7. 使用下面列出的选项重新拟合自行车租赁示例。用可视化方式比较结果并尝试解释结果。

(a) 代码清单 5.4，但不删除第一个和最后一个结点(即不使用[1:−1])。

(b) 使用分位数设置结点，而不是线性间隔。

(c) 重复前两点，但用到较少的结点。

5E8. 在 GitHub 仓库中，你将找到光谱数据集，使用其进行如下操作。

(a) 用结点 np.quantile(X，np.arange(0.1，1，0.02)) 和高斯先验拟合三次样条(如代码清单 5.6)。

(b) 用结点 np.quantile(X，np.arange(0.1，1，0.02)) 和高斯随机游走先验拟合三次样条(如代码清单 5.7)。

(c) 用结点 np.quantile(X，np.arange(0.1，1，0.1)) 和高斯先验拟合三次样条(如代码清单 5.6)。

(d) 使用 LOO 用可视化方式比较拟合。

5M9. 重做图 5.2，将 x_max 从 6 扩展到 12。

(a) 这一变化如何影响这一拟合？

(b) 外推的含义是什么？

(c) 再加一个结点，并在代码中进行必要的更改，这样拟合实际上使用了 3 个结点。

(d) 改变第三个新结点的位置，以尽可能提高拟合。

5M10. 对于自行车租赁示例，增加结点数。这对拟合有什么影响？改变先验的宽度，并可视化评估对拟合的影响。你认为结点数和先验权重的组合控制什么？

5M11. 使用样条拟合第 4 章中的婴儿回归示例。

5M12. 在代码清单 5.5 中，使用了非循环感知设计矩阵。由于我们将一天中的小时描述为循环的，所以希望使用循环样条。然而，有一个问题。在原始数据集中，小时范围从 0 到 23，因此若使用循环样条，Patsy 将处理 0 和 23。尽管如此，我们仍然需要一个循环样条回归，所以执行以下步骤。

(a) 复制 0 小时数据标签，将其标记为 24。

(b) 使用此修改的数据集生成循环设计矩阵和非循环设计矩阵。绘制结果并进行比较。

(c) 重新拟合自行车样条数据集。

(d) 使用曲线图、数值总结和诊断来解释循环样条回归的影响。

5M13. 对于自行车租赁的例子，我们使用高斯作为似然。当计数数量很大时，这可以被视为一个合理的逼近值，但仍然会带来一些问题，例如预测出租自行车的负数量(例如，在夜间，当观察到的出租自行车的数量接近于零时)。为了解决这个问题并改进我们的模型，可以尝试其他似然。

(a) 使用泊松似然(提示：你可能需要将 β 系数限制为正值，并且不能像我们在示例中所做的那样对数据进行归一化)。拟合与书中的示例有何区别？此拟合更好吗？在哪些方面可以看出？

(b) 使用 NegativeBinomial 似然，拟合与前两种有什么不同？你能解释一下这些差异吗？(提示，NegativeBinomial 似然可以被认为是泊松分布的混合模型，这通常有助于对过度分散的数据进行建模)。

(c) 使用 LOO 将样条模型与泊松似然和 NegativeBinomial 似然进行比较。哪种预测性能最好？

(d) 你能证明 p_loo 和 $\hat{k}$ 的值正确吗？

(e) 使用 LOO-PIT 比较高斯、NegativeBinomial 和泊松模型。

5M14. 使用代码清单 5.6 中的模型作为指导，对于 $X \in [0,1]$，设置 $\tau \sim$ 拉普拉斯(0, 1)。

(a) 从 μ 的先验采样并绘图实现。使用不同的结点数和位置。

(b) $\mu(x_i)$ 的先验期望是什么？结点和 X 对其有何影响？

(c) $\mu(x_i)$的标准差的先验期望是什么？结点和X对其有何影响？

(d) 重复先验预测分布的先前点。

(e) 使用$\mathcal{H}C(1)$重复前几点。

5M15. 拟合以下数据。注意，响应变量是二进制的，因此你需要相应地调整似然并使用链接函数。

(a) 前一章的逻辑回归。可视化方式比较两个模型的结果。

(b) "空间流感"是一种疾病，主要影响年轻人和老年人，但不影响中年人。幸运的是，空间流感不是一个严重的问题，因为它是完全虚构的。在这个数据集中，我们记录了接受"空间流感"测试的人，记录了他们是确诊(1)还是健康(0)，以及他们的年龄。你能用逻辑回归解决这个问题吗？

5M16. 除了"小时"，自行车数据集还有其他协变量，比如"温度"。使用两个协变量拟合样条。实现这一点的最简单方法是，为每个协变量设计一个单独的样条/设计矩阵。用NegativeBinomial 似然拟合一个模型。

(a) 运行诊断以检查采样是否正确，并相应地修改模型和/或采样超参数。

(b) 一天的时间和温度对租用的自行车有何影响？

(c) 生成一个只有小时协变量的模型以及同时具有"小时"和"温度"的模型。使用 LOO、LOO-PIT 和后验预测检查比较两种模型。

(d) 总结所有发现。

第 6 章

时 间 序 列

"很难做出预测，尤其是关于未来的预测"。据称，荷兰政治家 Karl Kristian Steincke 在 20 世纪 40 年代说过这句话。当时确实如此，即便今天仍然成立，特别是你在研究时间序列问题和预报问题的时候。时间序列分析有很多应用，从面向未来的预报到了解历史趋势中的潜在因子等。在本章中，我们将讨论一些贝叶斯方法，用于处理此类问题。首先，我们会将时间序列建模视为一个回归问题，从时间戳信息中解析得到设计矩阵。然后，会探索如何使用自回归(Autoregressive)方法对模型时间相关性进行建模。将上述模型进一步扩展，可以得到更具一般性的状态空间模型(State Space Model)和贝叶斯结构化时间序列模型(Bayesian Structural Time Series,BSTS)，我们将在线性高斯前提下引入一种专门的推断方法：卡尔曼滤波器。本章其余部分简要介绍了模型比较问题，以及为时间序列模型选择先验分布需要考虑的因素。

6.1 时间序列问题概览

在大量现实生活的应用中，人们会按时间顺序观测数据，每次观测时都会生成时间戳。除了观测本身，时间戳信息在以下情况可以提供相当丰富的信息。

- 存在一个时间**趋势**，例如地区人口、全球 GDP、美国的年二氧化碳排放量等。通常这是一种整体模式，可以直观地将其标记为"增长"或"下降"。
- 有一些与时间相关的循环模式，称为**季节性**(seasonality)[1]。例如，每月温度的变化(夏季较高，冬季较低)；每月降雨量(在世界大多数地区，冬季较低，夏季较高)；某办公楼的每日咖啡消耗量(工作日较高，周末较少)；每小时的自行车租赁数量(白天比晚上多)，如第 5 章内容。

---

1 还有一点需要注意：并不是时间序列中的所有周期模式都应该被认为是季节性的。最好区分循环行为和季节行为。可以在 https://robjhyndman.com/hyndsight/cyclicts/中找到较完整的总结。

- 当前数据点以某种方式提供了有关下一个数据点的信息。换句话说，噪声(noise)或**残差**(residuals)相关时的情况[1]。例如，咨询台的每日解决事件数量；股票价格；每小时的温度；每小时的降雨量等。

根据上述分析，可以考虑将时间序列分解为：

$$y_t = \text{Trend}_t + \text{Seasonality}_t + \text{Residuals}_t \tag{6.1}$$

大多数经典的时间序列模型都是基于此分解。在本章中，我们将讨论呈现出某种程度时间趋势和季节性的时间序列建模方法，并探索其中捕获规则模式和弱规则模式的方法(例如，时间上相关的残差)。

6.2　将时间序列分析视为回归问题

我们将首先在一个广泛使用的演示数据集上，用线性回归模型对时间序列建模。该数据集可见于许多教程中(如 PyMC3、TensorFlow Probability)，并在著名的 Rasmussen 和 Williams 所著的 *Gaussian Processes for Machine Learning*[128]一书中被用作案例。自 20 世纪 50 年代后期以来，夏威夷的莫纳罗亚天文台每隔一小时就测定一次大气二氧化碳浓度。在许多示例中，该观测结果被汇总为月平均值，如图 6.1 所示。我们使用代码清单 6.1 将数据加载到 Python 中，然后将数据集划分为训练集和测试集，并使用训练集拟合模型，用测试集评估模型的预测性能。

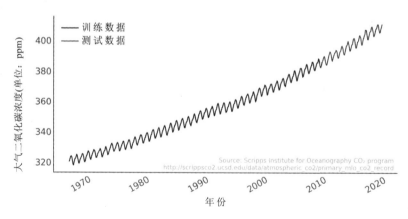

图 6.1　从 1996 年 1 月到 2019 年 2 月，莫纳罗亚的二氧化碳月观测值，划分为训练集(黑色显示)和测试集(蓝色显示)。可以在数据中看到明显的上升趋势和季节性模式

代码清单 6.1

```
1 co2_by_month = pd.read_csv("../data/monthly_mauna_loa_co2.csv")
2 co2_by_month["date_month"] = pd.to_datetime(co2_by_month["date_month"])
3 co2_by_month["CO2"] = co2_by_month["CO2"].astype(np.float32)
4 co2_by_month.set_index("date_month", drop=True, inplace=True)
```

---

1 这使得观察结果不是独立相似分布，也不可交换。你也可以在第 4 章中看到，我们定义了残差。

```
5
6 num_forecast_steps = 12 * 10 # Forecast the final ten years, given previous data
7 co2_by_month_training_data = co2_by_month[:-num_forecast_steps]
8 co2_by_month_testing_data = co2_by_month[-num_forecast_steps:]
```

在这里，我们有一个每月大气二氧化碳浓度 y_t 的观测向量，其中 $t = [0,\ldots,636]$；其中每个元素与一个时间戳相关联。一年中的月份可以解析为[1,2,3,…,12,1,2,…]的向量。对于线性回归，可以将似然表示如下：

$$Y \sim \mathcal{N}(\mathbf{X}\beta, \sigma) \tag{6.2}$$

考虑季节性的影响，我们直接使用年预测变量的月份来索引回归系数的向量。代码清单 6.2 将预测变量 Dummy 编码为 shape = (637,12)的设计矩阵。在该设计矩阵的基础上，增加一个线性预测变量，以捕获数据中的上升趋势，进而得到整个时间序列的设计矩阵。可以在图 6.2 中看到设计矩阵的子集。

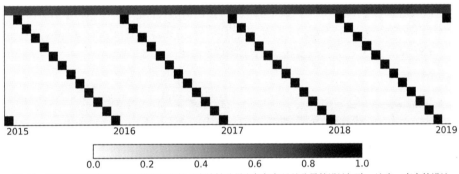

图 6.2　为时间序列的简单回归模型提供的具有线性分量和每年各月份分量的设计矩阵。注意，真实的设计矩阵被转置成 feature*timestamps，以便更易于可视化。图中第一行(索引 0)为 0 到 1 之间的连续值，表示时间和线性增长。其余行(索引 1-12)为月份信息的 dummy 编码，黑色代表 1，浅灰色代表 0

代码清单 6.2

```
1 trend_all = np.linspace(0., 1., len(co2_by_month))[..., None]
2 trend_all = trend_all.astype(np.float32)
3 trend = trend_all[:-num_forecast_steps, :]
4
5 seasonality_all = pd.get_dummies(
6         co2_by_month.index.month).values.astype(np.float32)
7 seasonality = seasonality_all[:-num_forecast_steps, :]
8
9 _, ax = plt.subplots(figsize=(10, 4))
10 X_subset = np.concatenate([trend, seasonality], axis=-1)[-50:]
11 ax.imshow(X_subset.T)
```

将时间戳解析到设计矩阵

对时间戳的处理单调乏味，并且容易出错，尤其是在涉及不同时区的时候更是如此。我们可以从时间戳中解析出的典型周期性信息包括(按解析顺序排列)：

- 小时中的秒数(1,2,…,60)

- 一天中的小时(1, 2, ..., 24)
- 一周中的某天(周一，周二，...，周日)
- 一个月中的某天(1, 2, ..., 31)
- 节日效应(元旦，复活节，国际劳动节，圣诞节等)
- 一年中的月份(1, 2, ..., 12)

所有上述信息都可以用 dummy 编码解析为一个设计矩阵。类似于"一周中的某天"和"一个月中的某天"等时间戳的效应通常与人类活动密切相关。例如，公共交通乘客的数量通常表现出强烈的工作日效应；发薪日之后，消费者支出可能会升高，这通常是在月底左右。在本章中，我们主要考虑定期记录的时间戳。

现在可以使用 tfd.JointDistributionCoroutine 建立第一个面向回归问题的时间序列模型，其作法和第 3 章中介绍的 tfd.JointDistributionCoroutine API 和 TFP 贝叶斯建模方法相同。

如之前所述，与 PyMC3 相比，TFP 提供了较低级别的 API。虽然与低级模块和组件交互更灵活(例如定制的可分解推断方法)，但与其他 PPL 相比，也需要更多样板代码，并且需要在模型中使用 tfp 进行额外的形状处理。例如，在代码清单 6.3 中，我们对 Python Ellipsis 使用 einsum 而不是 matmul，以便代码能够处理任意的批形状(详情参阅 10.8.1 节)。

代码清单 6.3

```
1 tfd = tfp.distributions
2 root = tfd.JointDistributionCoroutine.Root
3
4 @tfd.JointDistributionCoroutine
5 def ts_regression_model():
6     intercept = yield root(tfd.Normal(0., 100., name="intercept"))
7     trend_coeff = yield root(tfd.Normal(0., 10., name="trend_coeff"))
8     seasonality_coeff = yield root(
9         tfd.Sample(tfd.Normal(0., 1.),
10                 sample_shape=seasonality.shape[-1],
11                 name="seasonality_coeff"))
12     noise = yield root(tfd.HalfCauchy(loc=0., scale=5., name="noise_sigma"))
13     y_hat = (intercept[..., None] +
14             tf.einsum("ij,...->...i", trend, trend_coeff) +
15             tf.einsum("ij,...j->...i", seasonality, seasonality_coeff))
16     observed = yield tfd.Independent(
17         tfd.Normal(y_hat, noise[..., None]),
18         reinterpreted_batch_ndims=1,
19         name="observed")
```

运行代码清单 6.3，可以得到回归模型 ts_regression_model。它具有和 tfd.Distribution 类似的功能，可以将其用于贝叶斯工作流。要抽取先验和先验预测样本，可以调用.sample(.)方法(参见代码清单 6.4，其结果显示在图 6.3 中)。

代码清单 6.4

```
1 # 绘制 100 个先验和先验预测样本
2 prior_samples = ts_regression_model.sample(100)
3 prior_predictive_timeseries = prior_samples.observed
4
5 fig, ax = plt.subplots(figsize=(10, 5))
6 ax.plot(co2_by_month.index[:-num_forecast_steps],
```

```
7        tf.transpose(prior_predictive_timeseries), alpha=.5)
8 ax.set_xlabel("Year")
9 fig.autofmt_xdate()
```

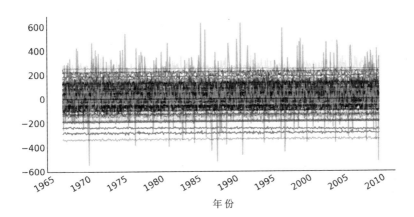

图 6.3　来自简单回归模型的先验预测样本，用于模拟莫纳罗亚时间序列中的月二氧化碳观测值。
每条线是一个模拟的时间序列。由于使用了无信息先验，导致先验预测的结果分布范围很宽泛

我们运行了该回归模型的推断，并将结果格式化为代码清单 6.5 中的 az.InferenceData 对象。

代码清单 6.5

```
1 run_mcmc = tf.function(
2     tfp.experimental.mcmc.windowed_adaptive_nuts,
3     autograph=False, jit_compile=True)
4 mcmc_samples, sampler_stats = run_mcmc(
5     1000, ts_regression_model, n_chains=4, num_adaptation_steps=1000,
6     observed=co2_by_month_training_data["CO2"].values[None, ...])
7
8 regression_idata = az.from_dict(
9     posterior={
10        # TFP mcmc 返回值(num_samples, num_chains, ...),将下面每个 RV 的第一轴和第二轴对调，使形状符
          合 ArviZ 的预期
11        k:np.swapaxes(v.numpy(), 1, 0)
12        for k, v in mcmc_samples._asdict().items()},
13    sample_stats={
14        k:np.swapaxes(sampler_stats[k], 1, 0)
15        for k in ["target_log_prob", "diverging", "accept_ratio", "n_steps"]}
16 )
```

如果要依据推断结果来抽取后验预测样本，可以使用 .sample_distributions 方法，然后基于后验样本。本例中，我们还希望能够为时间序列中的趋势性和季节性分量分别绘制后验预测样本。为了可视化模型的预测能力，我们在代码清单 6.6 中生成了后验预测分布，趋势性和季节性分量的结果显示在图 6.4 中，整体模型拟合和预测显示在图 6.5 中。

代码清单 6.6

```
1 # 可以使用 jd.sample_distribution()绘制后验预测样本，但由于我们还想根据训练和测试数据绘制每个成分的后
    验预测分布图，因此构建的后验预测分布如下:
2 nchains = regression_idata.posterior.dims["chain"]
```

```
 3
 4 trend_posterior = mcmc_samples.intercept + \
 5     tf.einsum("ij,...->i...", trend_all, mcmc_samples.trend_coeff)
 6 seasonality_posterior = tf.einsum(
 7     "ij,...j->i...", seasonality_all, mcmc_samples.seasonality_coeff)
 8
 9 y_hat = trend_posterior + seasonality_posterior
10 posterior_predictive_dist = tfd.Normal(y_hat, mcmc_samples.noise_sigma)
11 posterior_predictive_samples = posterior_predictive_dist.sample()
```

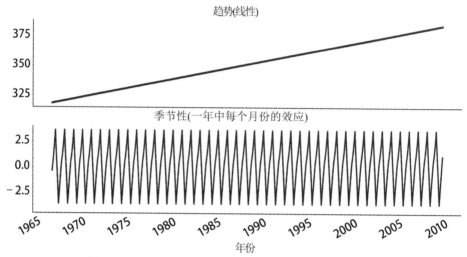

图 6.4　时间序列回归模型的趋势性分量和季节性分量的后验预测样本

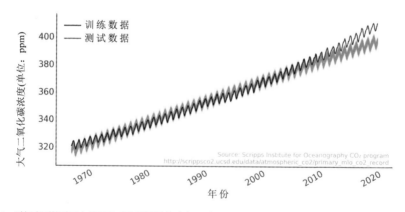

图 6.5　时间序列简单回归模型的后验预测样本(灰色)，实际数据为黑色和蓝色。虽然训练集的整体拟合(绘制为黑色)
是合理的，但预测结果(样本外预测)很差，因为数据中隐含的趋势速度超出了线性关系

查看图 6.5 中的样本外预测，我们注意到：

(1) 当对未来预测时，线性趋势表现不佳，给出的预测始终低于实际观测值。具体来说，大气中的二氧化碳不会以恒定的斜率线性增加[1]。

1　这对我们的模型和我们的星球来说都较为不利。

(2) 不确定性的范围几乎是恒定的(有时也称为预测锥)，但直觉上判断，当预测更远的未来时，似乎不确定性应当增加才对。

6.2.1　时间序列的设计矩阵

在上面的回归模型中，使用了一个相当简单的设计矩阵。通过向设计矩阵添加额外信息，可以获得更好的模型来理解观测时间序列。

更好的趋势性分量模型通常是提高预测性能最重要的方面：季节性分量通常是平稳的[1]，具有易于估计的参数。再次强调，有一个重复的模式形成了一种重复的观测。因此，大多数时间序列建模都包含一个能够实际捕获趋势中非平稳性的隐过程(latent process)。

一种非常成功的方法是对趋势性分量使用局部线性过程。基本上，它是一个在某个范围内呈线性的平滑趋势，模型中的截距和系数在可观测的时间跨度内缓慢变化或偏移。这种应用的一个典型例子是 Facebook Prophet[2]，其中使用了半平滑阶跃线性函数对趋势进行建模[147]。该模型允许斜率在某些特定断点处发生变化，进而允许我们生成比直线更好捕获长期趋势的趋势线。这类似于在 5.2 节中讨论的指示函数的想法。在时间序列场景中，我们在式(6.3)中以数学方式表达了此想法。

$$g(t) = (k + \boldsymbol{A}\delta)t + (m + \boldsymbol{A}\gamma) \tag{6.3}$$

其中，k 是(全局)增长率，δ 是每个变化点的调整率向量，m 是(全局)截距。$\boldsymbol{A}$ 是一个 shape = (n_t,n_s)的矩阵，其中 n_s 是变化点的数量。在时间 t，$\boldsymbol{A}$ 累积斜率的偏移效应 δ。γ 设置为 $-s_j \times \delta_j$ (其中 s_j 是 n_s 个变化点的时间位置)以使趋势线连续。通常为 δ 选择一个正则化的先验，如 Laplace，以表示我们不希望看到斜率发生突然的或较大的变化。可以在代码清单 6.7 中查看随机生成的阶跃线性函数的示例，在图 6.6 中查看分解。

代码清单 6.7

```
1 n_changepoints = 8
2 n_tp = 500
3 t = np.linspace(0, 1, n_tp)
4 s = np.linspace(0, 1, n_changepoints + 2)[1:-1]
5 A = (t[:, None] > s)
6
7 k, m = 2.5, 40
8 delta = np.random.laplace(.1, size=n_changepoints)
9 growth = (k + A @ delta) * t
10 offset = m + A @ (-s * delta)
11 trend = growth + offset
```

---

1 如果序列的特征(如均值和协方差)随时间推移保持不变，则该序列是平稳的。

2 https://facebook.github.io/prophet/

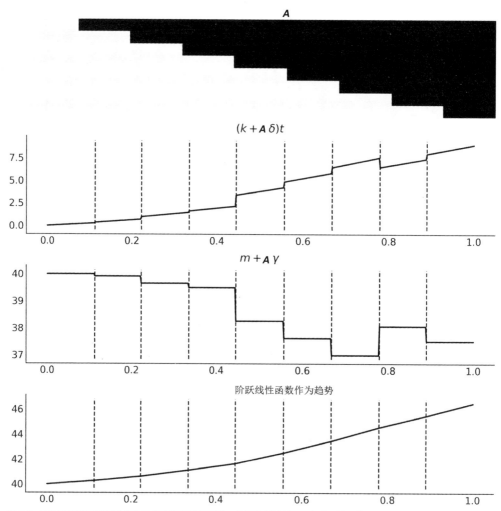

图 6.6　作为时间序列模型趋势性分量的阶跃线性函数，使用代码清单 6.7 生成。第一个子图是设计矩阵 **A**，其颜色编码相同，黑色代表 1，浅灰色代表 0。最后一个子图是式(6.3)中可以在时间序列模型中用作趋势的结果函数 g(t)。中间两个子图是式(6.3)中两个分量的分解。注意可以结合两者使结果趋势连续

在实践中，我们通常会为先验指定有多少变化点，因此可以静态生成 **A**。一种常见的方法是，指定比你认为时间序列实际显示的更多的变化点，并在 δ 上放置一个更稀疏的先验以将后验调节到 0。自动变化点检测也是可能的[2]。

6.2.2　基函数和广义加性模型

在代码清单 6.3 中定义的回归模型中，我们使用了稀疏索引矩阵对季节性分量进行建模。还有一种方法是使用 B-样条(参见第 5 章)等基函数，或 Facebook Prophet 模型中的傅里叶基函数。基函数作为设计矩阵，可能会提供一些很好的属性，如正交性(参见**设计矩阵的数学性质**)，这会使数值化求解线性公式更稳定[145]。

傅里叶基函数是正弦和余弦函数的集合，可用于逼近任意平滑的季节性效应[77]。

$$s(t) = \sum_{n=1}^{N} \left[a_n \cos\left(\frac{2\pi nt}{P}\right) + b_n \sin\left(\frac{2\pi nt}{P}\right) \right] \qquad (6.4)$$

在式(6.4)中，P 是时间序列具有的常规周期(例如，对于年度数据，$P = 365.25$；对于每周数据，当时间变量以天为单位时，$P = 7$)。可以使用代码清单 6.8 中所示的公式静态生成它们，并在图 6.7 中将其可视化。

代码清单 6.8

```
1 def gen_fourier_basis(t, p=365.25, n=3):
2     x = 2 * np.pi * (np.arange(n) + 1) * t[:, None] / p
3     return np.concatenate((np.cos(x), np.sin(x)), axis=1)
4
5 n_tp = 500
6 p = 12
7 t_monthly = np.asarray([i % p for i in range(n_tp)])
8 monthly_X = gen_fourier_basis(t_monthly, p=p, n=3)
```

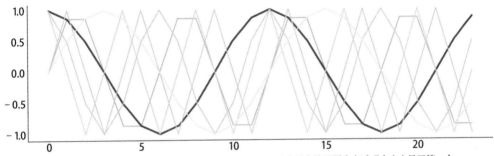

图 6.7　$n = 3$ 的傅里叶基函数。总共有 6 个预测变量，通过将其余的设置为半透明来突出显示第一个

使用上述傅里叶基函数生成的设计矩阵拟合季节性需要估计 $2N$ 个参数 $\beta = [a_1, b_1, ..., a_N, b_N]$。

像 Facebook Prophet 这样的回归模型也被称为 GAM，因为其结果变量 Y_t 线性依赖于未知的平滑基函数[1]。我们之前在第 5 章中也讨论了其他 GAM。

设计矩阵的数学性质

设计矩阵的数学性质在线性最小二乘问题设置中得到了相当广泛的研究，我们想要求解 β 的 $\min|Y - X\beta|^2$。通过检查矩阵 $X^T X$ 的性质，我们通常可以了解 β 解的稳定程度，甚至可能得到一个解。其中一个性质是条件数，它指示 β 的解是否容易出现较大数值误差。例如，如果设计矩阵包含高相关(多重共线性)的列，则条件数会很大，而矩阵 $X^T X$ 是病态的。类似原理也适用于贝叶斯建模。无论你采用哪种建模方法，在分析工作流中做深入的探索性数据分析都是非常有用的。基函数作为设计矩阵通常需要具备良好的条件。

每月二氧化碳观测结果的类 Facebook Prophet GAM 见代码清单 6.9。我们为 k 和 m 分配了弱信息先验，以表达我们了解月指标总体呈上升趋势。这里得到了与实际观测非常接近的先验

---

1 Facebook Prophet 中使用的设计矩阵的示例可以从 PyMCon2020 演示中找到，参见 http://prophet.mbrouns.com。

预测样本(见图6.8)。

代码清单 6.9

```
1  # 生成趋势设计矩阵
2  n_changepoints = 12
3  n_tp = seasonality_all.shape[0]
4  t = np.linspace(0, 1, n_tp, dtype=np.float32)
5  s = np.linspace(0, max(t), n_changepoints + 2, dtype=np.float32)[1: -1]
6  A = (t[:, None] > s).astype(np.float32)
7  # 生成季节性设计矩阵
8  # 设置n=6，这样就有12列(与'seasonality_all'相同)
9  X_pred = gen_fourier_basis(np.where(seasonality_all)[1],
10                            p=seasonality_all.shape[-1],
11                            n=6)
12 n_pred = X_pred.shape[-1]
13
14 @tfd.JointDistributionCoroutine
15 def gam():
16     beta = yield root(tfd.Sample(
17         tfd.Normal(0., 1.), sample_shape=n_pred, name="beta"))
18     seasonality = tf.einsum("ij,...j->...i", X_pred, beta)
19
20     k = yield root(tfd.HalfNormal(10., name="k"))
21     m = yield root(tfd.Normal(
22         co2_by_month_training_data["CO2"].mean(), scale=5., name="m"))
23     tau = yield root(tfd.HalfNormal(10., name="tau"))
24     delta = yield tfd.Sample(
25         tfd.Laplace(0., tau), sample_shape=n_changepoints, name="delta")
26
27     growth_rate = k[..., None] + tf.einsum("ij,...j->...i", A, delta)
28     offset = m[..., None] + tf.einsum("ij,...j->...i", A, -s * delta)
29     trend = growth_rate * t + offset
30
31     y_hat = seasonality + trend
32     y_hat = y_hat[..., :co2_by_month_training_data.shape[0]]
33
34     noise_sigma = yield root(tfd.HalfNormal(scale=5., name="noise_sigma"))
35     observed = yield tfd.Independent(
36         tfd.Normal(y_hat, noise_sigma[..., None]),
37         reinterpreted_batch_ndims=1,
38         name="observed")
```

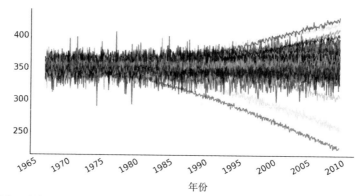

图 6.8　从代码清单 6.9 生成的、来自类 Facebook Prophet GAM 的先验预测样本，其对于与趋势性分量相关的
参数具有弱信息先验。每条线是一个预测生成的时间序列。预测样本与实际观测值的范围相似，
尤其是将此图与图 6.3 进行比较时更为明显

经过推断，我们还能够得到后验预测样本。如图 6.9 所示，预测性能优于图 6.5 中的简单回归模型。注意，在 Taylor and Letham (2018)[147]中，预测结果的生成过程与此处的生成模型不一样，因为阶跃线性函数被预定的变化点均匀切分开了。对于预测而言，建议在每个时间点处首先确定其是否为变化点，其概率与预先定义的变化点的数量除以观测总数的商成正比，然后再从后验分布 $\delta_{new} \sim Laplace(0, \tau)$ 中生成新 δ。在这里，为了简化生成过程，我们简单地使用上一时段的线性趋势。

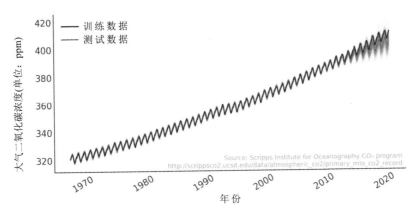

图 6.9　来自代码清单 6.9 的类 Facebook Prophet 模型的后验预测样本以灰色显示，实际数据以黑色和蓝色显示

6.3　自回归模型

时间序列的特征之一是观测值之间存在顺序依赖性。这通常会引入与先前观测(或观测误差)相关的结构化误差，其中典型的示例是自回归性。在自回归模型中，时间 t 处的输出分布被先前观测值的线性函数参数化。考虑一个具有高斯似然的一阶自回归模型(通常记作 AR(1))：

$$y_t \sim \mathcal{N}(\alpha + \rho y_{t-1}, \sigma) \tag{6.5}$$

在式(6.5)中，y_t 分布遵循正态分布，并且其位置是 y_{t-1} 的线性函数。在 Python 中，可以用一个 for 循环编写这样一个模型，该循环显式构建自回归过程。例如，在代码清单 6.10 中，我们使用 $\alpha = 0$ 的 tfd.JointDistributionCoroutine 创建了一个 AR(1)过程，并以 $\sigma = 1$ 和不同的 ρ 值做条件，抽取了随机样本，其结果显示在图 6.10 中。

代码清单 6.10

```
1 n_t = 200
2
3 @tfd.JointDistributionCoroutine
4 def ar1_with_forloop():
5     sigma = yield root(tfd.HalfNormal(1.))
6     rho = yield root(tfd.Uniform(-1., 1.))
7     x0 = yield tfd.Normal(0., sigma)
8     x = [x0]
9     for i in range(1, n_t):
```

```
10          x_i = yield tfd.Normal(x[i-1] * rho, sigma)
11          x.append(x_i)
12
13 nplot = 4
14 fig, axes = plt.subplots(nplot, 1)
15 for ax, rho in zip(axes, np.linspace(-1.01, 1.01, nplot)):
16     test_samples = ar1_with_forloop.sample(value=(1., rho))
17     ar1_samples = tf.stack(test_samples[2:])
18     ax.plot(ar1_samples, alpha=.5, label=r"$\rho$=%.2f" % rho)
19     ax.legend(bbox_to_anchor=(1, 1), loc="upper left",
20               borderaxespad=0., fontsize=10)
```

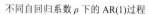

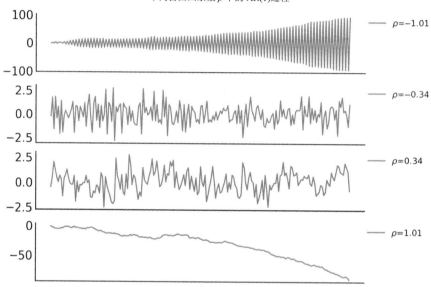

图 6.10 $\sigma=1$ 和不同 ρ 值时 AR(1)自回归过程的随机样本。注意，当$|\rho|>1$ 时，AR(1)过程是非平稳的

使用 for 循环生成时间序列随机变量非常简单，但现在每个时间点都是一个随机变量，其应用起来非常困难(例如，难以适应大规模的时间点数据)。如果可能，我们更喜欢编写使用向量化操作的模型。上面的模型可以在不使用 for 循环的情况下，通过 TFP 中的自回归分布 tfd.Autoregressive 来重写。它采用 distribution_fn 函数来定义式(6.5)，该函数输入 y_{t-1} 并返回 y_t 的分布。但 TFP 中的自回归分布仅保留了过程的最终状态，即初始值 y_0 迭代 t 步后，随机变量 y_t 的分布。为了获得 AR 过程中的所有时间步，需要使用后移操作符(也称为滞后操作符)B 表达式(6.5)，该操作符会移动所有 t>0 的时间序列，使得 $\mathbf{B}y_t = y_{t-1}$。用后移操作符 **B** 重新表示式(6.5)为 $Y \sim \mathcal{N}(\rho \mathbf{B}Y, \sigma)$。从概念上讲，可以将其视为对向量化似然 Normal($\rho*y$[:-1],σ).log_prob(y[1:])的估计。在代码清单 6.11 中，我们用 tfd.Autoregressive API 构建了步数为 n_t 的同一生成式 AR(1)模型。注意，并没有通过直接生成代码清单 6.11 中的输出结果来显式地构造后移操作符 **B**，其使用了 Python 函数 ar1_fun 完成后移操作并为下一时间步生成分布。

代码清单 6.11

```
1 @tfd.JointDistributionCoroutine
2 def ar1_without_forloop():
```

```
3     sigma = yield root(tfd.HalfNormal(1.))
4     rho = yield root(tfd.Uniform(-1., 1.))
5
6     def ar1_fun(x):
7         # 在这里进行后移操作
8         x_tm1 = tf.concat([tf.zeros_like(x[..., :1]), x[..., :-1]], axis=-1)
9         loc = x_tm1 * rho[..., None]
10        return tfd.Independent(tfd.Normal(loc=loc, scale=sigma[..., None]),
11                    reinterpreted_batch_ndims=1)
12
13    dist = yield tfd.Autoregressive(
14        distribution_fn=ar1_fun,
15        sample0=tf.zeros([n_t], dtype=rho.dtype),
16        num_steps=n_t)
```

现在以 AR(1) 过程作为似然函数来扩展上述类 Facebook Prophet 的 GAM。但需要先将代码清单 6.9 中的 GAM 改写为代码清单 6.12。

代码清单 6.12

```
1  def gam_trend_seasonality():
2      beta = yield root(tfd.Sample(
3          tfd.Normal(0., 1.), sample_shape=n_pred, name="beta"))
4      seasonality = tf.einsum("ij,...j->...i", X_pred, beta)
5
6      k = yield root(tfd.HalfNormal(10., name="k"))
7      m = yield root(tfd.Normal(
8          co2_by_month_training_data["CO2"].mean(), scale=5., name="m"))
9      tau = yield root(tfd.HalfNormal(10., name="tau"))
10     delta = yield tfd.Sample(
11         tfd.Laplace(0., tau), sample_shape=n_changepoints, name="delta")
12
13     growth_rate = k[..., None] + tf.einsum("ij,...j->...i", A, delta)
14     offset = m[..., None] + tf.einsum("ij,...j->...i", A, -s * delta)
15     trend = growth_rate * t + offset
16     noise_sigma = yield root(tfd.HalfNormal(scale=5., name="noise_sigma"))
17     return seasonality, trend, noise_sigma
18
19 def generate_gam(training=True):
20
21     @tfd.JointDistributionCoroutine
22     def gam():
23         seasonality, trend, noise_sigma = yield from gam_trend_seasonality()
24         y_hat = seasonality + trend
25         if training:
26             y_hat = y_hat[..., :co2_by_month_training_data.shape[0]]
27
28         # 似然
29         observed = yield tfd.Independent(
30             tfd.Normal(y_hat, noise_sigma[..., None]),
31             reinterpreted_batch_ndims=1,
32             name="observed"
33         )
34
35     return gam
36
37 gam = generate_gam()
```

比较代码清单 6.12 和代码清单 6.9，可以看到两个主要区别。

(1) 将趋势性分量和季节性分量(及其先验)的构造划分成独立函数，并且在 tfd.JointDistributionCoroutine 的模型块中，使用了 yield from 语句，从而在不同代码中能够获得相同的 tfd.JointDistributionCoroutine 模型。

(2) 将 tfd.JointDistributionCoroutine 封装在另一个 Python 函数中, 使得更易于在训练集和测试集上进行条件化。

代码清单 6.12 是一种更加模块化的方法。可以通过改变似然部分来写出一个具有 AR(1)似然的 GAM。这正是代码清单 6.13 所做的。

代码清单 6.13

```
1 def generate_gam_ar_likelihood(training=True):
2
3     @tfd.JointDistributionCoroutine
4     def gam_with_ar_likelihood():
5         seasonality, trend, noise_sigma = yield from gam_trend_seasonality()
6         y_hat = seasonality + trend
7         if training:
8             y_hat = y_hat[..., :co2_by_month_training_data.shape[0]]
9
10        # 似然
11        rho = yield root(tfd.Uniform(-1., 1., name="rho"))
12        def ar_fun(y):
13            loc = tf.concat([tf.zeros_like(y[..., :1]), y[..., :-1]],
14                            axis=-1) * rho[..., None] + y_hat
15            return tfd.Independent(
16                tfd.Normal(loc=loc, scale=noise_sigma[..., None]),
17                reinterpreted_batch_ndims=1)
18        observed = yield tfd.Autoregressive(
19            distribution_fn=ar_fun,
20            sample0=tf.zeros_like(y_hat),
21            num_steps=1,
22            name="observed")
23
24    return gam_with_ar_likelihood
25
26 gam_with_ar_likelihood = generate_gam_ar_likelihood()
```

另外一种实现 AR(1)模型的方法, 是将线性回归概念扩展为在设计矩阵中包含一个观测相关列, 并将该列的元素 x_i 设置为 y_{i-1}。然后, 自回归系数 ρ 与任何其他回归系数没有什么不同, 这只告诉我们, 先前观测对当前观测的期望的线性贡献是什么[1]。在这个模型中, 检查 ρ 的后验分布后, 我们发现这种影响几乎可以忽略不计(见图 6.11)。

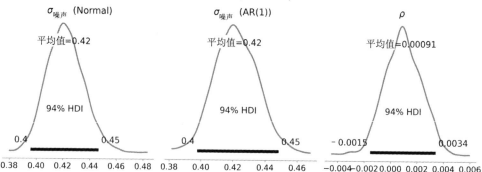

图 6.11　在代码清单 6.13 中定义的类 Facebook Prophet GAM 似然参数的后验分布。最左边的子图是模型中的 σ, 其具有正态似然, 中间和最右边的子图是模型中的 σ 和 ρ, 其具有 AR(1)似然。两个模型都返回了相似的 σ 估计值, ρ 估计值以 0 为中心

---

1 这就是被称为自回归的原因, 它对自身应用线性回归。因此, 名称与 2.4.5 节中介绍的自相关诊断相似。

除了采用 AR(k)似然函数这种方式，还可以在线性预测中添加隐 AR 分量，以将 AR 包含在时间序列模型中。这就是代码清单 6.14 中的 gam_with_latent_ar 模型。

代码清单 6.14

```
1 def generate_gam_ar_latent(training=True):
2
3     @tfd.JointDistributionCoroutine
4     def gam_with_latent_ar():
5         seasonality, trend, noise_sigma = yield from gam_trend_seasonality()
6
7         # 潜在 AR(1)
8         ar_sigma = yield root(tfd.HalfNormal(.1, name="ar_sigma"))
9         rho = yield root(tfd.Uniform(-1., 1., name="rho"))
10        def ar_fun(y):
11            loc = tf.concat([tf.zeros_like(y[..., :1]), y[..., :-1]],
12                        axis=-1) * rho[..., None]
13            return tfd.Independent(
14                    tfd.Normal(loc=loc, scale=ar_sigma[..., None]),
15                    reinterpreted_batch_ndims=1)
16        temporal_error = yield tfd.Autoregressive(
17            distribution_fn=ar_fun,
18            sample0=tf.zeros_like(trend),
19            num_steps=trend.shape[-1],
20            name="temporal_error")
21
22        # 线性预测
23        y_hat = seasonality + trend + temporal_error
24        if training:
25            y_hat = y_hat[..., :co2_by_month_training_data.shape[0]]
26
27        # 似然
28        observed = yield tfd.Independent(
29            tfd.Normal(y_hat, noise_sigma[..., None]),
30            reinterpreted_batch_ndims=1,
31            name="observed"
32        )
33
34    return gam_with_latent_ar
35
36 gam_with_latent_ar = generate_gam_ar_latent()
```

通过显式的隐 AR 过程，我们在模型中添加一个与观测数据集大小相同的随机变量。由于它现在是添加到线性预测 $\hat{Y}$ 中的显式分量，因此可以将 AR 过程解释为对趋势性分量的补充，或者解释为趋势性分量的一部分。我们可以在完成推断后，可视化隐 AR 分量，类似于时间序列模型的趋势性分量和季节性分量(见图 6.12)。

还有一种解释隐 AR 过程的方法，即认为它捕获了时间上相关的残差，因此我们预期 $\sigma_{噪声}$ 的后验估计会比没有该分量时的模型小。在图 6.13 中，我们展示了模型 gam_with_latent_ar 的 $\sigma_{噪声}$、σ_{AR} 和 ρ 的后验分布。与模型 gam_with_ar_likelihood 相比，确实得到了 $\sigma_{噪声}$ 的较低估计，而 ρ 的估计则明显更高一些。

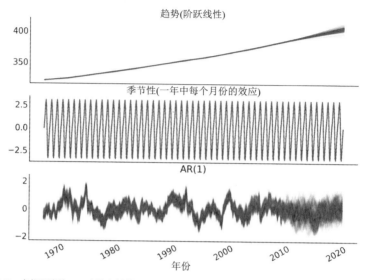

图 6.12　在代码清单 6.14 中指定的基于 GAM 的时间序列模型 gam_with_latent_ar 中，趋势性分量、
季节性分量和 AR(1)分量的后验预测样本

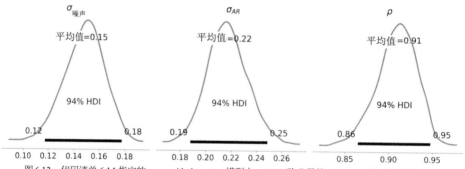

图 6.13　代码清单 6.14 指定的 gam_with_latent_ar 模型中，AR(1)隐分量的 $\sigma_{噪声}$、σ_{AR} 和 ρ 的后验分布。
注意不要与图 6.11 混淆，在图 6.11 中，展示了来自两个不同 GAM 模型的参数的后验分布

6.3.1　隐 AR 过程和平滑

隐过程在捕获观测时间序列中的趋势方面功能非常强大。它甚至可以逼近任意函数。为了证明这一点，我们考虑使用一个包含隐(GRW)分量的时间序列模型，对示例数据集进行建模，如式(6.6)所示。

$$
\begin{aligned}
z_i &\sim \mathcal{N}(z_{i-1}, \sigma_z^2)\ \text{ for } i = 1, \dots, N\\
y_i &\sim \mathcal{N}(z_i, \sigma_y^2)
\end{aligned}
\tag{6.6}
$$

此处的 GRW 等同于 $\rho = 1$ 时的 AR(1)过程。通过在式(6.6)中对 σ_z 和 σ_y 设置不同先验，可以突出表达 GRW 应当解释多少观测数据中的方差，以及其中有多少是独立同分布的噪声。我们

还可以计算 α 位于[0,1]区间内的比率值 $\alpha = \dfrac{\sigma_y^2}{\sigma_z^2 + \sigma_y^2}$，并将其解释为平滑度。因此，可以将式(6.6)中的模型等价地表示为式(6.7)。

$$z_i \sim \mathcal{N}(z_{i-1}, (1-\alpha)\sigma^2) \ \text{ for } i = 1, \ldots, N$$
$$y_i \sim \mathcal{N}(z_i, \alpha\sigma^2)$$

$$(6.7)$$

式(6.7)中的隐 GRW 模型可以用 TFP 编写为代码清单 6.15。通过在 α 上放置信息先验，我们可以控制希望在隐 GRW 分量中看到多少平滑度(α 越大获得的逼近值越平滑)。我们用一些从任意函数中模拟的含噪声的观测来拟合模型 smoothing_grw。观测数据在图 6.14 中被显示为黑色实心点，拟合的隐随机游走过程在图中显示为灰色。如你所见，我们可以很好地逼近潜在函数。

代码清单 6.15

```
1 @tfd.JointDistributionCoroutine
2 def smoothing_grw():
3     alpha = yield root(tfd.Beta(5, 1.))
4     variance = yield root(tfd.HalfNormal(10.))
5     sigma0 = tf.sqrt(variance * alpha)
6     sigma1 = tf.sqrt(variance * (1. - alpha))
7     z = yield tfd.Sample(tfd.Normal(0., sigma0), num_steps)
8     observed = yield tfd.Independent(
9         tfd.Normal(tf.math.cumsum(z, axis=-1), sigma1[..., None]))
```

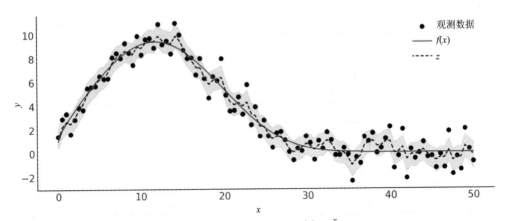

图 6.14 来自 $y \sim \text{Normal}(f(x), 1)$ 的模拟观测结果，$f(x) = e^{1 + x^{0.5} - e^{\frac{x}{15}}}$，以及推断的隐高斯随机游走。灰色半透明区域是隐高斯随机游走 z 的后验 94% HDI 区间，后验平均值图为蓝色虚线

AR 过程还有一些其他有趣的性质，与高斯过程[128]有关。例如，你可能会发现，单靠自回归模型无法捕获长期的趋势。尽管模型对观测数据拟合得很好，但预测结果会快速回归到最后几个时间步的平均值，与平均值函数为常数的高斯过程表现相似[1]。

自回归分量作为一个加性的趋势性分量，可能会给模型推断带来一些挑战。例如，难以适

---

1 实际上，本节中的 AR 示例是高斯过程。

应大规模数据，因为需要添加一个与时间观测序列大小相同的随机变量。当趋势性分量和 AR 过程都灵活时，我们可能会得到一个无法辨识的模型，因为 AR 过程本身已经有能力逼近观测数据的潜在趋势(平滑函数)了。

6.3.2   (S)AR(I)MA(X)

许多经典的时间序列模型共享一个相似的类自回归模式，其中在时间 t 处存在一些依赖于当前观测值(或 $t-k$ 处的另外一个参数值)的隐参数。其中两个典型的例子是：

- 自回归条件异方差(Autoregressive Conditional Heteroscedasticity，ARCH)模型，该模型中残差的尺度会随时间变化。
- 移动平均(Moving Average，MA)模型，该模型在时间序列的平均值上，加入历史时间步残差的某种线性组合值。

这些经典的时间序列模型可以组合形成更复杂的模型。其中一种扩展是具有外生回归量的季节性自回归整合移动平均模型(Seasonal AutoRegressive Integrated Moving Average with eXogenous regressors model, SARIMAX)。虽然命名看起来很复杂，但基本上就是 AR 和 MA 模型的直接组合。用 MA 扩展 AR 模型，可以得到式(6.8)：

$$y_t = \alpha + \sum_{i=1}^{p} \phi_i y_{t-i} + \sum_{j=1}^{q} \theta_j \epsilon_{t-j} + \epsilon_t \tag{6.8}$$
$$\epsilon_t \sim \mathcal{N}(0, \sigma^2)$$

其中，p 是自回归模型的阶数，q 是移动平均模型的阶数。通常会将此模型记为 ARMA(p, q)。同理，对于季节性 ARMA(SARMA)，我们有式(6.9)：

$$y_t = \alpha + \sum_{i=1}^{p} \phi_i y_{t-period-i} + \sum_{j=1}^{q} \theta_j \epsilon_{t-period-j} + \epsilon_t \tag{6.9}$$

而在 ARIMA 模型中，"整合"是指时间序列的汇总统计数据：整合阶数。如果一个时间序列重复做 d 阶差分后仍然能够生成平稳序列，就称其被整合到了 d 阶，表示为 $I(d)$。遵从 Box and Jenkins[23]的定义，我们重复将观测时间序列的差分作为预处理步骤来解释 ARIMA(p,d,q)模型的 $I(d)$部分，并将结果差分序列建模为一个带 ARMA(p,q)的平稳过程。该操作本身在 Python 中相当普遍，可以使用 numpy.diff 实现，其中计算的第一个差分是沿给定轴的 delta_y[i] = y[i] − y[i − 1]，通过在给定数组上递归重复相同操作来计算更高阶的差分结果数组。

如果我们有一个额外的回归量 **X**，则将上述模型中的 α 替换为线性预测 **X**β。如果模型设置 $d > 0$，则我们也会对 **X** 做相同的差分处理。此外注意，我们可以有季节性回归量(SARIMA)或外生回归量(ARIMAX)，但不能二者同时有。

> **(S)AR(I)MA(X)的符号表示**
>
> ARIMA 模型通常表示为 ARIMA(p,d,q)，也就是说，我们有一个 AR 阶数为 p、I 度数为 d、MA 阶数为 q 的自回归模型。例如，ARIMA(1,0,0)等价于 AR(1)。季节性 ARIMA 模型通常被表示为 SARIMA(p,d,q)(P,D,Q)$_s$，其中 s 表示每个季节的周期数，而大写的 P、D、Q 则分别是 ARIMA 模型 p、d、q 的季节性计数部分。有时季节性 ARIMA 也表示为 SARIMA(p,d,q)(P,D,Q)$_s$。

如果 ARIMA 模型存在外生回归量，则通常记为 ARIMAX(*p,d,q*)**X**[*k*]，其中 **X**[*k*]表示我们的设计矩阵 **X** 包含 *k* 列。

作为本章的第二个例子，我们将使用不同的 ARIMA 模型对美国从 1984 年到 1979 年的新生婴儿月活产量时间序列进行建模[143]。数据显示在图 6.15 中。

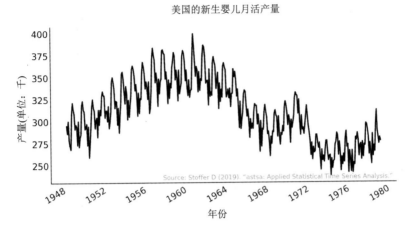

图 6.15　美国的新生婴儿月活产量(1948—1979 年)。Y 轴显示产量(单位：千)

我们从 SARIMA(1,1,1)(1,1,1)$_{12}$ 模型开始。首先，在代码清单 6.16 中加载并预处理观测时间序列。

代码清单 6.16

```
1 us_monthly_birth = pd.read_csv("../data/monthly_birth_usa.csv")
2 us_monthly_birth["date_month"] = pd.to_datetime(us_monthly_birth["date_month"])
3 us_monthly_birth.set_index("date_month", drop=True, inplace=True)
4
5 # y ~ Sarima(1,1,1)(1,1,1)[12]
6 p, d, q = (1, 1, 1)
7 P, D, Q, period = (1, 1, 1, 12)
8 # 时间序列数据: us_monthly_birth.shape = (372,)
9 observed = us_monthly_birth["birth_in_thousands"].values
10 # 按季节顺序整合为$D$
11 for _ in range(D):
12     observed = observed[period:] - observed[:-period]
13 # 整合为顺序 $d$
14 observed = tf.constant(np.diff(observed, n=d), tf.float32)
```

在撰写本书时，TFP 没有专门的 ARMA 分布实现。为了推断 SARIMA 模型，TFP 需要一个 Python 的 callable 函数，其表示对数后验密度函数(最大值为某个常数)[94]。在此情况下，可以实现 SARMA(1,1)(1,1)$_{12}$ 的似然函数(注：I 部分通过差分预处理实现)。我们在代码清单 6.17 使用 tf.while_loop 构造残差时间序列 ε_t，并在正态分布上进行估计[1]。从编程角度看，这里最大的挑战是当我们对时间序列进行索引时，确保张量形状是正确的。为了避免额外的控制流来检查索引是否有效(例如，当 *t*=0 时，我们不能索引 *t* - 1 和 *t* - period - 1)，采用零填充时间序列。

---

1 SARIMA 的 Stan 实现可以参阅 https://github.com/asael697/varstan。

代码清单 6.17

```
1 def likelihood(mu0, sigma, phi, theta, sphi, stheta):
2     batch_shape = tf.shape(mu0)
3     y_extended = tf.concat(
4         [tf.zeros(tf.concat([[r], batch_shape], axis=0), dtype=mu0.dtype),
5         tf.einsum("...,j->j...",
6                   tf.ones_like(mu0, dtype=observed.dtype),
7                   observed)],
8         axis=0)
9     eps_t = tf.zeros_like(y_extended, dtype=observed.dtype)
10
11    def arma_onestep(t, eps_t):
12        t_shift = t + r
13        # AR
14        y_past = tf.gather(y_extended, t_shift - (np.arange(p) + 1))
15        ar = tf.einsum("...p,p...->...", phi, y_past)
16        # MA
17        eps_past = tf.gather(eps_t, t_shift - (np.arange(q) + 1))
18        ma = tf.einsum("...q,q...->...", theta, eps_past)
19        # 季节 AR
20        sy_past = tf.gather(y_extended, t_shift - (np.arange(P) + 1) * period)
21        sar = tf.einsum("...p,p...->...", sphi, sy_past)
22        # 季节 MA
23        seps_past = tf.gather(eps_t, t_shift - (np.arange(Q) + 1) * period)
24        sma = tf.einsum("...q,q...->...", stheta, seps_past)
25
26        mu_at_t = ar + ma + sar + sma + mu0
27        eps_update = tf.gather(y_extended, t_shift) - mu_at_t
28        epsilon_t_next = tf.tensor_scatter_nd_update(
29            eps_t, [[t_shift]], eps_update[None, ...])
30        return t+1, epsilon_t_next
31
32    t, eps_output_ = tf.while_loop(
33        lambda t, *_: t < observed.shape[-1],
34        arma_onestep,
35        loop_vars=(0, eps_t),
36        maximum_iterations=observed.shape[-1])
37    eps_output = eps_output_[r:]
38    return tf.reduce_sum(
39        tfd.Normal(0, sigma[None, ...]).log_prob(eps_output), axis=0)
```

通过为未知参数(此例中为 mu0、sigma、phi、theta、sphi 和 stheta)添加先验，创建了用于推断的后验密度函数。这由代码清单 6.18 实现，从代码清单 6.18 中采样得到 target_log_prob_fn[1]。

代码清单 6.18

```
1 @tfd.JointDistributionCoroutine
2 def sarima_priors():
3     mu0 = yield root(tfd.StudentT(df=6, loc=0, scale=2.5, name='mu0'))
4     sigma = yield root(tfd.HalfStudentT(df=7, loc=0, scale=1., name='sigma'))
5
6     phi = yield root(tfd.Sample(tfd.Normal(0, 0.5), p, name='phi'))
7     theta = yield root(tfd.Sample(tfd.Normal(0, 0.5), q, name='theta'))
8     sphi = yield root(tfd.Sample(tfd.Normal(0, 0.5), P, name='sphi'))
9     stheta = yield root(tfd.Sample(tfd.Normal(0, 0.5), Q, name='stheta'))
10
11 target_log_prob_fn = lambda *x: sarima_priors.log_prob(*x) + likelihood(*x)
```

---

1 为了简洁起见，这里省略了 MCMC 采样代码。你可以在附带的 Jupyter 笔记中找到详细信息。

代码清单 6.16 中时间序列的预处理可以解释整合部分，代码清单 6.17 中实现的似然函数可以重构为一个可灵活生成不同 SARIMA 似然函数的辅助 Python 语言 Class。例如，表 6.1 比较了代码清单 6.18 中的 SARIMA(1,1,1)(1,1,1)$_{12}$ 模型与相似的 SARIMA(0,1,2)(1,1,1)$_{12}$ 模型。

表 6.1　使用 LOO 对不同 SARIMA 模型进行比较的汇总数据。此处的 LOO 结果为对数尺度

	rank	loo	p_loo	d_loo	weight	se	dse
SARIMA(0, 1, 2)(1, 1, 1)$_{12}$	0	− 1235.60	7.51	0.00	0.5	15.41	0.00
SARIMA(1, 1, 1)(1, 1, 1)$_{12}$	1	− 1235.97	8.30	0.37	0.5	15.47	6.29

6.4　状态空间模型

在 ARMA 模型的对数似然函数实现(代码清单 6.17)中，我们对时间步进行迭代，以便以观测为条件，并为时间片创建一些隐变量。实际上，除非模型非常具体和简单(例如，每两个连续时间步长之间的马尔可夫依赖项可以将生成过程简化为向量化操作)，否则迭代模式是表达时间序列模型的一种非常自然的方式。状态空间模型是这种迭代模式的一种强大的通用形式，该模型对一个离散时间过程进行建模。假设在每个时间步，存在一些由前一步 X_{t-1} 演变而来的隐状态 X_t(马尔可夫序列)，而观测值 Y_t 则是从隐状态 X_t 到观测空间的某种投影[1]：

$$X_0 \sim p(X_0)$$

对于取值 $0,\ldots,T$ 的 t：

$$Y_t \sim p^\psi(Y_t \mid X_t)$$
$$X_{t+1} \sim p^\theta(X_{t+1} \mid X_t) \tag{6.10}$$

在式(6.10)中，$p(X_0)$ 是时间步 0 处隐状态的先验分布，$p^\theta(X_{t+1} \mid X_t)$ 是由参数向量 θ 参数化的转移概率，其中 θ 描述了某种系统动力学。$p^\psi(Y_t \mid X_t)$ 是由向量 Ψ 参数化的观测分布，Ψ 描述了时间 t 时隐状态条件下的观测值。

实现高效计算的状态空间模型

使用 tf.while_loop 或 tf.scan 等 API 实现的状态空间模型和数学公式之间存在某种平衡。与使用 Python 的 for 循环或 while 循环不同，在 TFP 中，需要将循环体编译成一个函数，该函数采用相同的张量结构作为输入和输出。这种函数风格的实现方式有助于显式地表示"在每个时间步隐状态是如何转换的？"以及"从隐状态到观测结果的观测值如何输出？"。值得注意的是，实现状态空间模型及其相关推断算法(如卡尔曼滤波器)也涉及在何处放置初始计算的设计决策。在上式中，我们在初始隐条件上放置了一个先验，并且第一个观测值直接来自初始状态的观测值。不过，在第 0 步中，对隐状态进行转换同样有效，然后修改先验分布得到第一次观测，这两种方法是等效的。

然而，当为时间序列问题实现滤波时，处理形状时有一些技巧。主要挑战是时间维的放置

---

1 首先考虑"空间"可能是有用的，这里是一些多维欧几里得空间，所以当我们在 Python 中计算时，X_t 和 Y_t 是一些多维数组/张量。

位置。一个明显选择是将其放置在轴 0 上，因为使用 t 作为时间索引来执行 time_series[t]是很自然的事情。此外，使用 tf.scan 或 theano.scan 等循环结构在时间序列上实现循环时，会自动将时间维度放在轴 0 上。但这与通常作为引导轴的批处理维有冲突。例如，如果我们想对 N 批的 k 维时间序列向量化，每个时间序列总共有 T 个时间戳，则数组的形状为[$N,T,...$]，但 tf.scan 的输出形状为[$T,N,...$]。目前，建模人员似乎不可避免地需要对 scan 的输出执行转置，以使其与输入张量的批处理维和时间维语义相匹配。

有了时间序列问题的状态空间表示，我们就处在一个序列分析的框架中。该框架通常包括滤波、平滑等任务。

- 滤波：以时间步 k 之前的观测作为条件，计算隐状态 X_k 的边际分布 $p(X_k|y_{0:k})$, $k=0, ..., T$
- 预测：将滤波分布扩展到未来 n 步，即做出隐状态的预测分布 $p(X_k+n|y_{0:k})$, $k=0, ..., T$, $n = 1, 2,...$.
- 平滑：类似于滤波，但会尝试以所有观测为条件，计算每个时间步 X_k 的隐状态的边际分布：$p(X_k|y_{0:T})$, $k = 0, ..., T$

注意，滤波和平滑中的下标 $y_{0:}$ 有所不同：滤波以 $y_{0:k}$ 为条件，而平滑以 $y_{0:T}$ 为条件。

事实上，以前就已开始从滤波和平滑的视角来建模时间序列。例如，我们计算 ARMA 模型的对数似然时，采取的方式就可以看作一个滤波问题，其中观测数据被解构为一些隐含的不可观测状态。

6.4.1 线性高斯状态空间模型与卡尔曼滤波

线性高斯状态空间模型是最著名的状态空间模型之一。在该模型中，有隐状态 X_t，观测模型 Y_t 呈(多元)高斯分布，并且状态转移函数和观测函数都是线性的。

$$Y_t = \boldsymbol{H}_t X_t + \epsilon_t$$
$$X_t = \boldsymbol{F}_t X_{t-1} + \eta_t \tag{6.11}$$

在式(6.11)中，$\epsilon_t \sim \mathcal{N}(0, \boldsymbol{R}_t)$ 和 $n_t \sim \mathcal{N}(0, \boldsymbol{Q}_t)$ 是噪声分量。变量($\boldsymbol{H}_t, \boldsymbol{F}_t$)是描述线性转换的矩阵(线性操作符)。通常，$\boldsymbol{F}_t$ 是方阵；$\boldsymbol{H}_t$ 的秩低于 $\boldsymbol{F}_t$，将状态从隐状态推送到观测空间；$\boldsymbol{R}_t, \boldsymbol{Q}_t$ 是协方差矩阵(正半定矩阵)。还可以在 11.1.11 节中找到一些比较直观的转换矩阵示例。

由于 ϵ_t 和 η_t 都是服从高斯分布的随机变量，而上述线性函数只是对高斯随机变量做了仿射转换，因此导致 X_t 和 Y_t 也服从高斯分布。也就是说，先验($t-1$ 时的状态)和后验(t 时的状态)之间存在共轭性质，这使得可以获得贝叶斯滤波公式的解析解，即卡尔曼滤波器(Kalman，1960)。作为共轭贝叶斯模型最重要的应用，卡尔曼滤波器帮助人类登录月球，并且至今在许多领域仍然被广泛使用。

为了直观地理解卡尔曼滤波器，首先看一下线性高斯状态空间模型从时间 $t-1$ 到 t 的生成过程。

$$X_t \sim p(X_t \mid X_{t-1}) \equiv \mathcal{N}(\boldsymbol{F}_t X_{t-1}, \boldsymbol{Q}_t)$$
$$Y_t \sim p(Y_t \mid X_t) \equiv \mathcal{N}(\boldsymbol{H}_t X_t, \boldsymbol{R}_t) \tag{6.12}$$

在式(6.12)中，X_t 和 Y_t 的条件概率分布表示为 $p(.)$ (此处使用 $\equiv$ 表示该条件分布为多元高斯分布)。注意，X_t 仅取决于上一个时间步的状态 X_{t-1}，而不取决于之前的历史观测。这意味着，生成过程可以首先生成一个隐时间序列 $X_t\,(t=0,\dots,T)$，然后再将整个隐时间序列投影到观测空间中。在贝叶斯滤波场景中，Y_t 是可观测的(若缺失数据)，因此被用于更新隐状态 X_t，类似于在静态模型中用(观测数据的)似然更新先验。

$$X_0 \sim p(X_0 \mid m_0, \boldsymbol{P}_0) \equiv \mathcal{N}(m_0, \boldsymbol{P}_0)$$
$$X_{t|t-1} \sim p(X_{t|t-1} \mid Y_{0:t-1}) \equiv \mathcal{N}(m_{t|t-1}, \boldsymbol{P}_{t|t-1}) \tag{6.13}$$
$$X_{t|t} \sim p(X_{t|t} \mid Y_{0:t}) \equiv \mathcal{N}(m_{t|t}, \boldsymbol{P}_{t|t})$$
$$Y_t \sim p(Y_t \mid Y_{0:t-1}) \equiv \mathcal{N}(\boldsymbol{H}_t m_{t|t-1}, \boldsymbol{S}_t)$$

在式(6.13)中，m_t 和 $\boldsymbol{P}_t$ 表示隐状态 X_t 在每个时间步的平均值和协方差矩阵。$X_{t|t-1}$ 是参数 $m_{t|t-1}$(预测平均值)和 $P_{t|t-1}$(预测协方差)下隐状态的预测值，而 $X_{t|t}$ 是参数 $m_{t|t}$ 和 $P_{t|t}$ 下隐状态的滤波后结果。式(6.13)中的下标容易让人感到困惑，因此需要一个高层视角来理解它：从上一个时间步开始，我们有一个滤波后状态 $X_{t-1|t-1}$；在应用转移矩阵 F_t 后，得到一个预测的状态 $X_{t|t-1}$；结合当前时间步的观测值，我们得到下一个时间步的滤波后新状态 $X_{t|t}$。

式(6.13)中，上述分布的参数是利用卡尔曼滤波的预测和更新步数计算的。

● 预测步骤：

$$m_{t|t-1} = \boldsymbol{F}_t m_{t-1|t-1}$$
$$\boldsymbol{P}_{t|t-1} = \boldsymbol{F}_t \boldsymbol{P}_{t-1|t-1} \boldsymbol{F}_t^T + \boldsymbol{Q}_t \tag{6.14}$$

● 更新步骤：

$$z_t = Y_t - \boldsymbol{H}_t m_{t|t-1}$$
$$\boldsymbol{S}_t = \boldsymbol{H}_t \boldsymbol{P}_{t|t-1} \boldsymbol{H}_t^T + \boldsymbol{R}_t$$
$$\boldsymbol{K}_t = \boldsymbol{P}_{t|t-1} \boldsymbol{H}_t^T \boldsymbol{S}_t^{-1} \tag{6.15}$$
$$m_{t|t} = m_{t|t-1} + \boldsymbol{K}_t z_t$$
$$\boldsymbol{P}_{t|t} = \boldsymbol{P}_{t|t-1} - \boldsymbol{K}_t \boldsymbol{S}_t \boldsymbol{K}_t^T$$

卡尔曼滤波公式的推导主要使用了多元高斯联合分布。在实践中，还有一些技巧确保计算在数值上是稳定的。例如，为了避免求矩阵 $\boldsymbol{S}_t$ 的逆，在计算 $\boldsymbol{P}_{t|t}$ 时使用 Jordan 范数做更新，以确保结果为正定矩阵[157]。在 TFP 中，线性高斯状态空间模型和相关卡尔曼滤波器可以通过分布 tfd.LinearGaussianStateSpaceModel 很方便地实现。

在使用线性高斯状态空间模型建模时间序列时，实践挑战之一是如何将未知参数表示为高斯隐状态。我们用一个简单的线性增长时间序列作为第一个示例进行演示。

你可能会将代码清单 6.19 识别为简单线性回归。要将其作为使用卡尔曼滤波器的滤波问题来处理，需要假设观测噪声 σ 已知，且未知参数 θ_0 和 θ_1 服从高斯先验分布。

代码清单 6.19

```
1 theta0, theta1 = 1.2, 2.6
2 sigma = 0.4
3 num_timesteps = 100
4
5 time_stamp = tf.linspace(0., 1., num_timesteps)[..., None]
```

```
6 yhat = theta0 + theta1 * time_stamp
7 y = tfd.Normal(yhat, sigma).sample()
```

在状态空间形式中，有隐状态：

$$X_t = \left[\begin{array}{c} \theta_0 \\ \theta_1 \end{array} \right] \tag{6.16}$$

由于隐状态不随时间变化，转移操作符 F_t 是一个没有转移噪声的单位矩阵。观测操作符描述了从隐空间到观测空间的转换，它是线性函数的矩阵形式[1]。

$$y_t = \theta_0 + \theta_1 * t = \left[\begin{array}{cc} 1, & t \end{array} \right] \left[\begin{array}{c} \theta_0 \\ \theta_1 \end{array} \right] \tag{6.17}$$

用 tfd.LinearGaussianStateSpaceModel API 表示时，如代码清单 6.20 所示。

代码清单 6.20

```
1 # X_0
2 initial_state_prior = tfd.MultivariateNormalDiag(
3    loc=[0., 0.], scale_diag=[5., 5.])
4 # F_t
5 transition_matrix = lambda _: tf.linalg.LinearOperatorIdentity(2)
6 # eta_t ~正态(0, Q_t)
7 transition_noise = lambda _: tfd.MultivariateNormalDiag(
8    loc=[0., 0.], scale_diag=[0., 0.])
9 # H_t
10 H = tf.concat([tf.ones_like(time_stamp), time_stamp], axis=-1)
11 observation_matrix = lambda t: tf.linalg.LinearOperatorFullMatrix(
12    [tf.gather(H, t)])
13 # epsilon_t ~ 正态(0, R_t)
14 observation_noise = lambda _: tfd.MultivariateNormalDiag(
15    loc=[0.], scale_diag=[sigma])
16
17 linear_growth_model = tfd.LinearGaussianStateSpaceModel(
18    num_timesteps=num_timesteps,
19    transition_matrix=transition_matrix,
20    transition_noise=transition_noise,
21    observation_matrix=observation_matrix,
22    observation_noise=observation_noise,
23    initial_state_prior=initial_state_prior)
```

可以应用卡尔曼滤波器获得 θ_0 和 θ_1 的后验分布(见代码清单 6.21)。

代码清单 6.21

```
1 # 运行卡尔曼滤波器
2 (
3    log_likelihoods,
4    mt_filtered, Pt_filtered,
5    mt_predicted, Pt_predicted,
6    observation_means, observation_cov # observation_cov 是S_t
7 ) = linear_growth_model.forward_filter(y)
```

可以在图 6.16 中将卡尔曼滤波器的结果(即迭代地观测每个时间步)与解析结果(即观测完整的时间序列)进行比较。

---

1 这也给出了非平稳观测矩阵 H 的一个很好的例子。

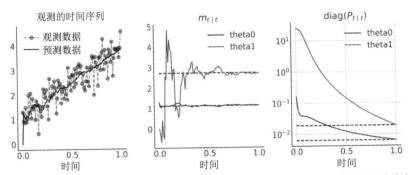

图 6.16 线性增长时间序列模型，使用卡尔曼滤波器进行推断。在第一个子图中，展示了观测数据(用虚线连接的灰点)和来自卡尔曼滤波器的单步预测(黑色实线中的 $H_t m_{t/t-1}$)。将观测每个时间步之后获得的隐状态 X_t 的后验分布，与中间子图和右侧子图中使用所有数据获得的解析解(黑色实线)进行比较

6.4.2 ARIMA 模型的状态空间表示

状态空间模型是一种概括了许多经典时间序列模型的统一方法。但如何以状态空间形式表达传统模型可能并不总是很明显。在本节中，我们将了解如何表达更复杂的线性高斯状态空间模型：ARMA 和 ARIMA。回想式(6.8)中的 ARMA(p,q)模型，我们有 AR 系数 ϕ_i、MA 系数 θ_j 和噪声参数 σ。使用 σ 对观测噪声的分布 R_t 进行参数化，很具有吸引力。然而，在式(6.8)中，利用先前 ARMA(p,q)模型的时间步的噪声所做的移动平均，需要存储当前噪声。唯一的解决办法是将其形式化为转移噪声，使其成为隐状态 X_t 的一部分。首先，可以将式(6.8) ARMA(p,q)模型重新表示为：

$$y_t = \sum_{i=1}^{r} \phi_i y_{t-i} + \sum_{i=1}^{r-1} \theta_i \epsilon_{t-i} + \epsilon_t \tag{6.18}$$

式(6.8)中的常数项 α 被略去，并且 $r = \max(p, q+1)$。我们在需要时用 0 填充参数 ϕ 和 θ，以便其均为 r。因此，X_t 状态公式中的分量为：

$$\mathbf{F}_t = \mathbf{F} = \begin{bmatrix} \phi_1 & 1 & \cdots & 0 \\ \vdots & \vdots & \ddots & \vdots \\ \phi_{r-1} & 0 & \cdots & 1 \\ \phi_r & 0 & \cdots & 0 \end{bmatrix}, \mathbf{A} = \begin{bmatrix} 1 \\ \theta_1 \\ \vdots \\ \theta_{r-1} \end{bmatrix}, \eta'_{t+1} \sim \mathcal{N}(0, \sigma^2), \eta_t = \mathbf{A}\eta'_{t+1} \tag{6.19}$$

隐状态为：

$$X_t = \begin{bmatrix} y_t \\ \phi_2 y_{t-1} + \cdots + \phi_r y_{t-r+1} + \theta_1 \eta'_t + \cdots + \theta_{r-1}\eta'_{t-r+2} \\ \phi_3 y_{t-1} + \cdots + \phi_r y_{t-r+2} + \theta_2 \eta'_t + \cdots + \theta_{r-1}\eta'_{t-r+3} \\ \vdots \\ \phi_r y_{t-1} + \theta_{r-1}\eta'_t \end{bmatrix} \tag{6.20}$$

观测操作符只是一个索引矩阵 $\mathbf{H}_t = [1, 0, 0, ..., 0]$，观测公式为 $y_t = \mathbf{H}_t X_t$。

例如，ARMA(2,1)模型的状态空间表示为：

$$\begin{bmatrix} y_{t+1} \\ \phi_2 y_t + \theta_1 \eta'_{t+1} \end{bmatrix} = \begin{bmatrix} \phi_1 & 1 \\ \phi_2 & 0 \end{bmatrix} \begin{bmatrix} y_t \\ \phi_2 y_{t-1} + \theta_1 \eta'_t \end{bmatrix} + \begin{bmatrix} 1 \\ \theta_1 \end{bmatrix} \eta'_{t+1} \tag{6.21}$$
$$\eta'_{t+1} \sim \mathcal{N}(0, \sigma^2)$$

你可能注意到，状态转移函数与前面的定义略有不同，因为转换噪声不是从多元高斯分布中抽取的。η 的协方差矩阵是 $\boldsymbol{Q} = \boldsymbol{A} \sigma^2 \boldsymbol{A}^T$，在此例下，会产生零行列式的随机变量 η。但无论如何，现在可以用 TFP 定义模型。例如，在代码清单 6.22 中，我们定义了一个 ARMA(2,1)模型，其中，$\phi = [-0.1, 0.5]$、$\theta = -0.25$、$\sigma = 1.25$，并抽取了一个随机时间序列。

代码清单 6.22

```
 1 num_timesteps = 300
 2 phi1 = -.1
 3 phi2 = .5
 4 theta1 = -.25
 5 sigma = 1.25
 6
 7 # X_0
 8 initial_state_prior = tfd.MultivariateNormalDiag(
 9    scale_diag=[sigma, sigma])
10 # F_t
11 transition_matrix = lambda _: tf.linalg.LinearOperatorFullMatrix(
12    [[phi1, 1], [phi2, 0]])
13 # eta_t ~ 正态(0, Q_t)
14 R_t = tf.constant([[sigma], [sigma*theta1]])
15 Q_t_tril = tf.concat([R_t, tf.zeros_like(R_t)], axis=-1)
16 transition_noise = lambda _: tfd.MultivariateNormalTriL(
17    scale_tril=Q_t_tril)
18 # H_t
19 observation_matrix = lambda t: tf.linalg.LinearOperatorFullMatrix(
20    [[1., 0.]])
21 # epsilon_t ~ 正态(0, 0)
22 observation_noise = lambda _: tfd.MultivariateNormalDiag(
23    loc=[0.], scale_diag=[0.])
24
25 arma = tfd.LinearGaussianStateSpaceModel(
26    num_timesteps=num_timesteps,
27    transition_matrix=transition_matrix,
28    transition_noise=transition_noise,
29    observation_matrix=observation_matrix,
30    observation_noise=observation_noise,
31    initial_state_prior=initial_state_prior
32    )
33
34 sim_ts = arma.sample() # 根据模型进行模拟
```

添加适当先验并做一些重写可以更好地处理张量的形状，我们在代码清单 6.23 中得到了一个完整的生成式 ARMA(2,1)模型。由于使用了 tfd.JointDistributionCoroutine 模型，因此以(模拟的)数据 sim_ts 为条件以及进行推断比较简单。注意，未知参数并非隐状态 X_t 的一部分，因此不能像卡尔曼滤波那样做贝叶斯滤波推导，而是使用标准的 MCMC 方法进行推断。图 6.17 展示了其后验样本的轨迹图。

代码清单 6.23

```
1 @tfd.JointDistributionCoroutine
2 def arma_lgssm():
```

```
3    sigma = yield root(tfd.HalfStudentT(df=7, loc=0, scale=1., name="sigma"))
4    phi = yield root(tfd.Sample(tfd.Normal(0, 0.5), 2, name="phi"))
5    theta = yield root(tfd.Sample(tfd.Normal(0, 0.5), 1, name="theta"))
6    # 初始状态先验
7    init_scale_diag = tf.concat([sigma[..., None], sigma[..., None]], axis=-1)
8    initial_state_prior = tfd.MultivariateNormalDiag(
9      scale_diag=init_scale_diag)
10
11   F_t = tf.concat([phi[..., None],
12                   tf.concat([[tf.ones_like(phi[..., 0, None]),
13                              tf.zeros_like(phi[..., 0, None])],
14                             axis=-1)[..., None]],
15                  axis=-1)
16   transition_matrix = lambda _: tf.linalg.LinearOperatorFullMatrix(F_t)
17
18   transition_scale_tril = tf.concat(
19     [sigma[..., None], theta * sigma[..., None]], axis=-1)[..., None]
20   scale_tril = tf.concat(
21     [transition_scale_tril,
22      tf.zeros_like(transition_scale_tril)],
23     axis=-1)
24   transition_noise = lambda _: tfd.MultivariateNormalTriL(
25     scale_tril=scale_tril)
26
27   observation_matrix = lambda t: tf.linalg.LinearOperatorFullMatrix([[1., 0.]])
28   observation_noise = lambda t: tfd.MultivariateNormalDiag(
29     loc=[0], scale_diag=[0.])
30
31   arma = yield tfd.LinearGaussianStateSpaceModel(
32       num_timesteps=num_timesteps,
33       transition_matrix=transition_matrix,
34       transition_noise=transition_noise,
35       observation_matrix=observation_matrix,
36       observation_noise=observation_noise,
37       initial_state_prior=initial_state_prior,
38       name="arma")
```

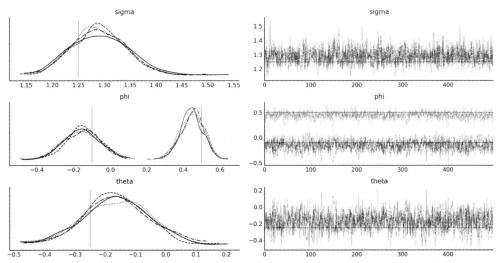

图 6.17　代码清单 6.23 中的 ARMA(2,1)模型 arma_lgssm 的 MCMC 采样结果，以代码清单 6.22 中生成的模拟数据 sim_ts
　　　　为条件。参数的真实值在后验密度图中绘制为垂线，在轨迹图中绘制为水平线

通过预处理观测时间序列来理解积分部分,可以进一步将该形式用于 $d>0$ 的 ARIMA 建模。状态空间模型的表达形式提供了一个很重要的优势:可以更直接、更直观地写下生成过程,而不需要对数据预处理步骤中的观测重复 d 次差分。

例如,考虑用 $d=1$ 扩展上面的 ARMA(2,1) 模型,有 $\Delta y_t = y_t - y_{t-1}$,这意味着 $y_t = y_{t-1} + \Delta y_t$,我们可以将观测操作符定义为 $\boldsymbol{H}_t = [1, 1, 0]$,其中隐状态 X_t 和状态转移矩阵为:

$$\begin{bmatrix} y_{t-1} + \Delta y_t \\ \phi_1 \Delta y_t + \phi_2 \Delta y_{t-1} + \eta'_{t+1} + \theta_1 \eta'_t \\ \phi_2 \Delta y_t + \theta_1 \eta'_{t+1} \end{bmatrix} = \begin{bmatrix} 1 & 1 & 0 \\ 0 & \phi_1 & 1 \\ 0 & \phi_2 & 0 \end{bmatrix} \begin{bmatrix} y_{t-1} \\ \Delta y_t \\ \phi_2 \Delta y_{t-1} + \theta_1 \eta'_t \end{bmatrix} + \begin{bmatrix} 0 \\ 1 \\ \theta_1 \end{bmatrix} \eta'_{t+1}$$

(6.22)

如你所见,虽然参数化导致了更大的隐状态向量 X_t,但参数数量保持不变。此外,该模型在 y_t(而不是 Δy_t)中是生成式的。上述方法在指定初始状态 X_0 的分布时可能存在挑战,因为第一个元素(y_0)现在是非平稳的。在实践中,可以在中心化处理(减去平均值)之后,围绕时间序列的初始值分配一个信息先验。有关此主题的更多讨论,以及对时间序列问题的状态空间模型的深入介绍详见 Durbin and Koopman[51]。

6.4.3 贝叶斯结构化的时间序列

时间序列模型的线性高斯状态空间表达形式具有另一个优点,即它很容易与其他线性高斯状态空间模型一起扩展。为了将两个模型组合在一起,可以连接隐空间中的两个正态随机变量。我们使用两个协方差矩阵生成一个分块对角矩阵,连接事件轴上的平均值。在观测空间中,该操作相当于对两个正态随机变量求和。更具体地说,有式(6.23):

$$\boldsymbol{F}_t = \begin{bmatrix} \boldsymbol{F}_{1,t} & 0 \\ 0 & \boldsymbol{F}_{2,t} \end{bmatrix}, \boldsymbol{Q}_t = \begin{bmatrix} \boldsymbol{Q}_{1,t} & 0 \\ 0 & \boldsymbol{Q}_{2,t} \end{bmatrix}, X_t = \begin{bmatrix} X_{1,t} \\ X_{2,t} \end{bmatrix}$$
$$\boldsymbol{H}_t = \begin{bmatrix} \boldsymbol{H}_{1,t} & \boldsymbol{H}_{2,t} \end{bmatrix}, \boldsymbol{R}_t = \boldsymbol{R}_{1,t} + \boldsymbol{R}_{2,t}$$

(6.23)

如果有一个非线性高斯的时间序列模型 M,也可以将其合并到状态空间模型中。为此,可以将每个时间步中来自模型 M 的预测 $\hat{\psi}_t$ 视为静态的已知值,并将其添加到观测噪声分布 $\epsilon_t \sim N(\hat{\mu}_t + \hat{\psi}_t, R_t)$ 中。从概念上讲,可以将其理解为从 Y_t 中减去模型 M 的预测,然后对结果进行建模,使得卡尔曼滤波器和其他线性高斯状态空间模型属性仍然成立。

这种可组合性使我们很容易构建一个由多个较小的线性高斯状态空间模型组件构成的时间序列模型。我们可以分别为趋势性分量、季节性分量和误差项提供状态空间表示,并将其组合成通常所说的结构化时间序列模型或动态线性模型。TFP 的 **tfp.sts** 模块提供了一种非常方便的方法构建贝叶斯结构化时间序列,同时它还提供了用于解构分量、预测、推断和进行各种诊断的辅助函数。

例如,可以使用具有局部线性趋势性分量和季节性分量的结构化时间序列对每月出生量数据进行建模,以解释代码清单 6.24 中的月模式。

代码清单 6.24

```
1 def generate_bsts_model(observed=None):
2     """
3     Args:
4         observed: Observed time series, tfp.sts use it to generate prior.
5     """
6     # 趋势
7     trend = tfp.sts.LocalLinearTrend(observed_time_series=observed)
8     # 季节性
9     seasonal = tfp.sts.Seasonal(num_seasons=12, observed_time_series=observed)
10    # 完整模型
11    return tfp.sts.Sum([trend, seasonal], observed_time_series=observed)
12
13 observed = tf.constant(us_monthly_birth["birth_in_thousands"], dtype=tf.float32)
14 birth_model = generate_bsts_model(observed=observed)
15
16 # 以观察到的结果为条件生成后验分布
17 target_log_prob_fn = birth_model.joint_log_prob(observed_time_series=observed)
```

可以检查 birth_model 中的每个分量，如代码清单 6.25 所示。

代码清单 6.25

```
birth_model.components
```

```
[<tensorflow_probability.python.sts.local_linear_trend.LocalLinearTrend at ...>,
 <tensorflow_probability.python.sts.seasonal.Seasonal at ...>]
```

每个分量都由一些超参数参数化，这些超参数是我们想要为其进行推断的未知参数。它们不是隐状态 X_t 的组成部分，但有可能参数化生成 X_t 的先验。例如，可以检查季节性分量的参数(见代码清单 6.26)。

代码清单 6.26

```
birth_model.components[1].parameters
```

```
[Parameter(name='drift_scale', prior=<tfp.distributions.LogNormal
'Seasonal_LogNormal' batch_shape=[] event_shape=[] dtype=float32>,
bijector=<tensorflow_probability.python.bijectors.chain.Chain object at ...>)]
```

这里，STS 模型的季节性分量包含 12 个隐状态(每个月一个)，但该分量仅包含 1 个参数(参数化隐状态的超参数)。你可能已经从上一节的示例中注意到了未知参数的处理方式有所不同。在线性增长模型中，未知参数是隐状态 X_t 的组成部分。但在 ARIMA 模型中，未知参数参数化了 F_t 和 Q_t。对于后者，不能使用卡尔曼滤波器推断这些参数。反而，隐状态被高效地边际化了，不过我们仍然能够在推断完成后，通过运行以后验分布为条件的卡尔曼滤波器(表示为蒙特卡罗样本)来恢复它们。参数化的概念描述如图 6.18 所示。

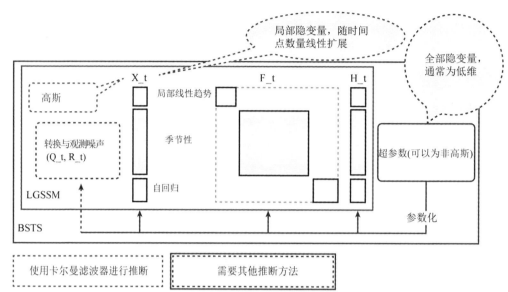

图6.18　贝叶斯结构化时间序列(蓝色框)与线性高斯状态空间模型(红色框)之间的关系。此处显示的线性高斯状态空间模型示例包含局部线性趋势性分量、季节性分量和自回归分量

对结构化时间序列模型进行推断，在概念上可以理解为：从要推断的参数生成线性高斯状态空间模型、运行卡尔曼滤波器以获得数据似然、结合以参数当前值为条件的先验对数似然。但是，遍历每个数据点的操作的计算成本相当高(尽管卡尔曼滤波器已经是一种非常有效的算法)，因此在运行长时间序列时，拟合结构化时间序列可能无法很好地做相应的大规模扩展。

在对结构化时间序列模型进行推断之后，可以使用来自 tfp.sts 的一些实用函数来预测和检查每个被推断的分量，见代码清单 6.27，其结果显示在图 6.19 中。

代码清单 6.27

```
 1 # 使用后验样本子集
 2 parameter_samples = [x[-100:, 0, ...] for x in mcmc_samples]
 3
 4 # 获取结构组成
 5 component_dists = tfp.sts.decompose_by_component(
 6     birth_model,
 7     observed_time_series=observed,
 8     parameter_samples=parameter_samples)
 9
10 # 获取 n_steps 的预测值
11 n_steps = 36
12 forecast_dist = tfp.sts.forecast(
13     birth_model,
14     observed_time_series=observed,
15     parameter_samples=parameter_samples,
16     num_steps_forecast=n_steps)
17 birth_dates = us_monthly_birth.index
18 forecast_date = pd.date_range(
19     start=birth_dates[-1] + np.timedelta64(1, "M"),
```

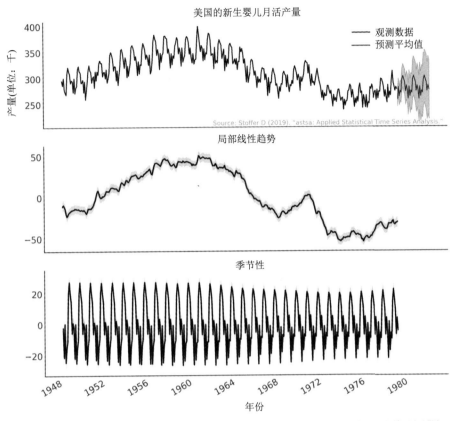

图 6.19　使用代码清单 6.27 的 tfp.sts API 推断美国(1948—1979 年)每月新生婴儿活产的推断结果和预测。
顶部子图：36 个月的预测；底部的两个图：分解结构化时间序列

```
20    end=birth_dates[-1] + np.timedelta64(1 + n_steps, "M"),
21    freq="M")
22
23 fig, axes = plt.subplots(
24    1 + len(component_dists.keys()), 1, figsize=(10, 9), sharex=True)
25
26 ax = axes[0]
27 ax.plot(us_monthly_birth, lw=1.5, label="observed")
28
29 forecast_mean = np.squeeze(forecast_dist.mean())
30 line = ax.plot(forecast_date, forecast_mean, lw=1.5,
31          label="forecast mean", color="C4")
32
33 forecast_std = np.squeeze(forecast_dist.stddev())
34 ax.fill_between(forecast_date,
35          forecast_mean - 2 * forecast_std,
36          forecast_mean + 2 * forecast_std,
37          color=line[0].get_color(), alpha=0.2)
38
39 for ax_, (key, dist) in zip(axes[1:], component_dists.items()):
40    comp_mean, comp_std = np.squeeze(dist.mean()), np.squeeze(dist.stddev())
41    line = ax_.plot(birth_dates, dist.mean(), lw=2.)
42    ax_.fill_between(birth_dates,
```

```
43                comp_mean - 2 * comp_std,
44                comp_mean + 2 * comp_std,
45                alpha=0.2)
46    ax_.set_title(key.name[:-1])
```

6.5   其他时间序列模型

虽然结构化时间序列模型和线性高斯状态空间模型功能强大且涵盖丰富的信息，但它们无法满足我们的所有需求。有很多在其基础上的扩展，例如：非线性高斯状态空间模型，其中的转移函数和观测函数是可微分的非线性函数。扩展卡尔曼滤波可为上述模型进行推断[73]。无迹卡尔曼滤波为非高斯非线性模型进行推断[73]。粒子滤波可以作为状态空间模型的一般性滤波方法[36]。

另一类广泛使用的时间序列模型是隐马尔可夫模型，它是一种具有离散状态空间的状态空间模型。另外，还存在一些模型推断的专用算法，例如前向后向算法：用于计算边际后验似然。维特比算法：用于计算后验的众数。

此外，还有作为连续时间模型的常微分公式(Ordinary Differential Equation, ODE)和随机微分公式(Stochastic Differential Equation, SDE)。在表 6.2 中，我们按照随机性和时间对模型进行了大致划分。这些主题都已经过深入研究，在 Python 计算生态系统中具有易于使用的实现，此处不再赘述。

表 6.2   按随机性和时间分类的各种时间序列模型

	确定性动态	随机动态
离散时间	自动机/离散 ODEs	状态空间模型
连续时间	ODEs	SDEs

6.6   模型的评判和先验选择

在 George E. P. Box et al[23]开创性时间序列书中，概述了时间序列建模的 5 个重要实际问题：

- 预测
- 估计转移函数
- 异常干预事件对系统的影响分析
- 多元时间序列分析
- 离散控制系统

实践中，大多数时间序列问题旨在执行某种预测(或即时预测，你试图在瞬时时间 t 推断一些由于获取观测滞后而尚不可用的观测)，这自然地为时间序列分析问题建立了模型评估标准。虽然我们在本章中没有围绕贝叶斯决策理论进行特定处理，但值得引用 West and Harrison[157]所说：

良好的建模需要认真思考，而良好的预测需要综合认识预测在决策系统中的作用。

在实践中，对时间序列模型推断的评判和对预测的评估应当与决策过程紧密结合，尤其是如何将不确定性纳入决策。虽然如此，我们还是能够单独对预测性能进行评估。通常这种评估是通过收集新数据或留出一些测试数据来实现的，就像在本章二氧化碳示例中的操作，使用标准指标将观测结果与预测结果进行比较。其中有一种常见的选择是计算绝对值百分比平均值误差(Mean Absolute Percentage Error，MAPE)：

$$\text{MAPE} = \frac{1}{n} \sum_{i=1}^{n} \frac{|\text{forecast}_i - \text{observed}_i|}{\text{observed}_i} \tag{6.24}$$

但是 MAPE 存在一些偏差，例如，在取值较低的观测中，一旦出现较大误差就会显著影响 MAPE 值。此外，当观测值范围差异较大时，难以比较多个时间序列的 MAPE。

基于交叉验证模型评估方法仍然适用并推荐用于时间序列模型。但如果目标是评估对未来时间点的预测性能，则将 LOO 用于单个时间序列是有问题的。每次简单地留出一个观测值的方法没有考虑到数据(或模型)的时间结构。例如，如果你删除一个点 t 并将其余点用于预测，那么你可以使用过去的点 t_{-1}, t_{-2},...预测未来，但理论上也可以使用未来的点 t_{+1}, t_{+2}, ...来预测过去。因此，我们可以计算 LOO，但对其结果的解释不合理，会产生误导。在时间序列模型的评估中，我们不需要留出一个(或一些)时间点，而是需要某种将未来数据留出的交叉验证(Leave-Future-Out Cross-Validation，LFO-CV)，参见示例[29]。大体上，在初始模型推断之后，为了提前一步做出逼近预测，可以在留出的时间序列上或未来观测数据上进行迭代，并基于对数预测密度做出量化评估；当某个时间点的帕雷托 k 估计值超出指定阈值时，将其纳入训练集重新拟合模型[1]。因此，LFO-CV 不是针对某个单一预测任务的交叉验证方法，而是面向未来时间点的各种可能预测任务的交叉验证方法。

时间序列模型的先验

在 6.2.2 节中，我们将正则化先验(拉普拉斯先验)用于阶跃线性函数的斜率。如前所述，这是为了表达我们的先验知识，即斜率变化通常很小且接近于零，因此产生的潜在趋势更为平滑。正则化先验(或稀疏先验)还常用于对假日(或其他特殊日子)效应建模。通常每个假日都有自己的系数，而我们想表达一个先验，表明某些假日可能会对时间序列产生巨大影响，而其他大多数假日和普通日子一样，那么可以使用马蹄形先验[33,120]表示这一理念，如式(6.25)所示。

$$\begin{aligned} \lambda_t^2 &\sim \mathcal{HC}(1.) \\ \beta_t &\sim \mathcal{N}(0, \lambda_t^2 \tau^2) \end{aligned} \tag{6.25}$$

马蹄形先验中的全局参数 τ 将假日效应的系数全都拉向零。同时，局部尺度参数 λ_t 的重尾，使得在这种收缩中产生了一些暴发效应。我们可以调整 τ 值来适应不同程度的稀疏性：τ 越接近零，假日效应 β_t 的收缩越趋向零，而较大的 τ 则对应一个更为分散的先验[119][2]。例如，在 Riutort-Mayol et al.[130] 的案例研究 2 中，他们为一年中的每一天(包括闰日为 366 天)添加了一个

---

1 有关示例，请参见 https://mc-stan.org/loo/articles/loo2-lfo.html。

2 注意，在实践中，对式(6.25)的参数化方式通常较为不同。

特殊的日效应，并在对其进行正则化之前使用了马蹄形分布。

时间序列模型先验的另一个重要考虑因素是观测噪声的先验。大多数时间序列数据本质上是非重复观测。我们根本无法及时返回并在确切条件下进行另一次观测(即，我们无法量化**偶然不确定性**)。这意味着我们的模型需要先验信息才能"确定"噪声是来自观测还是来自隐过程(即**认知不确定性**)。例如，在具有隐自回归分量或局部线性趋势模型的时间序列模型中，我们可以将更多信息先验放在观测噪声上，以将其调节为更小的值。这将使得趋势或自回归分量过拟合潜在的偏移模式，并且我们可能对趋势有更好的预测(短期内预测精度更高)。风险在于，我们对潜在趋势过于自信，从长远来看，这可能会导致预测不佳。在时间序列很可能是非平稳的实际应用程序中，我们应该准备好相应地调整先验。

6.7　练习

6E1. 正如我们在上面的"将时间戳解析到设计矩阵"的框中所解释的，日期信息可以被格式化为回归模型的设计矩阵，以说明时间序列中的周期模式。尝试生成以下 2021 年的设计矩阵。提示：使用代码清单 6.28 生成 2021 年的所有时间戳。

代码清单 6.28

```
datetime_index = pd.date_range(start="2021-01-01", end="2021-12-31", freq='D')
```

- 某月中每日效应的设计矩阵。
- 工作日与周末效应的设计矩阵。
- G 公司每月 25 日支付员工工资，如果 25 日是周末，则发薪日将提前至该周星期五。尝试创建一个设计矩阵来编码 2021 年的发薪日。
- 2021 年美国联邦假日效应[1]的设计矩阵。创建设计矩阵，以便每个假期都有自己的系数。

6E2. 在前面的练习中，假日效应的设计矩阵分别处理每个假日。如果我们认为所有的假日效应都是一样，会如何呢？如果我们这样处理，设计矩阵的形状是什么？解释它如何影响回归时间序列模型的拟合。

6E3. 将线性回归拟合到"monthly_mauna_la_coco2.csv"数据集。

- 具有截距和斜率的简单回归，使用线性时间作为预测变量。
- 协变量调整回归，如第 4 章代码清单 4.3 中婴儿示例中的平方根预测变量。

解释与代码清单 6.3 相比，这些模型缺少什么。

6E4. 用自己的话解释回归、自回归和状态空间架构之间的区别。它们分别在何种情况下起作用？

6M5. 使用基函数作为设计矩阵会比稀疏矩阵具有更好的条件数吗？使用 numpy.linalg.cond 比较以下相同等级的设计矩阵的条件数。

- 代码清单 6.2 中的 Dummy 编码设计矩阵 seasonality_all。

---

[1] https://en.wikipedia.org/wiki/Federal_holidays_in_the_United_States#List_of_federal_holidays

- 代码清单 6.9 中的傅里叶基函数设计矩阵 X_pred。
- 形状与 seasonality_all 相同的数组，其值取自正态分布。
- 形状与 seasonality_all 相同的数组，所有值均取自正态分布，其中一列与另一列相同。

6M6. 代码清单 6.8 的 gen_fourier_basis 函数将时间索引 t 作为第一个输入。有几种不同的方式来表示时间指数。例如，如果从 2019 年 1 月开始每月观察数据，共持续 36 个月，可以用两种等效的方式对时间指数进行编码，如代码清单 6.29 所示。

代码清单 6.29

```
1 nmonths = 36
2 day0 = pd.Timestamp('2019-01-01')
3 time_index = pd.date_range(
4     start=day0, end=day0 + np.timedelta64(nmonths, 'M'),
5     freq='M')
6
7 t0 = np.arange(len(time_index))
8 design_matrix0 = gen_fourier_basis(t0, p=12, n=6)
9 t1 = time_index.month - 1
10 design_matrix1 = gen_fourier_basis(t1, p=12, n=6)
11
12 np.testing.assert_array_almost_equal(design_matrix0, design_matrix1)
```

如果我们每天都观察数据呢？为进行下列操作，将如何更改代码清单 6.29？

- 使 time_index 表示一年中的某一天，而不是一年中的某一个月。
- 将第 8 行和第 10 行中的函数签名修改为 gen_fourier_basis，以便将生成的设计矩阵为某年中的月份效应编码。
- 新的 design_matrix0 和 design_matrix1 有何差异？这些差异将如何影响模型拟合？提示：与相同的随机回归系数相乘来验证你的推断。

6E7. 在 6.3 节中，我们介绍了后移操作符 B。你可能已经注意到，在时间序列上应用操作 B 与执行矩阵乘法相同。可以在 Python 中显式生成矩阵 B。修改代码清单 6.11 以使用由 NumPy 或 TensorFlow 构造的显式 B。

6E8. 式(6.3)和代码清单 6.7 中定义的阶跃线性函数依赖于关键回归系数 δ。重写定义，使其具有与其他线性回归类似的形式：

$$g(t) = \mathbf{A}' \delta' \tag{6.26}$$

得出设计矩阵 $\mathbf{A}'$ 和系数 δ' 的适当表达式。

6E9. 如前所述，理解数据生成过程的一个好方法是将其写下来。在这个练习中，我们将生成合成数据，这些数据将强迫使现实世界的想法映射到代码。假设我们从一个线性趋势开始，即 $y = 2x$，$x = \text{np.arange}(90)$，以及从 $\mathcal{N}(0, 1)$ 中提取的每个时间点的独立同分布噪声。假设这个时间序列从 2021 年 6 月 6 日星期日开始。生成 4 个合成数据集，分别包括：

(1) 附加周末效应，其中周末的流量是工作日的 2 倍。

(2) $\sin(2x)$ 的加性正弦曲线。

(3) 一个加性 AR(1) 潜在过程，具有你选择的自回归系数和噪声等级 $\sigma = 0.2$。

(4) 具有来自(1)和(2)的周末和正弦曲线效应的时间序列，以及具有与(3)中相同的自回归系数的时间序列平均值上的 AR(1)过程。

6E10. 调整代码清单 6.13 中的模型，以对 **6E9**(4)中生成的时间序列进行建模。

6E11. 使用 ArviZ 检查本章中模型的推断结果(MCMC 轨迹和诊断)。例如，请查看:

- 轨迹图
- 等级图
- 后验样本汇总信息

哪个模型包含问题链(散度、低 ESS、大 $\hat{R}$)? 你能找到改进这些模型推断的方法吗?

6M12. 用 Python 生成具有 200 个时间点的正弦时间序列，并使用 AR(2)模型进行拟合。修改代码清单 6.11 并使用 pm.AR API PyMC3，从而在 TFP 中实现这一点。

6M13. 这是 AR 模型的后验预测检查练习。为练习 **6M11** 中 AR2 模型生成在每个时间步 t 的预测分布。注意，对于每一个时间步 t，需要对到时间步 $t-1$ 为止的所有观察进行调节。超前一步预测分布是否与观测到的时间序列相匹配?

6M14. 使用练习 **6M11** 中的 AR2 模型预测 50 个时间步。预测是否也像正弦信号?

6H15. 实施 SARIMA$(1,1,1)(1,1,1)_{12}$ 模型的生成过程，并进行预测。

6M16. 为本章中的每月出生数据集实现并推断 ARIMAX(1,1,1)X[4]模型，设计矩阵由 $N=2$ 的傅里叶基函数生成。

6H17. 导出卡尔曼滤波公式。提示: 首先计算出 X_t 和 X_{t-1} 的联合分布，然后进行 Y_t 和 X_t 的联合分布。如果你仍然困惑，请参阅 Särkkä 的书[139]中的第 4 章。

6M18. 通过索引到给定的时间步来检查 linear_growth_model.forward_filter 的输出。

- 识别一个卡尔曼滤波器步骤的输入和输出
- 使用输入计算卡尔曼滤波器预测的一个步骤和更新步骤
- 确认你的计算与索引输出相同

6M19. 研究 tfp.sts.Seasonal 的文档和实施，并回答以下问题:

- 季节性 SSM 包含多少超参数?
- 它如何参数化潜在状态，先验具有什么样的正则化效应? 提示: 参考第 5 章的高斯随机游走先验。

6M20. 研究 tfp.sts.LinearRegression 和 tfp.sts.Seasonal 的文档和实施，解释在建模一周中的一天模式时它们所代表的 SSM 差异。

- 一周中的一天系数是如何体现的? 它们是潜在状态的一部分吗?
- 两个 SSM 之间的模型拟合有何不同? 通过模拟验证你的推断。

第 7 章
贝叶斯加性回归树

第 5 章介绍了如何通过一系列(简单)基函数的求和来构造一个逼近函数，还介绍了 B-样条作为基函数时带来的一些有用的性质。在本章中，我们将讨论一种类似的方法，但会使用**决策树**而不是 B-样条。决策树是表示分段常数函数或阶跃函数的另外一种比较灵活的方式，可见第 5 章。在本章中，我们将重点关注贝叶斯加性回归树(Bayesian Additive Regression Tree，BART)，一种贝叶斯非参数模型，它通过对多个决策树求和来获得更灵活的模型[1]。对 BART 的讨论通常更集中于机器学习领域，而不是统计领域[26]。从某种意义上说，相较其他章节中精心设计的模型而言，BART 更像一个意图一劳永逸的模型。

在有关 BART 的文献中，研究人员通常不讨论基函数，而是讨论学习器，但总体思路非常相似。我们使用简单函数(也称为学习器)的组合来逼近复杂函数，并具备足够的正则化，这样就可以在模型不太复杂(即不过拟合)的情况下获得足够的灵活性。使用多个学习器求解同一问题的方法被称为集成方法，此背景下学习器可以是任何统计模型或数据算法。集成方法基于这样一个基本观测：组合多个弱学习器通常比使用单个强学习器效果更好。为了在准确度和泛化方面获得良好的效果，一般认为基础学习器应该尽可能准确，并且尽可能多样化[165]。BART 的主要贝叶斯思想是：决策树很容易过拟合，因此我们为每棵树添加一个正则化先验(或收缩先验)，以使其表现为弱学习器。

为了将上述描述转化为可以理解和应用的知识，下面会首先讨论决策树。如果你已经熟悉该主题的内容，可以跳至下一节。

7.1　决策树

假设有两个变量 X_1 和 X_2，我们希望依据这些变量将对象分为两类：●或▲。为了实现此目标，可以使用图 7.1 左图中所示的树结构。树是节点的集合，其中任何两个节点之间最多通过一条线或一条边相连。图 7.1 中的树被称为二叉树，因为每个节点最多可以有两个子节点。没

1　也许你听说过它的非贝叶斯形式：随机森林[25]。

有子节点的节点被称为叶节点或末端节点。在此示例中，有 2 个内部节点(表示为矩形)和 3 个末端节点(表示为圆角矩形)。所有内部节点都有一个与之相关联的决策规则，如果遵循这些决策规则，最终将到达其中一个叶节点，该节点将提供决策问题的答案。例如，如果变量 X_1 的实例 x_{1i} 大于 c_1，决策树会将类●分配给该实例。如果 x_{1i} 的值小于 c_1 并且 x_{2i} 的值小于 c_2，决策树会将类▲分配给该实例。从算法上讲，可以将树概念化为一组 if-else 语句，程序遵循这些语句执行分类等特定任务。也可以从几何角度理解二叉树，将其视为一种将样本空间划分为不同块的方式，如图 7.1 的右侧子图所示。每个块均由与某个预测变量轴相垂直的分割线定义，因此样本空间的每次划分都会与某个预测变量(或特征)轴对齐。

在数学上，可以说决策树 g 完全由两个集合定义。

- $\mathcal{T}$：边和节点的集合(即图 7.1 中的矩形、圆角矩形、连接它们的线)，以及与内部节点相关联的决策规则。

- $M=(\mu_1, \mu_2, ..., \mu_b)$ 表示与 $\mathcal{T}$ 的每个末端节点相关联的一组参数值。

也就是说，决策树 $g(X; \mathcal{T}, M)$ 就是将 $\mu_i \in M$ 分配给 X 的函数。例如，在图 7.1 中，μ_i 的取值为(●、●、▲)。g 函数将●分配给 X_1 大于 c_1 的案例；将●分配给 X_1 小于 c_1 并且 X_2 大于 c_2 的案例；将▲分配给 X_1 小于 c_1 并且 X_2 小于 c_2 的案例。

当讨论树的先验时，将其抽象定义为两个集合构成的元组 $g(\mathcal{T}, M)$，非常有用。

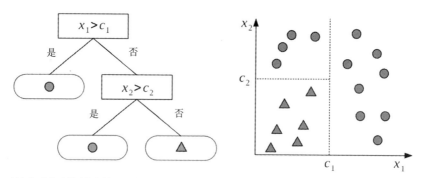

图7.1　二叉树(左)和相应的空间划分(右)。树的内部节点是有子节点的节点，它们有一个到下面节点的连接，内部节点具有与之相关联的划分规则。末端节点(叶节点)是没有子节点的节点，它们包含要返回的值，在本例中取值为●或▲。决策树借助垂直于轴的分割线将样本空间划分为子空间块。这意味着样本空间的每次划分都将与某个预测变量轴对齐

图7.1 展示了如何将决策树用于分类，其中 M_j 包含类或标签值，其也可以用于回归。不过，回归时不是将末端节点与类标签相关联，而是与实数相关联，例如某个子空间块内数据点的平均值。图7.2 显示了只有一个预测变量的回归问题。左边的二叉树类似于图 7.1 的二叉树，主要区别在于，图 7.1 的二叉树在每个叶节点返回一个类别值，而图 7.2 的二叉树返回实数。将该树与右侧逼近正弦的数据做比较，注意回归树并没有采用连续函数来做逼近，而是将数据划分成 3 个块，并且估计了每个块的平均值。

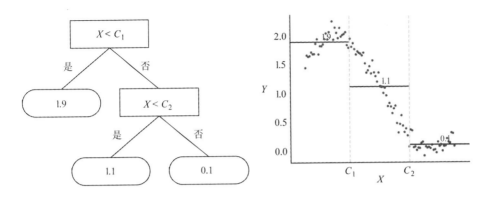

图 7.2 二叉树(左)和相应的空间划分(右)。树的内部节点是有子节点的节点(它们有一个到下面节点的连接)，
内部节点有与之相关联的划分规则。末端节点(叶节点)是没有子节点的节点，包含要返回的值
(在本例中为 1.1、1.9 和 0.1)。图中可以明显看出：树是表示分段函数的一种方式，如第 5 章所讨论

回归树不限于返回块内数据点的平均值，还有其他选择。例如，可以将叶节点与数据点的
中值关联，或者将线性回归拟合到每个块内的数据点，甚至与更复杂的函数关联。不过平均值
可能是回归树中最常见的选择。

需要特别注意：回归树的输出不是平滑函数，而是分段阶跃函数，但这并不意味着回归树
不能用于拟合平滑函数。理论上，可以用阶跃函数逼近任何连续函数，而且在实践中这种逼近
效果足够好。

决策树的一个吸引人的特性是可解释性，你可以阅读决策树，并按照解决某个问题所需的
步骤进行操作。因此，你可以清晰地了解该方法在做什么，为什么它会以这种方式执行，为什
么某些类可能无法正确分类，或者为什么某些数据的逼近度很差。此外，也更易于用简单术语
向非技术人员解释结果。

遗憾的是，决策树的灵活性意味着它们很容易过拟合，因为你总能找到一棵足够复杂的树，
使得每个数据点都对应一个分区。关于过于复杂的分类解决方案，请见图 7.3。拿来一张纸，绘
制几个数据点，然后为每个数据点创建一个单独划分出来的分区，你可以很容易看到这种过拟
合。在进行此练习时，你可能还会注意到，实际上有不止一棵树可以拟合该数据。

当从主效应和交互作用的角度考虑决策树(如第 4 章处理线性模型)时，就会发现树的一个
有趣性质。注意 $\mathbb{E}(Y|\boldsymbol{X})$ 项等于所有叶节点参数 μ_{ij} 的和，因此：

- 当一棵树仅依赖于某个单一变量时(见图 7.2)，每个 μ_{ij} 就代表了一个主效应；
- 当一棵树依赖多个变量时(见图 7.1)，每个 μ_{ij} 就代表了一种交互效应。例如，返回三角
  形需要 X_1 和 X_2 的交互，因为子节点的条件($X_2 > c_2$)基于父节点的条件($X_1 > c_1$)。

由于树的大小可变，因此可以用树模拟不同阶的交互效果。随着树变得更深，更多变量进
入树的机会增加，表示更高阶交互的潜能也在增加。此外，由于我们会使用树的集成方法，因
此几乎可以构造主效果和交互效果的任意组合。

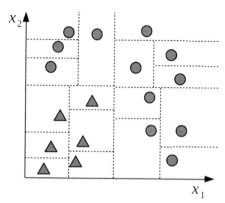

图 7.3   过于复杂的样本空间分区。每个数据点都分配了一个单独的块。称之为过于复杂的分区,
是因为我们完全可以使用更简单的分区方案(见图 7.1),以相同的准确度来解释和预测数据。
与复杂方案相比,简单的分区方案更有可能具有泛化能力,即更有可能预测和解释新数据

决策树的集成

考虑到过于复杂的树可能不太擅长预测新数据,因此通常会引入一些工具来降低决策树的复杂性,并获得更能适应数据复杂性的拟合。其中一种解决方案依赖于拟合一组决策树集成,其中每棵树都被正则化为浅层树,因此,每棵树只能解释一小部分数据。只有通过组合许多这样的树,我们才能提供正确的结果。这便是"团结就是胜利"在数据科学中的体现。BART 等贝叶斯方法和随机森林等非贝叶斯方法都遵循此集成策略。一般来说,集成模型可以降低泛化误差,同时保持灵活拟合给定数据集的能力。

使用集成方法也有助于减轻阶跃性,因为输出是树的组合,虽然它仍然是一个阶跃函数,但它是一个具有更多阶跃的函数,因此在某种程度上是更平滑的逼近。只要我们确保树足够多样化,这就能成为事实。

使用树集成的缺点是,失去了单个决策树的可解释性。现在要获得一个结果,我们不能只是遵循一棵树,而是遵循许多树,这会混淆任何简单的解释。或者换句话说,我们牺牲了可解释性,换取了灵活性和泛化能力。

7.2   BART 模型

如果假设式(5.3)中的 B_i 样条函数是决策树,则可以这样写:

$$\mathbb{E}[Y] = \phi\left(\sum_{j=0}^{m} g_j(\boldsymbol{X}; \mathcal{T}_j, \mathcal{M}_j), \theta\right) \tag{7.1}$$

式(7.1)中,每个 g_i 都是形式为 $g(\boldsymbol{X}; \mathcal{T}_j, \mathcal{M}_j)$ 的决策树,其中 $\mathcal{T}_j$ 表示二叉树,即所有内部节点及其相关决策规则和叶节点一起构成的集合。而 $\mathcal{M}_j = \{\mu_{1,j}, \mu_{2,j}, \ldots, \mu_{b,j}\}$ 表示叶节点 b_j 的值, ϕ 是作为模型似然的任意概率分布, θ 表示未被建模为决策树之和的其他参数。

例如，可以将 ϕ 设置为高斯，然后有：

$$Y = \mathcal{N}\left(\mu = \sum_{j=0}^{m} g_j(\boldsymbol{X}; \mathcal{T}_j, \mathcal{M}_j), \sigma\right) \tag{7.2}$$

或者可以像第 3 章处理广义线性模型时尝试其他分布。例如，若 ϕ 是泊松分布，可以得到：

$$Y = \text{Pois}\left(\lambda = \sum_{j}^{m} g_j(\boldsymbol{X}; \mathcal{T}_j, \mathcal{M}_j)\right) \tag{7.3}$$

或者，若 ϕ 是学生 t 分布，那么：

$$Y = \text{T}\left(\mu = \sum_{j}^{m} g_j(\boldsymbol{X}; \mathcal{T}_j, \mathcal{M}_j), \sigma, \nu\right) \tag{7.4}$$

像往常一样，要完全指定 BART 模型，必须选择先验。我们已经熟悉高斯似然 σ 参数的先验指定，或者学生 t 似然的 σ 和 ν 参数的先验指定，因此现在重点关注特定于 BART 模型的先验。

7.3　BART 模型先验

开创性的 BART 论文[35]，以及大多数后续改进和实现都依赖于共轭先验。使用 PyMC3 的 BART 实现并未使用共轭先验，并且在其他方面也存在差异。本节将专注于 PyMC3 实现，并将其用于我们的示例。

7.3.1　先验的独立性

为了简化先验的指定，我们假设树结构 $\mathcal{T}_j$ 和叶节点值 $\mathcal{M}_j$ 是独立的。此外，这些先验独立于其他参数，即图 7.1 中的 θ。通过假设独立性，我们可以将先验的指定划分几部分。否则，我们需要开发一种方法来为整个树空间指定一个先验。

7.3.2　树结构 $\mathcal{T}_j$ 的先验

树结构 $\mathcal{T}_j$ 的先验由 3 个方面指定。
- 深度为 $d = (0,1,2,\dots)$ 的节点是非末端结点的概率，由 α^d 给出。α 建议为 $\in [0, 0.5)$ [134]1。
- 切分变量的分布。也就是树中包含哪些预测变量(即图 7.1 中的 X_i)。最常见的是所有可用预测变量上的均匀分布。
- 切分规则的分布。也就是，一旦选择了一个切分用的预测变量，我们就使用该值做出决策(即图 7.1 中的 c_i)。这通常是可用值上的均匀分布。

---

1 节点深度被定义为距离根节点的距离。因此，根节点本身具有深度 0，其第一个子节点具有深度 1，以此类推。

7.3.3 叶结点值 μ_{ij} 和树数量 m 的先验

默认情况下，PyMC3 不会为叶节点的值设置先验，而是在采样算法的每次迭代中返回残差的平均值。

集成方法中决策树的数量 m 通常也是用户预定义的。实践表明，设置 $m = 200$ 甚至低至 $m = 10$ 的值都能获得良好的结果。此外，推断对于 m 的确切值来说可能非常鲁棒。因此，一般的经验法则是，多尝试一些 m 值，并执行交叉验证以选择最适合特定问题的值[1]。

7.4 拟合贝叶斯加性回归树

到目前为止，我们讨论了如何使用决策树编码分段函数，可以使用这些函数建模回归或分类问题。我们还讨论了如何为决策树指定先验。现在我们将讨论如何有效地对树进行采样，以便得到给定数据集的树的后验分布。有很多策略可以实现这一点，但本书重点不在于此。下面将只描述主要要素。

为了拟合 BART 模型，我们不能使用类似汉密尔顿蒙特卡罗的基于梯度的采样器，因为树空间是离散的，因此不适合梯度。为此，研究人员专门为树开发了 MCMC 和贯序蒙特卡罗 (Sequential Monte Carlo，SMC) 变体。PyMC3 中实现的 BART 采样器以贯序和迭代方式工作。简而言之，从一棵树开始并将其拟合到结果变量 Y，残差 R 计算为 $R = Y - g_0(X; \mathcal{T}_0, M_0)$。第二棵树拟合到 R，而不是 Y。然后考虑目前为止已经拟合的所有树的总和，并更新残差 R，$R - g_1(X; \mathcal{T}_0, M_0) + g_0(X; \mathcal{T}_1, M_1)$。一直如此迭代，直到拟合了 m 棵树。

此过程将产生后验分布的一个样本，该样本有 m 棵树。第一次迭代很容易导致次优树，主要原因是：第一次拟合的树的复杂性较高，并且可能会陷入局部最小值，最终，后续树的拟合会受到以前树的影响。当继续采样时，所有这些影响将趋于消失，因为采样方法会多次重复访问以前拟合过的树，并让它们有机会重新适应更新后的残差。事实上，在拟合 BART 模型时，一个常见的观测结果是，第一轮中的树往往更深，然后它们会逐步塌陷成较浅的树。

在文献中，特定的 BART 模型通常是为特定采样器量身定制的，因为它们依赖于共轭性。正因为如此，具有高斯似然的 BART 模型与具有泊松似然的 BART 模型不同。PyMC3 使用了一个基于粒子 Gibbs 采样器[93]的采样器，该采样器专门用于处理树。PyMC3 会自动将此采样器分配给 pm.BART 分布；如果模型中还存在其他随机变量，PyMC3 会为这些变量分配其他采样器(如 NUTS)。

7.5 自行车数据的 BART 模型

BART 模型如何拟合之前在第 5 章中研究过的自行车数据集？该模型将是：

---

1 原则上，我们可以完全用贝叶斯方法，并从数据中估计树的数量 m，但有研究表明，这并不总是最佳方法。为此需要进一步研究。

$$\mu \sim \text{BART}(m = 50)$$
$$\sigma \sim \mathcal{HN}(1) \tag{7.5}$$
$$Y \sim \mathcal{N}(\mu, \sigma)$$

用 PyMC3 构建 BART 模型与构建其他类型的模型非常相似，不同之处在于，为随机变量指定 pm.BART 时，既需要知道预测变量，也需要知道结果变量。主要原因在于：用于拟合 BART 模型的采样方法提出的新树在残差方面有所不同，如前节所述。

由此，PyMC3 模型如代码清单 7.1 所示。

代码清单 7.1

```
1 with pm.Model() as bart_g:
2     σ = pm.HalfNormal("σ", Y.std())
3     μ = pm.BART("μ", X, Y, m=50)
4     y = pm.Normal("y",μ, σ, observed=Y)
5     idata_bart_g = pm.sample(2000, return_inferencedata=True)
```

在展示拟合模型的最终结果之前，我们将稍微探索中间步骤。这会使我们更直观地了解 BART 模型的工作原理。图 7.4 显示了从代码清单 7.1 中模型计算的后验采样的树。在顶部，有 m=50 棵树中采样的 3 棵单独的树。树返回的实际值是实心点，线条是连接它们的辅助线。数据范围(每小时租用的自行车数量)大约是每小时租用 0~800 辆自行车。因此，即便这些图省略了数据，我们也可以看到拟合相当粗糙，并且这些分段函数在数据范围内大多是平坦的。这符合讨论树是弱学习器时的预期。鉴于我们使用了高斯似然，负计数值在模型中是被允许的。

在底部子图上有来自后验的样本，每个样本都是 m 棵树的和。

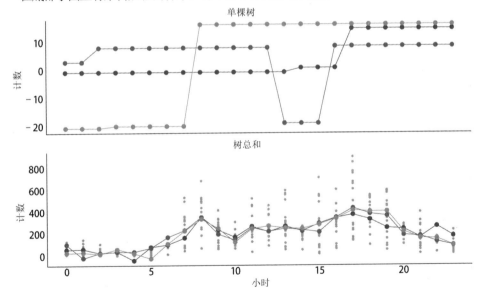

图 7.4　后验树实现。顶部图为从后验中抽取的 3 棵树。底部图为 3 个后验样本，每个样本都是 m 棵树的和。实际 BART 的采样值由圆圈表示，虚线起视觉辅助作用。小圆点(仅在底部图中)表示观测到的自行车租用数量

图 7.5 显示了将 BART 拟合到自行车数据集的结果(租用自行车的数量与一天中的小时数)。与使用样条线创建的图 5.9 相比，该图提供了类似的拟合。存在的明显差异是，BART 拟合锯

齿状特征更明显。同时也存在其他差异，如 HDI 的宽度。

　　BART 主题的文献倾向于强调其通常无须调优即可提供有竞争力的结果[1]。例如，与拟合样条相比，我们无须担心手动设置结点或选择先验来正则化结点。当然，也有人可能会争辩说，对于某些问题，能够调整结点或许有助于解决问题。这确实有道理。

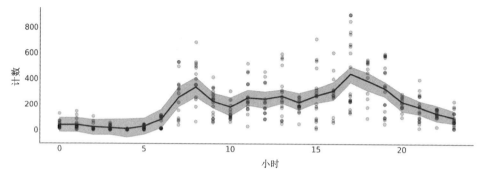

图 7.5　使用 BART(特别是 bart_model)拟合的自行车数据(黑点)。带阴影的曲线代表平均值参数的 94% HDI 区间，
蓝色曲线代表平均值的趋势。与图 5.9 进行比较

7.6　广义 BART 模型

　　BART 的 PyMC3 实现试图使得易于使用不同似然[2]，类似于在第 3 章中的广义线性模型。下面了解如何在 BART 中使用伯努利似然。对于这个例子，我们将使用空间流感疾病数据集，该流感主要影响年轻人和老年人，但不影响中年人。幸运的是，空间流感这一问题并不严重，因为它是完全虚构的。在此数据集中，记录了接受空间流感检测的人及检测结果，如确诊(1)还是健康(0)、受检者年龄等。使用代码清单 7.1 中具有高斯似然的 BART 模型作为参考，可以看出伯努利似然模型与之差别不大(见代码清单 7.2)。

代码清单 7.2

```
1 with pm.Model() as model:
2     μ = pm.BART("μ", X, Y, m=50,
3                 inv_link="logistic")
4     y = pm.Bernoulli("y", p=μ, observed=Y)
5     trace = pm.sample(2000, return_inferencedata=True)
```

　　首先，伯努利分布只有一个参数 p，因此不再需要定义 σ 参数。代码中对 BART 的定义有一个新参数 inv_link，这是指反向链接函数。我们需要将 μ 值限制在区间[0,1]内。为此，指示 PyMC3 使用逻辑函数，就像在第 3 章中对逻辑回归的操作。

　　图 7.6 显示了代码清单 7.2 中的模型采用 4 种 m 取值(2,10,20,50)时的 LOO 模型比较结果。图 7.7 显示了数据、拟合函数和 94% HDI 区间。可以看到，根据 LOO，$m = 10$ 和 $m = 20$ 提供

---

1 相同的文献通常表明，使用交叉验证调优树的数量和/或树的深度上的先验更为有益。

2 其他实现不太灵活，或者需要在后台进行调整才能实现。

了更好的拟合。这与目视检查的定性分析一致，因为 $m=2$ 明显欠拟合(ELPD 值很低，但样本内和样本外 ELPD 之间的差异并不大)，而 $m=50$ 似乎过拟合(ELPD 的值很低，样本内和样本外 ELPD 之间的差异很大)。

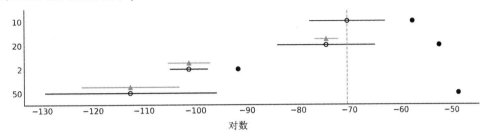

图 7.6 代码清单 7.2 中的模型采用 m 值为 2、10、20、50 时的 LOO 模型比较。根据 LOO 结果，$m=10$ 时提供了最佳拟合

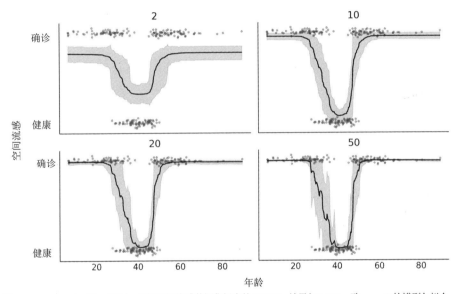

图 7.7 $m=(2、10、20、50)$ 时，根据空间流感数据集拟合的 BART。结果与 LOO 一致，$m=2$ 的模型欠拟合，而 $m=50$ 的模型存在过拟合问题

到目前为止，我们已经简要讨论了具有单个预测变量的回归。但实际上可以使用更多预测变量来拟合数据集。从 PyMC3 的实现角度看，这很容易，我们只需要传递一个包含多个预测变量的二维数组 X 即可。不过，多元预测变量带来了一些统计问题，例如：如何解释具有许多预测变量的 BART 模型？如何得出每个预测变量对结果的影响？在接下来的章节中，我们将回答这些问题。

7.7 BART 的可解释性

单棵决策树通常比较容易解释，但是当将多棵树加在一起时，情况就不同了。有人可能认为，添加树后得到了一些奇怪的、无法识别或难以表征的对象，但事实上树的总和也只是另一棵树。解释这种组装树的难点在于：对于复杂的问题，决策规则将很难掌握。这就像在钢琴上弹奏一首曲子，弹奏单个音符相当容易，但要想以悦耳的方式弹奏组合的音符，不仅带来丰富的音乐同时也使独立解释更为复杂。

我们仍然可以通过直接检查树的总和来获得一些有用信息(参见 7.8 节预测变量的选择)，但不如使用更简单的单棵树那样透明或有用。因此，为了解释 BART 模型的结果，我们通常依赖模型诊断工具[104,105]，例如一些用于多元线性回归和其他非参数模型的工具。我们将在下面讨论两个相关工具：部分依赖图[54]和个体条件期望图[68]。

7.7.1　部分依赖图

在 BART 主题的文献中，常采用一种被称为部分依赖图(Partial Dependence Plots，PDP)的方法(见图 7.8)。PDP 表示，在对其余预测变量的边际分布求平均的情况下，更改某个预测变量时结果变量的相应变化。也就是说，PDP 计算然后绘制：

$$\tilde{Y}_{Xi} = \mathbb{E}_{X_{-i}}[\tilde{Y}(X_i, X_{-i})] \approx \frac{1}{n}\sum_{j=1}^{n}\tilde{Y}(X_i, X_{-ij}) \tag{7.6}$$

其中，$\tilde{Y}_{X_i}$ 是在边际化除 X_i 以外的其他预测变量(X_{-i})基础上，关于 X_i 的函数，表示结果变量的值。通常 X_i 会是 1 个或 2 个预测变量构成的子集，因为通常难以在更高维度上绘图。

如式(7.6)所示，期望可以通过在(以观测数据 X_{-i} 为条件的)结果变量值上求平均来进行数值逼近。但注意，这意味着 X_i, X_{-ij} 中的某些组合可能与实际观测到的组合并不对应，甚至可能根本无法观测到某些组合。这类似于我们在第 3 章中介绍的反事实图。事实上，部分依赖图本身就是一种反事实方法。

图 7.8 显示了将 BART 模型拟合到合成数据后的 PDP：$Y \sim \mathcal{N}(0, 1)X_0 \sim \mathcal{N}(Y, 0.1)$ 和 $X_1 \sim \mathcal{N}(Y, 0.2)X_2 \sim \mathcal{N}(0, 1)$。可以看到 X_0 和 X_1 都与 Y 呈现线性关系，与合成数据的生成过程一致。此外，与 X_1 相比，X_0 对 Y 的影响更强，因为 X_0 的斜率更陡峭。由于预测变量尾部的数据比较稀疏(它们服从高斯分布)，因此这部分区域显示出了更高的不确定性，这也符合预期。最终，X_2 的贡献在变量 X_2 的整个区间内几乎可以忽略不计。

现在回到自行车数据集。这次使用 4 个预测变量对自行车的日租用数量(结果变量)进行建模，这 4 个预测变量分别是：一天的每小时、温度、湿度和风速。图 7.9 显示了拟合模型后的部分依赖图。可以看到：每小时的部分依赖图看起来与图 7.5 非常相似(该图是在没有其他变量的情况下做拟合获得的)。随着温度的升高，自行车的租用数量也增加了，但在某些点这种趋势趋于平稳。通过专业知识，我们可以推测这种模式大致是合理的，因为温度太低或太高时，人们不太会骑自行车。湿度呈平缓趋势，随后出现负增长，我们可以再次推断较高的湿度会降低人们骑自行车的意愿的原因。风速显示出更平坦的趋势，但我们仍然能够看到效果，似乎在大风条件下租用自行车的人较少。

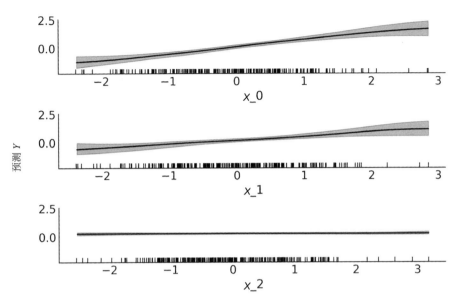

图 7.8　部分依赖图。在边际化其余变量(X_{-i})的影响的基础上，变量 X_i 对 Y 的部分影响。灰色区域代表 94% HDI。平均值和 HDI 区域都已做平滑处理(参见 plot_ppd 函数)。每个子图底部的垂线表示各预测变量的观测值所在位置

计算部分依赖图的一个基本假设是，变量 X_i 和 X_{-i} 之间不相关，因此可以基于边际分布求平均值。但在大多数实际问题中，情况并非如此简单，此时部分依赖图可能会隐藏数据中的某些关系。不过当所选变量子集之间的依赖性不是太强时，部分依赖图还是有用的[54]。

> **部分依赖的计算成本**
>
> 部分依赖图的计算要求很高。因为在变量 X_i 的每一点，我们都需要计算 n 个预测结果(其中 n 是样本量)。为了使 BART 能够获得预测 $\tilde{Y}$，需要首先对 m 棵树求和，以获得 Y 的点估计，然后还要对树的和的完整后验分布进行平均，以获得可信区间。这个过程需要相当多的计算！减少计算的一种方法是仅在 p 个点处评估 X_i($p \ll n$)。可以选择 p 个等间距点，也可以选择一些分位数。或者，如果我们不做 X_{-ij} 的边际化，而是将其固定在平均值上，这样可以实现显著的加速。当然，这也意味着信息的缺失，而且平均值有时并不能很好地代表分布。还有一个选择是对 X_{-ij} 进行二次采样，这对于大型数据集来说特别有用。

7.7.2　个体条件期望图

个体条件期望(Individual Conditional Expectation, ICE)图与 PDP 密切相关。不同之处在于，ICE 不绘制预测变量对结果变量的平均效应，而是绘制 n 条估计的条件期望曲线。也就是说，ICE 是一组曲线，其中每条曲线都反映了在固定了 X_{-ij} 的基础上，部分预测结果作为预测变量 X_i 的一个函数。有关示例如图 7.10 所示。如果在每个 X_{ij} 值处平均所有灰色曲线，则可以得到一条蓝色曲线，该曲线与图 7.9 中的平均值部分依赖图相同。

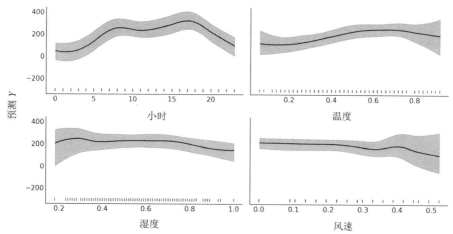

图 7.9　部分依赖图。小时、温度、湿度和风速对自行车日租用数量的部分贡献图(边际化了其余变量 X_{-i} 的影响)。灰色带状区域代表 94% HDI。平均值和 HDI 区域均已做平滑处理(请参见 plot_ppd 函数)。每个子图底部的垂线显示了每个预测变量的观测值位置

　　个体条件期望图最适合变量具有强交互作用的场景，当情况并非如此时，部分依赖图和个体条件期望图传达的信息是一致的。图 7.11 显示了一个示例，其中部分依赖图隐藏了数据中的关系，但个体条件期望图能够更好地表现它。该图是通过将 BART 模型拟合到合成数据集上生成的：$Y = 0.2\,X_0 - 5\,X_1 + 10\,X_1\mathbb{1}_{x_2 \geq 0} + \epsilon$，其中 $X \sim \mathcal{U}(-1, 1)$ $\epsilon \sim \mathcal{N}(0, 0.5)$。注意，$X_1$ 取值依赖于 X_2 的值。

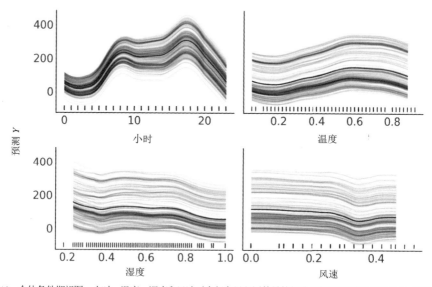

图 7.10　个体条件期望图。小时、温度、湿度和风速对自行车日租用数量的部分贡献图(固定其余变量 X_{-i} 的影响)。蓝色曲线对应于灰色曲线的平均值。所有曲线均已做平滑处理(参见 plot_ice 函数)。每个子图底部的垂线显示了每个预测变量的观测值位置

　　图 7.11 的左图绘制了 X_1 与 Y 的图。考虑到 Y 值随 X_1 线性增加或减少的关系依赖于 X_2 的值，

该图表现出了 X 形的模式。中间图显示了一个部分依赖图,根据图可以看出关系是平坦的,平均而言这是正确的,但隐藏了交互作用。右图为个体条件期望图,更好地揭示这种关系,因为每条灰色曲线代表了一个 $X_{0,2}$ 的值[1]。图中蓝色曲线是灰色曲线的平均值,虽然与部分依赖平均值曲线不完全相同,但显示了相同的信息[2]。

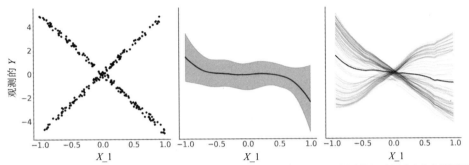

图 7.11　部分依赖图与个体条件期望图。左图为 X_1 和 Y 之间的散点图,中间图为部分依赖图,右图为个体条件期望图

7.8　预测变量的选择

当用多个预测变量拟合回归时,了解哪些预测变量更重要通常很有价值。在某些情况下,我们真的希望更好地了解不同变量如何得到特定输出。例如,哪些饮食和环境因素会导致结肠癌。此外,有时收集具有许多预测变量的数据集的经济成本可能太大,或需要花费太长时间,又或是在逻辑上过于复杂。例如,在医学研究中,观测大量来自人类的变量是昂贵、耗时或烦人的(甚至对患者来说是有风险的)。因此,我们最好在试验研究中观测很多变量,但在将此类分析扩展到更大人群时,主动减少变量的数量。在这种情况下,我们希望保留最小(最便宜、更方便获得)的变量集,但仍然能够提供较高的预测能力。BART 模型提供了一种非常简单且几乎无须计算的启发式方法来估计变量的重要性,它通过跟踪预测变量被用于切分的次数来判断变量的重要性。例如,在图 7.1 中有两个切分节点,一个为变量 X_1,另一个为 X_2,因此对于这个决策树而言,两个变量同等重要。如果有两个 X_1 一个 X_2,则 X_1 的重要性是 X_2 的两倍。对于 BART 模型,变量重要性是通过对 m 棵树和所有后验样本平均来计算的。注意,通过这个简单的启发式方法,只能得到相对重要性,因为不能简单地说某个变量优于另一个变量。

为了进一步简化解释,我们可以报告归一化的值,因此每个值都在区间[0,1]内,总重要性为 1。很容易将这些数字解释为后验概率,但这只是一个简单的启发式方法,没有强大的理论支撑,或者说,它还没有被很好地理解[97]。

图 7.12 显示了已知生成过程的 3 个不同数据集中相对的变量重要性。

---

1 该符号表示变量(X_0, X_2),即不包括 X_1。

2 ICE 曲线和平均部分相关曲线的均值略有不同。这是由于这些图绘制方式的内部细节,包括我们对后验样本或观察结果进行平均的顺序。真正重要的是一般特征,例如,在这种情况下,两条曲线基本上都平坦。此外,为了加快计算速度,我们在 10 个等距点上对 X_1 进行评估,以获得部分依赖,并对 $X_{0,2}$ 进行二次采样,用于计算个体条件期望图。

- $Y \sim \mathcal{N}(0, 1)$ $X_0 \sim \mathcal{N}(Y, 0.1)$ 和 $X_1 \sim \mathcal{N}(Y, 0.2)$ $X_{2:9} \sim \mathcal{N}(0, 1)$。只有前两个输入的变量与预测变量无关，而第一个比第二个相关性更强。

- $Y = 10\sin(\pi X_0 X_1) + 20(X_2 - 0.5)^2 + 10 X_3 + 5 X_4 + \epsilon$，其中 $\epsilon \sim \mathcal{N}(0, 1)$、$X_{0:9} \sim \mathcal{U}(0, 1)$，这通常被称为弗里德曼的五维测试函数[54]。注意，虽然前五个随机变量(不同程度地)与 Y 相关，但后五个不相关。

- $X_{0:9} \sim \mathcal{N}(0, 1)$、$Y \sim \mathcal{N}(0, 1)$。所有变量都与结果变量无关。

可以从图 7.12 中看到增加树的数量 m 的效果。一般来说，随着 m 的增加，相对重要性的分布往往会变得平坦。这是一个众所周知的结果，且具有直观的解释。随着 m 的值增加，我们要求每棵树的预测能力都降低，这意味着不太相关的特征更有可能成为给定树的一部分。相反，如果减少 m 的值，我们对每棵树的要求会更高，这会导致变量之间更严格的竞争也成为树的组成部分，因此只有真正重要的变量才会包含在最终的树中。

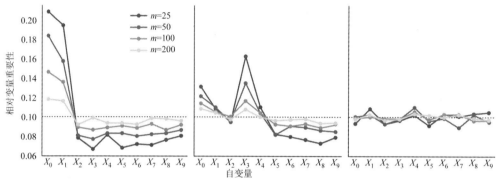

图 7.12　相对变量重要性。左图中，前两个输入变量对预测变量有贡献，其余是噪声。中间图中，前五个变量与输出变量有关。右图中，10 个输入的变量与预测变量完全无关。如果所有变量都同等重要，黑色虚线表示变量重要性的值

图 7.12 之类的图可用于区分更重要的变量与不太重要的变量[35,31]。可以查看 m 从低值转移到高值的过程中会发生什么。如果相对重要性降低，则变量更重要；如果变量重要性增加，则变量不那么重要。例如，在第一个图中，很明显对于不同的 m 值，前两个变量比其他变量重要得多。对于前五个变量，可以从第二个子图得出类似的结论。在最后一个子图上，所有变量都同样(不)重要。

这种评估变量重要性的方法可能很有用，但也存在问题。在某些情况下，为变量重要性设置置信区间，而不仅仅是点估计，会有所帮助。可以通过使用相同的参数和数据多次运行 BART 实现这一点。然而，缺乏将重要变量与不重要变量分开的明确阈值，可能被视为问题。目前已经提出了一些替代方法[31,20]。其中一种方法可以总结如下：

(1) 使用较小的 m 值(如 25)[1]多次拟合模型(大约 50 次)，记录均方根误差。

(2) 删除所有 50 次运行中信息最少的变量。

(3) 重复(1)和(2)，每次在模型中删除一个变量。一旦达到模型中指定数量的预测变量(不一定是 1)，就停止迭代。

(4) 选择平均均方根误差最小的模型。

---

1 最初的建议是 10，但依靠我们用 PyMC3 实现 BART 的经验，m 值低于 20 或 25 可能会有问题。

根据 Carlson[31]的说法，此过程似乎总是返回与创建像图 7.12 的图相同的结果。人们可以争辩说这是更自动的方法(具有自动决策的所有优点和缺点)，没有什么理由能阻止我们运行自动化程序，并将其绘图结果用于可视化检查。

我们回到具有小时、温度、湿度和风速 4 个预测变量的自行车租赁示例。从图 7.13 中，可以看到小时和温度与自行车租用数量之间的预测关系，比湿度或风速相关性更强。还可以看到，变量重要性的顺序与部分依赖图(见图 7.9)和个体条件期望图(见图 7.10)的结果一致。

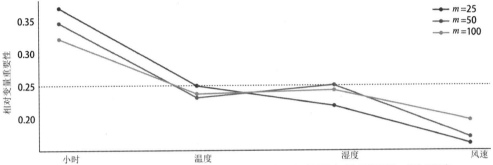

图 7.13　具有不同树数量的拟合后 BART 的相对变量重要性。小时是最重要的预测变量，其次是温度。
湿度和风速似乎是不太相关的预测变量

7.9　PyMC3 中 BART 的先验选择

与本书中的其他模型相比，BART 是"黑盒"。要想生成 BART 模型，就不能任意设置先验。相反，需要通过一些参数来控制预定义的先验。PyMC3 允许使用 3 个参数来控制 BART 的先验。

- 树的数量 m
- 树的深度 α
- 切分变量的分布

我们已经看到了改变树数量的效果，这被证明可以为 50~200 的值提供可靠的预测。还有很多例子表明使用交叉验证来确定这个数字可能是有益的。我们还可以看到，通过扫描 m 寻找相对较低的值(如 25~100 的值)，能够评估变量的重要性。我们没有费心去改变 $\alpha = 0.25$ 的默认值，因为此调整似乎影响更小，但是仍然需要研究来更好地理解这个先验[134]。与 m 一样，交叉验证也可用于调优它以提高效率。最后，PyMC3 提供了传递权重向量的选项，因此不同变量具有不同被选中的先验概率。当用户有证据表明某些变量可能比其他变量更重要时，这很有用，否则最好保持均匀分布。已经提出了更复杂的基于狄利克雷的先验[1]来实现这一目标，并在需要归纳稀疏性时允许更好的推断。当我们有很多预测变量，但只有少数可能起作用，且事先不知道哪些最相关时，该先验非常有用。这种情况比较常见，例如，在基因研究中，观测数百或更多基因的活性相对容易，但它们之间的关系不仅未知，而且是科学家研究的目标。

---

1 这可能会在 PyMC3 的未来版本中添加。

大多数 BART 实现都是在单个软件库中完成的，在某些情况下甚至面向特定的子学科。它们通常不是概率编程语言的一部分，因此用户不应过多地调整 BART 模型。因此，即使可以直接为 m 设置先验，在实践中通常也不建议这样做。相反，BART 相关的文献鼓励在默认参数下的良好性能，同时认识到可以使用交叉验证来获得额外的收益。PyMC3 中的 BART 实现稍微偏离了这一传统，允许了一些额外的灵活性，但与高斯、泊松分布，甚至像高斯过程这样的非参数分布相比，这种灵活性仍然非常有限。预计会很快出现更灵活的 BART 软件实现，以允许用户构建灵活且针对问题的模型，与概率编程语言类似。

7.10　练习

7E1. 解释以下各项

(a) BART 与线性回归和样条有何不同？

(b) 何时在 BART 上使用线性回归？

(c) 何时在 BART 上使用样条？

7E2. 至少再画两棵树，用来解释图 7.1 中的数据。

7E3. 绘制一棵树，使其内部节点比图 7.1 中的内部节点多一个，并保持解释数据的效果不变。

7E4. 绘制一棵决定每天早上穿着的决策树。标记叶节点和根节点。

7E5. BART 需要哪些先验？解释 BART 模型中先验的作用是什么，解释这与我们在前几章中讨论的模型中的先验作用有何异同。

7E6. 用你自己的话解释：为什么多棵小树拟合模式的效果比一棵大树好？这两种方法的区别是什么？有什么权衡？

7E7. 下面提供了一些数据。对于每个数据，使用 $m = 50$ 的 BART 模型拟合。绘制拟合结果，包括数据。描述结果。

(a) x = np.linspace(−1, 1., 200)，y = np.random.normal(2∗x, 0.25)

(b) x = np.linspace(−1, 1., 200)，y = np.random.normal(x∗∗2, 0.25)

(c) 选择你喜欢的函数。

(d) 将结果与第 5 章的练习 **5E4** 进行比较。

7E8. 计算用于生成图 7.12 的数据集的 PDP。比较从变量重要性度量和 PDP 中获得的信息。

7M9. 对于租赁自行车的例子，我们使用高斯作为似然。当计数数量很大时，该值较为合理逼近，但仍然会带来一些问题，例如预测租赁自行车的数量为负(例如，在夜间，当观察到的租赁自行车数量接近于零时)。为了解决这个问题并改进我们的模型，可以尝试其他似然。

(a) 使用泊松似然(提示：需要使用反向链接函数，请检查 pm.Bart 文档字符串)。该拟合与书中的例子有何不同？该拟合是否更好？若是，表现在哪些方面？

(b) 使用 NegativeBinomial 似然，该拟合与前两种有什么不同？请解释结果。

(c) 这个结果与第 5 章中的结果有何不同？你能解释一下区别吗？

7M10. 使用 BART 重做我们在 3.4.2 节中执行的第一个企鹅分类示例(即，使用

"bill_length_mm" 作为协变，使用 "Adelie" 和 "Chistrap" 作为结果)。尝试不同的 m 值，如 4、10、20 和 50，并像我们在书中所做的那样选择合适的值。将结果与图 3.19 中的拟合进行直观比较。你认为哪种模型性能最好？

7M11. 使用 BART 重做我们在 3.4.2 节中执行的企鹅分类。设置 $m = 50$，并使用协变 "bill_length_mm" "bill_depth_mm" "flipper_length_mm" "body_mass_g"。

使用部分依赖图和个体条件期望。不同的协变量对于识别 "Adelie" 和 "Chistrap" 物种的概率有何影响？

重新拟合模型，但这一次只使用 3 个协变 "bill_depth_mm" "flipper_length_mm" "body_mass_g"。其结果与使用 4 个协变量的结果有何差别？说明理由。

7M12. 使用 BART 重做我们在 3.4.2 节中执行的企鹅分类。用协变 "bill_length_mm" "bill_depth_mm" "flipper_length_mm" "body_mass_g" 构建模型并评估其相对变量重要性。将结果与上一练习的 PDP 进行比较。

第8章
逼近贝叶斯计算

在本章中，我们讨论逼近贝叶斯计算(Approximate Bayesian Computation, ABC)。ABC 中的 A "逼近" 指缺乏显式的似然函数，而非 MCMC 或变分推断等后验逼近推断方法。ABC 方法的另一个常见并且更明确的名称是无似然方法。有些学者认为这两个术语之间存在区别，有些学者则认为二者可以互换使用。

当没有明确的似然表达式时，ABC 方法可能会非常有用，但需要有一个能够生成合成数据的参数化模拟器。这个模拟器有一个或多个未知参数，我们想知道哪一组参数生成的合成数据足够接近观测数据，然后再计算这组参数的后验分布。

ABC 方法越来越广泛应用于生物科学中，特别是在系统生物学、流行病学、生态学和群体遗传学等子领域[146]。但其也可用于其他领域，因为 ABC 能够提供一种灵活的方式解决许多实际问题。应用的多样性也反映在 ABC 的 Python 软件库中[52,96,85]。不过，额外的逼近层也带来了一系列困难，主要是：在缺乏似然的情况下，"足够接近" 到底指什么？如何能够实际计算一个逼近的后验？

我们将在本章中从一般性角度讨论这些挑战。对于有兴趣将 ABC 方法应用于自身问题的读者，强烈建议用自己领域的例子补充本章内容。

8.1 超越似然

根据贝叶斯定理[式(1.1)]，要计算后验，需要两个基本成分：先验和似然。但是，对于某些特定问题，可能无法以解析形式表达似然，或者计算似然的成本过高。这对于贝叶斯热爱者来说，似乎难以解决。但如果能够以某种方式生成合成数据，情况可能就会有所不同。这种合成数据生成器通常被称为模拟器。从 ABC 方法的角度来看，模拟器就是一个黑盒，我们在一侧输入参数值，并从另一侧获取模拟数据。这里的复杂性在于：不确定哪些输入参数足以生成与观测数据相似的合成数据。

所有 ABC 方法共有的基本概念是：将似然替换成 δ 函数，该函数能够计算某种距离，或者更一般地说，能够计算观测数据 Y 与合成数据 $\hat{Y}$(由参数化模拟器 Sim 生成)之间的某种差异。

$$\hat{Y} \sim \text{Sim}(\theta) \tag{8.1}$$

$$p(\theta \mid Y) \underset{\approx}{\propto} \delta(Y, \hat{Y} \mid \epsilon)\, p(\boldsymbol{\theta}) \tag{8.2}$$

我们的目标是使用函数 δ 获得足够好的逼近似然：

$$\lim_{\epsilon \to 0} \delta(Y, \hat{Y} \mid \epsilon) = p(Y \mid \boldsymbol{\theta}) \tag{8.3}$$

我们需要引入一个容差参数 ϵ，因为对于大多数问题，生成与观测数据 Y 相等的合成数据集 $\hat{Y}$ 几乎不可能[1]。ϵ 值越大，我们对 Y 和 $\hat{Y}$ 之间的逼近容差程度就以使其达到足够接近的程度。一般来说，对于给定问题，ϵ 值越大，对后验的逼近越粗略。下文将介绍示例。

在实践中，数据样本量(或维度)越大，找到足够小的距离函数 δ 值将越困难[2]。一个简单的解决方案是增加 ϵ 的值，但这意味着增加了逼近误差。因此，更好的解决方案可能是使用一个或多个统计量 S，并计算数据汇总信息之间的距离，而不是合成数据集和真实数据集之间的距离。

$$\delta\left(S(Y), S(\hat{Y}) \mid \epsilon\right) \tag{8.4}$$

当然，使用统计量会给 ABC 带来额外的误差，除非该统计量对于模型参数 θ 来说是充分统计量。但是，并非所有情况都能满足这种要求。尽管如此，不充分统计量在实践中仍然非常有用，并常被使用。

在本章中，我们将探讨一些不同的距离和统计量，重点关注经过验证的一些方法。但一定要清楚，ABC 涉及许多不同领域、不同类型的模拟数据，因此此类方法很难一概而论。此外，相关文献大量涌现，因此本书将专注于构建必要的知识、技能和工具，使你易于将 ABC 方法的基本原理应用于新问题。

充分统计量

如果除了某个统计量，从同一样本计算的其他统计量无法提供有关该样本的更多信息，则该统计量对于模型参数而言是充分的，被称为充分统计量。换句话说，该统计量能够充分总结你的样本而不会缺失信息。例如，给定一个独立同分布样本，其取自具有期望值 μ 和已知有限方差的正态分布，样本的平均值对于参数 μ 来说是一个充分统计量。注意，平均值无法说明离散度，因此其仅对参数 μ 是充分的。众所周知，对于独立同分布数据，具有充分统计量且维度与 θ 相同的唯一一分布来自指数族分布[88,89,90,91]。对于其他类型的分布，充分统计量的维度会随着样本量的增加而增加。

8.2   逼近的后验

执行逼近贝叶斯计算的最基础方法是进行拒绝采样。我们将用图 8.1 以及对算法的描述来逐步解释，如下所示。

(1) 从先验分布中抽取 θ 的值。

---

1 对于离散变量则可以，特别是当它们只取几个可能的值时适用。
2 这是维度诅咒的另一种表现。有关详细说明，请参见 11.8 节。

(2) 将该值传递给模拟器并生成合成数据。

(3) 如果合成数据的距离 δ 较 ϵ 更近，则保留提出的 θ，否则拒绝它。

(4) 重复直到获得所需数量的样本。

ABC 拒绝采样器的主要缺点是：如果先验分布与后验分布相差太大，我们提出的大部分值都将被拒绝。因此，更好的办法是从接近真实后验的分布中提出建议值。但通常来说，我们对后验的了解不够，无法手动执行此操作，但可以使用贯序蒙特卡罗(Sequential Monte Carlo, SMC) 方法来实现。SMC 是一种通用采样方法，就像 MCMC 方法一样。SMC 也适用于执行 ABC，并被称为 SMC-ABC。有关 SMC 方法，详见 11.9 节。但要理解本章，暂时只需要知道 SMC 是通过在 s 个连续阶段中逐步增加辅助参数 β 的值实现的{$\beta_0 = 0 < \beta_1 < ... < \beta_s = 1$}。具体操作是：从先验($\beta = 0$)开始采样，直到到达后验($\beta = 1$)。因此，可以将 β 视为一个逐渐开启似然的参数。β 的中间值由 SMC 方法自动计算。数据相对于先验的信息越多且(/或)后验几何形态越复杂，则 SMC 所采取的中间步骤就越多。图 8.2 显示了一个假设的中间分布序列，从浅灰色的先验到蓝色的后验都包括在内。

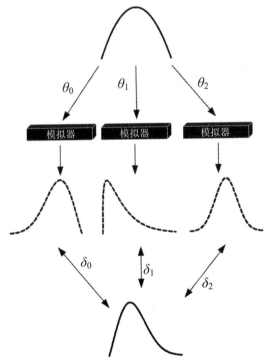

图 8.1　ABC 拒绝采样器的一个步骤。从先验分布(顶部)中抽取一组 θ 值。将每个值都传递给模拟器，模拟器生成合成数据集(虚线分布)，然后比较合成数据与观测数据(底部的分布)。在这个例子中，只有 θ_1 能够生成一个与观测数据足够接近的合成数据集，因此 θ_0 和 θ_2 被拒绝。注意，如果仅使用统计量，则需要在第 2 步之后、第 3 步之前，计算合成数据和观测数据的统计量，而不是计算整个数据集

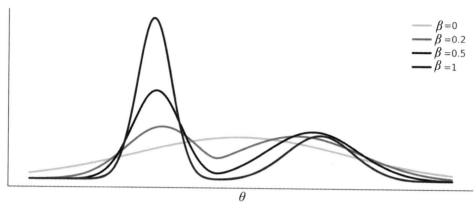

图 8.2 SMC 采样器探索的预测调整后验序列，从浅灰色的先验(β=0)到蓝色的真实后验(β=1)都包括在内。开始时较低的 β 值有助于防止采样器卡在最大值中

8.3 用 ABC 逼近拟合一个高斯

先尝试一个简单示例：从平均值为 0、标准差为 1 的高斯分布数据中估计平均值和标准差。对于这个问题，我们可以拟合模型：

$$\mu \sim \mathcal{N}(0, 1)$$
$$\sigma \sim \mathcal{HN}(1) \tag{8.5}$$
$$s \sim \mathcal{N}(\mu, \sigma)$$

用 PyMC3 编写此模型的方法见代码清单 8.1。

代码清单 8.1

```
1 with pm.Model() as gauss:
2     μ = pm.Normal("μ", mu=0, sigma=1)
3     σ = pm.HalfNormal("σ", sigma=1)
4     s = pm.Normal("s",μ, σ, observed=data)
5     trace_g = pm.sample()
```

使用 SMC-ABC 的等效模型见代码清单 8.2。

代码清单 8.2

```
1 with pm.Model() as gauss:
2     μ = pm.Normal("μ", mu=0, sigma=1)
3     σ = pm.HalfNormal("σ", sigma=1)
4     s = pm.Simulator("s", normal_simulator, params=[μ, σ],
5                      distance="gaussian",
6                      sum_stat="sort",
7                      epsilon=1,
8                      observed=data)
9     trace_g = pm.sample_smc(kernel="ABC")
```

可以看到代码清单 8.1 和代码清单 8.2 之间有两个重要的区别：

- 使用了 pm.Simulator 分布。

- 使用 pm.sample_smc(kernel="ABC")代替了 pm.sample( )。

通过使用 pm.Simulator，我们使得 PyMC3 不对似然使用解析表达式，而是定义一个伪似然。此时需要传递一个生成合成数据的 Python 函数，本例中为 normal_simulator 以及其参数。代码清单 8.3 给出了此函数的定义，样本大小为 1000，未知参数为 μ 和 σ。

代码清单 8.3

```
1 def normal_simulator(μ, σ):
2    return np.random.normal(μ, σ , 1000)
```

我们还需要向 pm.Simulator 传递其他可选参数，包括距离函数 distance、统计量信息 sum_stat 和容差参数ϵ的值 epsilon(下文将进一步介绍这些参数)。此外，还要将观测数据以常规似然形式传递给模拟器分布。

通过使用 pm.sample_smc(kernel="ABC")[1]，我们使 PyMC3 在模型中查找 pm.Simulator 并使用它定义伪似然，其余的采样过程与 SMC 算法中描述的相同。当 pm.Simulator 存在时，其他采样器将无法运行。

最后一个要素是 normal_simulator 函数。原则上我们可以使用任何 Python 函数，实际上甚至可以封装非 Python 代码，如 Fortran 或 C 代码。这就是 ABC 方法的灵活性所在。在本例中，模拟器只是一个 NumPy 随机生成器函数的封装器。

与其他采样器一样，建议运行多个链，以便诊断采样器是否无法正常工作，PyMC3 将尝试自动执行此操作。图 8.3 显示了使用两条链运行代码清单 8.2 的结果。可以看到，我们能够恢复真实参数，并且采样器没有出现任何明显的采样问题。

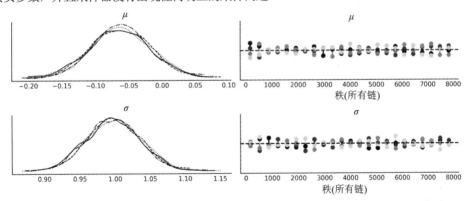

图 8.3 如预期的 $\mu \approx 0$ 和 $\sigma \approx 1$，两条链都支持 KDE 和秩图反映的后验。注意，这两条链都是通过运行 2000 个并行 SMC 链/粒子获得的，如 SMC 算法中所述

8.4 选择距离函数、ϵ和统计量

如何定义有效的距离函数、统计量和ϵ取决于待解决的问题。这意味着我们应该在获得结果

---

[1] 默认 SMC 内核为 "metropolis"。详见 11.9 节。

之前进行一些试验，尤其是在遇到新问题时更是如此。像往常一样，事先对方案做充分思考有助于减少备选的数量；不过我们也应该习惯于进行试验，因为其有助于更好地理解问题，并对超参数做出更明智的抉择。在接下来的几节中，我们将讨论一些比较通用的指南。

8.4.1 选择距离函数

上例中，我们使用了默认距离函数 distance="gaussian" 来运行代码清单 8.2，其定义为：

$$\sum_i -\frac{||X_{oi} - X_{si}||^2}{2\epsilon_i^2} \tag{8.6}$$

式(8.6)中，X_o 是观测数据，X_s 是模拟数据，ϵ 是其缩放参数。我们称式(8.6)为高斯的，因为它在对数尺度上是高斯内核[1]。我们使用对数尺度计算伪似然，就像对实际似然(和先验)所处理的一样[2]。$||X_{oi} - X_{si}||^2$ 是欧几里得距离(也称为 L2 范数)，因此也可以将式(8.6)描述为加权欧几里得距离。这是当前研究中较为常用的选择，其他选择还有：在 PyMC3 中被称为拉普拉斯距离的 L1 范数(绝对差的和)；L∞范数(差的最大绝对值)；马氏距离：$\sqrt{(xo - xs)^T \Sigma (xo - xs)}$，其中 Σ 为协方差矩阵。

高斯、拉普拉斯等距离可以应用于整个数据，或者应用于统计量。此外，还专门引入了一些能够避免统计量计算、但效果也很好的距离函数[117,83,13]。我们将介绍其中的 Wasserstein 距离和 KL 散度。

在代码清单 8.2 中，我们使用了 sum_stat="sort"[3]，这使得 PyMC3 在计算式(8.6)之前对数据进行排序。这相当于计算一维 2-Wasserstein 距离，如果为此使用 L1 范数，则将得到一维 1-Wasserstein 距离。当然，也可以为大于 1 的维度定义 Wasserstein 距离[13]。

在计算距离之前对数据排序，会使分布之间的比较更加公平。例如，假设有两个完全相等的样本，但是一个从低到高排序，另一个是从高到低排序。此时应用式(8.6)这样的指标，会得出"两个样本不同"的结论。但如果先排序而后计算距离，会得出"两个样本相同"的结论。这是一个非常极端的场景，但有助于阐明数据排序的原理。此外，对数据进行排序的前提是假设我们只关注数据分布，不关注数据顺序；否则的话，做排序处理会破坏数据的结构。一个典型的例子见第 6 章中的时间序列。

为了避免定义和计算统计量而引入的另一个距离是 KL 散度(参见 11.3 节)。通常使用以下表达式来逼近计算 KL 散度[117,83]。

$$\frac{d}{n} \sum \left(-\frac{\log(\frac{\nu_d}{\rho_d})}{\epsilon} \right) + \log\left(\frac{n}{n-1}\right) \tag{8.7}$$

式(8.7)中，d 是数据集的维度(变量或特征的数量)，n 是观测数据点的数量。ν_d 包含观测数据到模拟数据的 1-最近邻距离，ρ_d 包含观测数据到自身的 2-最近邻距离(注意，如果你将数据集与其自身进行比较，则 1-最近邻距离永远为零)。由于该方法涉及最近邻搜索的 2n 次操作，

---

1 类似于高斯分布，但没有归一化项 $\frac{1}{\sigma\sqrt{2\pi}}$。

2 这是 PyMC3 进行的操作，其他包可能不同。

3 即使当 PyMC3 使用 sum_stat="sort" 作为统计量时，排序也不是真正的统计量，因为我们仍然在使用整个数据。

因此通常使用 k-d 树来实现[12]。

8.4.2　选择ϵ

在许多 ABC 方法中，ϵ参数用作硬阈值，生成距离大于ϵ的样本的参数 θ 值将被拒绝。此外，ϵ可以是用户必须设置的递减值列表，或者算法自适应找到的结果[1]。

在 PyMC3 中，采用的ϵ是距离函数的尺度，就像在式(8.6)中一样，所以不能用作硬阈值。可以根据需要设置ϵ。可以选择一个标量值(相当于将所有 i 的ϵ_i设置为相等)。这在评估数据上的距离而不是统计量上的距离时非常有用。在此情况下，合理猜测可能是数据的经验标准差。如果我们改为使用统计量，那么可以将ϵ设置为值列表。这通常是必要的，因为每个统计量可能具有不同的尺度。如果尺度差异太大，那么每个统计量的影响将是不均衡的，甚至可能出现单个统计量主导距离计算的情况。在此情况下，ϵ的一个常用选择是在先验预测分布下的第 i 个统计量的经验标准差，或中值绝对差，因为这样选择相对于异常值来说更为鲁棒。使用先验预测分布的问题之一是，其可能比后验预测分布更宽，因此，为了找到一个合适的ϵ值，我们可能希望将上述有依据的猜测作为上限，然后从这些值中尝试一些较低的值。然后可以根据计算成本、所需的精度/误差水平和采样器的效率等几个因素来选择ϵ的最终值。一般来说，ϵ的值越低，逼近值就越好。图 8.4 显示了 μ 和 σ 的几个ϵ阈值设置以及 NUTS 采样器的森林图(使用正态似然而不是模拟器)。

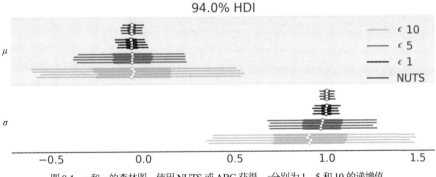

图 8.4　μ 和 σ 的森林图，使用 NUTS 或 ABC 获得，ϵ分别为 1、5 和 10 的递增值

减小ϵ的值并非毫无限制，因为过低的值有时会使采样器非常低效，表明准确度水平没有太大意义。图 8.5 显示了当来自代码清单 8.2 的模型以 epsilon = 0.1 的值进行采样时，SMC 采样器难以收敛，采样器非常失败。

为了能够为ϵ确定一个合理的值，可以使用一些非 ABC 方法中的模型评价工具，例如贝叶斯 p 值和后验预测检查，如图 8.6、图 8.7 和图 8.8 所示。图 8.6 包含值$\epsilon = 0.1$，主要是为了展示校准不佳的模型。但在实践中，如果获得像图 8.5 中的秩图，我们应该停止分析计算得到的后验，并重新检查模型定义。此外，对于 ABC 方法，还应检查超参数ϵ的值、选择的统计量或距离函数。

1　方式类似于前文 SMC/SMC-ABC 算法描述中的 β 参数。

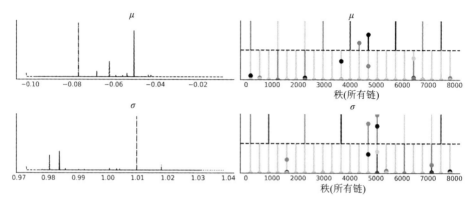

图 8.5　模型 trace_g_001 的 KDE 和秩图，收敛失败表明$\epsilon = 0.1$ 的取值对于该问题来说太低

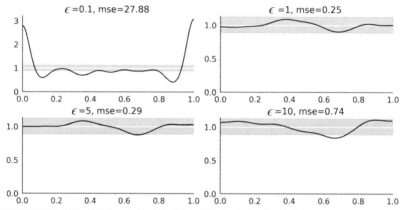

图 8.6　ϵ 值递增的边际贝叶斯 p 值分布。对于一个校准良好的模型，应该预期一个均匀分布。可以看到$\epsilon = 0.1$ 的校准很糟糕，这不难预测，因为ϵ 的值太低。对于ϵ 的所有其他值，分布看起来较为均匀，并且均匀性水平随着ϵ 的增加而降低。mse 值是预期均匀分布和计算的 KDE 之间的(缩放的)平方差

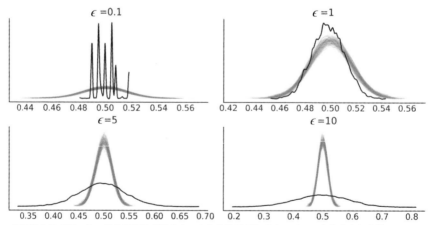

图 8.7　ϵ 值递增的贝叶斯 p 值。蓝色曲线是观测分布，灰色曲线是预期分布。对于一个校准良好的模型，我们期望分布集中在 0.5 左右。可以看到$\epsilon = 0.1$ 的校准很糟糕，这不难预测，因为ϵ 的值太低了。可以看到$\epsilon = 1$ 的结果最好

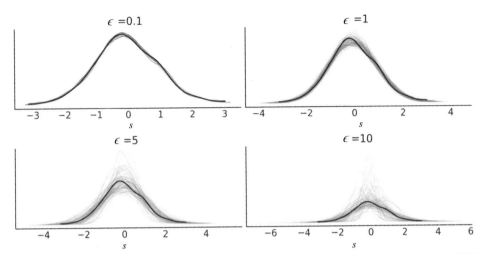

图 8.8　ϵ 递增时的后验预测检查。蓝色曲线是观测分布，灰色曲线是预期分布。令人惊讶的是，从 $\epsilon = 0.1$ 中似乎得到了一个很好的调整，但是我们知道来自该后验的样本不可信。这是一个非常简单的例子，我们完全靠运气得到了正确答案。这是一个有失真实的例子。实际上这是最糟糕的！如果我们只考虑具有看起来合理的后验样本的模型(即不是 $\epsilon = 0.1$)，则可以看到 $\epsilon = 1$ 的结果最好

8.4.3　选择统计量

选择统计量可能比选择距离函数更难，并且会产生更大的影响。因此，许多研究都集中在这个主题上，从不需要统计量的距离[83,13]到选择统计量的策略[144]。

一个好的统计量在低维度和信息量之间达到平衡。当我们没有足够统计量数据时，很容易因添加大量统计量数据而过度补偿。直觉是信息越多越好。然而，增加统计量的数量实际上会降低逼近后验的质量[144]。对此的一种解释是，通过增加统计量的数量，从计算数据的距离转为计算统计量的距离，导致减少维度，因此违背了本意。

在一些领域，如群体遗传学，ABC 方法非常普遍，人们开发了大量有用的统计量数据[10,9,127]。一般来说，建议你查看你正在研究的应用领域的文献以了解已有研究，因为前人很有可能已经尝试并测试了许多替代方案。

如有疑问，可以遵循上一节中的相同建议来评估模型拟合，即秩图、贝叶斯 p 值、后验预测检查等，并在必要时尝试替代方案(见图 8.5~图 8.8)。

8.5　g–and–k 分布

一氧化碳(CO)是一种无色、无味的气体，大量吸入有害甚至致死。当某物燃烧时会产生这种气体，尤其是在氧气含量低的情况下更是如此。世界上的许多城市通常会监测一氧化碳等气体含量，如二氧化氮(NO_2)，以评估空气污染程度和空气质量。在城市中，一氧化碳的主要来源是汽车以及其他燃烧化石燃料的车辆或机械。图 8.9 显示了 2010—2018 年布宜诺斯艾利斯市的一个站点观测的每日 CO 水平的直方图。正如所见，数据似乎略微向右偏。此外，数据显示了

一些非常高的观测值。底部子图省略了 3 到 30 之间的 8 个观测值。

为了拟合这些数据,将引入单变量 g-and-k 分布。这是一个含有 4 个参数的分布,能够描述具有高偏态和/或高峰度的数据[151,129]。g-and-k 分布的密度函数没有解析表达式,并且通过其分位数函数(即累积分布函数的逆函数)进行定义。

$$a + b \left(1 + c \tanh\left[\frac{gz(x)}{2}\right]\right) \left(1 + z(x)^2\right)^k z(x) \tag{8.8}$$

式(8.8)中,z 是标准正态累积分布函数的逆函数,$x \in (0, 1)$。

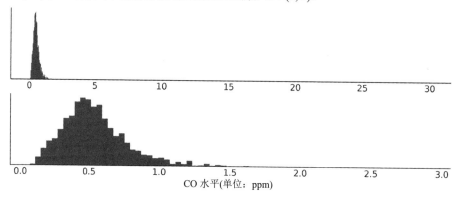

图 8.9 CO 水平的直方图。顶部子图显示整个数据,底部子图省略了大于 3 的值

参数 a、b、g 和 k 分别为位置、尺度、偏态和峰度参数。如果 g 和 k 均为 0,则恢复具有平均值 a 和标准差 b 的高斯分布。$g > 0$ 给出正(右)偏态,$g < 0$ 给出负(左)偏态。参数 $k \geqslant 0$ 给出的尾部比正态分布长,而 $k < 0$ 的尾部比正态分布短。a 和 g 可以取任何实数值。通常将 b 限制为正数并且 $k \geqslant -0.5$ 或有时 $k \geqslant 0$ (即尾部与高斯分布中的尾部一样重或更重)。此外,通常固定 $c = 0.8$。有了所有这些限制,可以保证得到一个严格递增的分位数函数[129],而这正是连续分布函数的标志。

代码清单 8.4 定义了 g-and-k 分位数分布。我们省略了 cdf 和 pdf 的计算,因为涉及太多额外内容,而且在我们的例子中暂时用不到[1]。虽然 g-and-k 分布的概率密度函数可以用数值方法推算[129,126],但使用反演方法从 g-and-k 模型中进行模拟更直接和快速[49,126]。为了实现反演方法,我们对 $x \sim u(0, 1)$ 进行采样并替换式(8.8)。代码清单 8.4 展示了如何在 Python 中执行此操作,图 8.10 展示了 g-and-k 分布的示例。

代码清单 8.4

```
1 class g_and_k_quantile:
2     def __init__(self):
3         self.quantile_normal = stats.norm(0, 1).ppf
4
5     def ppf(self, x, a, b, g, k):
6         z = self.quantile_normal(x)
7         return a + b * (1 + 0.8 * np.tanh(g*z/2)) * ((1 + z**2)**k) * z
8
9     def rvs(self, samples, a, b, g, k):
```

---

1 在 Prangle[126]中,你将看到一个 R 包的描述,其中包含许多用于 g-and-k 分布的函数。

```
10      x = np.random.normal(0, 1, samples)
11      return ppf(self, x, a, b, g, k)
```

要使用 SMC-ABC 拟合 g-and-k 分布，可以使用高斯距离和 sum_stat = "sort"，如高斯示例。或者，也可以考虑为这个问题量身定制的统计量。参数 a、b、g 和 k 分别与位置、尺度、偏态和峰度相关联。因此，可以用这些量的鲁棒估计作为新的专用统计量[49]。

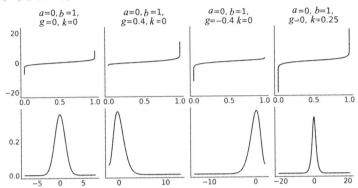

图 8.10　第一行显示了分位数函数，也称为累积分布函数的逆函数。给定一个分位数值，它会返回代表该分位数的变量值。例如，如果你有 $P(X \leqslant x_q) = q$，则将 q 传递给分位数函数可以得到 x_q。图中第二行显示了(逼近的)pdf。对于此示例，使用核密度估计可以直接从代码清单 8.4 生成的随机样本中计算得到 pdf

$$
\begin{aligned}
sa &= e4 \\
sb &= e6 - e2 \\
sg &= (e6 + e2 - 2 * e4)/sb \\
sk &= (e7 - e5 + e3 - e1)/sb
\end{aligned}
\tag{8.9}
$$

式(8.9)中，e1 到 e7 是八分位数，即将样本分成 8 个子集的分位数。

如果注意，可以看到 sa 是中位数，sb 是四分位数范围，它们分别作为位置和离散度的鲁棒估计量。sg 和 sk 看起来有点模糊，但它们分别是偏态[104]和峰度[105]的鲁棒估计量。更具体来说，对于对称分布，e6 - e4 和 e2 - e4 将具有相同的数量级但符号相反，此时 sg 将为零。而对于偏态分布，e6 - e4 将大于 e3 - e4 或相反。当 e6 和 e2 附近的概率质量减少时(即当质量从分布的中心部分移到尾部时)，sk 的分子项在增加。而 sg 和 sk 中的分母都充当了归一化因子。

综合分析后，可以使用 Python 为问题创建新的统计量，如代码清单 8.5 所示。

代码清单 8.5

```
1 def octo_summary(x):
2     e1, e2, e3, e4, e5, e6, e7 = np.quantile(
3         x, [.125, .25, .375, .5, .625, .75, .875])
4     sa = e4
5     sb = e6 - e2
6     sg = (e6 + e2 - 2*e4)/sb
7     sk = (e7 - e5 + e3 - e1)/sb
8     return np.array([sa, sb, sg, sk])
```

现在需要定义一个模拟器，只需要将之前在代码清单 8.4 中定义的 g_and_k_quantile()函数的 rvs 方法封装即可(见代码清单 8.6)。

代码清单 8.6

```
1 gk = g_and_k_quantile()
2 def gk_simulator(a, b, g, k):
3     return gk.rvs(len(bsas_co), a, b, g, k)
```

在定义了统计量和模拟器并导入数据之后，就可以定义模型。对于这个例子，基于所有参数都限制为正的事实，可以使用弱信息先验。CO 水平不能取负值，因此 a 为正值；g 也预计为 0 或正值，因为大部分水平观测值预计为"低"，只有某些观测值较大。我们也可以合理假设参数很有可能低于 1(见代码清单 8.7)。

代码清单 8.7

```
1 with pm.Model() as gkm:
2     a = pm.HalfNormal("a", sigma=1)
3     b = pm.HalfNormal("b", sigma=1)
4     g = pm.HalfNormal("g", sigma=1)
5     k = pm.HalfNormal("k", sigma=1)
6
7     s = pm.Simulator("s", gk_simulator,
8     params=[a, b, g, k],
9                     sum_stat=octo_summary,
10                    epsilon=0.1,
11                    observed=bsas_co)
12
13    trace_gk = pm.sample_smc(kernel="ABC", parallel=True)
```

图 8.11 显示了拟合后 gkm 模型的配对图。

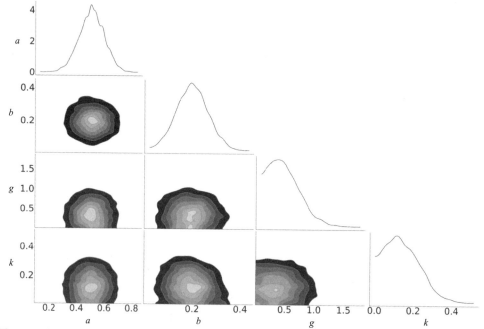

图 8.11   分布略微偏态，并且具有一定程度的峰度。如预期的那样，少量的 CO 水平比其他大部分情况要高出一到两个数量级。可以看到 b 和 k(略微)相关。这也是可预期的，因为随着尾部密度(峰度)的增加，离散度会同时增加。但如果 k 增加，g-and-k 分布可以保持 b 较小。这可以看作 k 在吸收部分离散度，类似于在学生 t 分布中使用的尺度和 ν 参数的情况

8.6　逼近移动平均

移动平均(Moving-Average，MA)模型是建模单变量时间序列的常用方法(参见第 6 章)。MA(q)模型指定输出变量线性依赖于随机项 λ 的当前值和 q 个历史值，q 被称为 MA 模型的阶数。

$$y_t = \mu + \lambda_t + \theta_1 \lambda_{t-1} + \cdots + \theta_q \lambda_{t-q} \tag{8.10}$$

式(8.10)中，λ 是高斯噪声误差项[1]。

这里将使用 Marin et al.[98]中的示例模型。在该例中，使用平均值为 0 的 MA(2)模型(即 μ=0)，模型如下所示：

$$y_t = \lambda_t + \theta_1 \lambda_{t-1} + \theta_2 \lambda_{t-2} \tag{8.11}$$

代码清单 8.8 显示了此模型的 Python 模拟器。在图 8.12 中，可以看到 θ_1=0.6、θ_2=0.2 时该模拟器的两个实现。

代码清单 8.8

```
1 def moving_average_2(θ1, θ2, n_obs=200):
2     λ = np.random.normal(0, 1, n_obs+2)
3     y = λ[2:] + θ1*λ[1:-1] +θ2*λ[:-2]
4     return y
```

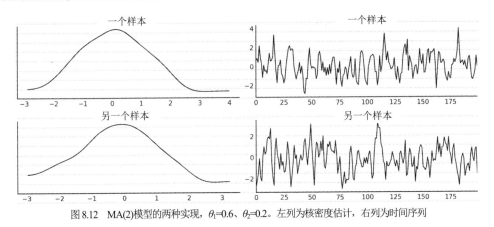

图 8.12　MA(2)模型的两种实现，θ_1=0.6、θ_2=0.2。左列为核密度估计，右列为时间序列

理论上，我们可以尝试任何距离函数和/或统计量来拟合 MA(q)模型，但此处我们不会这样做，而是使用 MA(q)模型的一些属性作为指导。MA(q)模型的一个重要属性是其自相关性。理论表明，对于 MA(q)模型，大于 q 的滞后效应为零，因此对于 MA(2)，使用滞后 1 和滞后 2 的自相关函数作为统计量似乎也是合理的(见图 8.13)。此外，为了避免计算数据的方差，我们将使用自协方差函数而不是自相关函数(见代码清单 8.9)。

---

1 在文献中，常用 ε 表示这些项，但我们希望避免与 SMC-ABC 采样器中的参数 ϵ 相混淆。

代码清单 8.9

```
1 def autocov(x, n=2):
2    return np.array([np.mean(x[i:] * x[:-i]) for i in range(1, n+1)])
```

此外，除非引入一些约束，否则 MA(q)模型是不可识别的。对于 MA(1)模型，约束为 $-1 < \theta_1 < 1$。对于 MA(2)，约束为 $-2 < \theta_1 < 2$、$\theta_1 + \theta_2 > -1$ 和 $\theta_1 - \theta_2 < 1$。这意味着需要从一个三角形中采样，如图 8.14 所示。

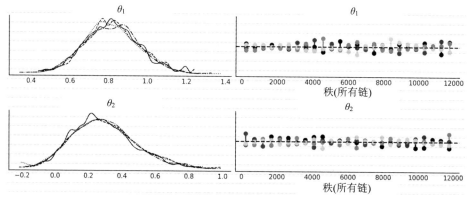

图 8.13　MA(2)模型的 ABC 轨迹图。如预期的那样，真实参数被恢复，秩图看起来非常平坦

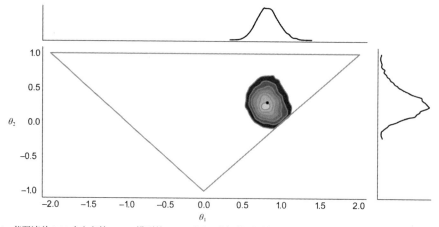

图 8.14　代码清单 8.10 中定义的 MA(2)模型的 ABC 后验。中间的子图为 θ_1 和 θ_2 的联合后验分布，两侧为其边际分布；灰色的三角形代表先验分布；平均值用黑色的点表示

结合自定义的统计量和可识别约束的 ABC 模型见代码清单 8.10。

代码清单 8.10

```
1 with pm.Model() as m_ma2:
2    θ1 = pm.Uniform("θ1", -2, 2)
3    θ2 = pm.Uniform("θ2", -1, 1)
4    p1 = pm.Potential("p1", pm.math.switch(θ1+θ2 > -1, 0, -np.inf))
5    p2 = pm.Potential("p2", pm.math.switch(θ1-θ2 < 1, 0, -np.inf))
6
7    y = pm.Simulator("y", moving_average_2,
8                params=[θ1, θ2],
```

```
9              sum_stat=autocov,
10             epsilon=0.1,
11             observed=y_obs)
12
13   trace_ma2 = pm.sample_smc(3000, kernel="ABC")
```

pm.Potential 方法不需要向模型添加新变量，即可将任意项合并到(伪)似然。如本例，引入约束特别有用。在代码清单 8.10 中，如果 pm.math.switch 中的第一个参数为真，则将 0 与似然相加，否则为 - ∞。

8.7　在 ABC 场景中做模型比较

ABC 方法经常用于模型选择。虽然已经提出了许多模型比较方法[144,8]，但此处将重点讨论两种方法：贝叶斯因子法(包括与 LOO 的比较)和随机森林法[127]。

与参数推断一样，在模型比较中统计量的选择至关重要。当使用模型的预测结果评估多个模型时，如果它们都做出了大致相同的预测，则我们无法轻易选择其中任何一个模型。相同的理念可以应用于(含统计量的)ABC 场景下的模型比较和选择。如果使用平均值作为统计量，而模型预测的平均值相同，那么此统计量将不足以区分模型的优劣。我们应该花更多时间思考是什么让模型与众不同。

8.7.1　边际似然与 LOO

用于为 ABC 方法做模型比较的一个常见量是边际似然。通常这种比较采用边际似然比的形式，即贝叶斯因子。如果贝叶斯因子的值大于 1，则分子中的模型优于分母中的模型，反之亦然。在 11.7.2 节中，我们将讨论有关贝叶斯因子的更多细节，包括其注意事项。其中一个是：边际似然通常难以计算。幸运的是，SMC 方法和扩展的 SMC-ABC 方法能够将边际似然的计算转变成采样的副产品。PyMC3 中的 SMC 计算并保存轨迹中的对数边际似然，因此可以通过执行 trace.report.log_marginal_likelihood 来访问对数边际似然的值。通过 trace.report.log_marginal_likelihood，我们可以获取其值。考虑到该值采用对数刻度，因此在计算贝叶斯因子时可以这样做(见代码清单 8.11)：

代码清单 8.11

```
1 ml1 = trace_1.report.log_marginal_likelihood
2 ml2 = trace_2.report.log_marginal_likelihood
3 np.exp(ml1 - ml2)
```

当使用统计量时，通常不能用 ABC 方法得出的边际似然来比较模型[131]，除非统计量对于模型比较来说是充分的。这一点会导致问题出现，因为除了一些形式化示例或特定模型，没有通用的指南确保模型的充分性[131]。如果使用所有数据(即不依赖统计量)，则不存在问题[1]。这类似于 11.7.2 节中的讨论：计算边际似然通常比计算后验困难得多。即使我们设法找到了足以计

---

1 记住 sum_stat="sort"实际上不是一个统计量，因为我们使用的是整个数据集。

算后验的统计量，也不能保证它对模型比较也有效。

为了更好地理解边际似然在 ABC 方法中的表现，现在分析一个简短的试验。该试验中还包含 LOO，因为我们认为 LOO 是比边际似然和贝叶斯因子更好的整体指标。

试验的基本方法是将具有显式似然的模型的对数边际似然值、使用 LOO 计算的值与 ABC 模型(采用含统计量和不含统计量的模拟器)的值进行比较。结果显示在图 8.15 中，模型见代码清单 8.1 和代码清单 8.2。边际(伪)似然值由 SMC 和 LOO 值(调用 az.loo()函数)的乘积计算得出。注意，LOO 是在逐点的对数似然值上定义的，而在 ABC 逼近中，我们只能获取逐点的对数伪似然值。

从图 8.15 中可以看到，通常 LOO 和对数边际似然的结果相似。从第一列中可以看到，model_1 始终被选为比 model_0 更好(这里越高越好)。模型之间的对数边际似然的差(斜率)较 LOO 更大，这可以解释为"边际似然的计算明确考虑了先验，而 LOO 仅通过后验间接进行"，详见 11.7.2 节。即使 LOO 值和边际似然值因样本而异，它们也会存在比较一致的表现。我们可以从 model_0 和 model_1 之间线的斜率看到这一点。虽然线的斜率并不完全相同，但非常相似。这是模型选择方法的理想表现。如果我们比较 model_1 和 model_2，可以得出类似的结论。另外，注意两种模型对于 LOO 基本上无法区分，而边际似然反映了更大的差异。同理，原因是 LOO 仅从后验计算，而边际似然直接考虑先验。

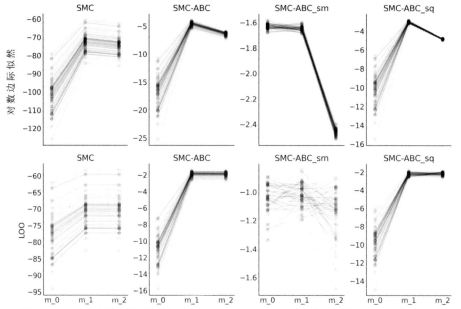

图 8.15　模型 m_0 与式(8.5)中描述的模型相似，但具有 $\sigma \sim \mathcal{HN}(0.1)$。model_1 与式(8.5)相同。model_2 与式(8.5)相同，但使用 $\sigma \sim \mathcal{HN}(10)$。第一行对应于对数边际似然值，第二行对应于 LOO 计算的值。各列分别对应于贯序蒙特卡罗方法(SMC)、使用完整数据集的 SMC-ABC、使用平均值统计量的 SMC-ABC(SMC-ABC_sm)、使用平均值和标准差统计量的 SMC-ABC(SMC-ABC_sq)。我们共进行了 50 次试验，每次试验的样本量为 50

图中第二列显示了 ABC 方法的效果。我们仍然选择 model_1 作为更好的模型，但现在 model_0 的离散度比 model_1 或 model_2 的离散度要大得多。此外，现在得到了相互交叉的线。

综合起来，这两个观测似乎表明我们仍然可以使用 LOO 或对数边际似然来选择最佳模型，但是相对权重值(例如由 az.compare()计算的值或贝叶斯因子)，则具有较大的变化。

第三列显示了使用平均值作为统计量时的情况。现在模型 model_0 和 model_1 看起来差不多，但 model_2 看起来比较糟糕。它几乎就像前一列的镜面图。这表明当使用含统计量的 ABC 方法时，对数边际似然和 LOO 可能无法提供合理的答案。

第四列显示了使用平均值和标准差作为统计量时的情况。我们看到，可以定性地恢复对整个数据集使用 ABC(第二列)时观测到的表现。

> **关于伪似然的尺度**
>
> 注意，y 轴上的比例是不同的，尤其是跨列时。原因有两个：当使用 ABC 逼近时，我们使用按 ϵ 缩放的核函数来逼近似然；当使用统计量时，我们正在减小数据的大小。另注意，如果增加平均值或分位数等统计量的样本量，则该大小将保持不变，即无论从 10 次还是 100 次观测中计算平均值，结果都是相同的。

图 8.16 可以帮助我们理解图 8.15 中讨论的内容，建议你自行分析这两个图。当前我们将重点关注两个结果：首先，在执行 SMC-ABC_sm 时，我们有充分的平均值统计量，但没有关于数据离散度的信息，因此参数 a 和 σ 的后验不确定性基本上由先验控制。注意 model_0 和 model_1 对于 μ 的估计值非常相似，而 model_2 的不确定性非常大。其次，关于参数 σ，model_0 的不确定性非常小，model_1 的不确定性应该更大，model_2 的不确定性大得离谱。综上所述，我们可以理解为什么对数边际似然和 LOO 表明 model_0 和 model_1 差不多，但 model_2 却非常不同。而基本上，SMC-ABC_sm 无法很好地拟合！因此使用 SMC-ABC_sm 计算的对数边际似然和 LOO 与使用 SMC 或 SMC-ABC 计算的结果相矛盾。如果使用平均值和标准差(SMC-ABC_sq) 作为统计量，我们可以部分恢复使用完整数据集 SMC-ABC 时的表现。

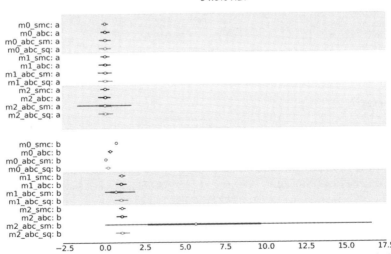

图 8.16 模型 m_0 与式(8.5)中描述的模型相似，但具有 $\sigma \sim \mathcal{HN}(0.1)$。model_1 与式(8.5)相同。model_2 与式(8.5)相同，但使用 $\sigma \sim \mathcal{HN}(10)$。第一行包含边际似然值，第二行包含 LOO 值。图中的列表示计算这些值的不同方法，分别是：贯序蒙特卡罗(SMC)、使用完整数据集的 SMC-ABC、使用平均值作为统计量的 SMC-ABC(SMC-ABC_sm)、使用平均值和标准差统计量的 SMC-ABC(SMC-ABC_sq)。我们进行了 50 次试验，每次试验的样本量为 50

　　图 8.17 和图 8.18 显示了类似的分析，但 model_0 是几何模型，而 model_1 是泊松模型。数据服从移位的泊松分布 $\mu \sim 1 + \text{Pois}(2.5)$。我们将这些图的分析留给读者作为练习。

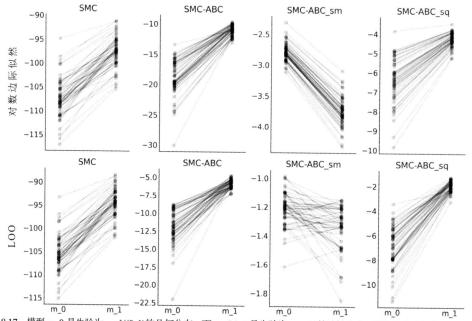

图 8.17　模型 m_0 是先验为 $p \sim \mathcal{U}(0,1)$ 的几何分布，而 model_1 是先验为 $\mu \sim \varepsilon(1)$ 的泊松分布。数据服从移位的泊松分布 $\mu \sim 1 + \text{Pois}(2.5)$。贯序蒙特卡罗(SMC)、使用完整数据集的 SMC － ABC、使用平均值作为统计量的 SMC － ABC(SMC － ABC_sm)、使用平均值和标准差统计量的 SMC － ABC(SMC － ABC_sq)。我们进行了 50 次试验，每次试验的样本量为 50

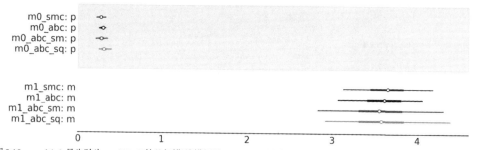

图 8.18　model_0 是先验为 $p \sim \mathcal{U}(0,1)$ 的几何模型/模拟器，model_1 是先验为 $p \sim \text{Expo}(1)$ 的泊松模型/模拟器。第一行包含边际似然值，第二行包含 LOO 值。各列表示计算这些值的不同方法：贯序蒙特卡罗(SMC)、使用完整数据集的 SMC － ABC、使用平均值作为统计量的 SMC － ABC(SMC － ABC_sm)、使用平均值和标准差统计量的 SMC － ABC(SMC － ABC_sq)。我们进行了 50 次试验，每次试验的样本量为 50

　　在有关 ABC 的文献中，常使用贝叶斯因子来尝试将相对概率分配给模型，而这在某些领域是有价值的。所以我们想提醒相关从业者：在 ABC 框架下这种做法存在一些潜在问题，特别是在实际应用中使用统计量比不使用统计量的情况要普遍得多。模型比较仍然有用，主要是在采用更具探索性的方法以及在模型比较之前执行模型批判以改进或丢弃明显错误指定的模型时更是如此。这是在本书中为非 ABC 方法采用的一般方法，因此我们认为将其扩展到 ABC 框架也很自然。本书中也更倾向于使用 LOO 而不是边际似然。尽管目前尚缺少有关 ABC 方法中 LOO 优缺点的研究，但我们仍然认为 LOO 对 ABC 方法有用。请继续关注未来的研究动态！

模型批判和模型比较

虽然总是会出现一些错误指定，但模型比较可以帮助我们更好地理解模型及其错误指定。只有在我们证明模型对数据提供了合理的拟合之后，才应该进行模型比较。比较明显未拟合的模型没有太大意义。

8.7.2 模型选择与随机森林

我们在 8.7.1 节中讨论的一些注意事项推动了 ABC 框架下模型选择新方法的研究。其中一种替代方法是将模型选择问题重新定义为随机森林分类问题[127][1]。随机森林是一种基于许多决策树的组合进行分类和回归的方法，它与第 7 章中的 BART 密切相关。

该方法的主要思想是：最可能的模型可以从先验或后验预测分布的模拟样本中通过构建随机森林分类器获得。在原始论文中，作者使用了先验预测分布，但也提到：对于更高级的 ABC 方法，可以使用其他分布。此处，我们将使用后验预测分布。模拟数据在参考表中进行了排序，参见表 8.1。其中每一行是来自后验预测分布的一个样本，每一列是 n 个统计量之一。我们使用这个参考表训练分类器，任务是在给定统计量值的情况下正确分类模型。要注意，用于模型选择的统计量和用于计算后验的统计量不一定相同。事实上，建议包括更多的统计量信息。一旦分类器训练完成，我们就使用和参考表中相同的 n 个统计量作为其输入，不过这次统计量的值应用于观测数据。分类器预测的模型将是最佳模型。

此外，还可以计算最佳模型相对于其他模型的逼近后验概率。同理，可以使用随机森林来实现，但这次使用回归，将错误分类的错误率作为结果变量，将参考表中的统计量作为自变量[127]。

表 8.1 对于 m 个模型中的每个模型，我们从后验(或先验)预测分布计算样本。然后，将最多 n 个汇总统计应用于这些样本。在 ABC 主题文献中，这被称为参考表，它是我们用来训练随机森林模型的训练数据集

Model	S^0	S^1	...	S^n
0			...	
0			...	
...	...	...	...	...
1			...	
1			...	
...			...	
m			...	

8.7.3 MA 模型的模型选择

我们回到移动平均的例子，这次将重点关注以下问题。MA(1) 和 MA(2) 中选择哪个更好？

---

1 也可以选择其他分类器，但作者决定使用随机森林。

为了回答这个问题，我们将使用 LOO(基于逐点伪似然值)和随机森林。MA(1)模型如代码清单 8.12 所示：

代码清单 8.12

```
1 with pm.Model() as m_ma1:
2     θ1 = pm.Uniform("θ1", -1, 1)
3     y = pm.Simulator("y", moving_average_1,
4                      params=[θ1], sum_stat=autocov, epsilon=0.1, observed=y_obs)
5     trace_ma1 = pm.sample_smc(2000, kernel="ABC")
```

为了比较使用 LOO 的 ABC 模型，不能直接使用 az.compare 函数。需要首先创建一个带有 log_likelihood 组的 InferenceData 对象，详见代码清单 8.13[1]。此比较结果汇总在表 8.2 中，可以看到 MA(2)模型是首选，与预期一致。

代码清单 8.13

```
1 idata_ma1 = az.from_pymc3(trace_ma1)
2 lpll = {"s": trace_ma2.report.log_pseudolikelihood}
3 idata_ma1.log_likelihood = az.data.base.dict_to_dataset(lpll)
4
5 idata_ma2 = az.from_pymc3(trace_ma2)
6 lpll = {"s": trace_ma2.report.log_pseudolikelihood}
7 idata_ma2.log_likelihood = az.data.base.dict_to_dataset(lpll)
8
9 az.compare({"m_ma1":idata_ma1, "m_ma2":idata_ma2})
```

表 8.2 比较结果汇总

	rank	loo	p_loo	d_loo	weight	se	dse	warning	loo_scale
model_ma2	0	- 2.22	1.52	0.00	1.0	0.08	0.00	True	log
model_ma1	1	- 3.53	2.04	1.31	0.0	1.50	1.43	True	log

要使用随机森林法，可以使用本书随附代码中包含的 select_model 函数。为了使该函数可用，需要传递一个包含模型名称和轨迹的元组列表、一个统计量列表和观测数据。此处将使用前 6 个自相关作为统计量。选择这些统计量有两个原因：第一，表明可以使用一组不同于拟合数据的统计量；第二，表明可以混合有用的统计量(前两个自相关)和不是非常有用的统计量(其余的)。请记住，根据理论，对于一个 MA(q)过程，最多有 q 个自相关。对于复杂问题，例如群体遗传学问题，使用数百甚至数万个统计量数据的情况并不少见[38]，见代码清单 8.14。

代码清单 8.14

```
1 from functools import partial
2 select_model([(m_ma1, trace_ma1), (m_ma2, trace_ma2)],
3              statistics=[partial(autocov, n=6)],
4              n_samples=5000,
5              observations=y_obs
```

select_model 返回最佳模型的索引值(从 0 开始)和该模型估计得出的后验概率。对于示例，得到模型 0 的概率为 0.68。至少在这个例子中，LOO 和随机森林法的模型选择，甚至模型间的

---

1 在 PyMC 的未来版本中，pm.sample_smc 将返回具有正确组的 InferenceData 对象。

相对权重都一致。

8.8　为 ABC 选择先验

没有解析似然使得更加难以得到良好模型，因此 ABC 方法通常比其他逼近解更脆弱。因此，我们应格外小心一些建模的选择，包括先验选择和比有明确似然时更严谨的模型评估。这些都是为获得逼近似然而必须付出的成本。

在 ABC 方法中更仔细地选择先验，可能比在其他方法中更有价值。如果在逼近似然时会缺失信息，那我们希望通过使用包含更多信息先验来进行部分补偿。此外，更好的先验通常会使我们免于浪费计算资源和时间。对于 ABC 拒绝方法，使用先验作为采样分布，这是显而易见的。但对于 SMC 方法也是如此，特别是模拟器对输入参数比较灵敏时更是如此。例如，当使用 ABC 推断常微分公式时，某些参数组合可能难以进行数值模拟，从而导致模拟速度极慢。在 SMC 和 SMC-ABC 的加权采样过程中使用模糊先验会导致出现另一个问题：在对调整后验进行评估时，除了少数先验样本外，几乎所有样本的权重都非常小。这导致 SMC 粒子在几个步骤后变为零行列(因为只选择了少数权重较大的样本)。这种现象称为权重崩塌，这也是粒子方法的一个众所周知的问题[17]。良好的先验可以降低计算成本，从而在一定程度上允许使用 SMC 和 SMC-ABC 拟合更复杂的模型。除了提供信息性更强的先验和在本书中讨论过的有关先验选择/评估的内容，我们暂时没有针对 ABC 方法的进一步推荐。

8.9　练习

8E1. 用你的话解释 ABC 是如何逼近的？逼近什么对象或量？如何逼近？

8E2. 在 ABC 的背景下，与拒绝抽样相比，SMC 试图解决的问题是什么？

8E3. 编写一个 Python 函数来计算高斯核，如式(8.6)所示，但不求和。从同一分布中生成两个大小为 100 的随机样本。使用实现的函数计算这两个随机样本之间的距离。你将得到两个大小为 100 的分布。使用 KDE 图、平均值和标准差表示差异。

8E4. 如果在代码清单 8.2 的 gauss 模型中，使用 sum_stat = "identity"，那么在采样器的精度和收敛性方面，你期望的结果是什么？解释理由。

8E5. 使用 sum_stat="identity"重新拟合代码清单 8.2 中的 gauss 模型。使用以下方法评估结果：

(a) 轨迹图

(b) 等级图

(c) $\hat{R}$

(d) 参数μ和σ的平均值和 HDI

将结果与书中示例(即使用 sum_stat = "sort")的结果进行比较。

8E6. 使用五分位数作为汇总统计，重新拟合代码清单 8.2 中的 gauss 模型。

(a) 结果与书中的示例相比如何？

(b) 尝试 epsilon 的其他值。选择 1 的效果如何？

8E7. 使用 g_and_k_quantile 类从参数 $a=0$, $b=1$, $g=0.4$, $k=0$ 的 g-and-k 分布生成样本($n=500$)。然后使用 gkm 模型，使用 3 个不同的 ϵ 值(0.05, 0.1, 0.5)拟合模型。你认为哪个 ϵ 值最适合这个问题？使用诊断工具帮助你回答此问题。

8E8. 使用上一练习的样本和 gkm 模型。使用汇总统计 octo_summary、octile-vector(即分位数 0.125、0.25、0.375、0.5、0.625、0.75、0.875)和 sum_stat = "sorted"来拟合。将结果与已知参数值进行比较，哪个选择提供精度较高而不确定性较低？

8M9. 在 GitHub 仓库中，你将找到一个科学论文引用分布的数据集。使用 SMC-ABC 对该数据集拟合 g-and-k 分布。执行所有必要步骤，为"epsilon"找到合适的值，并确保模型收敛，且结果提供合适的拟合。

8M10. Lotka-Volterra 是一个众所周知的生物模型，描述了当存在捕食者-猎物交互时，两个物种的个体数量如何变化[112]。基本上，随着猎物数量的增加，捕食者有更多的食物，这导致捕食者数量的增加。但大量的捕食者会导致猎物数量减少，这反过来又会导致捕食者数量的减少，因为食物变得稀缺。在某些条件下，这会导致两个种群的稳定循环模式。在 GitHub 仓库中，你将找到一个具有未知参数的 Lotka-Volterra 模拟器和数据集 Lotka-Volterra_00。假设未知参数为正。使用 SMC-ABC 模型确定参数的后验分布。

8H11. 仍以 Lotka-Volterra 为例。数据集 Lotka-Volterra_01 包括捕食者-猎物的数据，在某一时刻，由于疾病突然导致猎物数量锐减。扩展模型以允许存在一个"切换点"，即标记两个不同的捕食者-猎物动态的点(以及两组不同的参数)。

8H12. 这个练习基于 Rasmus Bååth 提出的袜子问题。问题如下：我们从洗衣房拿出 11 只袜子，让我们惊讶的是，它们都是独一无二的。也就是说，没有成对的袜子。我们洗的袜子总数是多少？假设洗衣房里既有成对的袜子，也有不成对的袜子。我们的同类袜子不超过两个。也就是说，我们每种袜子都有 1 只或 2 只。

假设袜子的数量遵循 NB(30, 4.5)。不成对袜子的比例符合 Beta(15, 2)

生成一个适合此问题的模拟器，并创建一个 SMC-ABC 模型，以计算袜子数量、不成对袜子的比例和成对袜子的数量的后验分布。

第9章
端到端贝叶斯工作流

一些餐厅提供一种被称为试菜菜谱的用餐方式。在这种用餐方式中，为客人提供一系列精选的菜肴，通常从前菜开始，然后是汤、沙拉、肉食，最后是甜点。要创造这种体验，单靠菜谱将无济于事。厨师负责使用良好的判断力来确定选择特定的菜谱，准备每一道菜，并将过程组织为一个整体，以无可挑剔的质量和呈现方式，为客人创造能留下深刻印象的体验。

同样的想法也适用于贝叶斯分析。仅有数学和代码的一本书可能没什么用处。随意使用各种技术的统计学家也不会有所成就。成功的统计学家必须能够识别预期结果，确定所需技术，并通过一系列步骤来实现该结果。

9.1 工作流、上下文和问题

通常，所有烹饪菜谱都遵循类似结构：选择食材，通过一种或多种方法加工，最后组装出菜。具体如何做则取决于用餐者。如果用餐者想要三明治，那么食材包括番茄和面包，同时还要准备加工用的刀具。如果用餐者想要番茄汤，则仍然需要番茄，但还需要一个炉子来加工。对周围环境的考虑也很重要，如果在野餐时准备饭菜，而且没有炉子，那么从零开始做汤似乎不太可能。

在较高层面上，执行贝叶斯分析与烹饪菜谱有一些相似之处，但只是表面的。贝叶斯数据分析过程通常是迭代的，并且各个步骤以非线性方式执行。此外，贝叶斯分析过程更难以提前知道获得良好结果所需的确切步骤。贝叶斯数据分析过程也被称为贝叶斯工作流[64]，其简化版本显示在图 9.1 中。贝叶斯工作流模型构建的 3 个步骤包括：推断、模型检查/改进、模型比较。在此场景下，模型比较的目的不仅限于选择最佳模型，更重要的是能够帮助我们更好地理解模型。贝叶斯工作流(而不仅仅是贝叶斯推断)非常重要，有以下几个原因。贝叶斯计算可能具有挑战性，通常需要对可选模型进行探索和迭代，以获得我们可以信任的推断结果。对于复杂问题，通常我们无法提前知道想要拟合什么模型，即使知道，我们仍然想了解拟合的模型及其与数据的关系。所有贝叶斯分析所需的一些共同要素反映在图 9.1 中，包括：对数据和先验(或领域)知识的需求、用于处理数据的技术、总结结果的报告等等。

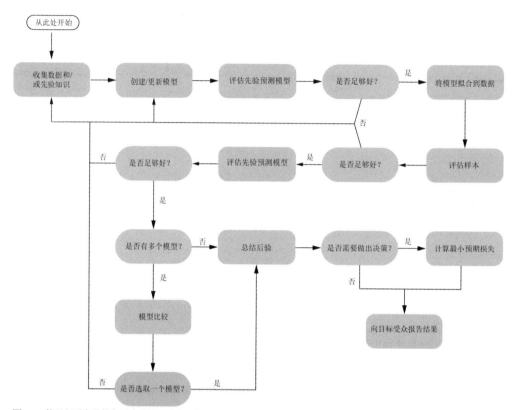

图9.1　体现主要步骤的高层次通用贝叶斯工作流。该工作流有许多需要决策的节点，其中有些步骤可能会完全省略，从业人员负责在其所面临的问题中做出决定。例如，"选择一个模型"可能意味着"选择某个单一模型""对某些模型进行平均"，或者甚至是"展示所有模型并讨论其优缺点"。另注意，所有"评估"步骤都可用于模型比较。可以根据模型的后验预测分布来比较模型，或者选择具有更好收敛性诊断的模型，或者选择具有更接近领域知识的先验预测分布的模型。最后，必须清楚，有时我们可能需要放弃。即使我们对某些模型并不完全满意，它也可能是在可用资源条件下能够实现的最佳模型

在所使用的特定技术中，最有影响力的因素是驱动问题。这是对所有同事和涉众都有价值的问题，而我们正试图用分析来回答它，值得花时间和精力去寻找答案。将驱动问题与其他问题区分开也非常重要。在我们的分析过程中，会遇到许多其他问题(如数据问题、建模问题、推断问题等)，主要涉及"如何进行分析？"。不应将这些问题与驱动问题混淆，因为驱动问题主要涉及"为什么要进行分析？"。

因此，在开始任何统计分析之前，首要任务是明确定义要回答的问题。因为驱动问题会影响贝叶斯工作流各步骤中的所有选择。这一问题会帮助我们确定应该收集哪些数据、需要哪些工具、模型是否合适、什么模型合适、如何制定模型、如何选择先验、从后验中期望什么、如何选择模型、结果表明什么、如何总结结果、传达什么结论等。上述每个问题的答案都会影响分析的价值，以及在寻求答案方面值得付出多少时间和精力。

数据从业者常常在知道一个问题后就决定它需要一个答案，并立即找寻最复杂、最细微的统计工具，而几乎不花时间去了解需求。设想我们是厨师，当听说有人饿了，不去了解需求就为他们准备了一盘价值 10 000 美元的鱼子酱，结果却发现一碗简单的麦片就已经足够了，这是

多么糟糕。在实际情况下也有类似的示例：当线性回归已经足够时，数据科学家却在大型 GPU 机器上使用神经网络生成了 10 000 美元的云计算账单。所以，在真正了解需求之前，不要急于使用贝叶斯方法、神经网络、分布式计算集群等复杂工具。

应用示例：航班延误问题

对于本章中的大多数小节，每个示例都将建立在上一节的基础上，我们将从这里开始。假设我们在美国威斯康星州麦迪逊机场工作，是一名统计员。航班抵达的延误导致产生负面情绪，我们的数学技能可以帮助量化这种情况。我们首先认识到，这种情况涉及多人，包括：一个必须决定何时到达机场的旅客，一个在机场工作的会计师，必须管理整体运营的机场 CEO。

上述每个人都有不同的担忧，这导致了不同的问题，包括：

(1) 我的航班起飞延误的可能性有多大？

(2) 我的航班抵达延误的可能性有多大？

(3) 上周有多少航班抵达时间延误？

(4) 航班延误给机场造成的损失是多少？

(5) 给定两种业务选择，我应该选择哪一种？

(6) 与航班起飞延误相关的因素有哪些？

(7) 航班起飞延误的原因是什么？

上述每一个问题虽然都是相关的，但也都存在细微的不同。旅客担心他们的特定航班延误，但机场会计师和管理人员关心所有航班的延误。会计师并不担心航班延误的持续时间，而关注延误对财务记录的影响。管理人员不太关心已发生的事情，而更关心在未来航班延误的情况下做出什么样的战略决策。

此时，读者可能会问，我想学习贝叶斯建模，什么时候正式介绍？在此之前请先考虑这个示例。如果驱动问题是"上周有多少航班抵达延误？"我们需要贝叶斯模型吗？答案是否定的，不需要推断，只需要基本的计数。不要假设每个问题都需要贝叶斯统计。而要考虑简单的计数、平均值和图等统计量数据是否足以回答驱动问题。

现在，假设机场 CEO 有问题需要你(机场统计员)来解决。每次有航班抵达时，机场必须让工作人员处于待命状态，引导飞机着陆，并设有一个可供乘客下机的登机口。这意味着当飞机抵达时间延误时，工作人员和机场基础设施将被闲置，最终资金浪费在了未使用的资源上。因此，机场和航空公司达成了一项协议：每延误一分钟，航空公司将向机场支付每分钟 300 美元的费用。然而，航空公司现在要求更改该协议。他们建议所有 10 分钟以下的延误费用为 1000 美元，10 分钟到 100 分钟之间的延误费用为 5000 美元，超过 100 分钟的延误费用为 30 000 美元。机场 CEO 怀疑航空公司提出这种提议是为了他们自己节省开销。机场 CEO 要求你使用你的数据能力回答这个问题，"我们应该接受新的滞纳金提议还是保留旧的方案？"航空公司的 CEO 提到，如果做出错误的决定可能会付出很大的代价，并要求你准备一份有关潜在财务影响的报告。作为经验丰富的统计员，你决定量化延误的潜在分布并使用决策分析来帮助选择基础设施投资。我们相信综合的端到端贝叶斯分析将提供对未来结果的更完整的理解。你可以证明模型开发的成本和复杂性是合理的，因为做出错误决策的财务风险远远超过了制作贝叶斯模型的时间和成本。如果你不了解我们是如何得出这个结论的，请不要担心，我们将在后续几节中逐步介绍思考过程。我们将在标题以"应用示例"开头的小节中继续讨论这个航班延误问题。

9.2　获取数据

对于厨师来说，没有食材就不可能烹制出一道好菜；如果用劣质的食材也很难达到目的。同理，如果没有数据就无法进行推断；用质量差的数据也难以进行推断，最好的统计学家会花费大量时间来了解其信息的细微差别和细节。遗憾的是，对于哪些数据可用或如何为每个驱动问题收集数据，并不存在通用的策略。考虑的内容涵盖从所需精度、成本、道德到收集速度等方面。但是，我们可以考虑一些广泛的数据收集类别，每种类别都有其优点和缺点。

9.2.1　抽样调查

美国历史上有"向邻居要一杯糖"的民间说法，用于你自己的用完的情况。对于统计学家来说，类似的概念是抽样调查，也称为民意调查。其旨在使用有限数量的观察来估计总体参数 Y。抽样调查还可以包括协变量(如年龄、性别、国籍)，以找到相关性。存在各种采样方法，如随机采样、分层采样和聚类采样。不同的方法对成本、可忽略性等因素的侧重点有所不同。

9.2.2　试验设计

如今，一个非常流行的用餐概念是从农场到餐桌的整体体验。对于厨师来说，这可能很有吸引力，因为他们不受可用食材的限制，而是可以获得更广泛的食材，同时仍能控制各个方面。对于统计学家来说，等效的过程称为试验设计。在试验中，统计学家能够决定他们想研究什么，然后设计数据生成过程，以帮助他们充分理解他们要研究的主题。通常这涉及"处理"，即试验者可以改变部分过程。或者换句话说，可以改变协变量，以查看对 y_{obs} 的影响。典型的例子是药物试验：为测试新药的有效性，只将药物作用于一组，而另一组作为对照。试验设计中的处理模式示例包括随机化、分组和因子设计。数据收集方法包括双盲研究，该研究中受试者和数据收集者都不知道应用了哪种处理。试验设计通常是识别因果关系的最佳选择，但要运行试验通常会付出高昂的代价。

9.2.3　观察性研究

自行种植原料的成本可能很高昂，因此成本较低的选择可能是寻找无须种植就能生长的原料。这对于统计学家来说是观察性研究。在观察性研究中，统计学家几乎无法控制处理或数据收集。这使得难以推断，因为可用数据可能不足以实现分析的目标。然而，好处是，观察性研究一直在进行，特别是在现代更是如此。例如，在研究恶劣天气期间公共交通的使用时，随机选择下雨或不下雨是不可行的，但可以通过记录当天的天气以及当天的门票销售等其他观测值来估计影响。与试验设计一样，观察性研究可用于确定因果关系，但必须确保数据收集是可忽略的(下文将进一步定义)并且模型不排除任何隐藏的影响。

9.2.4　缺失数据

所有数据收集过程都容易受到缺失数据的影响。人们可能无法对民意调查做出回应,试验者可能会忘记记录,或者在观察性研究中,某天的日志可能会被意外删除。缺失数据也不一定是二进制条件,它也可能意味着部分数据缺失。例如,未能记录小数点后的数字,这可能会导致缺少精度。

为了解决这个问题,可以扩展贝叶斯定理的公式,通过添加如式(9.1)[59]所示的项表示缺失。在这个公式中,I 是包含向量,表示缺失或包含哪些数据点,ϕ 表示包含向量分布的参数。

$$Y_{\text{obs}} = (i, j) : \boldsymbol{I}_{ij} = 1$$
$$Y_{\text{mis}} = (i, j) : \boldsymbol{I}_{ij} = 0 \tag{9.1}$$
$$p(\boldsymbol{\theta}, \boldsymbol{\phi} \mid Y_{\text{obs}}, I) \propto p(Y_{\text{obs}}, I \mid \boldsymbol{\theta}, \boldsymbol{\phi}) p(\boldsymbol{\theta}, \boldsymbol{\phi})$$

即使缺失数据没有被显式建模,但仍应注意,你的观察数据是有偏差的,因为它已经被观察到了!收集数据时,请确保不仅要注意存在的内容,还要考虑可能不存在的内容。

9.2.5　应用示例:收集航班延误数据

在机场工作,你可以访问许多数据集,从当前温度到餐馆和商店的收入,再到机场营业时间、登机口数量,以及有关航班的数据。

回顾我们的驱动问题,"根据航班延误情况,我们应该选择哪种滞纳金结构?"我们需要一个数据集来量化延误的概念。如果滞纳金结构是二进制的,例如,每次抵达延误为 100 美元,那么布尔值 True/False 就足够了。在此例中,当前滞纳金结构和以前的滞纳金结构都需要关于抵达延误的分钟级数据。

你意识到,麦迪逊机场是一个小型机场,从未有航班从遥远的目的地(如伦敦盖特威克机场或新加坡樟宜机场)抵达,这在你的观测数据集中存在很大偏差。你向你的 CEO 询问此事,她提到该协议仅适用于来自明尼阿波利斯和底特律机场的航班。了解了所有这些信息后,你充分了解建模相关航班延误所需的数据。

根据"数据生成过程"的知识,你知道天气和航空公司对航班延误有影响。但是,你决定不将这些因素包括在你的分析中,原因有三。其一,你的上司并不关注航班延误的原因,因此不需要分析协变量。其二,你假设历史天气和航空公司行为将保持一致,这意味着你不需要针对预期的未来情景执行任何反事实调整。最后,你知道你的上司需要快速答复,因此你专门设计了一个可以相对快速完成的简单模型。

综上,你的数据需求已缩小到航班抵达延误的分钟级数据集。在这种情况下,使用观察数据的先验历史是基于试验设计或调查的明确选择。美国运输统计局保留了包括延误信息在内的航班数据的详细日志。这些信息的精确度足以帮助我们分析。并且,考虑到航空飞行的监管程度,这些数据也足够可靠。基于此数据,我们可以开始第一个专门的贝叶斯任务。

9.3   构建不止一个模型

根据我们的问题和数据，就可以开始构建我们的模型了。请记住，模型构建过程是迭代的，你的第一个模型可能在某种程度上存在问题。这看似有问题，但实则不然，因为我们可以先打好基础，然后使用从计算工具中获得的反馈迭代一个模型，从而回答我们的驱动问题。

9.3.1   在构建贝叶斯模型前需要问的问题

构建贝叶斯模型的过程中，一个自然的起点是贝叶斯公式。可以使用原始公式，但我们建议使用式(9.1)并单独考虑每个参数。

- $p(Y)$：(似然)什么分布描述了给定 X 的观察数据？
- $P(X)$：(协变量)潜在数据生成过程的结构是什么？
- $P(I)$：(可忽略性)我们需要对数据收集过程进行建模吗？
- $P(\theta)$：(先验)在看到任何数据之前，合理的参数集是什么？

此外，由于我们需要计算贝叶斯，因此还必须回答另一组问题。

- 我可以在概率编程框架中表达我的模型吗？
- 我们可以在合理的时间内估计后验分布吗？
- 后验计算是否显示任何缺陷？

不必立即回答所有这些问题，几乎每个人在最初构建新模型时都会出错。虽然最终模型的最终目标是回答驱动问题，但这通常不是第一个模型的目标。第一个模型的目标是表达最简单合理且可计算的模型。然后使用这个简单的模型来进一步理解，调整模型，然后重新运行，如图9.1所示。为此，我们使用了贯穿本书的大量工具、诊断和可视化。

统计模型的类型

如果我们参考 D.R.Cox[41]，一般有两种方式考虑构建统计模型。一种是基于模型的方法："使用的参数旨在捕获该生成过程的重要且可解释的特征，将其与来自特定数据的偶然特征相区分"。另一种是基于设计的方法："对现有总体进行采样和试验设计有一种不同的方法，其概率计算基于调查人员在调查计划阶段使用的随机化"。贝叶斯公式的基本原理不限制方法的使用，贝叶斯方法可以用于上述两种方法。我们的航班延误示例使用基于模型的方法，而本章末尾的试验模型使用基于设计的方法。大多数基于频率论的分析都遵循基于设计的方法。方法没有对错之分，只是针对不同情况采取不同的方法。

9.3.2   应用示例：选择航班延误的似然

对于我们的航班延误问题，先选择观察到的航班延误的似然来开始建模。我们花一点时间收集有关现有领域知识的详细信息。在我们的数据集中，延误可以是负值或正值。正值表示航班延误，负值表示航班提前抵达。可以在这里选择只建模延误而忽略所有提前抵达。但是，我们将选择对所有抵达情况进行建模，以便可以为所有航班抵达情况建立生成模型。这便于我们稍后将要进行的决策分析。

我们的驱动问题没有提出任何有关相关性或因果关系的问题，因此为了简单起见，将在没有任何协变量的情况下对观察到的分布进行建模。这样就可以只关注似然和先验。添加协变量可能有助于对观察到的分布进行建模，即使它们本身可能没有意义，但我们不能大意。使用代码清单 9.1 绘制观测数据以了解其分布，结果显示在图 9.2 中。

代码清单 9.1

```
1 df = pd.read_csv("../data/948363589_T_ONTIME_MARKETING.zip",
2 fig, ax = plt.subplots(figsize=(10,4))
3
4 msn_arrivals = df[(df["DEST"] == "MSN") & df["ORIGIN"]
5                 .isin(["MSP", "DTW"])]["ARR_DELAY"]
6
7 az.plot_kde(msn_arrivals.values, ax=ax)
8 ax.set_yticks([])
9 ax.set_xlabel("Minutes late")
```

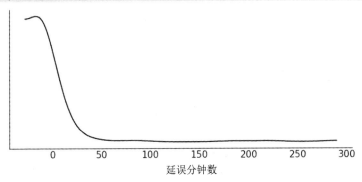

图 9.2　观察到的抵达延误数据的核密度估计图。注意几个特征。大部分航班抵达都在 -20 到 40 之间，并且在该区域有一个大致的钟形图案。然而，大值处的长尾表明虽然只有相对较少的航班延误，但其中一些航班的延误情况过于严重

考虑到似然，我们有几个选择。可以将其建模为离散的分类分布，其中每一分钟都被分配一个概率。但这可能有一些难度：从统计角度看，我们需要选择桶的数量。虽然有非参数技术可以改变桶的数量，但这意味着，我们不但要估计每个桶的概率，还必须创建一个可以估计桶数量的模型。

根据领域专业知识，我们知道每一分钟之间并不是完全独立的。如果很多航班延误 5 分钟，那么不难想到很多航班也会延误 4 分钟或 6 分钟。因此，连续分布似乎更自然。我们希望对提前和延误都进行建模，因此分布必须同时支持负数和正数。结合统计和领域知识，我们知道大多数航班都准点，而且航班通常只在很短时间内提前或延误。但若航班延误，延误时间可能会很长。

充分利用领域专业知识，现在可以绘制数据，检查其是否与知识一致，并找寻有助于进一步构建模型的信息。在图 9.2 中，我们有几个合理的似然分布选择：正态分布、偏态正态分布和 Gumbel 分布。普通正态分布是对称的，与分布的偏态不一致，但它是一种直观的分布，可用于基线比较。对于偏态正态分布，顾名思义，其有一个附加参数 α 控制分布的偏态。最后，Gumbel 分布专门用于描述一组值的最大值。如果航班延误是由行李装载、乘客装载等潜在因素

的最大值引起的，那么这种分布的原理就符合航班抵达过程的现实。

　　由于航空公司流程受到严格监管，因此我们目前不需要对缺失数据进行建模。此外，我们选择忽略协变量以简化贝叶斯工作流。通常建议从一个简单的模型开始，然后随着贝叶斯工作流不断完整，再根据需要添加复杂性。若是开始于复杂的模型，在后续步骤中会越来越难以调试。通常，我们会选择一种似然，将其应用于整个贝叶斯工作流，然后再尝试另一种似然。但是为了避免重复这个例子，我们将继续并行处理两个似然。现在继续使用代码清单 9.2 中的正态似然和 Gumbel 似然。偏态正态似然模型留给读者作为练习。

代码清单 9.2

```
1 with pm.Model() as normal_model:
2     normal_alpha = ...
3     normal_sd = ...
4
5     normal_delay = pm.Normal("delays", mu=mu, sigma=sd,
6                              observed=delays_obs)
7
8 with pm.Model() as gumbel_model:
9     gumbel_beta = ...
10    gumbel_mu = ...
11
12    gumbel_delays = pm.Gumbel("delays", mu=mu, beta=beta,
13                              observed=delays_obs)
```

　　现在所有的先验都有占位符省略操作符(...)。下一节的主题是选择先验。

9.4　选择先验和预测先验

　　现在我们已经确定了需要选择先验的似然。与之前类似，有一些一般性问题可以帮助选择先验。

　　(1) 先验在数学背景下有意义吗？

　　(2) 先验在领域背景中是否有意义？

　　(3) 我们的推断引擎能否产生具有所选先验的后验？

　　我们在前文广泛地介绍了先验。在 1.4 节中，我们展示了先验选择的多个原则选项，例如 Jeffrey 的先验或弱信息先验。在 2.2 节中，我们展示了如何通过计算评估先验选择。简单概括，应根据似然、模型目标(如参数估计或预测)来证明先验的选择是合理的。我们还可以使用先验分布来编码关于数据生成过程的先验领域知识。也可以使用先验作为工具来专注于推断过程，以避免在"明显错误"的参数空间上浪费时间和计算，至少应如我们使用领域专业知识所期望的那样。

　　在工作流中，采样并绘制先验和先验预测分布为我们提供了两个关键信息。第一，我们可以用选择的 PPL 表达模型；第二，我们了解选择的模型特征，以及对先验的灵敏性。如果我们的模型在先验预测采样中失败，或者我们意识到如果没有数据，就不了解模型的结果，那么我们可能需要先重复前面的步骤再继续。幸运的是，使用 PPL，我们可以更改先验的参数化或模型的结构，以了解其影响并最终了解所选规范的信息性。

需要注意的是，先验分布或似然分布并不是预先确定的，本书所呈现的是无数试验和调整后得到的结果，以找到提供合理的先验预测分布的参数。在编写自己的模型时，还应该在进行下一步推断之前迭代先验和似然。

应用示例：选择航班延误模型的先验

在做出任何具体的数字选择之前，需要回顾关于航班抵达的领域知识。航班抵达时间可能提前或延误(分别为负值或正值)，但有一定的界限。例如，航班延误 3 小时以上似乎不太可能，但也不太可能提前 3 小时以上。我们指定参数化并绘制先验预测以确保与领域知识保持一致，如代码清单 9.3 所示。

代码清单 9.3

```
1 with pm.Model() as normal_model:
2     normal_sd = pm.HalfStudentT("sd",sigma=60, nu=5)
3     normal_mu = pm.Normal("mu", 0, 30)
4
5     normal_delay = pm.Normal("delays",mu=normal_mu,
6                              sigma=normal_sd, observed=msn_arrivals)
7     normal_prior_predictive = pm.sample_prior_predictive()
8
9 with pm.Model() as gumbel_model:
10     gumbel_beta = pm.HalfStudentT("beta", sigma=60, nu=5)
11     gumbel_mu = pm.Normal("mu", 0, 40)
12
13     gumbel_delays = pm.Gumbel("delays",
14                              mu=gumbel_mu,
15                              beta=gumbel_beta,
16                              observed=msn_arrivals)
17     gumbel_prior_predictive = pm.sample_prior_predictive()
```

在 PPL 报告的先验预测模拟中没有错误，并且在图 9.3 中具有合理的先验预测分布，因此我们确定选择的先验足以继续进行下一步。

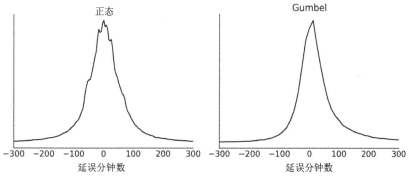

图 9.3　每个模型的先验预测分布。在对数据进行调节之前，两种分布对于我们的领域问题看起来都是合理的，并且彼此相似

9.5　推断和推断诊断

亲爱的读者，希望你没有直接跳到本节。推断是"最有趣"的部分，一切知识都聚集在一起，计算机给我们提供"答案"。但是，如果没有很好地理解问题、数据和模型(包括先验)，推断可能是无用的，并且会产生误导。在贝叶斯工作流中，推断建立在前面的步骤基础之上。一个常见的误区是：尝试通过调整采样器参数或运行超长链来修复分歧，而实际上，先验或似然的选择才是问题的根本原因。统计计算的一个公认定理是："当你有计算问题时，经常是你的模型有问题"[61]。

至此，我们有一个强大的先验，如果你做到了这一点，那么说明你是一名细致的读者，并且了解了我们迄今为止的所有选择。下面深入讲解推断。

应用示例：在航班延误模型上运行推断

我们选择使用 PyMC3 中默认的 HMC 采样器从后验分布中采样。

运行采样器，并使用典型的诊断方法评估 MCMC 链。第一个采样挑战是 MCMC 采样期间的分歧。对于这些数据和模型，没有散度出现。但是，如果确实出现散度，则表明应该进行进一步的探索，例如我们在 4.6.1 节中执行的步骤，见代码清单 9.4。

代码清单 9.4

```
1 with normal_model:
2     normal_delay_trace = pm.sample(random_seed=0, chains=2)
3 az.plot_rank(normal_delay_trace)
4
5 with gumbel_model:
6     gumbel_delay_trace = pm.sample(chains=2)
7 az.plot_rank(gumbel_delay_trace)
```

对于这两个模型，秩图(如图 9.4 和图 9.5 所示)中的所有秩看起来都相当一致，这表明链之间的偏差很小。由于此示例中缺乏挑战，推断似乎就像"按下按钮并获得结果"一样简单。然而，这很容易是因为我们已经花时间预先了解数据，思考好的模型架构，并设置良好的先验。在练习中，你将被要求故意做出"错误"的选择，然后进行推断以查看采样期间会发生什么。

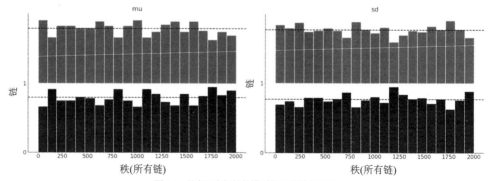

图 9.4　具有正态似然的模型的后验样本秩图

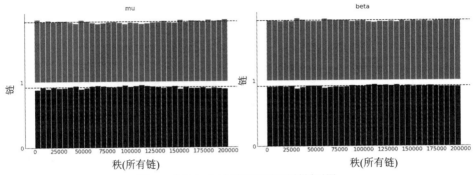

图 9.5 具有 Gumbel 似然的模型的后验样本秩图

我们对 NUTS 采样器生成的后验样本很满意，因此将进入下一步：生成估计延迟的后验预测样本。

9.6 后验图

正如我们所讨论的，后验图主要用于可视化后验分布。有时后验图是分析的最终目标，请参阅 9.11 节的示例。在其他一些情况下，直接检查后验分布几乎没有意义。我们的航班延误示例就是这种情况，将在下面详细说明。

应用示例：航班延误模型的后验

在确保我们的模型中没有推断错误后，快速检查图 9.6 和图 9.7 中正态模型和 Gumbel 模型的后验图。它们看似形状良好，没有意外的异常。在这两种分布中，从专业领域的角度看，μ 的估计平均值低于零是合理的，这表明大多数航班准时。除了这两个观察值，参数本身并不是很有意义。毕竟，你的上司需要决定是保持当前的收费结构还是接受航空公司提出的新收费结构的建议。鉴于决策是我们分析的目标，在快速检查合理性后，我们继续工作流。

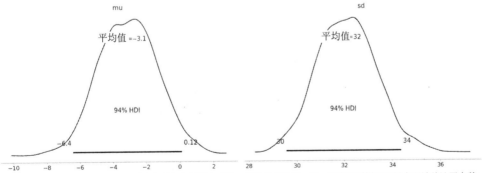

图 9.6 正态模型的后验图。两种分布看起来都是合理的，并且没有分歧，进一步表明采样器已经合理地估计了参数

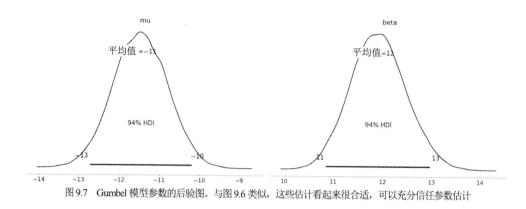

图 9.7 Gumbel 模型参数的后验图。与图 9.6 类似，这些估计看起来很合适，可以充分信任参数估计

9.7 评估后验预测分布

如图 9.1 中的工作流所示，一旦获得后验估计，贝叶斯分析就不会结束。可以采取许多额外的步骤，例如，如果需要以下任何一项，则生成后验预测分布。

● 我们想使用后验预测检查来评估模型校准。

● 我们希望获得预测或执行反事实分析。

● 我们希望能够以观测数据为单位传达结果，而不是根据模型的参数。

我们在式(1.8)中指定了后验预测分布的数学定义。使用来自后验预测分布的现代 PPL 采样很容易，只需要添加如代码清单 9.5 所示的几行代码。

代码清单 9.5

```
1 with normal_model:
2     normal_delay_trace = pm.sample(random_seed=0)
3     normal_ppc = pm.sample_posterior_predictive(normal_delay_trace)
4     normal_data = az.from_pymc3(trace=normal_delay_trace,
5                         posterior_predictive=normal_ppc)
```

应用示例：航班延误示例的后验预测分布

在我们的航班延误示例中，需要根据未见的未来航班延误做出决策。为此，需要估计未来航班延误的分布。然而，目前我们有两种模型，需要在两者之间进行选择。我们可以使用后验预测检查来直观地评估与观察数据的拟合度，也可以使用检验统计量来比较某些特定特征。

我们为正态似然模型生成后验预测样本，如代码清单 9.5 所示。

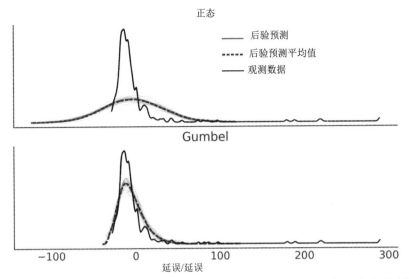

图 9.8　正态模型和 Gumbel 模型的后验预测检查。正态模型不能很好地捕获长尾，并且还会返回较多低于观察数据界限的预测。Gumbel 模型拟合更好，但对于低于 0 的值和尾部仍然存在相当多的不匹配

从图 9.8 可以看到正态模型无法捕获抵达时间的分布。转到 Gumbel 模型，可以看到后验预测样本似乎无法很好地预测提前抵达的航班，但可以很好地模拟抵达延误的航班。可以使用两个检验统计量运行后验预测检查来进行确认。其一是检查延误航班的比例，其二是检查后验预测分布和观测数据之间的航班延误中位数(以分钟为单位)。图 9.9 表明 Gumbel 模型在拟合航班延误中位数方面优于正态模型，但在拟合准时抵达比例方面性能较差。Gumbel 模型也可以较好地拟合航班延误的中位数。

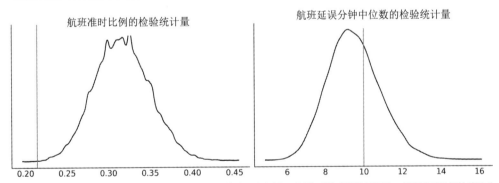

图 9.9　使用 Gumbel 模型的检验统计量进行后验预测检查。在左侧，看到与观察到的比例相比，航班准时比例的估计分布。右侧是航班延误分钟中位数的检验统计量。似乎 Gumbel 模型更适合估计航班延误的时间与延误航班的比例

9.8　模型比较

到目前为止，已经使用后验预测检查来独立评估每个模型。这种类型的评估有助于单独理

解每个模型。然而，当我们有多个模型时，会出现模型之间的性能如何的问题。模型比较可以进一步帮助我们了解每个模型所擅长或不擅长的领域，或者哪些数据点特别难以拟合。

应用示例：用 LOO 对航班延误模型进行比较

对于我们的航班延误模型，有两个备选模型。从之前的后验预测检查直观来看，正态似然似乎不能很好地拟合航班延误的偏态分布，特别是与 Gumbel 分布相比更是如此(见图 9.10)。可以使用 ArviZ 中的比较方法验证这一观察结果。

代码清单 9.6

```
1 compare_dict = {"normal": normal_data,"gumbel": gumbel_data}
2 comp = az.compare(compare_dict, ic="loo")
3 comp
```

表 9.1 使用代码清单 9.6 生成，将模型按其 ELPD 排序。毫不奇怪，Gumbel 模型能更好地建模观测数据。

表9.1   Gumbel 模型和正态模型的比较汇总信息

	rank	loo	p_loo	d_loo	weight	se	dse	warning	loo_scale
Gumbel	0	−1410.39	5.85324	0	1	67.4823	0	False	log
正态	1	−1654.16	21.8291	243.767	1.07773e-81	46.1046	27.5559	True	log

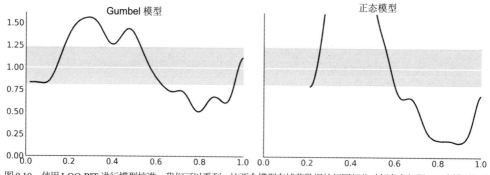

图 9.10   使用 LOO-PIT 进行模型校准。我们可以看到，这两个模型在捕获数据的相同部分时都存在问题。两个模型低估了最大的观测值(最大的延误)并高估了较提前的抵达。这些观察结果符合图 9.8。即使两个模型都出现问题，但 Gumbel 模型与预期的均匀分布的偏差较小

从表 9.1 可以看到，正态模型给出的 p_loo 值远高于模型中的参数数量，表明模型指定错误。此外，我们收到一条警告，表明至少有一个 $\hat{k}$ 的高值。从图 9.11(右下图)可以看到，异常观察是数据点 157。还可以看到(图 9.11 的上图)，正态模型很难将这一观测与观测 158 和 164 一起捕获。检查数据发现，这 3 个观测是延误最大的观测。

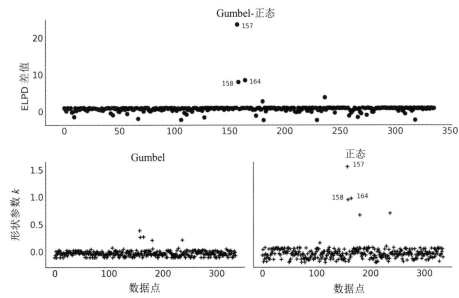

图 9.11　顶部图为 Gumbel 和正态模型之间的 ELPD 差值。对偏差最大的 3 个观测(157、158 和 164)进行了注释。

底部图是来自帕累托平滑重要性采样的 $\hat{k}$ 值的图。观测 157、158 和 164 的值大于 0.7

还可以使用代码清单 9.7 生成视觉检查，结果是图 9.12。我们看到，即使考虑 LOO 中的不确定性，Gumbel 模型表征数据的方式仍然优于正态模型。

代码清单 9.7

```
az.plot_compare(comp)
```

根据之前对后验预测检查的比较，以及直接的 LOO 比较，可以做出明智的选择，只使用 Gumbel 模型。这并不意味着正态模型没有用，事实上恰恰相反。开发多个模型有助于我们自信地选择一个模型或模型子集。这也不意味 Gumbel 模型是真实的甚至是最好的模型，事实上我们也可以指出它的缺点。因此，如果我们探索不同的似然、收集更多数据或进行其他修改，仍有改进的空间。在这一步重要的是，我们充分确信 Gumbel 模型是我们评估过的所有合理模型中最"充分"的模型。

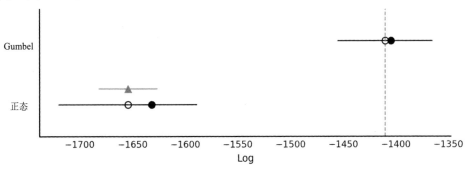

图 9.12　使用代码清单 9.7 中的两个航班延误模型的 LOO 进行模型比较。证实了我们的观点，
即 Gumbel 数据在估计观察到的分布方面优于正态模型

9.9 奖励函数和决策

在本书中,我们已经了解到如何将一个空间中的一组量转换到另一个空间,从而更易于计算或改变我们的思维方式。例如,在上一节中,使用后验预测采样,从参数空间移到观察量空间。奖励函数,有时也称为成本、损失或效用函数,是从观察量空间到奖励的另一种转换,奖励从结果(或决策空间)得到。回想 7.5 节的自行车租赁示例:我们有每小时租用自行车数量的后验估计(见图 7.5)。如果我们对每天的收入感兴趣,则可以使用奖励函数来计算每次租用所得的收入并将总计数相加,从而有效地将计数转换为收入。另一个例子是,估计某人被淋雨或不被淋雨时的幸福程度。如果我们有一个模型可以估计是否会下雨(基于天气数据),并且我们有一个函数可以将某人的衣服的干湿程度映射到幸福值,那么可以将天气估计映射到预期幸福估计。

需要做出决策时,奖励函数极其有用。通过估计所有未来的结果,并将这些结果映射到预期奖励,可以做出可能产生最大奖励的选择。一个直观的例子是,决定早上是否要携带雨伞。带伞意味着要花费精力看管,这可以被认为是一种负面的奖励,但被雨淋湿是更糟糕的结果。是否带雨伞取决于下雨的可能性。

我们可以进一步扩展这个例子来理解一个关键原理。假设你想建立一个模型,从而帮助你的家人决定何时携带雨伞。你建立一个贝叶斯模型来估计下雨的概率,这是推断部分。然而,当你建立模型后,你发现你的兄弟非常讨厌带伞,除非正在下雨,否则他永远不会带伞;而你的母亲非常讨厌被淋湿,即使天气万里无云,她也会选择带伞。在这种情况下,估计的量(即下雨的概率)完全相同,但由于奖励不同,采取的行动也不同。更具体地说,模型的贝叶斯部分是一致的,但奖励的差异会导致不同的行为。

奖励和行为都不需要是二元的,两者都可以是连续的。供应链中的一个典型例子是报刊供应商模型[1],其中报刊供应商必须在每天早上需求不确定时决定购买多少份报纸。如果他们买得太少,他们就会失去潜在的销售机会;如果他们买得太多,他们就会因库存积压而赔钱。

因为贝叶斯统计提供了完整的分布,我们能够更好地估计未来奖励,优于提供点估计的方法[2]。直观的原因是,贝叶斯定理包括尾部风险等特征,而点估计则不会。

使用生成的贝叶斯模型,特别是计算模型,可以将模型参数的后验分布转换为观察单位域中的后验预测分布,或是奖励的分布估计(以财务单位为单位),或是最可能结果的点估计。使用这个框架,可以测试各种可能决策的结果。

应用示例:基于航班延误建模结果做出决策

回想一下,延误的成本对机场来说较高。在为航班抵达做准备时,机场必须准备好登机口,在飞机降落时要有工作人员在场指挥飞机,而且由于容量有限,延误的航班最终导致抵达航班数减少。对于滞纳金结构:航班每延误一分钟,航空公司就必须向机场支付 300 美元的费用。

---

1 https://en.wikipedia.org/wiki/Newsvendor_model

2 www.ee.columbia.edu/~vittorio/BayesProof.pdf

可以将此语句转换为代码清单 9.8 中的奖励函数。

代码清单 9.8

```
1 def current_revenue(delay):
2     if delay >= 0:
3         return 300 * delay
4     return np.nan
```

现在，给定任何延误航班，都可以计算我们将从航班延误中获得的收入。由于我们有一个模型可以生成延误的后验预测分布，因此可以将其转换为预期收入的估计值，如代码清单 9.9 所示，它提供每个延误航班的收入数组和平均收入估计。

代码清单 9.9

```
1 def revenue_calculator(posterior_pred, revenue_func):
2     revenue_per_flight = revenue_func(posterior_pred)
3     average_revenue = np.nanmean(revenue_per_flight)
4     return revenue_per_flight, average_revenue
5
6 revenue_per_flight, average_revenue = revenue_calculator(posterior_pred,
7 current_revenue)
8 average_revenue
```

3930.88

从后验预测分布和当前的滞纳金结构来看，我们预计每个延迟航班平均可提供 3930 美元的收入。还可以在图 9.13 中绘制每个延误航班收入的分布。

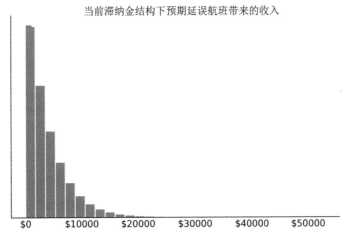

当前滞纳金结构下预期延误航班带来的收入

图 9.13　使用奖励函数和后验预测分布计算的当前滞纳金结构下的预期延误航班收入。很少有延误时间较长的航班，因此图的右半部分没什么内容

回顾航空公司提出的滞纳金结构，如果航班延误 0 到 10 分钟，费用为 1000 美元；如果航班延误 10 到 300 分钟，费用为 5 000 美元；如果延误 100 分钟以上，费用为 30 000 美元。假设滞纳金结构对航班准时抵达与否没有影响，那么可以通过编写新的成本函数并重用先前计算的后验预测分布来估计新提案下的收入(见代码清单 9.10)。

代码清单 9.10

```
1 @np.vectorize
2 def proposed_revenue(delay):
3     """Calculate proposed revenue for each delay """
4     if delay >= 100:
5         return 30000
6     elif delay >= 10:
7         return 5000
8     elif delay >= 0:
9         return 1000
10    else:
11        return np.nan
12 revenue_per_flight_proposed, average_revenue_proposed = \
13     revenue_calculator(posterior_pred, proposed_revenue)
```

```
2921.97
```

在新的滞纳金结构中，估计机场将从每个延误航班平均赚取 2921.97 美元，低于当前滞纳金结构。可以再次在图 9.14 中绘制估计的延误航班收入的分布。

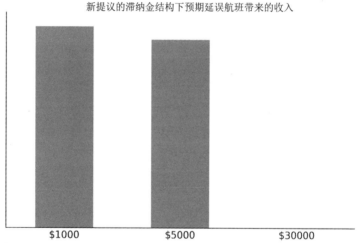

图 9.14　使用新提议的奖励函数和后验预测分布计算的预期延误航班收入。注意，后验预测分布与图 9.13 中的完全相同。只是奖励函数的变化使该图有所不同

9.10　与特定受众分享结果

贝叶斯工作流中最重要的步骤之一是将你的结果传达给他人。若是在纸上或屏幕上罗列数字和图表，将无济于事。推断的结论仅在它间接或直接地改变或指导决策时才重要。这将需要一些准备工作，该步骤需要大量努力。在某些情况下，此步骤花费的时间比之前所有步骤所需时间的总和还要多。不存在通用的定理，需要做什么很大程度上取决于具体情况和受众，但我们将广泛概述这些概念以便掌握宏观了解。

9.10.1　分析流程的可重复性

分析工作流的可重复性是指，其他个人或团体能够顺利完成所有步骤并获得相同或相似的结论。可重复性有助于他人(以及你自己)了解执行了哪些工作、做出了哪些假设以及如何得出结果。如果忽略可重复性，那么将很难理解结论所涵盖的推断或根本不可能扩展结果。通常，结果在最好情况下是浪费资源重新创建相同的工作流步骤，最坏的情况是原始结论无效，还可能失去声誉。再现性的理想是完全再现性，这意味着可以“从零开始”自动重新创建结论。相反，我们将专注于分析的可重复性，这意味着，给出一个结论，经过贝叶斯工作流，从原始数据到最终结果的所有步骤都是可重现的。分析重现性由 4 个主要部分组成，我们将逐个说明：

- 源数据的管理
- 建模和分析代码
- 计算环境规范
- 文档

在执行分析时，重要的是要注意或保留作为分析基础的原始数据。这就是为什么你会反复看到相同的数据集，如 Palmer Penguins、Radon 和 Eight Schools。这些数据很容易理解并且很容易获得，这可以为希望共享方法的人提供参考。标记、识别、存储和访问特定数据的具体方法因情况、规模、组织以及道德和合法性而异，但重要的是要注意这一点。一些示例包括在代码版本控制中的数据，或引用对存储在服务器上的数据集的链接。

接下来是建模和分析代码，例如本书中的所有代码。理想情况下，此代码将使用版本控制系统(如 git)进行版本控制，并存储在可访问的位置，如开源仓库。我们想强调，即使对于个人而非团队，版本控制仍然非常有用。使用版本控制将允许你在代码版本之间跳转，它使你能够轻松地测试想法，减少知识缺失或缺失结果的风险。这大幅提高工作流中步骤之间的迭代速度并有助于比较结果。

在计算统计中，任何结果的关键部分都是计算机本身。虽然计算机在很大程度上没有改变，但用于计算的库变化很快。正如所见，现代贝叶斯方法至少依赖于 PPL，但这只是冰山一角。操作系统版本以及结合使用的数百个其他软件库都有助于提供结果。当环境无法复制时，一个结果是代码正在运行，现在抛出异常或错误并失败。这个结果虽然令人沮丧，但至少是有帮助的，因为失败状态是显而易见的。一个更危险但细微的问题是，代码仍然运行但结果不同。这可能是因为库可能会更改，或者算法本身可能会发生变化。例如，TFP 可能会改变调整样本的数量，或者 PyMC3 可能会在一个版本和下一个版本之间重构采样器。不管是什么原因，即使数据和分析代码相同，在没有完整的计算环境规范的情况下，仅靠两者都不足以在计算上完全重现分析。指定环境的一种常见方法是通过显式的依赖项列表，在 Python 包中常见为 requirements.txt 或 environment.yml 文件。另一种方法是通过计算环境虚拟化，如虚拟机或容器化。

播种伪随机数生成器

创建可重现的贝叶斯工作流的一个挑战是算法中使用的伪随机数生成器的随机性。一般来说，你的工作流应该是鲁棒的，使得将种子更改为伪随机数生成器不会改变你的结论，但在某些情况下，你可能希望修复种子以获得完全可重现的结果。这很困难，因为单独修复种子并不意味着你将始终获得完全可重现的结果，因为不同操作系统中使用的实际伪随机数生成器可能会有所不同。如果你的推断算法和结论对种子的选择很灵敏，这通常是你工作流的危险信号。

借助数据、代码和计算环境，计算机只能再现分析的一部分。最后一个组成部分——文档——也是为了让人类理解分析。正如我们通过本书所见，统计从业者需要在整个建模过程中做出许多选择，从选择先验到过滤数据，再到模型架构。随着时间的推移，很容易忘记为什么做出某个选择，这就是存在如此多的工具的原因——为了帮助操作的人。最简单的是代码文档，它是代码中的注释。应用科学家的另一种流行方法是笔记格式，其将代码与包含文本、代码和图像的文档混合使用。本书使用的 Jupyter 笔记就是一个例子。对于贝叶斯从业者来说，ArviZ 等专用工具也有助于使分析具有可重复性。

再次强调，再现性的主要受益者是你自己。最糟糕的情况是，你被要求扩展分析或发现错误，但却发现你的代码将不再运行。此外，你的同事也能从中受益。他们通过复制你的工作，能够最直接地体验你的工作流和结果。简而言之，可重复的分析既可以帮助你和其他人确认你之前的结果的正确性，也有助于后续的扩展工作。

9.10.2　理解受众

在内容和交付方式方面，了解你的受众是谁以及如何与他们交流非常重要。当你获得最终结果集时，你最终会得到许多想法、可视化和过程中产生的结果，这些都是实现结果所必需的，但除此之外没有任何意义。回想一下我们的烹饪类比，用餐者希望得到一道菜，但不想要在此过程中产生的脏锅和食物垃圾。同样的想法也适用于统计分析。不妨考虑一下：

- 你的受众想要什么，不想要什么？
- 你可以通过什么方式交付？
- 他们需要多长时间能够理解？

你需要努力将你的结果提炼成最易理解的版本。这意味着回顾分析的原始问题和动机，谁需要结果及其理由。这也意味着要考虑受众的背景和能力。例如，统计领域的受众可能更需要有关模型和假设的详细信息；专业领域的受众可能仍然对模型中的假设感兴趣，但主要是在领域问题的背景中。

思考用于展示的格式，是陈述型还是视觉型？如果为视觉型，那么要采用静态格式(比如这本书，或是一个 pdf 文件或论文)，还是要带有动态格式(比如网页或视频)？还要考虑时间安排，你的受众是只有少量时间只能聆听重点，还是有充足的时间专注于了解细节？所有这些问题的答案决定了你分享的内容和方式。

数字汇总

顾名思义，数字汇总是总结你的结果的数字。在本书中，我们看到了很多，从总结分布位置的平均值和中位数，到总结离散度的方差或 HDI，或总结概率的 PDF。如表 3.2，它总结了企鹅的体重。数字汇总具有很大的优势，因为它们将大量信息压缩为简短表达，可以很容易地记住，容易比较，并以多种格式呈现。它们在口头对话中特别有效，因为不需要他人帮助传达。

在商业对话中，奖励函数，如 9.9 节所述，可以将分析的全部不确定性捕获到一个数字中，也可以用最通用的商业语言(金钱)来构建。

遗憾的是，数字汇总可能会掩盖分布的细微差别并且可能会被误解。许多人在听到平均值时往往会过度期望该值，即使实际上平均结果的概率可能很少。一次性共享一组数值汇总可以帮助受众了解分布的各个方面，例如最大似然表示众数；HDI 表示离散度。但是，共享过多的数字汇总会适得其反。如果一次共享许多数字，既难以背诵数字表，又难以让受众记住所有信息。

9.10.3　静态视觉辅助

有句谚语说一张图片值一千字。对于贝叶斯统计数据尤其如此，其中后验图传达了不容易用文字描述的细节。ArviZ 预先打包了许多常见的可视化，如后验图。但是，我们也建议制作定制图形。如后验估计(见图 7.5)，它显示了一天所有时间的观察数据、平均值趋势和不确定性。静态视觉辅助工具就像数字汇总，如今它们也很容易共享。随着笔记本、智能手机以及互联网连接设备的广泛使用，共享图片变得比以前更容易。但是，缺点是它们确实需要纸张或屏幕来共享，并且需要准备好或在需要时快速找到它们。另一个风险是，其涵盖的信息对于受众来说过多，而受众有时可能只需要平均值或最大似然值。

动画

任何见识过图片和影片(即使是无声影片)之间区别的人，都知道动态在交流中的强大力量。通常情况下，动画比其他格式[1]更容易理解，如 MCMC 采样[2]。现在可以在许多可视化包中生成动画，比如 ArviZ 将 Matplotlib 用于动画后验预测检查。不确定性交流中使用动画的著名例子是纽约时报选举针[3]，它使用摇动的针规来突出显示。另一个选举例子是马修凯的总统普林科[4]。这两种可视化都使用动态来显示美国选举结果的估计结果及其生成方式。最重要的是，这两个使用的动画都给人一种不确定性的感觉，不管是纽约时报可视化中的摇动针，还是马修凯示例中的 plinko 下降的随机性都如此。

动画能够显示许多图像，以显示不断变化的状态，从而传达运动、进展和迭代的感觉。与静态图像一样，数字屏幕的广泛使用意味着它们更易于观看，但它们需要观众更多的时间来暂停并观看完整的动画。它们还需要开发人员开展更多工作，因为它们比简单的图片更难以生成和共享。

交互式辅助

交互式辅助工具让观众可以控制正在显示的内容。在静态可视化和动画中，受众都无法控制展示内容。交互式辅助反其道而行：用户可以创建自己需要的内容。比如一个滑块可以更改

1　查看 https://bost.ocks.org/mike/algorithms/。

2　查看 https://elevanth.org/blog/2017/11/28/build-a-better-markov-chain/。

3　查看 https://www.nytimes.com/interactive/2020/11/03/us/elections/forecast-president.html。

4　查看 http://presidential-plinko.com/。

显示内容，内容包括轴的限制或数据点的不透明度。它还可能包括一个提示框，向用户显示特定点的值。用户还可以控制计算。例如，在我们对企鹅的后验预测中，选择了平均鳍长并绘制了图 3.11 的结果。不同的人可能对不同值的后验预测分布感兴趣，因此具有交互性。示例包括各种 MCMC 技术的可视化[1]，其允许用户选择不同的采样器、分布和参数，使用户能够进行他们想要的特定比较。

与静态绘图和动画类似，许多软件库都支持交互，如 Matplotlib 或 Bokeh，Bokeh 是一个专门为这种类型的交互而设计的 Python 可视化库。交互性的缺点是，它们通常需要实时计算环境和某种软件部署。它不像共享静态图像或视频那么容易。

9.10.4　可重复的计算环境

回想上述可再现性，共享结果的黄金标准是完全可再现的计算环境，其中包含复制结果所需的一切。这曾是一个很大的障碍，需要时间和专业知识才能在自己的设备上设置本地计算环境，但通过容器化等虚拟化技术变得愈加容易。如今，计算环境和代码可以打包并轻松通过互联网传播。对于像 Binder 这样的项目，让同事只需单击一下即可在浏览器中访问定制环境，不需要本地安装。大多数人只想要结果，而不关注过程。但是当有人绝对需要运行代码时(如教程或深入研究)，能够轻松共享实时环境将非常有帮助。

9.10.5　应用示例：展示航班延误模型和结论

你现在对模型构建、推断运行的严谨性和成本函数正确性充满信心，因此需要将结果传达给组织中的其他人，以向数据领域同事证明你的分析方法的合理性，并帮助你的上司在当前费用结构以及新提出的费用结构之间做出决定。你意识到你有两组不同的受众，并为每一组受众准备不同的内容。

在向你的上司汇报之前，你需要与同事完成一次同行评审。由于你的同事精通统计和计算，你可以为他们提供分析的 Jupyter 笔记，其中混合了叙述、代码和结果。该笔记包含了你以前为上司推荐所使用的所有模型、假设和绘图。由于笔记包含所有细节并且可重现，因此你的同事能够自信地评估你的工作是否正确。你的一些同事询问他们是否可以使用不同的先验运行模型来检查先验灵敏性。你提供 Dockerfile，它完全指定了环境。这样他们就可以运行 Jupyter 笔记并重新创建部分工作流。

现在专注于初始任务：向上司汇报，你开始思考与她沟通的策略。你知道你最多有 30 分钟，而且地点是她的办公室。你将使用笔记本电脑展示视觉辅助工具，但你知道你的上司也需要能够在她没有视觉辅助工具的情况下将这个想法传达给她的同事。此外，你的上司可能想测试不同的收费结构，以了解她可以安全谈判的余地。换句话说，她想了解不同奖励函数的效果。你设置了一个简单的笔记，将奖励函数作为输入并生成收入直方图和表格。你与你的上司开会并迅速解释说：“我利用过去的航班延误创建一个预测未来航班延误的模型。使用模型得到估计：在当前的费用结构中，平均每次航班延误我们可以赚3930美元；在航空公司新提议的费用

---

1 https://chi-feng.github.io/mcmc-demo/app.html

结构中，平均每次航班延误我们将赚 2921 美元。"你向上司展示图 9.8 的底部图，解释这是预期和建模的延误航班的分布，图 9.13 显示预计将在未来产生的收入。然后，你向上司展示表 9.2，显示新范式下的预期收入。你选择用表格而不是图，因为延迟 100 分钟以上的航班比例在图中并不明显。你使用该表解释可能延迟时间超过 100 分钟的航班非常少，从收入的角度来看，该类别在你的模拟中可以忽略不计。你建议你的上司拒绝该提议，或者对于 0 到 100 分钟范围内的延误协商更高的滞纳金。然后你的上司问你是否可以测试她选择的几种不同的滞纳金结构，以便她看到效果。上司理解后，推断的目标已经实现，你的上司掌握的信息足以使她在谈判中做出明智决定。

表 9.2　每个滞纳金类别的预期收入百分比。很少有延误航班在 3 万美元的滞纳金类别中，基本上可以忽略不计

滞纳金	收入
$1000	52%
$5000	47%
$30000	0.03%

9.11　试验性示例：比较两个组

对于我们的第二个应用示例，将展示贝叶斯统计在更具试验性的环境中的使用，其中两组之间的差异很重要。在处理统计数据之前，我们将解释动机。

机械工程师在设计产品时，首要考虑的是所使用材料的特性。毕竟，没有人希望他们的飞机在飞行途中分崩离析。机械工程师有关于陶瓷、金属、木材等材料的重量、强度和刚度的参考书，这些材料已经存在了很长时间。最近，塑料和纤维增强复合材料使用更为广泛。纤维增强复合材料通常由塑料和编织布组合制成，有独特的性能。

为了量化材料的强度特性，机械工程师运行称为拉伸测试的程序，将材料试样固定在两个夹具中，拉伸试验机拉动试样直至其断裂。这一测试可以估计出许多数据点和物理特性。在这个试验中，重点是极限强度。或者换句话说，是材料完全失效前的最大载荷。作为研究项目的一部分[1]，其中一位作者制造了两组样本(每组 8 个)，除了增强纤维的编织不同以外，其他所有方面都是相同的。其中一种纤维是平铺在彼此顶部的，称为单向编织。另一种纤维被编织在一起，形成互锁图案，称为双向编织。

对每个样本独立进行一系列拉伸试验，结果记录为磅力[2]。对于机械工程来说，用力除以面积来量化每单位面积的力，在这种情况下是磅力/平方英寸。例如，第一个双向试样在 3774 lbf (1532kg)、截面面积为 0.504 英寸(12.8mm) × 0.057 英寸(1.27mm)时失效，产生的极限强度为 131.393 ksi(千磅/平方英寸)。作为参考，这意味着一个横截面积为 USB 的 1/3 大小的连接器理论上能够提起一辆小型汽车[3]。

---

1 非常感谢 Mehrdad Haghi 博士和 Winny Dong 博士为本研究提供资金和帮助。

2 测试记录参见 https://www.youtube.com/watch?v=u_XDUWgzs_Y。

3 这是一种理想的情况。极限强度以外的因素会限制实际情况下的真实承载能力。

在最初的试验中，进行了频率论假设检验，结果是拒绝零假设，即最终拉伸等效。然而，这种类型的统计测试不能单独表征每种材料的极限强度分布或强度差异的大小。虽然这代表了一个有趣的研究结果，但并未得出有用的实际结果，因为工程师需要在实际环境中选择一种材料，因此除了获得显著结果，还需要了解一种材料优于另一种材料的程度。虽然可以执行额外的统计测试来回答这些问题，但此处我们将关注如何使用单个贝叶斯模型回答所有这些问题，并进一步扩展结果。

表 9.3　双向样本和单向样本的极限强度

双向样本的极限强度(ksi)	单向样本的极限强度(ksi)
131.394	127.839
125.503	132.76
112.323	133.662
116.288	136.401
122.13	138.242
107.711	138.507
129.246	138.988
124.756	139.441

我们在代码清单 9.11 中为单向样本定义一个模型。已经使用领域知识对先验参数进行了评估。在这种情况下，先验知识来自报告的类似复合材料试样的强度特性(见表 9.3)。这是一个很好的示例，其他试验数据和经验证据可以帮助减少得出结论所需的数据量。若获取每个数据点都需要大量时间和成本，这一点尤其重要，就像在这个试验中一样。

代码清单 9.11

```
1 with pm.Model() as unidirectional_model:
2     sd = pm.HalfStudentT("sd_uni", 20)
3     mu = pm.Normal("mu_uni", 120, 30)
4
5     uni_ksi = pm.Normal("uni_ksi", mu=mu, sigma=sd,
6                         observed=unidirectional)
7
8     uni_trace = pm.sample(draws=5000)
```

我们在图 9.15 中绘制后验结果。正如贝叶斯建模方法所示，我们得到了平均极限强度和标准差参数的分布估计，这有助于理解这种特定材料的可靠性(见代码清单 9.12)。

代码清单 9.12

```
az.plot_posterior(uni_data)
```

然而，我们的研究问题是单向和双向复合材料之间极限强度的差异。虽然我们可以为双向样本运行另一个模型并比较估计值，但更方便的选择是在单个模型中比较两者。我们可以利用"贝叶斯估计取代 t 检验"[89]中定义的 John Kruschke 的模型框架来获得这种"一劳永逸"的比较，如代码清单 9.13 所示。

代码清单 9.13

```
 1 μ_m = 120
 2 μ_s = 30
 3
 4 σ_low = 1
 5 σ_high = 100
 6
 7 with pm.Model() as model:
 8     uni_mean = pm.Normal("uni_mean", mu=μ_m, sigma=μ_s)
 9     bi_mean = pm.Normal("bi_mean", mu=μ_m, sigma=μ_s)
10
11     uni_std = pm.Uniform("uni_std", lower=σ_low, upper=σ_high)
12     bi_std = pm.Uniform("bi_std", lower=σ_low, upper=σ_high)
13
14     ν = pm.Exponential("ν_minus_one", 1/29.) + 1
15
16     λ1 = uni_std**-2
17     λ2 = bi_std**-2
18
19     group1 = pm.StudentT("uni", nu=ν, mu=uni_mean, lam=λ1,
20         observed=unidirectional)
21     group2 = pm.StudentT("bi", nu=ν, mu=bi_mean, lam=λ2,
22         observed=bidirectional)
23
24     diff_of_means = pm.Deterministic("difference of means",
25                             uni_mean - bi_mean)
26     diff_of_stds = pm.Deterministic("difference of stds",
27                             uni_std - bi_std)
28     pooled_std = ((uni_std**2 + bi_std**2) / 2)**0.5
29     effect_size = pm.Deterministic("effect size",
30                             diff_of_means / pooled_std)
31
32     t_trace = pm.sample(draws=10000)
33
34 compare_data = az.from_pymc3(t_trace)
```

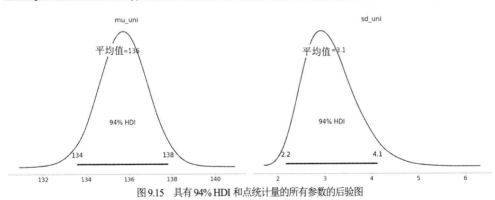

图 9.15　具有 94% HDI 和点统计量的所有参数的后验图

拟合模型后，可以使用图 9.16 中的森林图可视化平均值的差异，两种样本的平均值之间似乎没有太多重叠，表明它们的最终强度确实不同，单向更强，甚至更可靠(见代码清单 9.14)。

代码清单 9.14

```
az.plot_forest(t_trace, var_names=["uni_mean","bi_mean"])
```

平均极限强度估计：94.0%HDI

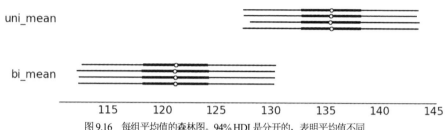

图 9.16　每组平均值的森林图。94% HDI 是分开的，表明平均值不同

Kruschke 的公式以及我们的 PPL 的一个技巧还有一个额外的好处。可以让模型直接自动计算差异(见代码清单 9.15)，在这种情况下，其中之一是平均值差异的后验分布(见图 9.17)。

代码清单 9.15

```
1 az.plot_posterior(trace,
2          var_names=["difference of means","effectsize"],
3          hdi=.95, ref_val=0);
```

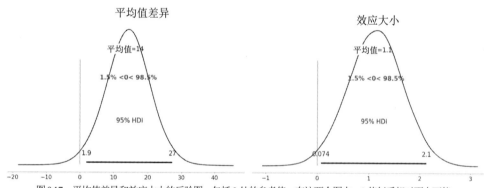

图 9.17　平均值差异和效应大小的后验图，包括 0 处的参考值。在这两个图中，0 值似乎相对不太可能，这表明既有效应又有差异

我们也可以比较每个参数的数值汇总(见表 9.4)。

代码清单 9.16

```
az.summary(t_trace, kind="stats")
```

表 9.4　比较每个参数的数值汇总

	mean	sd	hpd _3%	hpd _97%
uni _mean	135.816	1.912	132.247	139.341
bi _mean	121.307	3.777	114.108	128.431
uni _std	4.801	1.859	2.161	8.133
bi _std	9.953	3.452	4.715	16.369
v _minus _one	33.196	30.085	0.005	87.806

（续表）

	mean	sd	hpd _3%	hpd _97%
difference of means	14.508	4.227	6.556	22.517
difference of stds	−5.152	3.904	−13.145	1.550
effect size	1.964	0.727	0.615	3.346

从这些数字汇总和后验图中，可以更确定两种复合材料的平均强度存在差异，这有助于在两种材料之间进行选择。我们还获得了强度的具体估计值及其离散度，帮助工程师了解材料在现实世界应用中的安全使用位置和方式。一个模型可以帮助我们得出多个结论，这非常方便。

9.12　练习

9E1. 哪种数据收集方案最适合下列情况。通过提出诸如"信息可靠有多重要？"或"我们可以在合理的时间内收集数据吗？"等问题，解释你的选择。解释你收集数据的方式。

(a) 癌症患者新药疗法的医学试验

(b) 地方报纸文章中最受欢迎的冰淇淋口味的估计

(c) 估计工厂所需的哪种零件的交付周期最长

9E2. 什么样的似然适合这些类型的数据？解释你的选择。还有哪些信息有利于选择似然？

(a) 每天光顾商店的顾客数

(b) 大批量生产线中出现故障的零件比例

(c) 餐厅的每周收入

9E3. 对于我们的航班延误模型，使用你的领域知识和先验预测检查，解释 Gumbel 似然平均值的每个先验。这些在模型中使用是否合理？为什么？

(a) $\mathcal{U}(-200,200)$

(b) $\mathcal{N}(10, .01)$

(c) (Pois)(20)

9E4. 对于上个练习中的每个先验，使用代码清单 9.3 中的 Gumbel 模型进行推断。

(a) 采样器是否产生任何错误？

(b) 对于完成的推断，生成采样后诊断，如自相关图。结果是什么？你认为这是一次成功的推断吗？

9E5. 对于我们的航班延误模型，我们最初包括从 MSP 和 DTW 机场抵达的航班。我们现在被要求将另一个抵达机场 ORD 纳入分析。我们现在需要重新考虑贝叶斯工作流的哪些步骤？为什么？如果相反，我们被要求纳入 SNA 呢？我们需要重新考虑哪些步骤？

9E6. 在第 6 章中，我们预测了 CO_2 浓度。使用本章中的图表和模型，我们可以得出什么关于 CO_2 的结论？通过以下方式传达你对预计 CO_2 水平的理解，包括对不确定性的解释。请确保包含特定数字。为此，你可能需要运行示例来获取。验证你选择的模型及其原因。

(a) 向数据科学家同事进行 1 分钟的口头解释，不借助视觉帮助。

(b) 通过 3 张幻灯片，为非统计领域的管理人员进行演示。

(c) 为也想生成该模型的软件工程同事使用 Jupyter 笔记。

(d) 为普通互联网用户编写半页文档。确保至少包含一个图表。

9E7. 你作为机场统计员，你的上司要求你使用不同于代码清单 9.8 的成本函数重新运行费用收入分析。她要求，如果延误分钟数是偶数，每分钟延误收取 1.5 美元；如果是奇数，每分钟延误收取 1 美元。在这种收费模式下，每延误一次航班的机场平均收入是多少？

9M8. 阅读 Betancourt[16] 和 Gelman[64] 的工作流文章和论文。哪些步骤相同？哪些步骤不同？解释这些工作流可能有不同之处的原因。所有从业者是否遵循相同的工作流？如果不是的话，为什么存在不同？

9M9. 在代码清单 5.6 的自行车租赁模型中，我们使用样条估计每小时的自行车租金。自行车租赁公司想知道他们从租赁中能得到的收入。假设每次租金为 3 美元。现在假设租赁公司建议租赁时间为 0 到 5 小时的租金减少到 1.5 美元，但由于成本降低，预计租金将增加 20%。每小时的预期收入是多少？

专门编写一个奖励函数来评估以上两种情况。

(a) 每天的平均预计收入是多少？合理的上限和下限估计值是多少？

(b) 估计的平均值和收入是否合理？注意你看到的任何问题，并说明你的解决方法。(实际上不做任何更改)

(c) 现在假设租赁公司建议，租赁时间为 0 到 5 小时的自行车租金将降至 1.5 美元。但由于成本降低，预计租金将增加 20%。每天的预期收入是多少？

9M10. 对于航班延误模型，将代码清单 9.3 中的似然替换为偏态正态似然。在重新拟合之前，说明这种似然是否为航班延误问题的合理选择。重新拟合后，进行相同的评估。特别要说明的是，对于航班延误问题，偏态正态模型是否 "优于" Gumbel 模型。

9H11. Clark 和 Westerberg[37] 对他们的学生进行了一项试验，研究掷硬币技巧对掷硬币结果的影响。这项试验的数据存储在 CoinFlips.csv 的仓库中。拟合一个模型，估计每个学生掷硬币结果为正面的比例。

(a) 为每个学生生成 5000 个后验预测样本。每个学生的预期正面结果分布是什么？

(b) 根据后验预测样本，哪个学生最不擅长掷出硬币正面？

(c) 如果出现正面，赌注将更改为 1.5 美元；出现背面则为 1 美元。假设学生不改变他们的行为，那么你将和哪个学生比赛，你的预期收入是多少？

9H12. 使用 Jupyter 笔记和 Bokeh 制作一个后验航班的交互图。你需要将 Bokeh 安装到你的环境中，并根据需要使用外部文档。

(a) 在理解绘制值和传达信息方面，将其与静态 Matplotlib 进行比较。

(b) 使用 Matplotlib 静态可视化，为不熟悉统计的普通受众制作 1 分钟的解释。

(c) 使用 Bokeh 绘图，结合 Bokeh 允许的额外交互，为同一受众制作 1 分钟的解释。

第 10 章
概率编程语言

在 1.1 节中，我们使用汽车作为类比来理解应用贝叶斯的概念。在此，我们将再次讨论此类比，以理解概率编程语言。如果我们将汽车视为一个系统，其目的是将人或货物运送到指定目的地，车轮连接到电源。整个系统通过一个界面呈现给用户，通常是一个方向盘和踏板。就像所有的实物一样，汽车必须遵守物理定律，但在这些范围内，有很多部件可供人类设计师选择。汽车可以有大发动机、小轮胎、1 座或 8 座。然而，最终结果取决于具体目的。有些车的设计初衷是供单人在赛道上快速行驶，比如一级方程式赛车。还有车属于家庭用车，用于接送家人、载运杂货。无论出于什么目的，都需要有人按照目的为相应的汽车选择部件。

概率编程语言(Probabilistic Programming Languages, PPL)也同理。PPL 旨在帮助贝叶斯从业者建立生成模型来解决手头的问题，例如，通过 MCMC 估计后验分布来执行贝叶斯模型的推断。计算贝叶斯的动力来源是一台受计算机科学基础知识约束的计算机。然而，在这些范围内，PPL 设计者可以选择不同的组件和接口，具体取决于预期的用户需求和偏好。在本章中，我们将重点讨论 PPL 的组件，以及可以在这些组件中进行的不同设计选择。这些知识有助于贝叶斯从业者在启动项目或在统计工作流中调试时选择 PPL。这种理解最终将为现代贝叶斯从业者带来更好的体验。

10.1　PPL 的系统工程视角

维基百科将系统工程定义为"一个跨学科的工程和工程管理领域，研究如何在其生命周期内设计、集成、管理复杂系统"。据此定义，PPL 是一个复杂的系统。PPL 涉及计算后端、算法和基础语言。正如定义所述，组件的集成是系统工程的关键部分，PPL 也是如此。计算后端的选择可能会对接口产生影响，基础语言的选择也会限制可用的推断算法。在某些 PPL 中，用户可以自行选择组件。例如，Stan 用户可以在 R、Python 或命令行界面等基本语言之间进行选择，而 PyMC3 用户不能更改基本语言，他们必须使用 Python。

除了 PPL 本身，还要考虑其组织和使用方式。在研究试验室的博士生与在公司工作的工程师对于 PPL 使用有着不同的需求。这也与 PPL 的生命周期相关。研究人员在短时间内可能只需要使用一个模型一两次就可以撰写论文，而公司的工程师可能会在数年内都在维护和运行该模型。

在 PPL 中，两个必要的组件是用户定义模型所用的应用程序编程接口[1]，以及执行推断和管理计算的算法。PPL 中也有其他组件，但主要是为了以某种方式改进系统，例如计算速度或易用性。无论选择哪种组件，当系统设计得很好时，日常用户不必意识到其复杂性，正如大多数驾驶员即使不了解汽车的每个部件细节也能驾驶汽车。在理想的情况下，PPL 用户应该感觉一切都按照他们想要的方式运作。这是 PPL 设计师必须面对的挑战。

在本章的剩余部分中，我们将概述 PPL 的一些常见组件，并列举不同 PPL 的设计选择示例。我们的目的不是提供所有 PPL 的详尽描述[2]，也不是试图说服你开发 PPL[3]。相反，通过理解实现考虑因素，我们希望你能够更好地理解如何编写性能更高的贝叶斯模型，以及如何在出现计算瓶颈和错误时进行诊断。

示例：Rainier

考虑一下 Rainier 的开发[4]，这是一个在 Stripe 开发、用 Scala 编写的 PPL。Stripe 是一家支付处理公司，为成千上万的合作企业处理财务问题。在 Stripe 中，他们需要估计与每个合作企业相关的风险分布，理想情况下，PPL 能够支持许多并行推断(每个合作企业一个推断)，并且容易在 Stripe 的计算集群中部署。由于 Stripe 的计算集群包含 Java 运行时环境，因此他们选择 Scala，因为它可以编译成 Java 字节码.Rainier。在本例中，PyMC3 和 Stan 也被考虑在内，但由于 Python 使用(PyMC3)的限制或 C++编译器(Stan)的要求，为其特定用例创建 PPL 是最佳选择。

大多数用户不需要开发自己的 PPL，但我们提供了这个案例研究，目的在于强调使用代码的环境和可用 PPL 的功能如何有助于决策，以获得更流畅的计算贝叶斯体验。

10.2　后验计算

推断被定义为基于证据和推断得出的结论，我们根据后验计算方法得出结论。后验计算方法在很大程度上可以被认为是两个部分，计算算法和进行计算的软件和硬件，通常被称为计算后端。无论设计还是选择 PPL 时，可用的后验计算方法最终都是一个关键决策，决定了工作流的许多因素，包括推断速度、硬件需求、PPL 的复杂性和适用范围。有许多算法用于计算后验[5]，从使用共轭模型时的精确计算，到数值逼近，如哈密顿蒙特卡罗(Hamiltonian Monte Carlo，HMC)的网格搜索，再到模型逼近，如拉普拉斯逼近和变分推断(详见 11.9.5 节)。在选择推断算法时，

1　在基本成分(如 API)指定概率分布和随机变量的前提下，已经实现了基本的数值转换。

2　甚至维基百科也只包含部分列表 https://en.wikipedia.org/wiki/Probabilistic_programming#List_of_probabilistic_programming_languages。

3　如果你对 PPL 开发和使用都感兴趣，推荐你参阅 van de Meent 等[102]的 *An Introduction to Probabilistic Programming*。

4　https://github.com/stripe/rainier。有关 Rainer 的开发的更深入的研究，参见博客中的描述，https://www.learnbayesstats.com/episode/22-eliciting-priors-and-doing-bayesian-inference-at-scale-with-avi-bryant。

5　关于一些更流行的后验计算方法的讨论，请参见 11.9 节。

PPL 的设计者和用户都需要做出一系列选择。对于 PPL 设计者来说，算法具有不同的实现复杂性。例如，共轭方法很容易实现，因为存在用几行代码就可以编写的分析公式，而 MCMC 采样器更复杂，通常需要 PPL 设计者编写比分析公式多得多的代码。在计算复杂性方面的另一个权衡是，共轭方法不需要太多的计算能力，并且可以在所有现代硬件(甚至是手机)上以亚毫秒为单位返回后验值。相比之下，HMC 速度较慢，需要一个能够计算梯度的系统，例如我们将在 10.2.1 节中介绍的系统。这将 HMC 计算限制在相对强大的计算机上，有时是具有专用硬件的计算机。

用户也面临类似的困境，更先进的后验计算方法更通用，需要更少的数学专业知识，但需要更多的知识来评估和确保正确的拟合。我们在本书中了解到了这一点，需要视觉和数字诊断，以确保 MCMC 采样器已经收敛到后验的估计值。共轭模型不需要任何收敛诊断，因为如果使用正确的数学，它们将精确计算后验。

由于上述原因，没有适合所有情况的普遍推断算法。在编写 MCMC 方法时，特别是自适应动态哈密顿蒙特卡罗方法是最灵活的，但并非在所有情况下都有用。作为用户，了解每种算法的可用性和权衡是值得的，以便能够对每种情况进行评估。

10.2.1 计算梯度

计算数学中一个非常有用的信息是梯度。梯度也称为斜率，或一维函数的导数，它表示函数输出值在其域内任何点处的变化速度。利用梯度，开发了许多算法以更有效地实现其目标。对于推断算法，我们在比较 Metropolis Hasting 算法(采样时不需要梯度)和哈密顿蒙特卡罗算法(使用梯度并且通常更快地返回高质量样本)时发现了这一差异[1]。

正如马尔可夫链蒙特卡罗在被计算贝叶斯应用之前，最初是在统计力学的子领域中发展起来的，大多数梯度评估库最初是作为"深度学习"库的一部分开发的，主要用于反向传播计算以训练神经网络。这些库包括 Theano、TensorFlow 和 PyTorch。然而，贝叶斯学会了将它们用作贝叶斯推断的计算后端。使用 JAX(一个专用的自动求导库)的计算梯度评估示例[24]如代码清单 10.1 所示。在该代码中，计算得出 x^2 的梯度为 4。可以使用规则 rx^{r-1} 解析地解决这个问题，然后可以计算 2*4=8。然而，对于自动生成库，用户不需要考虑封闭解。真正所需的只是函数本身的表达式，计算机可以自动计算梯度，正如 autograd 一词中的 auto 所指。

代码清单 10.1

```
1 from jax import grad
2
3 simple_grad = grad(lambda x: x**2)
4 print(simple_grad(4.0))
8.0
```

自适应动态哈密顿蒙特卡罗或变分推断等方法使用梯度来估计后验分布。当我们意识到在后验计算中，梯度通常被计算数千次时，能够容易地获得梯度变得更加重要。在代码清单 10.2 中展示了一个这样的计算，即使用 JAX 对一个小型"手工构建"模型进行计算。

---

1 以每秒有效采样数表示。

代码清单 10.2

```
1 from jax import grad
2 from jax.scipy.stats import norm
3
4 def model(test_point, observed):
5     z_pdf = norm.logpdf(test_point, loc=0, scale=5)
6     x_pdf = norm.logpdf(observed, loc=test_point, scale=1)
7     logpdf = z_pdf + x_pdf
8     return logpdf
9
10 model_grad = grad(model)
11
12 observed, test_point = 5.0, 2.5
13 logp_val = model(test_point, observed)
14 grad = model_grad(test_point, observed)
15 print(f"log_p_val: {logp_val}")
16 print(f"grad: {grad}")
```

```
log_p_val: -6.697315216064453
grad: 2.4000000953674316
```

为了进行比较，可以使用 PyMC3 模型进行相同的计算，并在代码清单 10.3 中使用 Theano
计算梯度。

代码清单 10.3

```
1 with pm.Model() as model:
2     z = pm.Normal("z", 0., 5.)
3     x = pm.Normal("x", mu=z, sd=1., observed=observed)
4
5 func = model.logp_dlogp_function()
6 func.set_extra_values({})
7 print(func(np.array([test_point])))
```

```
[array(-6.69731498), array([2.4])]
```

根据输出，可以看到 PyMC3 模型返回与 JAX 模型相同的 logp 和梯度。

10.2.2 示例：近实时推断

以下是一个假设示例，假设有一家信用卡公司负责快速检测信用卡欺诈，以便在窃贼进行
更多交易之前禁用信用卡。二级系统将交易分类为欺诈或合法交易，但该公司希望确保不会阻
止事件数量较少的卡交易，并希望能够为不同的客户设置优先级以控制灵敏度。当后验分布的
平均值高于概率阈值的 50% 时，会做出禁用用户账户的决策。在这种近实时情况下，需要在不
到一秒钟的时间内进行推断，以便在交易清算之前检测到欺诈活动。该公司的统计员发现，这
可以使用共轭模型进行解析表达，然后将其写入式(10.1)，其中参数 α 和 β 分别直接表示欺诈和
非欺诈交易的优先级。当观察到交易时，这两个参数直接用于计算后验参数。

$$\alpha_{\text{post}} = \alpha_{\text{prior}} + \text{fraud\_observations}$$
$$\beta_{\text{post}} = \beta_{\text{prior}} + \text{non\_fraud\_observations}$$
$$p(\theta \mid y) = Beta(\alpha_{\text{post}}, \beta_{\text{post}}) \tag{10.1}$$
$$\mathbb{E}[p(\theta \mid y)] = \frac{\alpha_{\text{post}}}{\alpha_{\text{post}} + \beta_{\text{post}}}$$

然后，可以用 Python 简单地表达这些计算，如代码清单 10.4 所示。无须使用外部库，这使得该函数很容易部署。

代码清单 10.4

```
1 def fraud_detector(obs_fraud, obs_non_fraud, fraud_prior=8, non_fraud_prior=6):
2     """Conjugate beta binomial model for fraud detection"""
3     expectation = (fraud_prior+observed_fraud) / (
4         fraud_prior+observed_fraud+non_fraud_prior+obs_non_fraud)
5
6     if expectation > .5:
7         return {"suspend_card":True}
8
9 %timeit fraud_detector(2, 0)
```

152 ns ± 0.969 ns per loop (mean ± std. dev. of 7 runs, 100 loops each)

为了满足灵敏度和小于 1 秒的概率计算时间要求，我们选择共轭先验，并在代码清单 10.4 中计算模型后验。计算耗时约 152 纳秒，相比之下，MCMC 采样器在同一台机器上的耗时约 2 秒，超过 6 个数量级。任何 MCMC 采样器都不太可能满足该系统所需的时间要求，因此共轭先验是明智的选择。

硬件和采样速度

从硬件角度来看，有 3 种方法可以提高 MCMC 采样速度。第一种方法通常是处理单元的时钟速度，现代计算机通常以赫兹或千兆赫兹为单位。这是指令执行的速度，因此一般来说，4 千兆赫兹的计算机每秒可以执行的指令是 2 千兆赫兹计算机的 2 倍。在 MCMC 采样中，时钟速度将与单链在一个时间间隔内可采集的样本数量相关。第二种方法是在处理单元中跨多个内核进行并行化。在 MCMC 采样中，可以在多核计算机上并行采样每个链。这种并行很方便，因为许多收敛度量使用多个链。在现代台式计算机上，通常 2 到 16 个内核可用。第三种方法是专用硬件，如图形处理单元(Graphic Processing Units，GPU)和张量处理单元(Tensor Processing Units，TPU)。如果与正确的软件和算法配对，它们既可以更快地对每条链进行采样，也可以并行地对更多链进行采样。

10.3 应用编程接口

应用编程接口(Application Programming Interfaces, API) "定义多个软件中介之间的交互"。在贝叶斯的情况下，其最狭义的定义是用户和计算后验的方法之间的交互。在最广义的情况下，它可以包括贝叶斯工作流中的多个步骤，例如指定具有分布的随机变量、链接不同的随机变量以创建模型、先验和后验预测检查、绘图或任何任务。API 通常是 PPL 从业者与之交互的第一部分，有时也是唯一的部分，通常是从业者花费最多时间的地方。API 设计既是一门科学，也是一门艺术，设计者必须平衡多方面的考虑。

在科学方面，PPL 必须能够通过接口与计算机连接，并提供控制计算方法的必要元素。许多 PPL 是用基础语言设计的，通常需要遵循基础语言和计算后端的固定计算约束。在 10.2.2 节中的共轭推断示例中，只需要 4 个参数和一行代码就可以获得精确的结果。相比之下，MCMC 示例具有不同的输入，如绘图数量、接受率、调整步数数量等。MCMC 的复杂性虽然大多是隐藏的，但仍然在 API 中显现出额外的复杂性。

> **许多 API，许多接口**
>
> 在现代贝叶斯工作流中，不仅有 PPL API，还有工作流中所有支持包的 API。在本书中，我们还在示例中使用了 Numpy、Matplotlib、Scipy、Pandas 和 ArviZ API，更不用说 Python API 本身了。在 Python 生态系统中，这些软件库的选择以及它们带来的 API 也取决于个人选择。从业者可能会选择使用 Bokeh 代替 Matplotlib 进行绘图，或在 pandas 上附加使用 xarray，这样用户也需要学习这些 API。
>
> 除了 API，还有许多编写接口来编写贝叶斯模型的代码，或者只是一般的代码。代码可以直接在文本编辑器、笔记、集成开发环境(Integrated Development Environment, IDE)或命令行中编写。
>
> 这些工具的使用，包括支持包和编码接口，并不是互斥的。对于刚接触计算统计的人来说，这可能难以理解。在开始时，我们建议使用一个简单的文本编辑器和一些支持包，以便在转到更复杂的界面(如笔记或集成开发环境)之前将重点放在代码和模型上。我们将在 11.10.5 节中提供有关此主题的更多指导。

在艺术方面，API 是人类用户的接口。该接口是 PPL 最重要的部分之一。一些用户对设计选择有强烈却主观的看法。用户想要最简单、最灵活、可读和易于编写的 API，而对于糟糕的 PPL 设计者来说，这些 API 的目标既不明确又相互对立。PPL 设计者可以选择对基础语言的样式和功能做出镜像处理。例如，有一种"Python 式"程序的概念，它遵循某种风格。Python 式 API 的这个概念是 PyMC3 API 的基础，其目的是明确地让用户感觉他们在用 Python 编写模型。相比之下，Stan 模型是用其他 PPL(如 BUGS[66])和 C++[32]等语言的特定领域语言编写的。Stan 语言包括著名的 API 原语，如大括号{}，并使用代码清单 10.5 所示的块语法。编写 Stan 模型显然与编写 Python 不同，但这并不是对 API 的攻击。从设计角度来看，这只是一种不同的选择，也是用户的不同体验。

10.3.1　示例：Stan 和 Slicstan

根据用例的不同，用户可能更喜欢不同抽象级别的模型规范，这独立于任何其他 PPL 组件。Stan 和 Slicstan 源自 Gorinova 等[69]，他们致力于研究和提出 Stan API。在代码清单 10.5 中，我们展示了原始的 Stan 模型语法。在 Stan 语法中，贝叶斯模型的各个部分由块声明表示。这些名称与工作流的各个部分相对应，例如指定模型和参数、数据转换、先验和后验预测采样，以及相应的名称，如参数、模型、转换参数和生成数量。

代码清单 10.5

```
1 parameters {
2    real y_std;
3    real x_std;
4 }
5 transformed parameters {
6    real y = 3 * y_std;
7    real x = exp(y/2) * x_std;
8 }
9 model {
10   y_std _ normal(0, 1);
11   x_std _ normal(0, 1);
12 }
```

Stan 模型的另一种语法是 Slicstan[69]，其相同模型如代码清单 10.6 所示。Slicstan 为 Stan 提供了一个组合接口，允许用户定义一个可以命名和重用的函数，并消除了块语法。这些特性意味着 Slicstan 程序可以用比标准 Stan 模型更少的代码表达。但是，度量更少的代码意味着贝叶斯建模者需要编写的代码更少，模型审查者需要阅读的代码也更少。此外，与 Python 一样，可组合函数允许用户对一个想法进行一次定义并多次重用，如 Slicstan 片段中的 my_normal。

代码清单 10.6

```
1 real my_normal(real m, real s) {
2 real std ~ normal(0, 1);
3    return s * std + m;
4 }
5 real y = my_normal(0, 3);
6 real x = my_normal(0, exp(y/2));
```

对于原始的 Stan 语法，它的好处在于，(已使用过 Stan 语法的)用户对它的熟悉和文档编制。这种熟悉感可能来自 Stan 选择在 BUGS 之后对自己进行建模，以确保先前有过该语言经验的用户能够轻松过渡到 Stan 语法。使用 Stan 多年的人也很熟悉它。自 2012 年发布以来，用户已经有多年的时间熟悉语言、发布示例和编写模型。对于新用户，块模型强制组织在编写 Stan 程序时更加一致。

注意，Stan 和 Slicstan 在 API 层下使用相同的代码库，API 中的差异仅是为了用户的利益。在这种情况下，哪个 API "更好"取决于每个用户的选择。我们应该注意，本案例研究只是对 Stan API 的浅显讨论。要想了解完整的细节，我们建议阅读全文，该文将两组语法形式化，并显示了 API 设计层面的细节。

10.3.2　示例：PyMC3 和 PyMC4

第二个 API 是对由于计算后端更改而需要的 API 设计更改的案例研究，在这种情况下，从 PyMC3 中的 Theano 到 PyMC4 中的 TensorFlow，更改都是最初旨在取代 PyMC3 的 PPL[86]。在 PyMC4 的设计中，语言的设计者希望其语法尽可能接近 PyMC3 语法。虽然推断算法保持不变，但 TensorFlow 和 Python 的基本工作方式意味着，由于计算后端的变化，PyMC4 API 被迫进入特定设计。考虑代码清单 10.7 中 PyMC3 语法中实现的 8 个学派模型[137]和代码清单 10.8 中现已不再使用的 PyMC4 语法。

代码清单 10.7

```
1 with pm.Model() as eight_schools_pymc3:
2     mu = pm.Normal("mu", 0, 5)
3     tau = pm.HalfCauchy("tau", 5)
4     theta = pm.Normal("theta", mu=mu, sigma=tau, shape=8)
5     obs = pm.Normal("obs", mu=theta, sigma=sigma, observed=y)
```

代码清单 10.8

```
1 @pm.model
2 def eight_schools_pymc4():
3     mu = yield pm.Normal("mu", 1, 5)
4     tau = yield pm.HalfNormal("tau", 5)
5     theta = yield pm.Normal("theta", loc=mu, scale=sigma, batch_stack=8)
6
7     obs = yield pm4.Normal("obs", loc=theta, scale=sigma, observed=y)
8     return obs
```

PyMC4 中的不同之处在于其装饰器@pm.model，Python 函数的声明、由 yield 表示的生成器的使用以及不同的参数名称。你可能已经注意到 yield 与 TensorFlow Probability 代码中的 yield 相同。由于选择了协程，因此在这两个 PPL 中，yield 语句是 API 的必要部分。然而，这些 API 的更改并不可取，因为用户必须学习新语法，必须重写所有现有的 PyMC3 代码以使用 PyMC4，所有现有的 PyMC3 文档都将过时。此示例中 API 不是由用户偏好断定的，而是由用于计算后验的计算后端选择决定。最终，用户反馈保持 PyMC3 API 不变是终止 PyMC4 开发的原因之一。

10.4　PPL 驱动的转换

在这本书中，我们看到了许多数学转换，这些转换使我们能够轻松且灵活地设计各种模型，如 GLM。我们也看到了使结果更易于解释的转换，如中心化处理。在本节中，我们将专门讨论 PPL 驱动的转换。它们有时不太明显，我们将在本节讨论两个示例。

10.4.1　对数概率

最常见的转换之一是对数概率转换。我们将通过计算任意似然的示例来理解其原因。假设我们观察到两个独立的结果 y_0 和 y_1，它们的联合概率为：

$$p(y_0, y_1 \mid \boldsymbol{\theta}) = p(y_0 \mid \boldsymbol{\theta})p(y_1 \mid \boldsymbol{\theta}) \tag{10.2}$$

下面给出一个具体情况，假设我们观察到值 2 两次，并决定在模型中使用正态分布作为似然。可以通过将式(10.2)展开来指定我们的模型，如下：

$$\mathcal{N}(2, 2 \mid \mu = 0, \sigma = 1) = \mathcal{N}(2 \mid 0, 1)\mathcal{N}(2 \mid 0, 1) \tag{10.3}$$

作为计算统计学家，现在可以用代码计算这个值(见代码清单 10.9)。

代码清单 10.9

```
1 observed = np.repeat(2, 2)
2 pdf = stats.norm(0, 1).pdf(observed)
3 np.prod(pdf, axis=0)
```

0.0029150244650281948

通过两次观测，我们在代码清单 10.9 中获得了精确到 20 位小数的联合概率密度，这没有问题，但现在假设总共看到了 1000 个观测值，均为 2。可以在代码清单 10.10 中重复计算。然而，这一次我们遇到了一个问题，Python 报告的联合概率密度为 0.0，这是不可能的。

代码清单 10.10

```
1 observed = np.repeat(2, 1000)
2 pdf = stats.norm(0, 1).pdf(observed)
3 np.prod(pdf, axis=0)
```

0.0

我们看到的是计算机浮点精度误差的示例。基于计算机在内存中存储数字和计算结果的基本方式，只能获得有限的精度。在 Python 中，这种精度误差通常对用户[1]隐藏；但在某些情况下，用户会发现精度不足，如代码清单 10.11 所示。

代码清单 10.11

```
1.2 - 1
```

0.19999999999999996

对于相对"大"的数字，小数点后十位的小误差无关紧要。然而，在贝叶斯建模中，我们经常使用非常小的浮点数，甚至更糟的是，我们将其相乘多次，使其值变得更小。为了缓解这个问题，PPL 对概率进行对数转换，通常缩写为 logp。因此，表达式(10.2)变成：

$$\log(p(y_0, y_1 \mid \boldsymbol{\theta})) = \log(p(y_0 \mid \boldsymbol{\theta})) + \log(p(y_1 \mid \boldsymbol{\theta})) \tag{10.4}$$

这有两个影响。第一，它使小数字相对较大；第二，由于对数的乘积法则，将相乘变为相加。使用相同的示例，但在对数空间中执行计算，我们在代码清单 10.12 中看到了数值更稳定的结果。

代码清单 10.12

```
1 logpdf = stats.norm(0, 1).logpdf(observed)
2
3 # 用两种方法计算一个观测值的单个 logpdf 以及总 logpdf
4 np.log(pdf[0]), logpdf[0], logpdf.sum()
```

(-2.9189385332046727, -2.9189385332046727, -2918.9385332046736)

---

1 https://docs.Python.org/3/tutorial/floatingpoint.html

10.4.2　随机变量和分布转换

遵循有界分布的随机变量，如以固定区间[a, b]指定的均匀分布，对梯度评估和基于其的采样器提出了挑战。几何形状的突然变化使得难以在这些突然变化附近采样分布。想象一下，将球沿一组楼梯或一个悬崖而不是光滑的表面滚下。与不连续表面相比，估计球在光滑表面上的轨迹更容易。因此，PPL 中的另一组有用的转换[1]是将有界随机变量(如均匀分布、贝塔分布、半正态分布等)转换为无界随机变量，这些无界随机变量的范围是(-∞, ∞)。然而，进行转换时需要小心谨慎，因为现在必须校正转换分布中的体积变化。为此，需要计算转换的雅可比矩阵，并累积计算的对数概率，详见 11.1.9 节。

PPL 通常将有界随机变量转换为无界随机变量，并在无界空间中执行推断，然后将值转换回原始有界空间，这一切都可以在没有用户输入的情况下进行。因此，如果用户不愿意，就不需要与这些转换进行交互。统一随机变量的正向和反向转换的具体示例如式(10.5)所示，并在代码清单 10.13 中计算。在这个转换中，下界 a 和上界 b 分别映射到-∞和∞，并且中间的值相应地"拉伸"到中间的值。

$$
\begin{aligned}
x_t &= \log(x - a) - \log(b - x) \\
x &= a + \frac{1}{1 + e^{-x_t}}(b - a)
\end{aligned}
\tag{10.5}
$$

代码清单 10.13

```
1 lower, upper = -1, 2
2 domain = np.linspace(lower, upper, 5)
3 transform = np.log(domain - lower) - np.log(upper - domain)
4 print(f"Original domain: {domain}")
5 print(f"Transformed domain: {transform}")
```

```
Original domain:[-1. -0.25 0.5 1.25 2. ]
Transformed domain: [-inf -1.09861229, 0., 1.09861229, inf]
```

如代码清单 10.14 所示，通过向 PyMC3 模型添加统一随机变量并检查该变量和模型对象中的基础分布，可以看到自动转换。

代码清单 10.14

```
1 with pm.Model() as model:
2     x = pm.Uniform("x", -1., 2.)
3
4 model.vars
```

```
([x_interval__ ~ TransformedDistribution])
```

根据所见的转换，还可以查询模型以检查代码清单 10.15 中转换的 logp 值。注意，通过使用转换后的分布，可以在区间(-1, 2)(未转换均匀分布的边界)外采样，仍能获得有限 logp 值。还要注意 logp_nojac 方法返回的 logp，其值是否与-2 和 1 相同，以及如何在调用 logp 时自动进行雅可比调整。

---

1 https://mc-stan.org/docs/2_25/reference-manual/variable-transforms-chapter.html

代码清单 10.15

```
1 print(model.logp({"x_interval__":-2}),
2     model.logp_nojac({"x_interval__":-2}))
3 print(model.logp({"x_interval__":1}),
4     model.logp_nojac({"x_interval__":1}))
```

```
-2.2538560220859454 -1.0986122886681098
-1.6265233750364456 -1.0986122886681098
```

概率的对数转换和随机变量的无界,是 PPL 通常在大多数用户不知道的情况下应用的转换,但它们都对各种模型中 PPL 的性能和可用性产生实际的影响。

还有其他更明确的转换,用户可以直接对发布本身执行,以构建新的分布。然后,用户可以在模型中创建遵循这些新分布的随机变量。例如,TFP 中的双射子模块[47]可用于将基本分布转换为更复杂的分布。代码清单 10.16 演示了如何通过转换基本分布 $\mathcal{N}(0,1)$[1]构造 LogNormal$(0,1)$分布。这种 API 设计极具表现力,甚至允许用户使用可训练的双射器(例如神经网络[114])(如 tfb.MaskedAutoregressiveFlow)来定义复杂的转换。

代码清单 10.16

```
1 tfb = tfp.bijectors
2
3 lognormal0 = tfd.LogNormal(0., 1.)
4 lognormal1 = tfd.TransformedDistribution(tfd.Normal(0., 1.), tfb.Exp())
5 x = lognormal0.sample(100)
6
7 np.testing.assert_array_equal(lognormal0.log_prob(x), lognormal1.log_prob(x))
```

无论是显式还是隐式应用,我们都注意到随机变量和分布的这些转换不是 PPL 的必需组成部分,但肯定以某种方式包含在几乎所有现代 PPL 中。例如,如下一个示例所示,显式和隐式应用都可以非常有效地获得良好的推断结果。

10.4.3 示例:有界和无界随机变量之间的采样比较

在这里,我们创建了一个小示例来演示从已转换随机变量和未转换随机变量中采样的差异。根据标准差非常小的正态分布模拟数据,代码清单 10.17 中指定了模型。

代码清单 10.17

```
1 y_observed = stats.norm(0, .01).rvs(20)
2
3 with pm.Model() as model_transform:
4     sd = pm.HalfNormal("sd", 5)
5     y = pm.Normal("y", mu=0, sigma=sd, observed=y_observed)
6     trace_transform = pm.sample(chains=1, draws=100000)
7
8 print(model_transform.vars)
9 print(f"Diverging: {trace_transform.get_sampler_stats('diverging').sum()}")
```

```
[sd_log__ ~ TransformedDistribution()]
Diverging: 0
```

---

1 事实上,这就是 tfd.LogNormal 在 TFP 中的实现方式,并对类方法进行了一些额外的重写,以使计算更加稳定。

我们可以检查自由变量，采样后可以计算偏差的数量。根据代码清单 10.17 的代码输出，可以验证有界 HalfNormal sd 变量已被转换，并且在随后的采样中没有差异。

下面演示一个反例，我们在代码清单 10.18 中指定相同的模型，但在这种情况下，HalfNormal 先验分布未经显式转换。这既反映在模型 API 中，也反映在检查无模型变量时。随后的采样报告 423 个差异。

代码清单 10.18

```
1 with pm.Model() as model_no_transform:
2     sd = pm.HalfNormal("sd", 5, transform=None)
3     y = pm.Normal("y", mu=0, sigma=sd, observed=y_observed)
4     trace_no_transform = pm.sample(chains=1, draws=100000)
5
6 print(model_no_transform.vars)
7 print(f"Diverging: {trace_no_transform.get_sampler_stats('diverging').sum()}")
```

```
[sd ~ HalfNormal(sigma=10.0)]
Diverging: 423
```

在没有自动转换的情况下，用户需要花时间评估产生差异的原因，或者从先验经验中得知需要进行转换，或者通过调试和研究得出这个结论。构建模型和执行推断都需要付出时间和努力。

10.5　操作图和自动重参数化

一些 PPL 会执行重参数化模型的操作，首先创建一个操作图，然后优化该图。我们定义一个计算来说明其含义：

$$
\begin{aligned}
x &= 3 \\
y &= 1 \\
x * (y/x) &+ 0
\end{aligned}
\tag{10.6}
$$

具有基本代数知识的人将很快看到 x 项抵消，留下无效的加法 $y+0$，从而得到答案 1。我们也可以在纯 Python 中执行此计算，并得到相同的答案。这很好，但缺点是浪费了此计算。纯 Python 和 numpy 等库只是将这些操作视为计算步骤，并忠实地执行所述公式的每一步。首先将 y 除以 x，然后将结果乘以 x，然后再加 0。

相比之下，像 Theano 这样的库的工作方式与众不同。它们首先构建计算的符号表示，如代码清单 10.19 所示。

代码清单 10.19

```
1 x = theano.tensor.vector("x")
2 y = theano.tensor.vector("y")
3 out = x*(y/x) + 0
4 theano.printing.debugprint(out)
```

```
Elemwise{add,no_inplace} [id A] ''
 |Elemwise{mul,no_inplace} [id B] ''
 |  |x [id C]
```

```
|   |Elemwise{true_div,no_inplace} [id D] ''
|      |y [id E]
|      |x [id C]
|InplaceDimShuffle{x} [id F] ''
  |TensorConstant{0} [id G]
```

Aesara 是什么?

正如你所见，Theano 在图表示、梯度计算等方面是 PyMC3 模型的主力。然而，Theano 在 2017 年受到原作者反对。此后，PyMC 开发人员一直在维护 Theano 以支持 PyMC3。2020 年，PyMC 开发人员决定转为改进 Theano。在此过程中，PyMC 开发者为 Theano 构建分支，并将分支命名为 Aesara[a]。由于 Brandon Willard 领导的一项重点工作，代码库的遗留部分已经彻底现代化。此外，Aesara 还包括扩展的功能，其特别针对贝叶斯用例。其中包括为加速数值计算添加新的后端(JAX 和 Numba)，以及向 GPU 和 TPU 等现代计算硬件提供更好的支持。随着对 PyMC3 和 Aesara 之间更多 PPL 组件的进一步控制和协调，PyMC 开发人员希望不断为开发人员、统计人员和用户提供更好的 PPL 体验。

a 在希腊神话中，Aesara 是 Theano 的女儿，因此得名。

纵观代码清单 10.19 的输出，我们在第 4 行看到第一个操作是 x 和 y 的除法，然后乘以 x，最后加 0，在计算图中表示。图 10.1 直观地显示了相同的图。此时，还没有进行实际的数值计算，但已经生成了一系列操作(但是未优化的操作)。

现在可以使用 Theano 优化该图，方法是将该计算图传递给代码清单 10.20 中的 theano.function。在输出中，几乎所有的操作都消失了，因为 Theano 已经认识到 x 的乘法和除法都抵消了，并且加 0 对最终结果没有影响。优化后的操作图如图 10.2 所示。

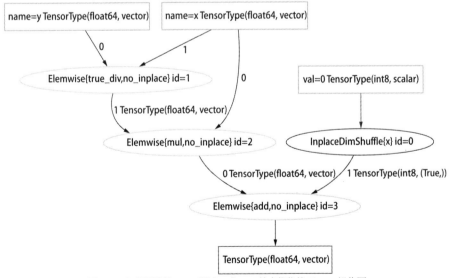

图 10.1　如代码清单 10.19 所述，式(10.6)的未优化的 Theano 操作图

代码清单 10.20

```
1 fgraph = theano.function([x,y], [out])
```

```
2 theano.printing.debugprint(fgraph)
```

```
DeepCopyOp [id A] 'y' 0
 |y [id B]
```

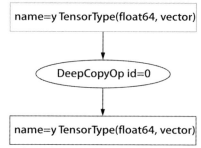

图 10.2　式(10.6)的优化后(代码清单 10.20)的 Theano 操作图

然后，当使用数字输入调用经过优化的函数时，Theano 可以计算答案，如代码清单 10.21 所示。

代码清单 10.21

```
fgraph([1],[3])
```

```
[array([3.])]
```

为了执行代数简化，你的计算机没有变得有感知能力并从头开始重新驱动代数规则。Theano 能够执行这些优化，得益于代码优化器[1]检查用户通过 Theano API 给出的操作图，扫描图中的代数模式，简化计算并向用户提供期望的结果。

贝叶斯模型只是数学和计算的一个特例。在贝叶斯计算中，通常期望输出是模型的 logp。在优化之前，第一步是用符号表示操作图，其示例如代码清单 10.22 所示，其中单线 PyMC3 模型在操作层面被转换为多线计算图。

代码清单 10.22

```
1 with pm.Model() as model_normal:
2     x = pm.Normal("x", 0., 1.)
3
4 theano.printing.debugprint(aesara_normal.logpt)

  Sum{acc_dtype=float64} [id A] '__logp'
   |MakeVector{dtype='float64'} [id B] ''
     |Sum{acc_dtype=float64} [id C] ''
       |Sum{acc_dtype=float64} [id D] '__logp_x'
         |Elemwise{switch,no_inplace} [id E] ''
         | Elemwise{mul,no_inplace} [id F] ''
         |   |TensorConstant{1} [id G]
         |   |Elemwise{mul,no_inplace} [id H] ''
         |     |TensorConstant{1} [id I]
         |     |Elemwise{gt,no_inplace} [id J] ''
         |       |TensorConstant{1.0} [id K]
         |       |TensorConstant{0} [id L]
```

---

1 https://theano-pymc.readthedocs.io/en/latest/optimizations.html?highlight=o1#optimizations

```
|Elemwise{true_div,no_inplace} [id M] ''
|  |Elemwise{add,no_inplace} [id N] ''
|  |  |Elemwise{mul,no_inplace} [id O] ''
|  |  |  |Elemwise{neg,no_inplace} [id P] ''
|  |  |  |  |TensorConstant{1.0} [id Q]
|  |  |  |Elemwise{pow,no_inplace} [id R] ''
|  |  |  |Elemwise{sub,no_inplace} [id S] ''
|  |  |  |  |x ~ Normal(mu=0.0, sigma=1.0) [id T]
|  |  |  |  |TensorConstant{0.0} [id U]
|  |  |  |TensorConstant{2} [id V]
|  |  |Elemwise{log,no_inplace} [id W] ''
|  |  |Elemwise{true_div,no_inplace} [id X] ''
|  |  |Elemwise{true_div,no_inplace} [id Y] ''
|  |  |  |TensorConstant{1.0} [id Q]
|  |  |  |TensorConstant{3.141592653589793} [id Z]
|  |  |TensorConstant{2.0} [id BA]
|  |TensorConstant{2.0} [id BB]
|TensorConstant{-inf} [id BC]
```

就像代数优化一样，可以以有利于贝叶斯用户的方式优化该图[160]。回想 4.6.1 节中的讨论，某些模型受益于非中心参数化，因为这有助于消除具有挑战性的几何结构，如 Neal 漏斗。如果没有自动优化，用户必须意识到采样器受到的几何挑战，并自行进行调整。在未来，像 symbolic-pymc[1]这样的库将能够使这种重参数化自动化，正如我们上面所说的对数概率和有界分布的自动转换。有了这个即将推出的工具，PPL 用户可以进一步关注模型，让 PPL 处理计算优化。

10.6　异常处理

异常处理程序(effect handler)[84]是编程语言中的一种抽象概念，对程序中语句的标准行为给出不同的解释或副作用。一个常见的例子是在 Python 中使用 try 和 except 进行异常处理。当 try 语句下的代码中出现某些特定错误时，可以在 except 块中执行不同的处理并继续计算。对于贝叶斯模型，我们希望随机变量具有两个主要的效果，即从其分布中提取值(样本)，或根据用户输入调整值。异常处理程序的其他用例是转换有界随机变量和自动重参数化，如上所述。

异常处理程序不是 PPL 的必需组件，而是一种设计选择，它强烈影响 API 以及使用 PPL 的"感觉"。回到我们的汽车类比，异常处理程序类似于汽车中的动力转向系统。它不是必需的，通常隐藏在引擎盖下，不为驾驶员所知，但一定会改变驾驶体验。由于异常处理程序通常是"隐藏的"，因此它们更容易通过例子而不是理论来解释。

示例：TFP 和 Numpyro 中的异常处理

在本节的其余部分中，我们将看到 TensorFlow Probability 和 NumPyro 中 NumPyro.Briefly 异常处理的工作原理。简而言之，NumPyro 是另一个基于 Jax 的 PPL。具体来说，我们将比较 tfd.JointDistributionCoroutine 和使用 NumPyro 原语编写的模型之间的高级 API，这两个原语都以

---

1 https://github.com/pymc-devs/symbolic-pymc

类似的方式用 Python 函数表示贝叶斯模型。此外，我们将使用 TFP 的 JAX 基础，使得这两个 API 共享相同的基础语言和数值计算后端。再次考虑式(10.7)中的模型，在代码清单 10.23 中，我们导入库并编写模型 [1]。

代码清单 10.23

```
1 import jax
2 import numpyro
3 from tensorflow_probability.substrates import jax as tfp_jax
4
5 tfp_dist = tfp_jax.distributions
6 numpyro_dist = numpyro.distributions
7
8 root = tfp_dist.JointDistributionCoroutine.Root
9 def tfp_model():
10   x = yield root(tfp_dist.Normal(loc=1.0, scale=2.0, name="x"))
11   z = yield root(tfp_dist.HalfNormal(scale=1., name="z"))
12   y = yield tfp_dist.Normal(loc=x, scale=z, name="y")
13
14 def numpyro_model():
15   x = numpyro.sample("x", numpyro_dist.Normal(loc=1.0, scale=2.0))
16   z = numpyro.sample("z", numpyro_dist.HalfNormal(scale=1.0))
17   y = numpyro.sample("y", numpyro_dist.Normal(loc=x, scale=z))
```

$$x \sim \mathcal{N}(1,2)$$
$$z \sim \mathcal{HN}(1)$$
$$y \sim \mathcal{N}(x,z)$$

(10.7)

一目了然，tfp_model 和 numpyro_model 看起来很相似，都是没有输入参数和返回语句的 Python 函数(注意，NumPyro 模型可以有输入和返回语句)，两者都需要指明哪个语句应该被视为随机变量(TFP 具有 yield，NumPyro 具有 numpyro.sample 原语)。此外，tfp_model 和 numpyro_model 的默认行为都是不明确的，除非你给出特定的指令，否则它们不会真正执行任何操作 [2]。例如，在代码清单 10.24 中，我们从两个模型中提取先验样本，并评估相同先验样本(TFP 模型返回的样本)的对数概率。

代码清单 10.24

```
1 sample_key = jax.random.PRNGKey(52346)
2
3 # 绘制样本
4 jd = tfp_dist.JointDistributionCoroutine(tfp_model)
5 tfp_sample = jd.sample(1, seed=sample_key)
6
7 predictive = numpyro.infer.Predictive(numpyro_model, num_samples=1)
8 numpyro_sample = predictive(sample_key)
9
10 # 评估对数概率
11 log_likelihood_tfp = jd.log_prob(tfp_sample)
12 log_likelihood_numpyro = numpyro.infer.util.log_density(
13   numpyro_model, [], {},
14   # JointDistributionCoroutine 返回的样本是一个类似 Python 对象的 Namedtuple，将其转换为字典，以便
numpyro 能识别它
```

---

1 代码清单 10.23 是式(10.7)在 Pyro 库和 TFP 库的实现形式。

2 Pyro 模型的默认行为是从分布中采样，而不是在 NumPyro 中采样。

```
15    params=tfp_sample._asdict())
16
17 # 验证我们是否获得了相同的日志概率
18 np.testing.assert_allclose(log_likelihood_tfp, log_likelihood_numpyro[0])
```

还可以将一些随机变量设置为模型中的用户输入值,例如,在代码清单 10.25 中,设置 $z = .01$,然后从模型中采样。

代码清单 10.25

```
1 # TFP 和样本的条件 z 为 0.01
2 jd.sample(z=.01, seed=sample_key)
3
4 # 在 Numpyro 中将 z 设为 0.01,并进行采样
5 predictive = numpyro.infer.Predictive(
6    numpyro_model, num_samples=1, params={"z": np.asarray(.01)})
7 predictive(sample_key)
```

从用户的角度看,当使用高级 API 时,异常处理大多发生在后台。在 TFP 中,tfd.JointDistribution 将异常处理程序封装在单个对象内,并在输入参数不同时更改该对象内函数的行为。对于 NumPyro,异常处理更加明确和灵活。在 numpyro.handlers 中实现了一组异常处理程序,它为刚才用来生成先验样本和计算模型对数概率的高级 API 提供了动力。这在代码清单 10.26 中再次出现,其中对随机变量 $z = .01$ 进行条件化,从 x 中采样,构造条件分布 $p(y \mid x, z)$ 并从中抽取样本。

代码清单 10.26

```
1 # 将 TFP 中的 z 设为 0.01,并构建条件分布
2 dist, value = jd.sample_distributions(z=.01, seed=sample_key)
3 assert dist.y.loc == value.x
4 assert dist.y.scale == value.z
5
6 # 在 NumPyro 中将 z 条件化为 0.01,并构建条件分布
7 model = numpyro.handlers.substitute(numpyro_model, data={"z": .01})
8 with numpyro.handlers.seed(rng_seed=sample_key):
9    # 在种子上下文中, NumPyro 模型的默认行为与 Pyro 中的相同: 绘制先验样本
10    model_trace = numpyro.handlers.trace(numpyro_model).get_trace()
11 assert model_trace["y"]["fn"].loc == model_trace["x"]["value"]
12 assert model_trace["y"]["fn"].scale == model_trace["z"]["value"]
```

代码清单 10.26 中的 Python 断言是为了验证条件分布是否正确。与 jd.sample_distributions(.) 调用相比,可以看到 NumPyro 中的显式效应处理:带有 numpyro.handlers.substitute 返回条件模型,numpyro.handlers.seed 设置随机种子(绘制随机样本的 JAX 要求),numpyro.handlers.trace 跟踪函数执行。有关 NumPyro 和 Pyro 中异常处理的更多信息,请参见其官方文档[1]。

10.7　基础语言、代码生态系统、模块化

当严谨的汽车爱好者选择一辆汽车时,可以混合和匹配的不同部件的可用性也许是决定最

---

1 https://pyro.ai/examples/effect_handlers.html

终购车选择的一个要素。车主可能会根据自己的审美偏好改车，比如换一个不同外观的新发动机罩，或者可能会选择更换发动机，这会大大改变车辆的性能。无论如何，即使大多数车主根本不选择改车，他们也希望在改车方面有更多的选择和灵活性。

同理，PPL 用户不仅关注 PPL 本身，还关注特定生态系统中存在的相关代码库和包，以及 PPL 本身的模块化。在本书中，我们以 Python 作为基础语言，以 PyMC3 和 TensorFlow Probability 作为 PPL。然而，在此基础上，我们还使用 Matplotlib 进行绘图，使用 NumPy 进行数值操作，使用 Pandas 和 xarray 进行数据处理，使用 ArviZ 进行贝叶斯模型探索性分析。通俗地说，这些都是 PyData 堆栈的一部分。然而，还有其他一些基础语言，如 R，其具有自己的包生态系统。这个生态系统有一套类似的工具，其名称为 tidyverse，以及专用贝叶斯包，这些包被恰当地命名为 loo、posterial、bayesplot 等。幸运的是，Stan 用户能够相对容易地更改基本语言，因为模型是用 Stan 语言定义的，并且可以选择 pystan、rstan、cmdstan 等接口。PyMC3 用户降级使用 Python。然而，有了 Theano，我们就可以使用计算后端的模块化，从 Theano 本机后端到新的 JAX 后端。除以上所有内容外，还有一份对 PPL 用户来说非常重要的其他要点的详细清单，包括：

- 易于在生产环境中开发
- 易于在开发环境中安装
- 开发人员速度
- 计算速度
- 论文、博客文章、讲座的可用性
- 文档
- 有用的错误消息
- 社区
- 同事的建议
- 即将推出的功能

然而，仅仅有选择是不够的，要使用 PPL，用户必须能够安装并了解如何使用这些内容。参考 PPL 的工作可用性往往表明它被广泛接受，人们相信它确实可用。用户不热衷于将时间投入不再维护的 PPL 中。最终，作为已知数据的贝叶斯用户，值得信任的同事的推荐以及大量其他用户的存在，都是评估 PPL 的重要因素，与许多情况下的技术能力同等重要。

10.8　设计 PPL

在本节中，重点不再是用户的 PPL 概述，而是从 PPL 设计师的角度出发。我们已经确定了重要组件，现在设计一个假设的 PPL，了解组件的组合方式，以及它们何时出乎意料地不易于组合！我们将做出的选择不仅是为了说明，而且勾画出系统的组合方式，以及 PPL 设计师在组合 PPL 时的想法。

首先，选择具有数字计算后端的基础语言。由于本书侧重于 Python，因此使用 NumPy。理想情况下，我们已经实现了一组常用的数学函数。例如，实现 PPL 的核心部分是一组(对数)概率质量或密度函数，以及一些伪随机数生成器。幸运的是，这些都可以通过 scipy.stats 轻松获得。我们在代码清单 10.27 中将它们组合在一起，简单地从 $\mathcal{N}(1, 2)$ 分布中抽取一些样本，并评估它们的对数概率。

代码清单 10.27

```
1 import numpy as np
2 from scipy import stats
3
4 # 从正态分布(1., 2.)中抽取 2 个样本
5 x = stats.norm.rvs(loc=1.0, scale=2.0, size=2, random_state=1234)
6 # 评估样本的对数概率
7 logp = stats.norm.logpdf(x, loc=1.0, scale=2.0)
```

其中，stats.norm 是 scipy.stats 模块[1]中的 Python 类，它包含与正态分布族相关的方法和统计函数。或者，可以使用固定参数初始化正态分布，如代码清单 10.28 所示。

代码清单 10.28

```
1 random_variable_x = stats.norm(loc=1.0, scale=2.0)
2
3 x = random_variable_x.rvs(size=2, random_state=1234)
4 logp = random_variable_x.logpdf(x)
```

代码清单 10.27 和代码清单 10.28 返回的输出 x 和 logp 与我们提供的 random_state 完全相同。此处的区别是，代码清单 10.28 中有一个"冻结"的随机变量[2] random_variable_x，它可以被视为 $x \sim \mathcal{N}(1, 2)$ 的 SciPy 表示。遗憾的是，当我们尝试在编写完整的贝叶斯模型时简单使用此对象，其确实性能良好。考虑模型 $x \sim \mathcal{N}(1, 2)$，$y \sim \mathcal{N}(x, 0.1)$。在代码清单 10.29 中编写它会引发异常，因为 scipy.stats.norm 期望输入是 NumPy 数组[3]。

代码清单 10.29

```
1 x = stats.norm(loc=1.0, scale=2.0)
2 y = stats.norm(loc=x, scale=0.1)
3 y.rvs()
```

```
...
TypeError: unsupported operand type(s) for +: 'float' and 'rv_frozen'
```

由此可见设计 API 的困难之处：看似直观的内容也许不可能通过基础的包来实现。在我们的案例中，若要用 Python 编写 PPL，则需要做出一系列 API 设计选择等决定，以使代码清单 10.29 正常工作。具体来说，我们需要：

(1) 随机变量的表示，可用于初始化另一随机变量；

(2) 能够根据某些特定值(如观测数据)调节随机变量；

(3) 由随机变量集合生成的图模型，以一致且可预测的方式运行。

只需要使用一个可以被 NumPy 识别为数组的 Python 类，就可以实现第 1 项。在代码清

---

1 https://docs.scipy.org/doc/scipy/reference/stats.html

2 我们将在第 11 章详细介绍随机变量。

3 更准确地说，是一个带有 __array__ 方法的 Python 对象。

单 10.30 中完成此操作，并使用实现来指定式(10.7)中的模型。

代码清单 10.30

```
1 class RandomVariable:
2   def __init__(self, distribution):
3       self.distribution = distribution
4
5   def __array__(self):
6       return np.asarray(self.distribution.rvs())
7
8 x = RandomVariable(stats.norm(loc=1.0, scale=2.0))
9 z = RandomVariable(stats.halfnorm(loc=0., scale=1.))
10 y = RandomVariable(stats.norm(loc=x, scale=z))
11
12 for i in range(5):
13     print(np.asarray(y))
```

```
3.7362186279475353
0.5877468494932253
4.916129854385227
1.7421638350544257
2.074813968631388
```

我们在代码清单 10.30 中编写的对 Python 类的一个更精确的描述是随机数组。正如你从代码输出中看到的，这个对象的实例化，如 np.asarray(y)，总是给我们一个不同的数组。使用 log_prob 方法添加一个方法来将随机变量调整为某个值，我们在代码清单 10.31 中会得到一个功能更强大的 RandomVariable 的模拟实现。

代码清单 10.31

```
1 class RandomVariable:
2   def __init__(self, distribution, value=None):
3       self.distribution = distribution
4       self.set_value(value)
5
6   def __repr__(self):
7       return f"{self.__class__.__name__}(value={self.__array__()})"
8
9   def __array__(self, dtype=None):
10      if self.value is None:
11          return np.asarray(self.distribution.rvs(), dtype=dtype)
12      return self.value
13
14  def set_value(self, value=None):
15      self.value = value
16
17  def log_prob(self, value=None):
18      if value is not None:
19          self.set_value(value)
20      return self.distribution.logpdf(np.array(self))
21
22 x = RandomVariable(stats.norm(loc=1.0, scale=2.0))
23 z = RandomVariable(stats.halfnorm(loc=0., scale=1.))
24 y = RandomVariable(stats.norm(loc=x, scale=z))
```

无论是否调整 y 依赖项的值，都可以在代码清单 10.32 中查看其值，且输出似乎与预期行为相符合。在下面的代码中，注意，如果将 z 设置为一个小值，那么 y 与 x 的距离会更近。

代码清单 10.32

```
1 for i in range(3):
2     print(y)
3
4 print(f" Set x=5 and z=0.1")
5 x.set_value(np.asarray(5))
6 z.set_value(np.asarray(0.05))
7 for i in range(3):
8     print(y)
9
10 print(f" Reset z")
11 z.set_value(None)
12 for i in range(3):
13     print(y)
```

```
RandomVariable(value=5.044294197842362)
RandomVariable(value=4.907595148778454)
RandomVariable(value=6.374656988711546)
    Set x=5 and z=0.1
RandomVariable(value=4.973898547458924)
RandomVariable(value=4.959593974224869)
RandomVariable(value=5.003811456458226)
    Reset z
RandomVariable(value=6.421473681641824)
RandomVariable(value=4.942894375257069)
RandomVariable(value=4.996621204780431)
```

此外，可以评估随机变量的非归一化对数概率密度。例如，在代码清单 10.33 中，当观察到 $y = 5$ 时，我们生成 x 和 z 的后验分布。

代码清单 10.33

```
1 # 观测 y = 5
2 y.set_value(np.array(5.))
3
4 posterior_density = lambda xval, zval: x.log_prob(xval) + z.log_prob(zval) + \
5             y.log_prob()
6 posterior_density(np.array(0.), np.array(1.))
```

```
-15.881815599614018
```

可以通过后验密度函数的显式实现来验证它，如代码清单 10.34 所示。

代码清单 10.34

```
1 def log_prob(xval, zval, yval=5):
2     x_dist = stats.norm(loc=1.0, scale=2.0)
3     z_dist = stats.halfnorm(loc=0., scale=1.)
4     y_dist = stats.norm(loc=xval, scale=zval)
5     return x_dist.logpdf(xval) + z_dist.logpdf(zval) + y_dist.logpdf(yval)
6
7 log_prob(0, 1)
```

```
-15.881815599614018
```

此时，我们似乎已经满足了第 1 项和第 2 项的要求，但第 3 项最具挑战性[1]。例如，在贝叶

---

[1] 比如，使形状正确，减少不必要的负面影响等。

斯工作流中，我们希望从模型中提取先验和先验预测样本。虽然我们的 RandomVariable 根据其先验绘制随机样本，但当它不以某个值为条件时，它不会记录其父对象的值(在图模型方面)。我们需要为 RandomVariable 分配额外的图实用程序，以便 Python 对象了解它的父对象和子对象(即马尔可夫毯)，并在绘制新样本或以某个特定值[1]为条件时传播相应的更改。例如，PyMC3 使用 Theano 表示图模型并跟踪依赖项(参见 10.5 节)，Edward[2]使用 TensorFlow v1[3]实现这一点。

概率建模库谱

　　PPL 的通用性也值得一提。通用 PPL 是**图灵完备**(Turing-complete)的 PPL。由于本书中使用的 PPL 是通用基础语言的扩展，因此都可以看作图灵完备的。然而，致力于通用 PPL 的研究和实现侧重的领域，通常与我们这里讨论的略有不同。例如，通用 PPL 中的一个重点领域是表达动态模型，模型中包含依赖于随机变量的复杂控制流[161]。因此，在动态概率模型的执行过程中，随机变量的数量或随机变量的形状可能会改变。一个很好的通用 PPL 示例是英国圣公会[148]。动态模型可能是有效的，也可以被编写，但可能没有一种有效且具有鲁棒性的推断方法。在这本书中，我们主要讨论侧重于静态模型(及其推断)的 PPL，忽略了通用性。与通用性相反，有一些很棒的软件库专注于一些特定的概率模型及其专门的推断 [a]，这可能更适合用户的应用程序和用例。

　　a 例如，用于贝叶斯网络 https://github.com/jmschrei/pomegranate。

　　另一种方法是以封装的方式处理模型，并将模型作为 Python 函数来编写。代码清单 10.34 给出了式(10.7)中模型的联合对数概率密度函数的实现示例。但对于先验样本，我们需要再次重写，如代码清单 10.35 所示。

代码清单 10.35

```
1 def prior_sample():
2     x = stats.norm(loc=1.0, scale=2.0).rvs()
3     z = stats.halfnorm(loc=0., scale=1.).rvs()
4     y = stats.norm(loc=x, scale=z).rvs()
5     return x, z, y
```

　　通过 Python 中的异常处理和函数跟踪[4]，可以将代码清单 10.34 中的 log_prob 和代码清单 10.35 中的 sample 组合成一个 Python 函数，用户只需要编写一次即可。然后，PPL 将根据上下文改变函数的执行方式(无论我们是试图获取先验样本还是评估对数概率都如此)。近年来，通过 Pyro[18](和 NumPyro[118])、Edward2[149][106]和 TensorFlow Probability 中的 JointDistribution[122]，这种将贝叶斯模型写成函数并应用异常处理程序的方法已广泛普及。

PPL 中的形状处理

　　所有 PPL 都必须处理的问题和 PPL 设计者必须思考的问题就是形状。对于贝叶斯建模师和

---

1 贝叶斯模型的图表示是 PPL 中的一个核心概念，但在许多情况下，它们是隐式的。

2 https://github.com/blei-lab/edward

3 TensorFlow 的 API 在 v1 和当前版本(v2)之间发生了大幅变化。

4 有关完整的解释，请参阅 Python 文档 https://docs.python.org/3/library/trace.html。

实践者，最常需要帮助且最令其苦恼的问题就是形状误差(shape error)。形状误差是数组计算预期流程中的错误设定，可能会导致广播误差等问题。在本节中，我们将给出一些 PPL 中形状处理的细节示例。

考虑代码清单 10.35 中为式(10.7)中的模型定义的先验预测样本函数，执行该函数从先验和先验预测分布中提取单个样本。如果想从中提取大量独立同分布样本，这当然是非常有效的。scipy.stats 中的分布有一个 size 关键字参数，便于我们轻松地抽取独立同分布样本，经小幅修改在代码清单 10.36 中可得。

代码清单 10.36

```
1 def prior_sample(size):
2     x = stats.norm(loc=1.0, scale=2.0).rvs(size=size)
3     z = stats.halfnorm(loc=0., scale=1.).rvs(size=size)
4     y = stats.norm(loc=x, scale=z).rvs()
5     return x, z, y
6
7 print([x.shape for x in prior_sample(size=(2))])
8 print([x.shape for x in prior_sample(size=(2, 3, 5))])
```

```
[(2,), (2,), (2,)]
[(2, 3, 5), (2, 3, 5), (2, 3, 5)]
```

如你所见，该函数可以通过在调用随机方法 rvs 时添加 size 关键字参数来处理任意样本形状。然而，注意，对于随机变量 y，我们不提供 size 关键字参数，因为样本形状已经隐含在其父对象中。

考虑代码清单 10.37 中线性回归模型的另一个示例，我们实现了 lm_prior_sample0 来绘制一组先验样本，并实现了 lm_prior_sample 来绘制一批先验样本。

代码清单 10.37

```
1 n_row, n_feature = 1000, 5
2 X = np.random.randn(n_row, n_feature)
3
4 def lm_prior_sample0():
5     intercept = stats.norm(loc=0, scale=10.0).rvs()
6     beta = stats.norm(loc=np.zeros(n_feature), scale=10.0).rvs()
7     sigma = stats.halfnorm(loc=0., scale=1.).rvs()
8     y_hat = X @ beta + intercept
9     y = stats.norm(loc=y_hat, scale=sigma).rvs()
10    return intercept, beta, sigma, y
11
12 def lm_prior_sample(size=10):
13    if isinstance(size, int):
14        size = (size,)
15    else:
16        size = tuple(size)
17    intercept = stats.norm(loc=0, scale=10.0).rvs(size=size)
18    beta = stats.norm(loc=np.zeros(n_feature), scale=10.0).rvs(
19        size=size + (n_feature,))
20    sigma = stats.halfnorm(loc=0., scale=1.).rvs(size=size)
21    y_hat = np.squeeze(X @ beta[..., None]) + intercept[..., None]
22    y = stats.norm(loc=y_hat, scale=sigma[..., None]).rvs()
23    return intercept, beta, sigma, y
```

　　比较上面的两个函数可见，要使先验样本函数处理任意样本形状，需要对 lm_prior_sample 进行一些更改。

- 仅向根随机变量的样本调用提供 size 关键字参数；
- 由于 API 限制，向 beta 的样本调用提供 size + (n_feature,) 关键字参数，这是长度为 n_feature 的向量的回归系数。我们还需要确保函数中的 size 是一个元组，以便它可以与 beta 的原始形状相结合。
- 通过向 beta、intercept 和 sigma 添加维度来处理形状，并压缩矩阵乘法结果，使其可广播。
- 正如你所见，在如何实现"形状安全"的先验样本函数方面，存在很大的误差。复杂性并不止于此，在计算模型对数概率和推断过程中，形状问题也会出现(例如，非标量采样器 MCMC 内核参数如何广播到模型参数)。有一些方便的函数转换可以矢量化 Python 函数，例如 JAX 中的 numpy.vectorize 或 jax.vmap，但它们无法解决所有问题。例如，如果矢量化跨越多个轴，则需要额外的用户输入。

　　形状处理逻辑的一个例子是 TensorFlow Probability 中的形状语义[47]1，它在概念上将 Tensor 的形状划分为 3 组。

- 样本形状(sample shape)，描述分布中抽取的独立同分布。
- 批处理形状(batch shape)，描述独立非恒等分布抽取。通常，它是同一分布的一组(不同的)参数化。
- 事件形状(event shape)，描述分布中单个绘图(事件空间)的形状。

　　例如，来自多变量分布的样本具有非标量事件形状。

　　显式批处理形状是 TFP 中一个强大的概念，可以大致按照我想"并行"评估的同一事物的独立副本来考虑。例如，MCMC 跟踪中的不同链、小批次训练中的一批观察等。例如，在代码清单 10.37 中，将形状语义应用于先验样本函数，我们得到了一个作为 $\mathcal{N}(0, 10)$ 分布的 n_feature 批的 beta。注意，虽然它是用于先验采样，但更准确地说，我们实际上希望事件形状是 n_feature，而不是批处理形状。在这种情况下，形状对于正向随机采样和反向对数概率计算都是正确的。在 NumPy 中，它可以通过从 stats.multivariable_normal 中定义和采样来实现。

　　当用户定义 TFP 分布时，他们可以检查批处理形状和事件形状，确保其按预期工作。TFP 分布在使用 tfd.JointDistribution 编写贝叶斯模型时特别有用。例如，我们使用 tfd.JointDistributionSequential 将代码清单 10.37 中的回归模型重写为代码清单 10.38。

代码清单 10.38

```
1 jd = tfd.JointDistributionSequential([
2   tfd.Normal(0, 10),
3   tfd.Sample(tfd.Normal(0, 10), n_feature),
4   tfd.HalfNormal(1),
5   lambda sigma, beta, intercept: tfd.Independent(
6     tfd.Normal(
7       loc=tf.einsum("ij,...j->...i", X, beta) + intercept[..., None],
8       scale=sigma[..., None]),
9     reinterpreted_batch_ndims=1,
```

---

1 查阅 https://www.tensorflow.org/probability/examples/TensorFlow_Distributions_Tutorial。

```
10      name="y")
11 ])
12
13 print(jd)
14
15 n_sample = [3, 2]
16 for log_prob_part in jd.log_prob_parts(jd.sample(n_sample)):
17      assert log_prob_part.shape == n_sample
```

```
tfp.distributions.JointDistributionSequential 'JointDistributionSequential'
batch_shape=[[], [], [], []]
event_shape=[[], [5], [], [1000]]
dtype=[float32, float32, float32, float32]
```

为确保正确指定模型，需要注意的一个关键问题是，batch_shape 在数组之间保持一致。在我们的例子中，它们都是空的，因此符合要求。另一种检查输出的有用方法是调用 jd.log_prob_parts(jd.sample(k))时具有相同形状 k 的 Tensor 结构(代码清单 10.38 中的第 15~17 行)。这将确保模型对数概率的计算(如用于后验推断)正确。关于 TFP 中形状语义的总结和可视化演示，参见 EricJ.Ma 的博客文章("Reasoning about Shapes and Probability Distributions")[1]。

10.9 应用贝叶斯从业者的注意事项

在此强调，本章的目标不是让你成为一名专业的 PPL 设计师，而是使你成为一名知情的 PPL 用户。作为一名用户，尤其是当你刚刚起步时，很难理解选择哪种 PPL 及其原因。当你第一次了解 PPL 时，最好记住我们在本章中列出的基本组件。例如，何种原语参数化分布，如何评估某个值的对数概率，或者何种原语定义随机变量，以及如何链接不同的随机变量以构建图模型(异常处理)等。

在选择 PPL 时，除了 PPL 本身，还有很多考虑因素。考虑我们在本章中所讨论的所有内容，尝试优化每个组件以选择最佳组件时很容易出错。而经验丰富的从业者很容易因何种 PPL 更好而产生争论。我们的建议是，开始时选择你最满意的 PPL，并根据应用经验了解你的情况需要什么。

然而，随着时间的推移，你会了解你需要的 PPL 内容，更重要的是你还会了解你所不需要的 PPL 内容。除本书介绍的 PPL，我们建议你再尝试一些额外的 PPL，以了解最适合你的情况。作为用户，在实际使用 PPL 时的收获最大。

就像贝叶斯建模一样，当你探索可能性分布时，数据收集比任何一个数据点都更具信息性。凭借本章中关于构建 PPL 的知识以及你的个人经历，我们希望你能够找到最适合你的 PPL。

10.10 练习

10E1. 查找使用 Python 以外的其他基础语言的 PPL。确定 PyMC3 和 TFP 之间的差异。特

---

1 参见 https://ericmjl.github.io/blog/2019/5/29/reasoning-about-shapes-and-probability-distri-butions/。Luciano Paz 还曾介绍 PyMC3 形状处理中的 PPL 形状处理 https://lucianopaz.github.io/2019/08/19/pymc3-shape-handling/。

别注意 API 和计算后端之间的区别。

10E2. 在本书中,我们主要使用 PyData 生态系统。R 是另一种具有类似生态系统的流行编程语言。用 R 语言如何实现以下操作:

- Matplotlib
- ArviZ LOO 函数
- 贝叶斯可视化

10E3. 我们在本书中对数据和模型使用了哪些其他转换?得到什么结果?提示:请参阅第 3 章。

10E4. 绘制 PPL[1]的框图。给每个组件贴上标签,并用自己的话解释它的作用。此问题无固定正确答案。

10E5. 用自己的话解释批处理形状、事件形状和样本形状。特别是,一定要详细说明需要在 PPL 中包含每个概念的原因。

10E6. 在线查找 Eight Schools NumPyro 示例。将其与 TFP 示例进行比较,特别注意原语和语法的差异。相似之处是什么?不同之处是什么?

10E7. 在 Theano 中指定以下计算:

$$\sin(\frac{1}{2}\pi x) + \exp(\log(x)) + \frac{(x-2)^2}{(x^2 - 4x + 4)} \tag{10.8}$$

生成未优化的计算图。打印了多少行?使用 theano.function 方法运行优化器。优化图的区别是什么?使用优化的 Theano 函数运行计算,其中 $x = 1$。输出值是多少?

10M8. 使用 PyMC3 创建具有以下分布的模型。

- Gamma(alpha = 1,beta = 1)
- Binomial(p = 5,12)
- TruncatedNormal(mu = 2,sd = 1,lower = 1)

验证哪些分布自动从有界分布转换为无界分布。绘制有界先验及其成对转换(如果存在)的先验样本。你能注意到哪些差异?

10H9. BlackJAX 是 JAX 的采样器库。生成大小为 20 的(N)(0, 10)的随机样本。使用 JAX 中的 HMC 采样器恢复数据生成分布的参数。BlackJAX 文档和 11.9.3 节将有所帮助。

10H10. 在 NumPyro 中实现代码清单 3.13 中定义的线性企鹅模型。在验证结果与 TFP 和 PyMC3 大致相同之后,你从 TFP 和 PyMC3 语法中看到了什么区别?你看到了什么相似之处?注意不仅要比较模型,还要比较整个工作流。

10H11. 我们在第 9 章中已经解释了重参数化,例如,4.6.1 节中的线性模型的中心和非中心参数化。异常处理的一个用例是执行自动重参数化[70]。尝试在 NumPyro 中编写一个异常处理程序,以自动在模型中执行随机变量的非中心化。提示:NumPyro 已经通过 numPyro.handlers.param 提供了此功能。

---

1 https://en.wikipedia.org/wiki/Block_diagram

第11章
附加主题

与其他章不同，本章不是关于任何特定主题的。相反，本章是不同主题的集合，通过补充其他章讨论的主题，为本书的其余部分提供依据。这些主题适用于有兴趣深入了解每种理论和方法的读者。就写作风格而言，本章比其他章更具理论性和抽象性。

11.1 概率背景

西班牙语中 azahar(某些评论家的花)和 azar(随机性)两个单词相似并非偶然，而是因为它们都源自阿拉伯语[1]。从古至今，一些靠运气取胜的游戏会使用有两个平面的道具，这种道具类似于硬币或双面骰子。为了更容易区分两侧，至少一侧有明显的标记。比如，古代阿拉伯人常用一朵花作为标记。随着时间推移，西班牙语用了 azahar 一词来表示某些花，而用 azar 表示随机性。概率论发展的动机之一可以追溯到理解运气游戏，并试图在此过程中赢一些钱。因此，我们从六面骰子开始，介绍概率论中的一些核心概念[2]。每次掷骰子时，只能获得一个 1 到 6 之间的整数，而且它们之间没有偏向性。使用 Python，可以通过代码清单 11.1 所示的方式编写这样的骰子游戏。

代码清单 11.1

```
1 def die():
2    outcomes = [1, 2, 3, 4, 5, 6]
3    return np.random.choice(outcomes)
```

假设我们怀疑骰子有偏向性，如何才能评估这种可能性？回答此问题的科学方法是收集并分析数据。我们可以使用 Python 模拟数据收集过程，如代码清单 11.2 所示。

---

1 我们现在所说的西班牙和葡萄牙的大部分领土都是安达卢斯和阿拉伯国家的一部分，这对西班牙/葡萄牙的文化产生了巨大影响，包括食物、音乐、语言，甚至基因组成。

2 对于有兴趣深入研究这一主题的读者，建议阅读 Joseph K.Blitzstein 和 Jessica Hwang 的 *Introduction to Probability* 一书[21]。

代码清单 11.2

```
1 def experiment(N=10):
2     sample = [die() for i in range(N)]
3
4     for i in range(1, 7):
5         print(f"{i}: {sample.count(i)/N:.2g}")
6
7 experiment()
```

```
1: 0
2: 0.1
3: 0.4
4: 0.1
5: 0.4
6: 0
```

第一列中的数字是可能的结果。第二列是对应的每个数字出现的频率。频率是每个可能结果出现的次数除以掷骰子的总次数(即 N)。

在这个例子中至少有两点需要注意。首先如果多次执行 experiment()，每次都会得到不同的结果。这正是在运气游戏中使用骰子的原因，每次掷骰子都会得到一个无法预测的数字。其次，即使多次掷同一个骰子，预测每个结果的能力也并没有提高。尽管如此，数据收集和分析还是可以帮助我们估计结果的频率列表，事实上，随着 N 值的增加，这种能力会有所提高。运行试验 10000 次(N=10000)，会看到获得的频率约为 0.17。如果骰子显示每个数字的概率相同，该结果也表明 0.17≈1/6 正是我们所预期的。

上述两点不仅限于骰子和运气游戏。如果每天称体重，会得到不同的值，因为体重与进食量、饮水量、去洗手间的次数、秤的精度、穿的衣服等因素有关。因此，单次观测可能无法代表我们的体重。当然，也有可能这些变化很小，可以忽略不计。但重要的是，数据观测和/或收集伴随着不确定性。统计学这一领域关注如何处理实际问题中的不确定性，概率论是统计学的基础理论之一。概率论帮助我们将讨论的内容(如上述)形式化，并将其扩展到掷骰子之外的情况。这样我们就可以更好地提出和解答与预期结果相关的问题，例如当增加试验次数时会发生什么？什么事件出现的概率更大？

11.1.1　概率

概率是一种理论上量化不确定性的数学工具。像其他数学对象和理论一样，它完全可以从纯数学角度来证明。然而，从实践角度来看，我们可以证明概率是通过进行试验、收集观测数据甚至在进行计算模拟时自然产生的。为简单起见，我们将讨论试验，因为我们关注的是广义上的概率。我们可以借助数学集合来考虑概率。**样本空间** $\mathcal{X}$ 是来自**试验**的所有可能事件的集合。**事件** A 是 $\mathcal{X}$ 的子集。在进行试验时，称事件 A 发生，并得到 A 作为结果。典型的六面骰子可以写为：

$$\mathcal{X} = \{1, 2, 3, 4, 5, 6\} \tag{11.1}$$

可以将事件 A 定义为 $\mathcal{X}$ 的任何子集，例如，得到偶数 $A=\{2, 4, 6\}$。将概率与事件联系起来，事件 A 的概率可以表示为 $P(A=\{2, 4, 6\})$ 或更简洁的 $P(A)$。概率函数 P 将事件 $A(\mathcal{X}$ 的子集)作为

输入并返回 $P(A)$。概率可以取区间 0 到 1 之间的任何数字(包括两个极值)，该区间表示为[0,1]，方括号表示包括界限值。如果事件从未发生，则该事件的概率为 0，例如 $P(A = -1) = 0$；如果事件总是发生，则概率为 1，例如 $P(A=\{1, 2, 3, 4, 5, 6\})=1$。如果事件不能一起发生，就称事件是互斥的，例如，如果事件 A_1 代表奇数，A_2 代表偶数，那么掷骰子同时得到 A_1 和 A_2 的概率为 0。如果事件 $A_1, A_2, \cdots, A_n$ 是互斥的，则意味着这些事件不能同时发生，那么 $\sum_i^n P(A_i) = 1$。继续 A_1 表示奇数、A_2 表示偶数的示例，掷骰子的结果为 A_1 或 A_2 的概率为 1。满足此性质的任何函数都是有效的概率函数。可以将概率视为分配给可能事件的正守恒量[1]。

如上所述，概率有一个明确的数学定义。对概率的解释则因思想流派而异。作为贝叶斯主义者，我们倾向于将概率解释为不确定性的程度。例如，对于一个均匀的骰子，掷骰子时得到奇数的概率是 50%，这意味着有一半把握得到一个奇数。或者可以将这个数字解释为，如果无限次掷骰子，有一半的次数会得到奇数，一半的次数会得到偶数，这是频率主义者的解释。如果你不想无限次掷骰子，也可以掷骰子足够多次，然后认为大约一半的概率获得奇数。这实际上就是在代码清单 11.2 中的做法。最后，我们注意到对于均匀的骰子，期望得到任何单个数字的概率为 1/6，但对于非均匀的骰子，此概率可能有所不同。等概率结果只是一个特例。

如果概率反映了不确定性，那么提出"火星的质量是 6.39×10^{23} 千克的概率是多少？""赫尔辛基 5 月 1 日下雨的概率是多少？"或者"未来 30 年资本主义制度被其他社会经济制度取代的概率是多少？"等问题，都非常自然。我们说概率的这一定义是认知层面的，因为它不是关于真实世界的属性，而是一个关于我们对世界的认知的属性。我们收集并分析数据，因为我们认为，根据外部信息能够更新内心的知识。

我们注意到，现实世界中可能发生的事情取决于试验的所有细节，包括我们无法控制或未知的内容。而样本空间是隐式或显式定义的数学对象。例如，通过将骰子的样本空间定义为式(11.1)，排除了骰子落在边缘的可能性，但实际上在非平面上滚动骰子时这是有可能发生的。样本空间中的元素可能被有意排除。例如，可能设计试验如下：掷骰子直到从{1,2,3,4,5,6}中得到一个整数。也可能会有遗漏，比如在一项调查中询问人们的性别，但如果在可选的答案中只包括女性和男性，可能会迫使人们在两个不充分的答案之间做出选择，或者完全错失他们的答案，因为他们可能没兴趣回答调查的其余部分。我们必须意识到：包含所有数学概念的理想世界与现实世界不同，在统计建模时，需要不断在这两个世界之间切换。

11.1.2　条件概率

给定两个事件 A 和 B 且 $P(B) > 0$，给定 B 时，事件 A 发生的概率记为 $P(A|B)$，定义为：

$$P(A \mid B) = \frac{P(A, B)}{P(B)} \tag{11.2}$$

$P(A, B)$是事件 A 和 B 同时发生的概率，通常记为 $P(A \cap B)$ (符号∩表示集合的交集)，即事件 A 和事件 B 同时发生的概率。

$P(A \mid B)$称为条件概率，它是指在已知(或假设、想象等)B 已经发生的条件下，事件 A 发生

---

1 根据这一定义，John K.Kruschke 指出，贝叶斯推断是对概率重新分配可信度(概率)[88]。

的概率。例如，"人行道潮湿的概率"与"在下雨的情况下人行道潮湿的概率"完全不同。

条件概率可以看作样本空间的缩减或限制。图11.1中的左图为样本空间χ中的事件A和B，右图中B作为样本空间而A为其子集。说B已经发生，不一定是在谈论过去发生的事情，它只是"一旦我们以B为条件"或"一旦将样本空间限制为与证据B一致"的通俗说法。

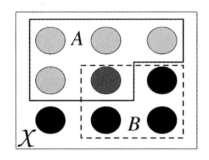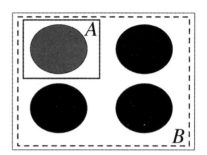

图 11.1　条件化就是重新定义样本空间。左图为样本空间χ，每个圆代表一个可能的结果。其中有A和B两个事件。右图代表 $P(A \mid B)$，一旦知道B，就可以排除所有不在B中的事件。该图取自 *Introduction to Probability*[21]

条件概率是统计学的核心，是根据新数据更新对事件认知的核心。所有概率都是有条件的，其相对于某些假设或模型。不存在不包含上下文语境的概率，即便并没有明确表达上下文，仍然如此。

11.1.3　概率分布

相较于计算掷骰子时获得数字 5 的概率，我们可能更希望得到骰子上所有数字的概率列表。一旦计算出这个列表，就可以显示该列表或使用它计算其他量，比如得到数字 5 的概率，或者得到大于等于 5 的数字的概率。这个列表称为**概率分布**。

前面使用代码清单 11.2 得到了一个骰子的经验概率分布，即根据数据计算得出的分布。但也有理论分布，它们在统计学中很重要，因为它们允许构建概率模型。

理论概率分布有精确的数学公式，类似于圆具有精确的数学定义。圆是平面上与另一个称为圆心的点等距的点的几何空间。给定参数半径，即可完美定义一个圆[1]。我们可以说存在的不是单个周长，而是一个周长族，其中所有周长之间的区别仅在于参数半径的值，因为一旦定义了此参数，则定义了周长。

同理，概率分布也以族的形式出现，其成员完全由一个或多个参数定义。通常使用希腊字母来编写参数名称，尽管情况并非总是如此。图 11.2 是此类分布族的一个示例，可以用它表示已加载的骰子。我们可以看到这个概率分布由两个参数α和β控制。如果改变参数，分布的形状也会改变，可以使其平坦或集中分布在一侧，将大部分值推向极值，或集中在中间。由于圆半径被限制为正，分布的参数也有限制，实际上α和β必须都是正数。

---

1 如果需要定位平面中相对于其他对象的周长，则需要圆心的坐标，但我们暂时忽略这一细节。

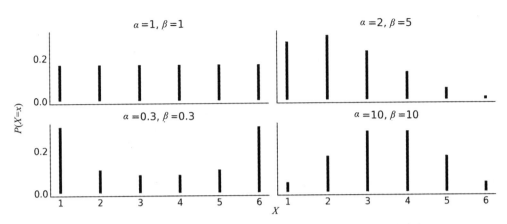

图 11.2 具有参数 α 和 β 的离散分布族的 4 个成员。条形的高度代表每个 x 值的概率。
未绘制的 x 的值的概率为 0，因为它们不遵循该分布

11.1.4 离散随机变量及其分布

随机变量是一个将样本空间映射到实数 $\mathbb{R}$ 的函数。继续以骰子为例，如果研究的事件是骰子的数字，则映射非常简单，将 ⊡ 与数字 1 相关联，⊡ 与 2 相关联，以此类推。对于两个骰子，可以使用随机变量作为两个骰子结果的总和。因此，随机变量 S 的域是 $\{2, 3, 4, 5, 6, 7, 8, 9, 10, 11, 12\}$，如果两个骰子都是均匀的，则其概率分布如图 11.3 所示。

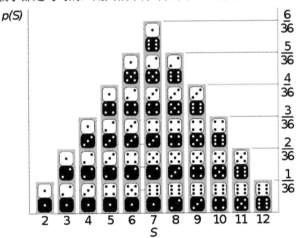

图 11.3 如果样本空间是掷两个骰子所得的一组可能的数字，并且研究的随机变量是两个骰子的数字的总和 S，
那么 S 是一个离散随机变量，其分布如本图，每个结果的概率表示为列的高度。该图取自
https://commons.wikimedia.org/wiki/File:Dice_Distribution_(bar).svg

还可以用样本空间 {红色，绿色，蓝色} 定义另一个随机变量 C。我们可以通过以下方式将样本空间映射到 $\mathbb{R}$：

$$C(\text{red}) = 0$$
$$C(\text{green}) = 1$$
$$C(\text{blue}) = 2$$

这种编码很有用,因为无论我们是使用"笔和纸"进行模拟计算还是在计算机上使用数字计算,用数字进行数学操作都比用字符串更容易。

如上所述,随机变量是一个函数,并且假设样本空间和 $\mathbb{R}$ 之间的映射是确定性的,随机变量中的随机性从何而来还不清楚。如果进行试验,即像代码清单 11.1 和代码清单 11.2 中那样向变量求一个值,每次都会得到不同的数字,而不会按照确定性模式产生连续的结果,则称一个变量是随机的。例如,如果连续 3 次求随机变量 C 的值,可能会得到红色、红色、蓝色或蓝色、绿色、蓝色等。

如果存在值 $a_1, a_2, \cdots, a_n$ 的有限列表或值 $a_1, a_2, \cdots$ 的无限列表,使得总概率为 $\sum_j P(X=a_j)=1$,则称随机变量 X 是离散的。如果 X 是一个离散随机变量,那么使 $P(X=x)>0$ 的有限或可数的无限 x 值集合被称为 X 的支持(support)。

如前所述,可以将概率分布看作将概率与每个事件关联起来的列表。此外,随机变量具有与其相关的概率分布。在离散随机变量的特定情况下,概率分布也称为概率质量函数(Probability Mass Function,PMF)。需要注意的是,PMF 是一个返回概率的函数。对于 $x \in \mathbb{R}$,X 的 PMF 是函数 $P(X=x)$。为了使 PMF 有效,它必须是非负数并且总和为 1,即其所有值都应该是非负数,并且其所有域上的总和应该是 1。

需要注意的是,随机变量中的"随机"并不意味着允许任何值,而是只允许样本空间中的值。例如,不能从 C 中得到橙色值,也不能从 S 中得到值 13。另一个常见的混淆点是,"随机"意味着相等的概率,但这并不正确,每个事件的概率由 PMF 给出,例如,可能得出 $P(C=$ 红色$)$ $=1/2$,$P(C=$ 绿色$)=1/4$,$P(C=$ 蓝色$)=1/4$。等概率只是特例。

我们还可以使用累积分布函数(Cumulative Distribution Function,CDF)定义离散随机变量。随机变量 X 的 CDF 是由 $F_X(x)=P(X \leq x)$ 给出的函数 F_X。为了使 CDF 有效,它必须是单调递增的[1],右连续的[2],随 x 接近 $-\infty$ 时收敛至 0,随 x 接近 ∞ 时收敛至 1。

原则上,没有什么能阻止我们定义自己的概率分布。但有许多已经定义的分布非常常用,且都有自己的名字。这些分布经常出现,因此最好熟悉它们。检查本书定义的模型,会发现大多数模型都使用了预先定义的概率分布的组合,只有少数例子使用了自定义的概率分布。例如,在 8.6 节的代码清单 8.10 中,使用均匀分布和两个势能来定义二维三角形分布。

图 11.4~图 11.6 是用 PMF 和 CDF 表示的一些常见离散分布的示例。左侧表示 PMF,条形的高度表示每个 x 的概率。右侧是 CDF,这里 x 值处两条水平线之间的跳跃代表概率 x。图中还包括分布的平均值和标准差,值得注意的是,这些值是分布的属性,如圆周的周长,而不是根据有限样本进行计算得到的(详见 11.1.8 节)。

描述随机变量的另一种方法是使用故事。X 的故事描述了一个试验,它可以产生一个与 X

---

1 增加或保持不变,但从不减少。

2 粗略地说,当从右侧接近极限点时,右连续函数没有跳跃。

分布相同的随机变量。故事不是正式的方法，但仍有用。几千年来，故事帮助人类理解周围的环境，如今，即使在统计方面，故事也仍然有用。在 *Introduction to Probability* 一书[21]中，Joseph K.Blitzstein 和 Jessica Hwang 广泛使用了这种方法。他们甚至广泛使用故事证明，这些证明类似于数学证明，但更直观。故事也可用于创建统计模型，你可以考虑数据的生成方式，然后尝试用统计符号和/或代码将其记录下来。例如，我们在第 9 章的航班延误示例中的操作。

1. 离散均匀分布

该分布将相等的概率分配给区间 a 到 b(含 a、b)之间的连续整数的有限集合。其 PMF 为：

$$P(X = x) = \frac{1}{b - a + 1} = \frac{1}{n} \tag{11.3}$$

式(11.3)对于区间[a, b]中的 x 值，反之 $P(X=x)=0$，其中 $n=b - a+1$ 是 x 可以取的总数值。

例如，可以使用这种分布来模拟均匀骰子的示例。代码清单 11.3 显示了如何使用 Scipy 定义分布，然后计算有用的量，如 PMF、CDF 和矩(参见 11.1.8 节)。

代码清单 11.3

```
1 a = 1
2 b = 6
3 rv = stats.randint(a, b+1)
4 x = np.arange(1, b+1)
5
6 x_pmf = rv.pmf(x) # 在 x 值处评估 pmf
7 x_cdf = rv.cdf(x) # 在 x 值处评估 cdf
8 mean, variance = rv.stats(moments="mv")
```

使用代码清单 11.3 加上几行 Matplotlib，生成图 11.4。左侧为 PMF，其中每个点的高度表示每个事件的概率，使用点和虚线来强调分布是离散的。右侧是 CDF，每个 x 值处的跳跃高度表示该值的概率。

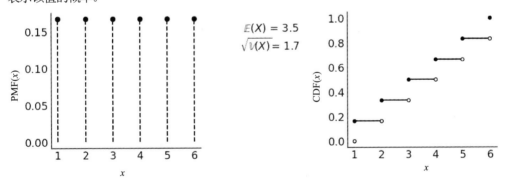

图 11.4　参数为(1, 6)的离散均匀分布。左侧为 PMF，线的高度表示每个 x 值的概率。右侧为 CDF，每个 x 值处的跳跃高度表示其概率。分布支持之外的值不在图中显示。实心点表示 CDF 值包含在特定 x 值处，而空心点表示排除

在这个具体示例中，离散均匀分布定义在区间[1,6]。因此，所有小于 1 的值和大于 6 的值的概率都为 0。作为均匀分布，所有点具有相同的高度，即 1/6。均匀离散分布有两个参数：下限 a，上限 b。

正如在本章已经提到的，如果改变了分布的参数，那么分布的特定形状将发生改变(例如，

尝试用 stats.randint(1,4) 替换代码清单 11.3 中的 stats.randint(1,7))。这就是为什么我们通常谈论分布族，该族的每个成员都是具有特定有效参数组合的分布。式(11.3)定义了 $a<b$ 且 a 和 b 均为整数时的离散均匀分布族。

使用概率分布创建统计应用模型时，通常将参数与具有物理意义的量联系起来。例如，在 6 面骰子中，$a=1$ 和 $b=6$ 是有意义的。在概率上，我们通常知道这些参数的值，而在统计中，通常不知道这些值，需要使用数据来推断。

2. 二项分布

伯努利试验是一个只有两种可能结果的试验，即是/否(成功/失败、快乐/悲伤、疾病/健康等)。假设进行 n 次独立的[1]伯努利试验，每次试验的成功概率为 p，成功次数为 X。X 的分布称为具有参数 n 和 p 的二项式分布，其中 n 是正整数，$p\in[0,1]$。使用统计符号，可以用 $X\sim Bin(n, p)$ 表示 X 为具有参数 n 和 p 的二项式分布，PMF 为：

$$P(X = x) = \frac{n!}{x!(n-x)!}p^x(1-p)^{n-x}$$

(11.4)

项 $p^x(1-p)^{n-x}$ 计算 n 次试验中 x 次成功的次数。此项只考虑成功的总次数，而不考虑精确的顺序。例如，$(0,1)$ 与 $(1,0)$ 相同，因为两次试验中都有一次成功。第一项称为二项式系数，计算从一组 n 个元素中提取的 x 个元素的所有可能组合，如图 11.5 所示。

二项式 PMF 通常忽略返回 0 的值，即不在支持范围内的值。然而，为了避免错误，必须确定随机变量的支持度。一个很好的做法是检查 PMF 是否有效，这在提出新的 PMF 而不是使用现有的 PMF 时至关重要。

$n=1$ 时，二项式分布也称为伯努利分布。许多分布是其他分布的特殊情况，或者可以从其他分布中获得。

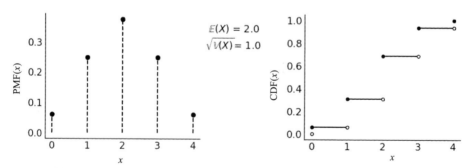

图 11.5　Bin($n=4, p=0.5$)。左侧为 PMF，线的高度表示每个 x 值的概率。右侧为 CDF，每个 x 值处的跳跃高度表示其概率。分布支持之外的值不在图中显示

1　一种结果不会影响其他结果。

3. 泊松分布

泊松分布表示 x 个事件(以平均速率 μ 发生且彼此独立)在固定时间区间(或空间区间)内发生的概率。当有大量的试验但每次试验成功的概率很小时,通常使用该分布,例如以下情况可考虑泊松分布。

- 放射性衰变,给定材料中的原子数量巨大,与原子总数相比,实际发生核衰变的原子数量较低。
- 一个城市每天发生的交通事故数量。即使我们认为这个数字相对于希望的数字来说很高,但考虑到驾驶员所执行的每一个动作(包括转弯、红灯停车和停车)都是可能发生事故的独立试验,这个数字也很低。

泊松的 PMF 定义为:

$$P(X = x) = \frac{\mu^x e^{-\mu}}{x!}, \ x = 0, 1, 2, \ldots \tag{11.5}$$

注意,这个 PMF 的支持都是自然数,是一个有限集合。因此,必须注意概率类比列表,因为可能难以对有限级数求和。事实上,由于泰勒级数 $\sum_0^\infty \frac{u^x}{x!} = e^\mu$,因此式(11.5)是有效的 PMF。

泊松分布的平均值和方差均由 μ 定义。随着 μ 的增加,泊松分布逼近正态分布,但正态分布是连续的,泊松分布是离散的。泊松分布也与二项式分布密切相关。当 $n \gg p$ 时[1],二项式分布可以用泊松分布逼近,即当成功概率(p)与试验次数(n)相比较低时,$\text{Pois}(\mu{=}np) \approx \text{Bin}(n, p)$。因此,泊松分布也被称为小数定律或罕见事件定律。正如之前提到的,这并不意味着 μ 必须很小,而是 p 相对于 n 很低。$\text{Pois}(2, 3)$ 的相关图如图 11.6 所示。

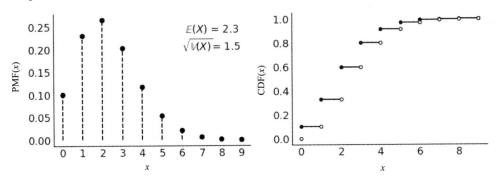

图 11.6　$\text{Pois}(2, 3)$。左侧为 PMF,线的高度表示每个 x 值的概率。右侧为 CDF,每个 x 值处的跳跃高度表示其概率。分布支持之外的值不在图中表示

11.1.5　连续随机变量和分布

到目前为止,我们已经了解了离散随机变量。还有一种随机变量被广泛使用,称为连续随机变量,其支持值以 $\mathbb{R}$ 表示。离散随机变量和连续随机变量之间最重要的区别是,后者可以在

---

1 或者更准确地说,如果将 $\text{Bin}(n, p)$ 分布的极限设为 $n \to \infty$ 和 $p \to 0$,且 np 为固定值,则得到泊松分布。

一个区间内取任何 x 值，即使 x 值的概率恰好为 0 也可以。你可能会认为这些是最无用的概率分布。但事实并非如此，实际问题在于，我们将概率分布视为有限列表的类比十分受限，它在连续随机变量[1]的情况下不起作用。

在图 11.4~图 11.6 中，为了表示 PMF(离散变量)，使用了线的高度来表示每个事件的概率。如果对事件的概率求和，则总是得到 1，即概率的总和。在连续分布中，得到的不是直线，而是一条连续曲线，该曲线的高度不是概率而是**概率密度**(probability density)，并且我们使用概率密度函数(Probability Density Function，PDF)代替 PMF。二者之间的一个重要区别是，PDF(x)的高度可以大于 1，因为这不是概率值而是概率密度。为了从 PDF 中获得概率，必须在一定的区间内进行积分：

$$P(a < X < b) = \int_a^b \mathrm{pdf}(x)\mathrm{d}x \tag{11.6}$$

因此，可以说 PDF 曲线下方的面积(而不是 PMF 中的高度)提供了一个概率——曲线下方的总面积，即在 PDF 的整个支持上评估的总面积必须积分为 1。注意，如果想找出 x_1 值与 x_2 值相似的可能性有多大，只需计算 $\dfrac{\mathrm{pdf}(x_1)}{\mathrm{pdf}(x_2)}$ 即可。

在包括本书在内的许多文本中，通常使用符号 p 表示 pmf 或 pdf。这样便于通用，也希望能够避免对符号要求过于严格，因为上下文中的差异较为明显时，符号可能会成为负担。

对于离散随机变量，CDF 只在支持中的每个点处跳跃，在其他任何地方都是平坦的。这种跳跃性使得使用离散随机变量的 CDF 非常困难。它的导数几乎是无用的，因为导数在跳跃时未定义，而在其他任何地方都是 0。这是基于梯度的采样方法的一个问题，如哈密顿蒙特卡罗方法(见 11.9.3 节)。相反，对连续随机变量使用 CDF 通常很方便，其导数正是之前讨论过的 PDF。

图 11.7 总结了 CDF、PDF 和 PMF 之间的关系。离散 CDF 和 PMF 之间的转换，以及连续 CDF 和 PMF 之间的转换，都得到了很好的定义，因此使用了实线箭头。相反，离散变量和连续变量之间的转换更多的是数值逼近，而不是精心设计的数学操作。为了从离散分布逼近到连续分布，使用平滑方法。平滑的一种形式是使用连续分布而不是离散分布。要从连续到离散，我们可以将连续结果离散化或分箱。例如，具有较大 μ 值的泊松分布看起来逼近高斯分布[2]，但仍然是离散的。对于这些情况，从实际角度来看，使用泊松分布或高斯分布的场景可能是可互换的。使用 ArviZ，可以使用 az.plot_kde 和离散数据来逼近连续函数，此操作结果的效果取决于许多因素。正如已经说过的，泊松分布的值 μ 相对较大。为离散变量调用 az.plot_bpv(.)时，ArviZ 将使用插值方法使其平滑化，因为概率积分转换仅适用于连续变量。

---

1 有意义的恰当讨论需要讨论度量理论，但我们将回避这一要求。

2 可以在 SciPy 的帮助下自行检查此语句。

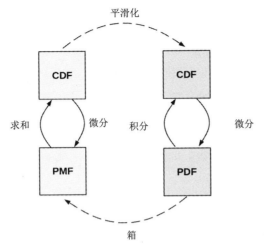

图 11.7 CDF、PDF 和 PMF 之间的关系。取自 *Think Stats* 一书[48]

类似对离散随机变量的操作，现在将看到几个具有 PDF 和 CDF 的连续随机变量的示例。

1. 连续均匀分布

如果连续随机变量的 PDF 如式(11.7)所示，则称连续随机变量在区间(a, b)内呈均匀分布。

$$p(x \mid a, b) = \begin{cases} \frac{1}{b-a} & \text{若 } a \leqslant x \leqslant b \\ 0 & \text{其他} \end{cases}$$

(11.7)

统计学中最常用的均匀分布是$\mathcal{U}(0, 1)$，也称为标准均匀分布。标准均匀分布的 PDF 和 CDF 非常简单：分别为$p(x)=1$和$F_{(x)}=x$，这两者在图 11.8 均有体现，该图还说明了如何根据 PDF 和 CDF 计算概率。

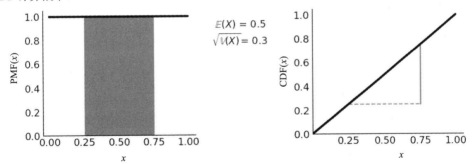

图 11.8 $\mathcal{U}(0, 1)$。左侧为 PDF，黑线表示概率密度，灰色阴影区域表示概率$P(0.25 < X < 0.75) = 0.5$。
右侧为 CDF，灰色连续段的高度表示$P(0.25 < X < 0.75) = 0.5$。分布支持之外的值不在图中显示

2. 高斯分布或正态分布

这也许是最著名的分布[1]。一方面是因为许多现象可以用这种分布逼近地描述(借助中心极限定理，见 11.1.10 节)，另一方面是因为它具有某些数学属性，更容易进行分析。

高斯分布由两个参数定义，即平均值 μ 和标准差 σ，如式(11.8)所示。$\mu=0$ 和 $\sigma=1$ 的高斯分布称为**标准高斯分布**(standard Gaussian distribution)。

$$p(x \mid \mu, \sigma) = \frac{1}{\sigma\sqrt{2\pi}} e^{-\frac{(x-\mu)^2}{2\sigma^2}}$$

$$(11.8)$$

图 11.9 的左侧表示 PDF，右侧表示 CDF。PDF 和 CDF 都在区间[- 4, 4]内，但注意，高斯分布的支持是整个实线。

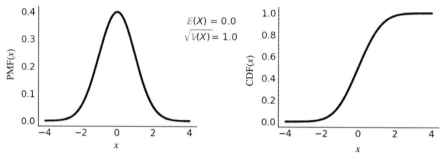

图 11.9　$\mathcal{N}(0,1)$的表示，左侧为 PDF，右侧为 CDF。高斯分布的支持是整个实线

3. 学生 t 分布

历史上，这种分布用于在样本量较小时估计正态分布总体的平均值[2]。在贝叶斯统计中，一个常见的用例是生成对异常数据具有鲁棒性的模型，如 4.4 节中所述。

$$p(x \mid \nu, \mu, \sigma) = \frac{\Gamma(\frac{\nu+1}{2})}{\Gamma(\frac{\nu}{2})\sqrt{\pi\nu}\sigma} \left(1 + \frac{1}{\nu}\left(\frac{x-\mu}{\sigma}\right)^2\right)^{-\frac{\nu+1}{2}}$$

$$(11.9)$$

其中 Γ 是伽马函数[3]，ν 通常称为自由度。我们也喜欢称其为正态度，因为随着 ν 增加，分布逐渐接近高斯分布。在 $\lim_{\nu\to\infty}$ 的极端情况下，该分布完全等于高斯分布，其平均值和标准差相等，均为 σ。

当 $\nu=1$ 时，得到柯西分布[4]。它类似于高斯分布，但长尾减幅非常小，以至于这种分布没有可定义的平均值或方差。也就是说，可以根据数据集计算平均值，但如果数据来自柯西分布，则平均值周围将高度扩散，并且这种扩散不会随着样本的增加而减小。这种异常现象是由于柯西分布受分布长尾行为的影响，与高斯分布的情况相反。

---

1 不仅在地球上如此，甚至根据观察到的高斯分布形状的不明飞行物来判断，在其他星球上也如此(这当然是一个玩笑，就像飞碟学一样)。

2 这种分布是 William Gosset 在试图改进啤酒厂的质量控制方法时发现的。该公司的员工只要不使用单词 beer、公司名称和自己的姓氏，就可以发表科学论文。因此，Gosset 以 Studernt 为名发布论文。

3 https://en.wikipedia.org/wiki/Gamma_function

4 ν 可以取小于 1 的值。

对于此分布来讲，σ 不是标准差，而是尺度，正如前面所说，其无法定义。随着 ν 的增加，尺度收敛到高斯分布的标准差。

图 11.10 的左侧为 PDF，右侧为 CDF。将其与图 11.9(标准正态图)进行比较，观察参数为 $\mathcal{T}(\nu=4, \mu=0, \sigma=1)$ 的学生 t 分布的长尾是如何变重的。

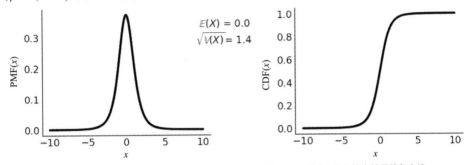

图 11.10　$\mathcal{T}(\nu=4, \mu=0, \sigma=1)$。左图是 PDF，右图是 CDF。学生 t 分布的支持是整条实线

4. 贝塔分布

贝塔分布定义在区间[0, 1]内。它可以用于对有限区间内的随机变量的行为进行建模。例如，对比例或百分比进行建模。

$$p(x \mid \alpha, \beta) = \frac{\Gamma(\alpha+\beta)}{\Gamma(\alpha)\Gamma(\beta)} x^{\alpha-1}(1-x)^{\beta-1} \tag{11.10}$$

第一项是标准化常数，确保 PDF 积分为 1。Γ 是伽马函数。当 $\alpha=1$ 且 $\beta=1$ 时，贝塔分布趋于标准均匀分布。在图 11.11 中，给出了 Beta($\alpha=5, \beta=2$)分布。

如果想将贝塔分布表示为平均值和平均值周围离散度的函数，可以用以下方式来实现。$\alpha=\mu k, \beta=(1-\mu)k$，其中 μ 为平均值，k 为浓度参数，随着 k 增加，离散度减小。还要注意，$k=\alpha+\beta$。

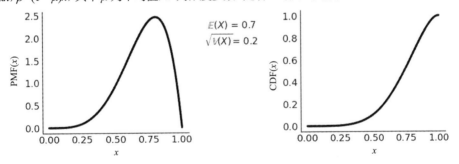

图 11.11　Beta($\alpha=5, \beta=2$)。左侧为 PDF，右侧为 CDF。贝塔分布的支持在时间区间[0, 1]内

11.1.6　联合、条件和边际分布

假设两个随机变量 X 和 Y 具有相同的 PMF Bin(1, 0.5)。二者是否互相独立？如果 X 代表掷硬币时的正面，而 Y 代表另一次掷硬币时的正面，则它们是独立的。但如果它们分别表示同一次掷硬币时的正面和反面，那么它们是相互依赖的。因此，即使当单个(称为单变量)PMF/PDF

完全表征单个随机变量，也没有关于单个随机变量与其他随机变量相关性的信息。为了回答这个问题，需要借助**联合**(joint)分布，也称为多元分布。如果我们认为 $p(X)$ 提供了关于在实线上找到 X 的概率的所有信息，那么同理，$p(X, Y)$，即 X 和 Y 的联合分布提供了关于在平面上找到元组(X, Y)的概率的全部信息。联合分布允许描述来自同一试验的多个随机变量的行为，例如，后验分布是在根据观测数据调整模型后，模型中所有参数的联合分布。

联合 PMF 由下式给出

$$p_{X,Y}(x,y) = P(X = x, Y = y) \tag{11.11}$$

n 个离散随机变量的定义是相似的，只需要包含 n 个项。与单变量 PMF 类似，有效的联合 PMF 必须是非负的，并且总和必须为1，其中总和取所有可能的值。

$$\sum_x \sum_y P(X = x, Y = y) = 1 \tag{11.12}$$

类似地，X 和 Y 的联合 CDF 为

$$F_{X,Y}(x,y) = P(X \le x, Y \le y) \tag{11.13}$$

给定 X 和 Y 的联合分布，可以通过对 Y 的所有可能值求和来获得 X 的分布：

$$P(X = x) = \sum_y P(X = x, Y = y) \tag{11.14}$$

在 11.1.5 节中，将 $P(X=x)$ 称为 X 的 PMF，或者仅称为 X 的分布。使用联合分布时，通常称其为 X 的**边际**(marginal)分布。这样做是为了强调我们谈论的是 X，而与 Y 无关。通过对 Y 的所有可能值求和，可以去掉 Y。从形式上讲，这个过程被称为**边际化** Y。可以以类似的方式获得 Y 的 PMF，但要对 X 的所有可能值求和。在两个以上变量的联合分布的情况下，只需要对所有其他变量求和。图 11.12 说明了这一点。

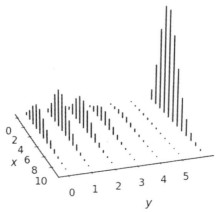

图 11.12　黑线表示 x 和 y 的联合分布。x 边际分布中的蓝线是通过将 x 的每个值沿 y 轴方向的高度相加而获得的

给定联合分布，很容易获得边际分布。但是，除非做出进一步的假设，否则从边际分布到联合分布通常是不可能的。在图 11.12 中，可以看到只有一种方法可以沿 y 轴或 x 轴增加条的高度，但要实现相反的操作，必须划分条，划分的方法也很多。

我们已经在 11.1.2 节中引入了条件分布,在图 11.1 中,条件正在重新定义样本空间。图 11.13 显示了 X 和 Y 联合分布的条件。为了满足 $Y=y$ 的条件,取 $Y=y$ 值处的联合分布,并忽略其余部分(即 $Y \neq y$ 的情况),这类似于对二维数组进行索引并取单个列或行。X 的剩余值(图 11.13 中粗体的值)需要总和为 1 才能成为有效的 PMF,因此将其除以 $P(Y=y)$ 进行重新归一化。

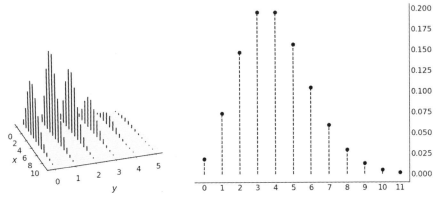

图 11.13　左侧为 x 和 y 的联合分布。蓝色线条表示条件分布 $p(x \, mid \, y=3)$。在右侧,分别绘制了相同的条件分布。注意,x 的条件 PMF 与 y 的条件 PMF 数量相同,反之亦然。我们只是在强调一种可能性

我们定义了式(11.13)中的连续联合 CDF,与离散变量相同,联合 PDF 是 CDF 相对于 x 和 y 的导数。我们要求有效的联合 PDF 为非负且积分为 1。对于连续变量,可以以类似于离散变量的操作将变量边际化,区别在于需要计算积分而不是求和,如图 11.14 所示。

$$\mathrm{pdf}_X(x) = \int \mathrm{pdf}_{X,Y}(x,y)dy \tag{11.15}$$

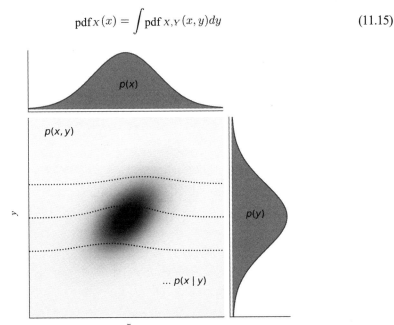

图 11.14　在图的中心,用灰度表示联合概率 $p(x,y)$,概率密度越高,图像越暗。在顶部和右侧边缘,分别得到了边际分布 $p(x)$ 和 $p(y)$。虚线表示 3 个不同 y 值的条件概率 $p(x|y)$。可以将这些视为给定 y 值下联合 $p(x|y)$ 的(重新归一化)切片

图 11.15 显示了一个联合分布及其边际分布的另一个示例。这也是一个很明显的例子，表明可以直接从联合分布到边际分布，因为有一种独特的方法，但除非引入进一步的假设，否则相反的操作不可能实现。联合分布也可以是离散分布和连续分布的混合。图 11.16 为一个示例。

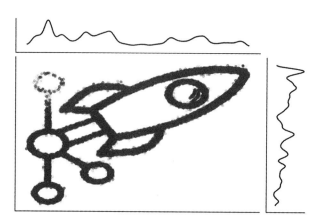

图 11.15　PyMC3 标志作为带有边际的联合分布的样本。此图形是使用 imcmc 创建的。
imcmc(https://github.com/ColCarroll/imcmc)是一个用于将二维图像转换为概率分布，然后从中采样以创建图像和 gif 的库

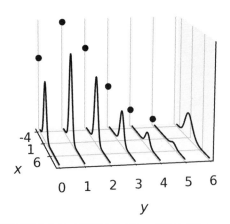

图 11.16　黑色是混合联合分布。边际用蓝色表示，X 遵循高斯分布，Y 遵循泊松分布。
很容易看出，每个 Y 值都对应一个(高斯)条件分布

11.1.7　概率积分转换

概率积分转换(Probability Integral Transform，PIT)也称为均匀分布的通用性，它指出，给定具有累积分布 F_X 的连续分布的随机变量 X，可以计算具有标准均匀分布的随机变量 Y:

$$Y = F_X(X) \tag{11.16}$$

通过定义 Y 的 CDF，可以看出这是正确的:

$$F_Y(y) = P(Y \le y) \tag{11.17}$$

替换式(11.16):

$$P(F_X(X) \leq y) \tag{11.18}$$

不等式两边同时取 F_X 的倒数:

$$P(X \leq F_X^{-1}(y)) \tag{11.19}$$

根据 CDF 的定义可得:

$$F_X(F_X^{-1}(y)) \tag{11.20}$$

简化后,得到了标准均匀分布 $\mathcal{U}(0, 1)$ 的 CDF。

$$F_Y(y) = y \tag{11.21}$$

如果 CDF F_X 未知,但有来自 X 的样本,则可以用经验 CDF 逼近它。图 11.17 显示了代码清单 11.4 生成的此属性的示例。

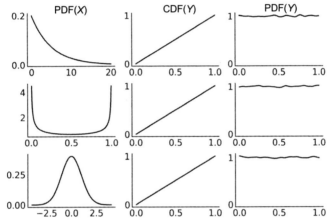

图 11.17　第一列含有 3 种不同分布的 PDF。为了在中间的列中生成图,从相应的 PDF 中提取 100000 个样本,计算其 CDF。可以看到这些是均匀分布的 CDF。最后一列与中间列相似,不同之处在于,使用核密度估计器来逼近 PDF,而不是绘制经验 CDF,从中可以看到 PDF 逼近均匀。该图由代码清单 11.4 生成

代码清单 11.4

```
1 xs = (np.linspace(0, 20, 200), np.linspace(0, 1, 200), np.linspace(-4, 4, 200))
2 dists = (stats.expon(scale=5), stats.beta(0.5, 0.5), stats.norm(0, 1))
3
4
5 _, ax = plt.subplots(3, 3)
6
7 for idx, (dist, x) in enumerate(zip(dists, xs)):
8     draws = dist.rvs(100000)
9     data = dist.cdf(draws)
10    # PDF 原版分布
11    ax[idx, 0].plot(x, dist.pdf(x))
12    # 经验 CDF
13    ax[idx, 1].plot(np.sort(data), np.linspace(0, 1, len(data)))
14    # 核密度估计
15    az.plot_kde(data, ax=ax[idx, 2])
```

PIT 被用作测试的一部分，以评估给定数据集是否可从自特定分布(或概率模型)建模。在本书中，我们了解到了视觉测试 az.plot_lo_pit() 和 az.plot_pbv(kind = "u_values") 所使用的 PIT。

PIT 也可用于从分布中采样。如果随机变量 X 的分布为 $\mathcal{U}(0,1)$，则 $Y = F^{-1}(X)$ 具有分布 F。因此，为了从分布中获得样本，只需要(伪)随机数生成器，如 np.rand.rand() 和所研究分布的逆 CDF。这可能不是最有效的方法，但它的通用性和简单性很占优势。

11.1.8　期望

期望是一个单一的数字，概括了一个分布的质量中心。例如，如果 X 是一个离散随机变量，那么可以计算其期望为：

$$\mathbb{E}(X) = \sum_x x P(X = x) \tag{11.22}$$

正如统计学中经常出现的情况一样，我们也希望观测分布的扩散或离散度，以表示点估计(如平均值)周围的不确定性。可以通过方差实现这一点，方差本身也是一种期望：

$$\mathbb{V}(X) = \mathbb{E}(X - \mathbb{E}X)^2 = \mathbb{E}(X^2) - (\mathbb{E}X)^2 \tag{11.23}$$

方差通常自然出现在许多计算中，但取方差的平方根(称为标准差)通常更有助于得出报告结果，因为这与随机变量的单位相同。

图 11.4、图 11.5、图 11.6、图 11.8、图 11.9、图 11.10 和图 11.11 显示了不同分布的期望和标准差。注意，这些不是根据样本计算的值，而是理论数学对象的属性。

期望是线性的，这意味着：

$$\mathbb{E}(cX) = c\mathbb{E}(X) \tag{11.24}$$

其中 c 是常数，且：

$$\mathbb{E}(X + Y) = \mathbb{E}(X) + \mathbb{E}(Y) \tag{11.25}$$

即使在 X 和 Y 相互独立的情况下也是如此。相反，方差不是线性的：

$$\mathbb{V}(cX) = c^2 \mathbb{V}(X) \tag{11.26}$$

一般而言：

$$\mathbb{V}(X + Y) \neq \mathbb{V}(X) + \mathbb{V}(Y) \tag{11.27}$$

除非 X 和 Y 互相独立时。

我们将随机变量 X 的第 n 个矩表示为 $\mathbb{E}(X^n)$，因此期望和方差也称为分布的第一个矩和第二个矩。第三个矩，即偏态，体现分布的不对称性。具有平均值 μ 和方差 σ^2 的随机变量 X 的偏态是 X 的第三个矩(标准化矩)：

$$\text{skew}(X) = \mathbb{E}\left(\frac{X - \mu}{\sigma}\right)^3 \tag{11.28}$$

将偏态计算为标准化量，即减去平均值并除以标准差，是为了使偏态独立于 X 的定位和尺度，这是合理的，因为我们已经从平均值和方差中获得了信息，而且这将使偏态独立于 X 的单元，因此比较偏态变得更容易。

例如，Beta(2, 2)偏态为 0，而 Beta(2, 5)偏态为正，Beta(5, 2)偏态为负。对于单峰分布，正偏态通常意味着右长尾更长，负偏态情况则相反。但并不总是如此，原因是 0 偏态意味着两侧长尾的总质量平衡。所以，也可以通过一侧细长而另一侧短宽来平衡质量。

第 4 个矩，即峰度，表示长尾的行为或极值(extreme value)[159]。它被定义为：

$$\mathrm{Kurtosis}(X) = \mathbb{E}\left(\frac{X-\mu}{\sigma}\right)^4 - 3 \tag{11.29}$$

减去 3 是为了使高斯分布的峰度为 0，因为峰度通常会与高斯分布相比，但有时计算峰度时不减去 3。因此，有疑问时，可询问或阅读特定案例中使用的确切定义。通过检查式(11.29)中峰度的定义可知，基本上是在计算标准化数据的期望，即第 4 个矩。因此，任何小于 1 的标准值对峰度来说几乎没有任何作用。相反，唯一有作用的值是极值。

增加学生 t 分布中的 v 值时，峰度减小(对于高斯分布，峰度为 0)，v 减少时，峰度增加。峰度仅在 $v > 4$ 时定义，事实上，对于学生 t 分布，n 阶矩仅在 $v > n$ 时定义。

SciPy 的 stats 模块提供了 stats(moments)方法计算分布的矩，如代码清单 11.3 所示，它用于获得平均值和方差。我们注意到，本节讨论的所有内容都是根据概率分布(而不是样本)计算期望和矩，因此讨论的是理论分布的属性。当然，在实践中，我们通常希望根据数据估计分布的矩，因此统计学家研究了估计量，例如，样本平均值和样本中值是 $\mathbb{E}(X)$ 的估计量。

11.1.9 转换

如果有一个随机变量 X，并将函数 g 应用于它，则会得到另一个随机变数 $Y=g(X)$。在此之后可能会产生疑问：既然知道 X 的分布，那么如何才能得出 Y 的分布？一种简单的方法是对 X 采样，应用转换，然后绘制结果。但当然也有形式化的方法。其中一种方法是应用**变量转换**(change of variables)技术。

如果 X 是连续随机变量且 $Y=g(X)$，其中 g 是一个可微分且严格递增或递减的函数，则 Y 的 PDF 为：

$$p_Y(y) = p_X(x)\left|\frac{dx}{dy}\right| \tag{11.30}$$

可以看出这是正确的，如下所示。设 g 严格递增，则 Y 的 CDF 为：

$$\begin{aligned} F_Y(y) &= P(Y \le y) \\ &= P(g(X) \le y) \\ &= P(X \le g^{-1}(y)) \\ &= F_X(g^{-1}(y)) \\ &= F_X(x) \end{aligned} \tag{11.31}$$

然后通过链式法则，Y 的 PDF 可以根据 X 的 PDF 计算为：

$$p_Y(y) = p_X(x)\frac{dx}{dy} \tag{11.32}$$

g 严格递减的证明是类似的，但最终在等号右侧的项上加了负号，这就是在式(11.30)中计算绝对值的原因。

对于多变量随机变量(即在更高的维度中),需要计算雅可比(Jacobian)行列式,因此,即使在一维情况下,也通常将 $\left|\dfrac{dx}{dy}\right|$ 称为雅可比行列式。点 p 处雅可比行列式的绝对值表示函数 g 在 p 附近扩展或收缩体积的因子。雅可比行列式的这种解释也适用于概率密度。如果转换 g 不是线性的,那么期望的概率分布将在某些区域收缩而在其他区域扩展。因此,根据已知的 X 的 PDF 计算 Y 时,需要适当地考虑这些变形。稍微重写式(11.30)也有帮助,如下:

$$p_Y(y)dy = p_X(x)dx \tag{11.33}$$

正如现在可以看到的,在微小区间 $p_Y(y)dy$ 中找到 Y 的概率等于在微小区间 $p_X(x)dx$ 中找到 X 的概率。所以由雅可比行列式可知如何空间中重新映射与 X 相关的概率和与 Y 相关的概率。

11.1.10　极限

概率论中两个最著名、使用最广泛的定理是大数定律和中心极限定理。它们都体现出随着样本量的增加,样本均值的变化。它们都可以在重复试验的背景下理解,试验的结果可以视为某种潜在分布的样本。

1. 大数定律

大数定律表明,随着样本数的增加,独立同分布随机变量的样本平均值收敛到随机变量的期望,如图 11.18 所示。但对于某些分布,如柯西分布(没有平均值或有限方差),情况并非如此。

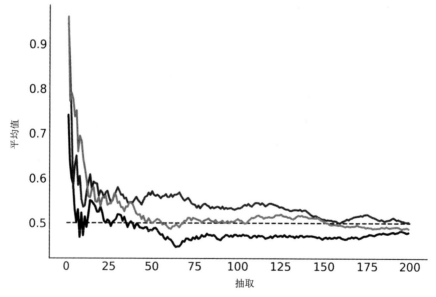

图 11.18　运行 $U(0,1)$ 分布的值。0.5 处的虚线表示期望值。随着抽取次数的增加,
经验平均值接近期望值。每条线代表不同的样本

大数定律经常被误解，导致形成了赌徒的谬论。这种悖论的一个例子是，人们倾向于在彩票中对一个很久没有出现的数字下注。此处错误推断是，如果一个特定的数字已经有一段时间没有出现，那么一定有某种力量会增加该数字出现在之后的抽取中的概率。这种力量重建了数字的等概率性和宇宙的自然秩序。

2. 中心极限定理

中心极限定理指出，如果我们独立于任意分布对 n 个值进行采样，那么这些值的平均值 $\overline{X}$ 将随着 $n \to \infty$ 逼近为高斯分布。

$$\bar{X}_n \dot{\sim} \mathcal{N}\left(\mu, \frac{\sigma^2}{n}\right) \tag{11.34}$$

其中 μ 和 σ^2 是任意分布的平均值和方差。

要实现中心极限定理，必须满足以下假设：

- 值单独取样。
- 每个值来自相同的分布。
- 分布的平均值和标准差必须是有限的。

适当放宽对准则 1 和准则 2 的要求，仍然会得到大致的高斯分布，但没有办法避开准则 3。对于没有定义的平均值或方差的分布(如柯西分布)，此定理不适用。来自柯西分布的 N 个值的平均值不遵循高斯分布，而是遵循柯西分布。

中心极限定理解释了高斯分布在自然界中的通用性。我们所研究的许多现象可以解释为围绕一个平均值的波动，或者是许多不同因素的总和。

图 11.19 显示了 n 增加时，3 种不同分布的中心极限定理，即 Pois(2, 3)、$\mathcal{U}(0, 1)$ 和 Beta(1, 10)。

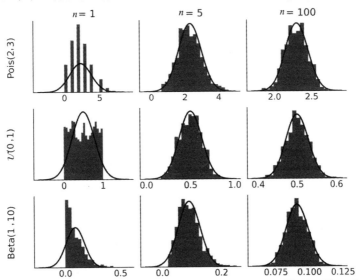

图 11.19　左边边际显示的分布直方图。每个直方图基于 $\bar{X}_n$ 的 1000 个模拟值。增加 n 时，$\bar{X}_n$ 的分布接近正态分布。根据中心极限定理，黑色曲线对应于高斯分布

11.1.11 马尔可夫链

马尔可夫链是一系列随机变量 $X_0, X_1, \cdots$，其中，给定当前状态，未来状态有条件地独立于所有过去状态。换句话说，当前状态已知就足以得知所有未来状态的概率。这称为马尔可夫属性，可以将其写为：

$$P(X_{n+1} = j \mid X_n = i, X_{n-1} = i_{n-1}, \cdots, X_0 = i_0) = P(X_{n+1} = j \mid X_n = i) \quad (11.35)$$

可视化马尔可夫链的一种相当有效的方法是想象你或某个物体在空间中移动[1]。如果空间有限，这个类比就更容易理解，例如，在方格板上移动一颗棋子，如跳棋，或者销售人员到访不同的城市。在这些情况下，可以提出这样的问题：访问一个州(板上的特定方格、城市等)的可能性有多大？或者更有趣的是，如果不断从一个州去另一个州，那么从长远来看，将在每个州花费多少时间？

图 11.20 显示了马尔可夫链的 4 个示例，第一个示例很经典，是十分简单的天气模型，其中的状态是雨天或晴天。第二个示例是有关确定性死亡的。最后两个示例更抽象，因为没有为它们指定任何具体表示。

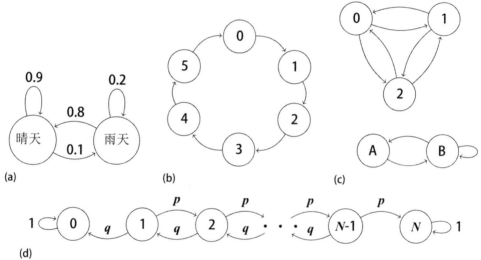

图 11.20　马尔可夫链示例。(a)一个十分简单的天气模型，表示雨天或晴天的概率，箭头表示状态之间的转换，箭头用相应的转换概率进行了注释。(b)周期马尔可夫链示例。(c)不相交链的示例。状态 0、1、2 与状态 A 和 B 不相交。如果从状态 1、状态 2 或状态 3 开始，则永远不会到达状态 A 或状态 B，反之亦然。本例中省略了转移概率。(d) 表示赌徒破产问题的马尔可夫链，两个赌徒 A 和 B，最初分别拥有 i 和 $N-i$ 个单位的钱。对于他们下注 1 个单位的任何给定钱，赌徒 A 得到它的概率为 p，失去它的概率为 $q=1-p$。如果 X_n 是赌徒 A 在时间 n 处持有的总金额，则 $X_0, X_1, \ldots$ 是所表示的马尔可夫链

研究马尔可夫链的一个便利方法是在转移矩阵 $\mathbf{T} = (t_{ij})$ 中收集一步中状态之间移动的概率。例如，图 11.20 中示例(a)的转移矩阵为

$$
\begin{array}{cc}
 & \begin{array}{cc} \text{晴天} & \text{雨天} \end{array} \\
\begin{array}{c} \text{晴天} \\ \text{雨天} \end{array} &
\begin{pmatrix} 0.9 & 0.1 \\ 0.8 & 0.2 \end{pmatrix}
\end{array}
$$

图 11.20 中示例(b)的转移矩阵为

$$
\begin{array}{c}
 & \begin{array}{cccccc} 0 & 1 & 2 & 3 & 4 & 5 \end{array} \\
\begin{array}{c} 0 \\ 1 \\ 2 \\ 3 \\ 4 \\ 5 \end{array} &
\begin{pmatrix}
0 & 1 & 0 & 0 & 0 & 0 \\
0 & 0 & 1 & 0 & 0 & 0 \\
0 & 0 & 0 & 1 & 0 & 0 \\
0 & 0 & 0 & 0 & 1 & 0 \\
0 & 0 & 0 & 0 & 0 & 1 \\
1 & 0 & 0 & 0 & 0 & 0
\end{pmatrix}
\end{array}
$$

转移矩阵的第 i 行表示从状态 X_n 移到状态 X_{n+1} 的条件概率分布。即 $p(X_{n+1}|X_n=i)$。例如，如果处于晴天状态，则可以以概率 0.9 移到晴天状态(即保持在同一状态)，并以概率 0.1 移到雨天状态。注意，从晴天移到某种状态的总概率是 1，正如 PMF 所预期的那样。

由于马尔可夫性质，我们可以通过取 $\mathbf{T}$ 的 n 次方来计算 n 个连续步骤的概率。

还可以指定马尔可夫链的起点，即初始条件 $s_i = P(X_0=i)$，并设 $\mathbf{s}=(s_1,\cdots,s_M)$。利用这些信息，可以将 X_n 的边际 PMF 计算为 $\mathbf{sT}^n$。

在研究马尔可夫链时，定义单个状态的属性以及整个链的属性是有意义的。例如，如果一个链一次又一次地返回到一个状态，则称该状态为递归状态。相反，瞬态是链最终将永远离开的状态，在图 11.20 中的示例(d)中，除 0 或 N 以外的所有状态都是瞬态。此外，如果可以在有限数量的步骤中从任何状态到任何其他状态，可以称之为链不可约。图 11.20 中的示例(c)不是不可约的，因为状态 0、1、2 与状态 A 和 B 不相连。

了解马尔可夫链的长期行为很有意义。事实上，它们是由 Andrey Markov 引入的，目的是证明大数定律也可以应用于非独立随机变量。前面提到的递归状态和瞬态的概念对于理解这种长期运行行为很重要。如果我们有一个具有瞬态和递归状态的链，那么链可能会在瞬态中停留一段时间，但它最终会在递归状态中。我们自然可以提出一个问题：链在每个状态下会停留多长时间。可以通过寻找链的**平稳分布**(stationary distribution)得出答案。

对于有限马尔可夫链，平稳分布 $\mathbf{s}$ 是 PMF，使得 $\mathbf{sT}=\mathbf{s}$[1]。这是一个不会被转移矩阵 $\mathbf{T}$ 改变的分布。注意，这并不意味着链不再移动，而是链移动的方式将使它在每个状态下花费的时间都由 $\mathbf{s}$ 定义。也许物理类比会有助于理解。想象一下，杯中装有一定温度的水，但未装满。如果用盖子密封杯子，水分子会以湿气的形式蒸发到空气中。有趣的是，空气中的水分子也会向液态水移动。最初，可能会有更多的分子朝着这个或那个方向移动，但在给定的点上，系统将实现动态平衡，从液态水移到空气中的水分子数量与从空气中水分子移到液态水的数量相同。在物理/化学中，这被称为稳态，局部事物在移动，但全局上没有变化[1]。稳态也是平稳分布的另一个名称。

有趣的是，在各种条件下，有限马尔可夫链的平稳分布存在而且是唯一的，并且 X_n 的 PMF 随着 $n \to \infty$ 收敛到 $\mathbf{s}$。图 11.20 中的示例(d)没有唯一的平稳分布。我们注意到，一旦该链达到状态 0 或 N，则意味着赌徒 A 或 B 输掉了所有的钱,该链将永远保持在该状态,因此 $s_0 = (1, 0, \cdots, 0)$

---

1 另一个类比来自政治：政治家/政府发生变化，但不平等或气候变化等紧迫问题并没有得到妥善解决。

和 $s_N = (0, 0, \cdots, 1)$ 都是平稳分布。相反，图 11.20 中的示例(b)具有唯一的平稳分布，即 $s = (1/6, 1/6, 1/6, 1/6, 1/6, 1/6,)$，事件认为转移是确定性的。

如果 PMF s 满足可逆性条件(也称为详细平衡)，即对于所有 i 和 j，$s_i t_{ij} = s_j t_{ji}$，我们保证 s 是马尔可夫链的平稳分布，转移矩阵 $T = t_{ij}$。这种马尔可夫链称为可逆链。在 11.9 节中，将使用此属性来说明 Metropolis Hastings 为什么被保证可以渐进地运行。

马尔可夫链满足一个类似于式(11.34)的中心极限定理，只是我们需要除以有效样本量(Effective Sample Size，ESS)，而不是除以 n。在 2.4.1 节中，讨论了如何从马尔可夫链估计有效样本量，以及如何使用它来诊断链的质量。$\dfrac{\sigma^2}{\text{ESS}}$ 的平方根是蒙特卡罗标准差(Monte Carlo Standard Error，MCSE)，我们也在 2.4.3 节中讨论过。

11.2　熵

在维也纳的 Zentralfriedhof，可以找到路德维希·玻尔兹曼的坟墓。他的墓碑上刻有铭文 $S = k \log W$，这可以充分说明热力学第二定律是概率定律的结果。通过这个公式，玻尔兹曼对统计力学的发展做出了贡献。统计力学是现代物理学的基础之一，描述了宏观观察(如温度)与分子的微观世界之间的相关性。想象一个装有水的杯子，我们用感官感知到的基本上是杯子内大量水分子的平均行为[1]。在给定的温度下，水分子有给定数量的排列与该温度相匹配(见图 11.21)。降低温度时，会发现可能的排列越来越少，直到只剩一个。我们刚刚达到了 0K(开尔文)，这是宇宙中的最低可能温度！如果向另一个方向移动，则可以在越来越多的排列中找到分子。

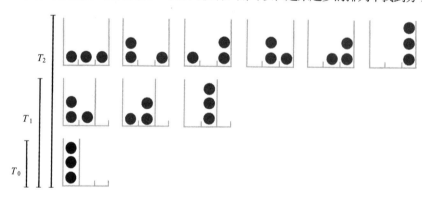

图 11.21　粒子可以采取的可能排列的数量与系统的温度有关。这里表示 3 个等效粒子的离散系统，可用单元格(灰色高线)表示可能的排列数。升高温度相当于增加可用单元格的数量。当 $T=0$ 时，只有一种排列是可能的，随着温度的升高，粒子可以占据越来越多的状态

我们可以用不确定性来分析这个心理试验。如果知道一个系统的温度为 0K，那么这个系统只能处于一种可能的排列中，确定性是绝对的[2]，随着温度的升高，可能的排列数量会增加，然

1　准确地说，应该包括玻璃分子和空气中的分子等。但此处仅关注水。

2　不要受到海森堡及其不确定性原则的影响。

后会越来越难说："嘿，看！水分子在这个特定的时间处于这种特定的排列中！"因此，我们对微观状态的不确定性将增加。然而，仍然能够通过温度、体积等平均值来表征系统，但在微观层面，对特定排列的确定性将降低。因此，我们可以将熵视为观测不确定性的一种方式。

熵的概念不仅对分子有效。它还可以应用于像素、文本中的字符、音符、袜子、酸面团面包中的气泡等情况的排列。熵之所以如此灵活，是因为它量化了对象的排列——这是潜在分布的一种属性。分布的熵越大，信息量就越少，也将越均匀地为其事件分配概率。答案"42"比"42±5"更具确定性，而后者比"任何实数"更具确定性。熵可以将这种定性观察转化为数字。

熵的概念适用于连续和离散分布，但使用离散状态来考虑它更容易，我们将在本节的其余部分看到一些示例。但请记住，相同的概念也适用于连续分布。

对于具有 n 个可能不同事件的概率分布 p，其中每个可能事件 i 具有概率 p_i，熵定义为：

$$H(p) = -\mathbb{E}[\log p] = -\sum_i^n p_i \log p_i \tag{11.36}$$

式(11.36)只是以一种不同的方式书写玻尔兹曼墓碑上镌刻的熵。使用 H 而不是 S 来注释熵，并设置 $k=1$。注意，玻尔兹曼版本中的多重性 W 是不同结果可能发生的方式的总数：

$$W = \frac{N!}{n_1! n_2! \cdots n_t!} \tag{11.37}$$

可以把这看作是掷一个 t 边骰子 N 次，其中 n_i 是获得 i 边的次数。由于 N 很大，因此可以使用斯特林(Stiring)逼近 $x! \approx \left(\dfrac{x}{e}\right)^x$。

$$W = \frac{N^N}{n_1^{n_1} n_2^{n_2} \cdots n_t^{n_t}} e^{(n_1 n_2 \cdots n_t - N)} \tag{11.38}$$

注意到 $p_i = \dfrac{n_i}{N}$，可以写出：

$$W = \frac{1}{p_1^{n_1} p_2^{n_2} \cdots p_t^{n_t}} \tag{11.39}$$

最后通过取对数，得到

$$\log W = -\sum_i^n p_i \log p_i \tag{11.40}$$

这正是熵的定义。

现在我们将展示如何使用代码清单 11.5 在 Python 中计算熵，结果如图 11.22 所示。

代码清单 11.5

```
1 x = range(0, 26)
2 q_pmf = stats.binom(10, 0.75).pmf(x)
3 qu_pmf = stats.randint(0, np.max(np.nonzero(q_pmf))+1).pmf(x)
4 r_pmf = (q_pmf + np.roll(q_pmf, 12)) / 2
5 ru_pmf = stats.randint(0, np.max(np.nonzero(r_pmf))+1).pmf(x)
6 s_pmf = (q_pmf + np.roll(q_pmf, 15)) / 2
7 su_pmf = (qu_pmf + np.roll(qu_pmf, 15)) / 2
8
```

```
 9 _, ax = plt.subplots(3, 2, figsize=(12, 5), sharex=True, sharey=True,
10                    constrained_layout=True)
11 ax = np.ravel(ax)
12
13 zipped = zip([q_pmf, qu_pmf, r_pmf, ru_pmf, s_pmf, su_pmf],
14              ["q", "qu", "r", "ru", "s", "su"])
15 for idx, (dist, label) in enumerate(zipped):
16     ax[idx].vlines(x, 0, dist, label=f"H = {stats.entropy(dist):.2f}")
17     ax[idx].set_title(label)
18     ax[idx].legend(loc=1, handlelength=0)
```

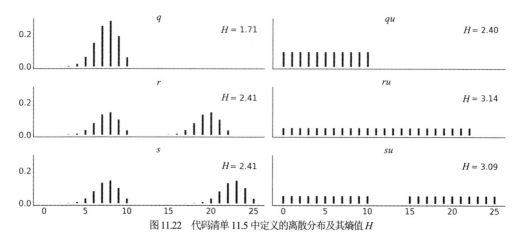

图 11.22　代码清单 11.5 中定义的离散分布及其熵值 H

　　图 11.22 显示了 6 个分布，每个子图有一个分布及其对应的熵。该图涵盖许多内容，所以在深入之前，一定要留出足够的时间(开始之前可以先检查一下你的电子邮件)。峰值或最小扩散分布是 q，这是 6 个绘制的分布中熵值最低的分布。q~binom(n=10, p=0.75)，因此有 11 个可能的事件。qu 是具有 11 个可能事件的均匀分布。我们可以看到 qu 的熵大于 q，事实上，可以计算 n=10 和不同 p 值的二项分布的熵，会看到它们中没有一个熵大于 qu。我们需要将 n 大约增加到原来的 3 倍，才能得到熵大于 qu 的第一个二项分布。移到下一行。通过取 q 并向右移动，然后归一化(以确保所有概率之和为 1)来生成分布 r。当 r 比 q 扩散更大时，其熵更大。ru 是具有与 r(22)相同数量的可能事件的均匀分布，注意尽可能包括两个峰值之间的谷中的值。同样，均匀分布的熵是熵最大的版本。到目前为止，熵似乎与分布的方差成正比，但在得出结论之前，检查图 11.22 中的最后两个分布。s 基本上与 r 相同，但两个峰值之间有一个更大的谷，且正如我们所看到的，熵保持不变。原因是熵不关注谷中概率为 0 的事件，它只关注可能发生的事件。su 是通过用 qu(和归一化)替换 s 中的两个峰值来构造的。可以看到，su 的熵比 ru 低，即使它看起来更分散，但经过更仔细的检查，可以看到 su 在较少事件(22 个)间分散了总概率，而 ru 则在 23 个事件间分散总概率，因此 su 的熵更低。

11.3　Kullback–Leibler 散度

　　在统计学中，使用一个概率分布 q 来表示另一个概率分布 p 很常见。当不知道 p 但可以用

q 来逼近时，或者 p 很复杂，我们希望找到更简单或更便利的分布 q 时，通常会这样做。在这种情况中，我们会提出疑问：使用 q 表示 p 会缺失多少信息？我们引入了多少额外的不确定性。直觉上，我们想要一个只有当 q 等于 p 时变为 0，否则为正值的量。根据式(11.36)中的熵定义，可以通过计算 $\log p$ 和 $\log q$ 之间的差值的期望来实现这一点。这被称为 Kullback-Leibler(KL)散度：

$$\mathbb{KL}(p \parallel q) = \mathbb{E}_p[\log p - \log q] \tag{11.41}$$

因此，当使用 q 逼近 p 时，$\mathbb{KL}(p \parallel q)$ 给出了对数概率的平均差值。因为事件出现的概率是 p，因此需要计算关于 p 的期望。对于离散分布，我们有：

$$\mathbb{KL}(p \parallel q) = \sum_i^n p_i(\log p_i - \log q_i) \tag{11.42}$$

使用对数属性，可以将其写成 KL 散度的最常见表示方法：

$$\mathbb{KL}(p \parallel q) = \sum_i^n p_i \log \frac{p_i}{q_i} \tag{11.43}$$

还可以重排项并将 $\mathbb{KL}(p \parallel q)$ 写成：

$$\mathbb{KL}(p \parallel q) = -\sum_i^n p_i(\log q_i - \log p_i) \tag{11.44}$$

扩展上述重排时，发现：

$$\mathbb{KL}(p \parallel q) = \overbrace{-\sum_i^n p_i \log q_i}^{H(p,q)} - \overbrace{\left(-\sum_i^n p_i \log p_i\right)}^{H(p)} \tag{11.45}$$

如 11.2 节所述，$H(p)$ 是 p 的熵。$H(p,q) = -\mathbb{E}_p[\log q]$ 类似于 q 的熵，但根据 p 的值进行估计。

重排后，得到：

$$H(p,q) = H(p) + D_{\mathrm{KL}}(p \parallel q) \tag{11.46}$$

这表明，当使用 q 表示 p 时，KL 散度可以有效地解释为相对于 $H(p)$ 的额外熵。

为进一步了解，将计算 KL 散度的一些值并绘制它们。我们将使用与图 11.22 相同的分布。代码如代码清单 11.6 所示。

代码清单 11.6

```
1 dists = [q_pmf, qu_pmf, r_pmf, ru_pmf, s_pmf, su_pmf]
2 names = ["q", "qu", "r", "ru", "s", "su"]
3
4 fig, ax = plt.subplots()
5 KL_matrix = np.zeros((6, 6))
6 for i, dist_i in enumerate(dists):
7   for j, dist_j in enumerate(dists):
8     KL_matrix[i, j] = stats.entropy(dist_i, dist_j)
9
10 im = ax.imshow(KL_matrix, cmap="cet_gray")
```

代码清单 11.6 的结果如图 11.23 所示。可以立刻看出图 11.23 的两个特征。首先，图形不是对称的，原因是 $\mathbb{KL}(p \parallel q)$ 不一定与 $\mathbb{KL}(q \parallel p)$ 相同。第二，有很多白色单元格，它们表示 ∞ 个值。KL 散度的定义遵循以下约定[40]：

$$0 \log \frac{0}{0} = 0, \quad 0 \log \frac{0}{q(\boldsymbol{x})} = 0, \quad p(\boldsymbol{x}) \log \frac{p(\boldsymbol{x})}{0} = \infty \tag{11.47}$$

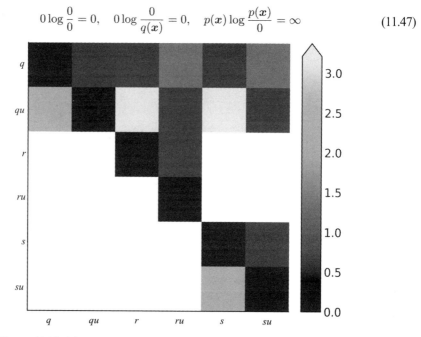

图 11.23　图 11.22 所示的分布 q、qu、r、ru、s 和 su 的所有成对组合的 KL 散度，白色用于表示无限值

我们可以鼓励在基于 KL 散度计算预期对数逐点预测密度[在第 2 章式(2.5)中介绍]时使用对数分数。假设有 k 个后验模型 $\{qM_1, qM_2, \cdots, qM_k\}$，进一步假设已知真实模型 M_0，那么可以计算：

$$\mathbb{KL}(p_{M_0} \parallel q_{M_1}) = \mathbb{E}[\log p_{M_0}] - \mathbb{E}[\log q_{M_1}]$$
$$\mathbb{KL}(p_{M_0} \parallel q_{M_2}) = \mathbb{E}[\log p_{M_0}] - \mathbb{E}[\log q_{M_2}]$$
$$\cdots \tag{11.48}$$
$$\mathbb{KL}(p_{M_0} \parallel q_{M_k}) = \mathbb{E}[\log p_{M_0}] - \mathbb{E}[\log q_{M_k}]$$

这似乎是徒劳的练习，因为在现实生活中真实模型 M_0 是未知的。诀窍是，我们要认识到，由于 pM_0 对于所有比较都是相同的，因此基于 KL 散度建立排名相当于基于对数分数进行排名。

11.4　信息标准

信息标准用于衡量统计模型的预测精度。它考虑了模型对数据的拟合程度，并惩罚了模型的复杂性。基于如何计算这两个项，有许多不同的信息标准。尤其对于非贝叶斯者来说，最著名的标准是 Akaike 信息标准(Akaike Information Criterion，AIC)[3]。它被定义为两个项的总和。

$\log p \left(y_i \mid \hat{\theta}_{mle}\right)$衡量模型对数据和惩罚项$p_{\text{AIC}}$的拟合程度,以说明使用相同的数据来拟合模型和估计模型。

$$\text{AIC} = -2 \sum_{i}^{n} \log p(y_i \mid \hat{\theta}_{mle}) + 2p_{\text{AIC}} \tag{11.49}$$

其中$\hat{\theta}_{mle}$是θ的最大似然估计,p_{AIC}只是模型中的参数数量。

AIC 在非贝叶斯环境中非常流行,但无法很好地处理贝叶斯模型的通用性。它不使用完全后验分布,因此丢弃了潜在的有用信息。平均而言,随着我们从平坦的先验转移到信息量较弱或信息量不足的先验,且/或在模型中添加更多的结构(就像分层模型一样)时,AIC 将表现得越来越差。AIC 假设后验可以用高斯分布很好地表示(至少渐近地),但对于许多模型,包括分层模型、混合模型、神经网络等,情况并非如此。总之,我们希望使用一些更好的替代方案。

广泛适用的信息标准(Widely AIC, WAIC[1])[156]可被视为 AIC 的完全贝叶斯扩展。它还包含两个项,其解释与 Akaike 标准大致相同。最重要的区别是使用完全后验分布计算项。

$$\text{WAIC} = \sum_{i}^{n} \log \left(\frac{1}{s} \sum_{j}^{S} p(y_i \mid \boldsymbol{\theta}^j) \right) - \sum_{i}^{n} \left(\overset{s}{\underset{j}{\mathbb{V}}} \log p(Y_i \mid \boldsymbol{\theta}^j) \right) \tag{11.50}$$

式(11.50)中的第一项仅为 AIC 中的对数似然,但逐点评估,即在n个观测值的每个i处观察到的数据点。我们通过从后验中获取s个样本的平均值来考虑后验中的不确定性。第一项是一种实用方法,用于计算式(2.4)中定义的理论预期对数逐点预测密度(Expected Log Pointwise Predictive Density,ELPD)及其式(2.5)中的逼近值。

第二项可能看起来有点奇怪,s个后验样本的方差也是如此(根据观察)。我们可以直观地看到,对于每个观测,如果后验分布的对数似然相似,则方差很低;如果后验分布的不同样本的对数似然变化更大,则方差会更大。对后验细节敏感的观测值越多,惩罚项就越大。也可以从另一个等效的角度看待这一点:更灵活的模型能够有效容纳更多数据集。例如,包含直线但也包含向上曲线的模型比仅允许直线的模型更灵活,因此,平均而言,在后一个模型上通过后验评估的观察结果的对数似然,将具有更大的方差。如果更灵活的模型不能用更高的估计 ELPD 来补偿这种惩罚,那么更简单的模型将被列为更好的选择。因此,式(11.50)中的方差项通过惩罚过于复杂的模型来防止过度拟合,并且可以大致解释为 AIC 中的有效参数数量。

AIC 和 WAIC 都没有试图衡量模型是否真实,它们只是比较替代模型的一个相对指标。从贝叶斯的角度来看,先验是模型的一部分,但 WAIC 是通过后验评估的,先验效应只是通过影响结果后验的方式来间接评估。还有其他信息标准,如 BIC 和 WBIC,试图回答这个问题,可以被视为边际似然的逼近值,但在本书中没有讨论。

---

1 通常发音为 W-A-I-C,即使 wæik 较之更为上口,仍如此。

11.5　深入介绍 LOO

如本书 2.5.1 节所述，使用 LOO 一词指代一种逼近留一法交叉验证(Leave-One-Out Cross-Validation，LOO-CV)的特定方法，即帕累托平滑重要性采样留一法交叉验证(Pareto Smooth Importance Sampling Leave Once Out Cross Validation，PSIS-LOO-CV)。在本节中，将讨论此方法的一些细节。

LOO 是 WAIC 的替代方案，事实上可以证明它渐近收敛到相同的数值[156,153]。然而，LOO 为从业者提供了两个重要优势。它在有限样本设置中更具鲁棒性，并且在计算过程中提供了有用的诊断[153, 57]。

在 LOO-CV 下，新数据集的 ELPD(预期对数逐点预测密度)为：

$$\text{ELPD}_{\text{LOO-CV}} = \sum_{i=1}^{n} \log \int p(y_i \mid \boldsymbol{\theta}) \, p(\boldsymbol{\theta} \mid y_{-i}) \mathrm{d}\boldsymbol{\theta} \tag{2.6}$$

其中 y_{-i} 表示不包括 i 观测值的数据集。

鉴于在实践中 $\boldsymbol{\theta}$ 的值未知，我们可以使用来自后验的 s 个样本逼近式(2.6)。

$$\sum_{i}^{n} \log \left(\frac{1}{s} \sum_{j}^{s} p(y_i \mid \boldsymbol{\theta}_{-i}^{j}) \right) \tag{11.51}$$

注意，此项看起来类似于式(11.50)中的第一项，只是每次计算 n 个后验，要去掉一个观测值。因此，与 WAIC 相反，我们不需要添加惩罚项。在式(11.51)中计算 $\text{ELPD}_{\text{LOO-CV}}$ 的成本非常高，因为需要计算 n 个后验。幸运的是，如果 n 个观测值是条件独立的，那么可以用式(11.52)逼近式(11.51)[65, 153]。

$$\text{ELPD}_{\text{psis-loo}} = \sum_{i}^{n} \log \sum_{j}^{s} w_i^{j} p(y_i \mid \boldsymbol{\theta}^{j}) \tag{11.52}$$

其中 w 是归一化权重的向量。

为了计算 w，我们使用了重要性采样，用于估计特定分布 f 的属性，因为只有来自不同分布 g 的样本。当从 g 采样比从 f 采样更容易时，使用重要性采样是有意义的。如果我们有一组来自随机变量 X 的样本，并且能够逐点计算 g 和 f，则可以将重要性权重计算为：

$$w_i = \frac{f(x_i)}{g(x_i)} \tag{11.53}$$

在计算方面，它如下所示。

- 从 g 中提取 N 个样本 x_i。
- 计算每个样本的概率 $g(x_i)$。
- 通过 N 个样本评估 f，$f(x_i)$。
- 计算重要性权重 $w_i = \dfrac{f(x_i)}{g(x_i)}$。
- 从 g 中返回 N 个样本，权重为 w——(x_i, w_i)，可以插入某些估计器。

图 11.24 显示了通过使用两个不同的提议分布来逼近相同目标分布(虚线)的示例。第一行的
提议比目标分布更广泛。在第二行，提议比目标分布更窄。如我们所见，在第一种情况下，逼
近值更好。这是重要性采样的一般特征。

回到 LOO，我们计算的分布是后验分布。为了评估模型，需要从 LPD(留一法后验分布)中
获取样本，因此要计算的重要性权重为：

$$w_i^j = \frac{p(\theta^j \mid y_{-i})}{p(\theta^j \mid y)} \propto \frac{1}{p(y_i \mid \theta^j)} \tag{11.54}$$

注意，此比例允许我们几乎免费地计算 w。然而，后验分布的长尾可能比留一法分布的长
尾更细，如图 11.24 所示，这可能导致估计较差。数学上的问题是，重要性权重可能具有高方
差或甚至无限的方差。为了检查方差，LOO 应用了一个平滑过程，该过程涉及用估计的帕累托
分布的值替换最大重要性权重。这有助于使 LOO 更具鲁棒性[153]。此外，帕累托分布的估计参
数 $\hat{k}$ 可用于检测有高度影响的观测值，即当观测值被忽略时对预测分布有较大影响的观测值。
通常，$\hat{k}$ 值越高，表明数据或模型存在问题，尤其是当 $\hat{k} > 0.7$ 时[154, 57]。

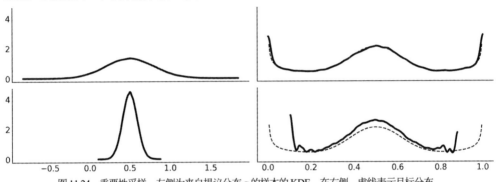

图 11.24　重要性采样。左侧为来自提议分布 g 的样本的 KDE。在右侧，虚线表示目标分布，
而实线表示在用式(11.53)中计算的权重重新加权来自提议分布的样本之后的逼近分布

11.6　Jeffrey 先验求导

本节将展示如何求出二项似然的 Jeffrey 先验，首先针对成功次数参数 θ，然后针对概率参
数 k，其中 $k = \frac{\theta}{1-\theta}$。

回想第 1 章，一维情况下，θ 的 JP 定义为：

$$p(\theta) \propto \sqrt{I(\theta)} \tag{1.18}$$

其中 $I(\theta)$ 是 Fisher 信息：

$$I(\theta) = -\mathbb{E}_Y \left[\frac{d^2}{d\theta^2} \log p(Y \mid \theta) \right] \tag{1.19}$$

11.6.1　关于 θ 的二项似然的 Jeffrey 先验

二项式似然可以表示为：

$$p(Y \mid \theta) \propto \theta^y (1-\theta)^{n-y} \tag{11.55}$$

其中 y 是成功次数，n 是试验总数，因此 $n-y$ 是失败次数。我们写出的是一个比例式，因为似然中的二项式系数不依赖于 θ。

为了计算 Fisher 信息，需要取似然的对数：

$$\ell = \log(p(Y \mid \theta)) \propto y \log(\theta) + (n-y) \log(1-\theta) \tag{11.56}$$

然后计算二阶导数：

$$\frac{d\ell}{d\theta} = \frac{y}{\theta} - \frac{n-y}{1-\theta}$$
$$\frac{d^2\ell}{d\theta^2} = -\frac{y}{\theta^2} - \frac{n-y}{(1-\theta)^2} \tag{11.57}$$

Fisher 信息是似然二阶导数的期望值，那么：

$$I(\theta) = -\mathbb{E}_Y \left[-\frac{y}{\theta^2} + \frac{n-y}{(1-\theta)^2} \right] \tag{11.58}$$

由于 $\mathbb{E}[y] = n\theta$，可以写出：

$$I(\theta) = \frac{n\theta}{\theta^2} - \frac{n-n\theta}{(1-\theta)^2} \tag{11.59}$$

可以将其重写为：

$$I(\theta) = \frac{n}{\theta} - \frac{n(1-\theta)}{(1-\theta)^2} = \frac{n}{\theta} - \frac{n}{(1-\theta)} \tag{11.60}$$

可以用公分母来表示这些分数，

$$I(\theta) = n \left[\frac{1-\theta}{\theta(1-\theta)} - \frac{\theta}{\theta(1-\theta)} \right] \tag{11.61}$$

通过重新组合：

$$I(\theta) = n \frac{1}{\theta(1-\theta)} \tag{11.62}$$

如果省略 n，则可以写出：

$$I(\theta) \propto \frac{1}{\theta(1-\theta)} = \theta^{-1}(1-\theta)^{-1} \tag{11.63}$$

最后，需要取式(11.63)中 Fisher 信息的平方根，从而得出 θ 的二项似然的 Jeffrey 先验如下：

$$p(\theta) \propto \theta^{-0.5}(1-\theta)^{-0.5} \tag{11.64}$$

11.6.2　关于 κ 的二项似然的 Jeffrey 先验

下面介绍如何根据概率 κ 获得二项似然的 Jeffrey 先验。首先令式(11.55)中的 $\theta = \dfrac{k}{k+1}$：

$$p(Y \mid \kappa) \propto \left(\frac{\kappa}{\kappa+1}\right)^y \left(1 - \frac{\kappa}{\kappa+1}\right)^{n-y} \tag{11.65}$$

也可以写成：

$$p(Y \mid \kappa) \propto \kappa^y (\kappa+1)^{-y} (\kappa+1)^{-n+y} \tag{11.66}$$

并进一步简化为：

$$p(Y \mid \kappa) \propto \kappa^y (\kappa+1)^{-n} \tag{11.67}$$

现在需要取对数：

$$\ell = \log(p(Y \mid \kappa)) \propto y \log \kappa - n \log(\kappa+1) \tag{11.68}$$

然后计算二阶导数：

$$\frac{d\ell}{d\kappa} = \frac{y}{\kappa} - \frac{n}{\kappa+1}$$
$$\frac{d^2\ell}{d\kappa^2} = -\frac{y}{\kappa^2} + \frac{n}{(\kappa+1)^2} \tag{11.69}$$

Fisher 信息是似然二阶导数的期望值，那么：

$$I(\kappa) = -\mathbb{E}_Y\left[-\frac{y}{\kappa^2} + \frac{n}{(\kappa+1)^2}\right] \tag{11.70}$$

由于 $\mathbb{E}[y] = n\theta = n\frac{\kappa}{\kappa+1}$，可以写成：

$$I(\kappa) = \frac{n}{\kappa(\kappa+1)} - \frac{n}{(\kappa+1)^2} \tag{11.71}$$

可以用公分母来表示这些分数：

$$I(\kappa) = \frac{n(\kappa+1)}{\kappa(\kappa+1)^2} - \frac{n\kappa}{\kappa(\kappa+1)^2} \tag{11.72}$$

然后将其合成分数形式：

$$I(\kappa) = \frac{n(\kappa+1) - n\kappa}{\kappa(\kappa+1)^2} \tag{11.73}$$

然后，使 n 在 $k+1$ 上分布，并简化：

$$I(\kappa) = \frac{n}{\kappa(\kappa+1)^2} \tag{11.74}$$

最后，通过取平方根，在使用概率参数化后得到了二项似然的 Jeffrey 先验：

$$p(\kappa) \propto \kappa^{-0.5}(1+\kappa)^{-1} \tag{11.75}$$

11.6.3　二项似然的 Jeffrey 后验

为了在用 θ 参数化似然时获得 Jeffrey 后验，可以将式(11.55)与式(11.64)结合起来。

$$p(\theta \mid Y) \propto \theta^y (1-\theta)^{n-y} \theta^{-0.5} (1-\theta)^{-0.5} = \theta^{y-0.5}(1-\theta)^{n-y-0.5} \qquad (11.76)$$

同理，当用 k 参数化似然时，为获得 Jeffrey 后验，可以结合式(11.67)和式(11.75)：

$$p(\kappa \mid Y) \propto \kappa^y (\kappa+1)^{-n} \kappa^{-0.5} (1+\kappa)^{-1} = \kappa^{(y-0.5)}(\kappa+1)^{(-n-1)}) \qquad (11.77)$$

11.7 边际似然

对于某些模型来讲(例如使用共轭先验的模型)，边际似然是可分析处理的。然而对于其他模型来说，在数值上计算这个积分异常困难，因为这涉及一个复杂且高度可变的函数上的高维积分[55]。在本节中，将尝试了解其困难之处。

在数值上，在低维情况下，可以通过在网格上评估先验和似然的乘积，然后应用梯形法则或其他类似方法来计算边际似然。正如将在 11.8 节中看到的那样，使用网格并不能很好地随维度缩放，因为随着模型中变量数量的增加，所需要的网格点的数量会迅速增加。因此，对于具有多个变量的问题，基于网格的方法变得不切实际。蒙特卡罗积分也可能存在问题，至少在最简单的实现中是如此(见 11.8 节)。因此，目前已经提出了许多专用方法来计算边际似然[55]。这里只讨论其中之一。我们主要关注的不是学习如何在实践中计算边际似然，而是要说明其困难的原因。

11.7.1 调和平均估计器

一个因困难而著名的边际似然估计器是调和平均估计器(harmonic mean estimator)[110]。该估计器具有一个非常吸引人的特点，即它只需要来自后验的 s 个样本：

$$p(Y) \approx \left(\frac{1}{s} \sum_{i=1}^{s} \frac{1}{p(Y \mid \theta_i)} \right)^{-1} \qquad (11.78)$$

可以看到，对从后验样本中提取的样本似然的倒数进行平均，然后计算结果的倒数。原则上，这是一个有效的蒙特卡罗估计器，其期望如下：

$$\mathbb{E}\left[\frac{1}{p(Y \mid \theta)} \right] = \int_{\Theta} \frac{1}{p(Y \mid \theta)} p(\theta \mid Y) \mathrm{d}\theta \qquad (11.79)$$

注意，式(11.79)是式(1.5)的一个特殊实例，它似乎表明我们做的事情是正确的，非常符合贝叶斯的风格。

如果我们扩展后验项，可得：

$$\mathbb{E}\left[\frac{1}{p(Y \mid \theta)} \right] = \int_{\Theta} \frac{1}{p(Y \mid \theta)} \frac{p(Y \mid \theta)p(\theta)}{p(Y)} \mathrm{d}\theta \qquad (11.80)$$

可以将其简化为：

$$\mathbb{E}\left[\frac{1}{p(Y \mid \theta)} \right] = \frac{1}{p(Y)} \underbrace{\int_{\Theta} p(\theta) \mathrm{d}\theta}_{=1} = \frac{1}{p(Y)} \qquad (11.81)$$

假设先验正确，则它的积分应该是 1。可以看到，式(11.78)实际上是边际似然的逼近值。

遗憾的是，好处没有持续太久。为了接近正确答案，需要输入到式(11.78)中的样本数量通常非常大，以至于调和平均估计器在实践中作用不大[110, 55]。可以直观地看到，总和将受到具有非常低似然的样本影响。更糟糕的是，调和平均估计器可能有有限方差。有限方差意味着即使增加 s，也不会得到更好的答案，因此有时即使样本量很大，仍可能不够。调和平均估计器的另一个问题是，它对先验的变化相当不敏感。但事实上，即使是精确的边际似然也对先验分布的变化非常敏感。当似然相对于先验更加集中时，或者当似然和先验集中到参数空间的不同区域时，上述两个问题将更加严重。

通过使用比先验峰值更高的后验样本，忽略先验中具有低后验密度的所有区域。粗略地说，可以将贝叶斯推断看作使用数据将先验更新为后验。只有在数据信息量不大的情况下，先验和后验才会相似。

图 11.25 显示了与分析值相比，计算调和平均估计器相对误差的热力图。可以看到，即使是像贝塔二项式模型这样的简单一维问题，调和估计器也会严重失效。

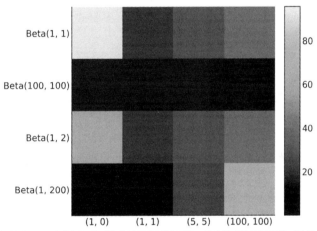

图 11.25 热力图显示了当使用调和平均估计器来逼近贝塔二项式模型的边际似然时的相对误差。行对应于不同的先验分布。每一列都是不同的观察场景，括号中的数字对应于成功和失败的数量

正如将在 11.8 节中了解到的，当增加模型的维度时，后验逐渐集中到一个薄的超壳中。从这个薄壳外部获取样本与计算好的后验逼近无关。相反，计算仅从这个薄壳中获得样本的边际似然时是不够的。这时需要对整个先验分布进行采样，以适当的方式实现这一点可能非常困难。

有几种方法更适合计算边际似然，但也并非万无一失。在第 8 章中，讨论了序贯蒙特卡罗(SMC)方法，主要目的是进行逼近贝叶斯计算，但该方法也可以用于计算边际似然。其奏效的主要原因是 SMC 使用一系列中间分布来表示从先验分布到后验分布的过渡。具有这些桥接(bridging)分布可以减轻从广泛的先验中采样和在更集中的后验中评估的问题。

11.7.2 边际似然和模型比较

当进行推断时，边际似然通常被视为一个归一化常数，通常可以在计算过程中省略或消去。

相反，在模型比较过程中，边际似然通常至关重要[74, 109, 140]。为了更好地理解其原因，下面编写贝叶斯定理，明确表明推断依赖于模型：

$$p(\boldsymbol{\theta} \mid Y, M) = \frac{p(Y \mid \boldsymbol{\theta}, M) \, p(\boldsymbol{\theta} \mid M)}{p(Y \mid M)} \tag{11.82}$$

其中 Y 表示数据，$\boldsymbol{\theta}$ 表示模型 M 中的参数。

如果有一组 k 个模型，并且主要目标是只选择其中一个，那么可以选择具有最大边际似然 $p(Y \mid M)$ 的模型。假设比较的 k 个模型遵循离散均匀先验分布，那么根据贝叶斯定理，选择具有最大边际似然的模型是完全正确的。

$$p(M \mid Y) \propto p(Y \mid M) \, p(M) \tag{11.83}$$

如果所有模型都具有相同的先验概率，则计算 $p(Y \mid M)$ 等同于计算 $p(M \mid Y)$。注意，我们讨论的是分配给模型的先验概率 $p(M)$，而不是分配给每个模型的参数的先验概率 $p(\boldsymbol{\theta} \mid M)$。

由于 $p(Y \mid M_k)$ 的值本身并不能告诉我们任何信息，因此在实践中，通常计算两个边际似然的比率。该比率称为贝叶斯因子：

$$BF = \frac{p(Y \mid M_0)}{p(Y \mid M_1)} \tag{11.84}$$

$BF > 1$ 的值表明，与 M_1 模型相比，M_0 模型更善于解释数据。在实践中，通常使用经验法则表示 BF 是小的、大的、相对较小的等情况[1]。

贝叶斯因子有使用价值，因为它是贝叶斯定理的直接应用，如式(11.83)所示，但这对于调和平均估计器也是如此(见 11.7.1 节)，并不能自动使其成为一个好的估计器。贝叶斯因子值得使用的另一个原因是，与模型的似然相反，边际似然不一定随模型复杂性的增加而增加。直观的原因是，参数的数量越大，先验在似然方面的分布就越广。也就是说，更分散的先验比更集中的先验能接纳更多的数据集。这将反映在边际似然中，因为使用更分散的先验获得的值比使用更集中的先验获得的值更小。

除了计算问题，边际似然还有一个特点，即它通常被认为是一个漏洞。它对先验的选择非常敏感。所谓非常敏感，是指尽管与推断无关，但对边际似然有实际影响的变化。为了证明这一点，假设具有如下模型：

$$\begin{aligned} \mu &\sim \mathcal{N}(0, \sigma_0) \\ Y &\sim \mathcal{N}(\mu, \sigma_1) \end{aligned} \tag{11.85}$$

该模型的边际对数似然可通过代码清单 11.7 所示的方式进行分析计算。

代码清单 11.7

```
1 σ_0 = 1
2 σ_1 = 1
3 y = np.array([0])
4 stats.norm.logpdf(loc=0, scale=(σ_0**2 + σ_1**2)**0.5, x=y).sum()
```

---

1 我们不喜欢这些经验法则，但你可以在此处查看：https://en.wikipedia.org/wiki/Bayes_factor#Interpretation。

-1.2655121234846454

如果将先验参数 σ_0 值改为 2.5 而不是 1，则边际似然将减小至原来的 1/2，将其更改为 10 将减小至原来的 1/7。可以使用 PPL 来计算这个模型的后验，并亲自查看先验的变化对于后验的影响，如图 11.26 所示。

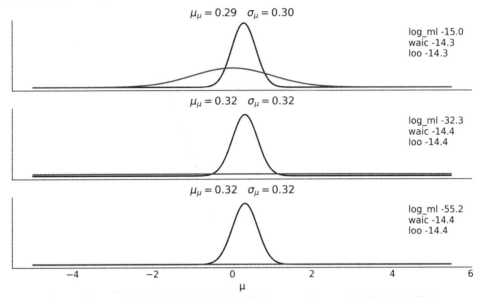

图 11.26　式(11.85)中模型的先验(灰色线)和后验(蓝色线)。WAIC 和 LOO 表明后验分布几乎相同，而边际似然表明先验分布不同

11.7.3　贝叶斯因子与 WAIC 和 LOO

本书不使用贝叶斯因子比较模型，而是更倾向于使用 LOO。因此，更好地理解 BF 与其他估计器之间的关系可能有用。如果省略细节，可以说：

- WAIC 是后验平均对数似然。
- LOO 是后验平均对数似然。
- 边际似然是先验平均(对数)似然[1]。

下面讨论这如何有助于理解这 3 个量之间的相似性和差异。它们都使用对数分数衡量不同计算的拟合度。WAIC 使用从后验方差计算的惩罚项。而 LOO 和边际似然都避免了使用明确的惩罚项。LOO 通过逼近一个留一交叉验证程序来实现这一点。也就是说，它使用数据集来逼近以拟合数据，使用不同的数据集评估其拟合。边际似然的惩罚来自对整个先验的平均，先验(相对)到似然的扩散作为内置惩罚。在边际似然中使用的惩罚在某种程度上类似于 WAIC 中的惩罚，尽管 WAIC 使用后验方差，因此接近交叉验证中的惩罚。因为正如前面所讨论的，较分散的先验比较集中的先验接收更多的数据集，所以计算边际似然就像对先验允许的所有数据集进

1　在实践中，为了计算稳定性，实际计算对数尺度的边际似然非常常见。在这种情况下，贝叶斯因子成为两个对数边际似然的差。

行隐式平均。

　　另一种概念化边际似然的等效方法是注意到它是在特定数据集 Y 处评估的先验预测分布。因此，它告诉我们数据在我们的模型下的可能性有多大。该模型包括先验和似然。

　　对于 WAIC 和 LOO，先验的作用是间接的。先验仅通过对后验的影响来影响 WAIC 和 LOO 的值。相对于先验的数据信息越多，或者说，先验和后验之间的差异越大，那么 WAIC 和 LOO 对先验细节的敏感性就越低。相反，边际似然直接使用先验，因为我们需要对先验的似然进行平均。从概念上讲，可以说贝叶斯因子专注于识别最佳模型(而先验是模型的一部分)，而 WAIC 和 LOO 专注于给出最佳预测的(拟合的)模型和参数。图 11.26 显示了式(11.85)中定义模型的 3 个后验，$\sigma_0=1$、$\sigma_0=10$ 和 $\sigma_0=100$。它们的后验都非常接近，尤其是最后两个。可以看到，WAIC 和 LOO 值对于不同的后验只有细微的变化，而对数边际似然对先验的选择敏感。通过分析计算后验概率和对数边际似然，从后验样本中计算 WAIC 和 LOO。

　　上述讨论有助于解释贝叶斯因子在某些领域被广泛使用，而在其他领域则不受欢迎的原因。当先验更接近于反映某种潜在的真实模型时，边际似然对先验规范的敏感性就不那么令人担忧。当先验主要用于正则化属性，并且可能提供一些背景知识时，人们会认为这种敏感性有问题。

　　因此，我们认为 WAIC，尤其是 LOO，具有更大的实用价值，因为它们的计算通常更具鲁棒性，并且不需要使用特殊的推断方法。对于 LOO，也有很好的诊断。

11.8　移出平面

　　埃德温・阿伯特(Edwin Abbott)的 *Flatland:A Romance of Many Dimensions*[1]讲述了一个居住在平面中的正方形的故事，平面是一个由 n 面多边形居住的二维世界，多边形的地位由其面数决定；女性是简单的线段，即使她们是高阶多边形，牧师也坚持认为她们是圆。这部小说于 1984 年首次出版，是十分出色的社会讽刺小说，讲述理解超越我们共同经验的思想的难处。

　　与平面中的正方形同理，我们现在要证明高维空间的奇异性。

　　假设要估计 π 的值。执行此操作的简单步骤如下：得到内接于正方形的圆，生成均匀分布在该正方形中的 N 个点，然后计算点落在该圆形内的比例。从技术上讲这是蒙特卡罗积分，因为使用(伪)随机数生成器计算有限积分的值。

　　圆和正方形的面积与圆内的点数和总点数成比例。如果正方形边长为 $2R$，则它的面积将是 $(2R)^2$，内接于正方形的圆的面积为 πR^2。可以得出：

$$\frac{\text{inside}}{N} \propto \frac{\pi R^2}{(2R)^2} \tag{11.86}$$

通过简化和重排，可以逼近 π 为：

$$\hat{\pi} = 4\frac{\text{Count}_{\text{inside}}}{N} \tag{11.87}$$

可以在代码清单 11.8 中的几行 Python 代码中实现这一点，具有 π 的估计值和逼近误差的模拟点如图 11.27 所示。

代码清单 11.8

```
1 N = 10000
2 x, y = np.random.uniform(-1, 1, size=(2, N))
3 inside = (x**2 + y**2) <= 1
4 pi = inside.sum()*4/N
5 error = abs((pi - np.pi) / pi) * 100
```

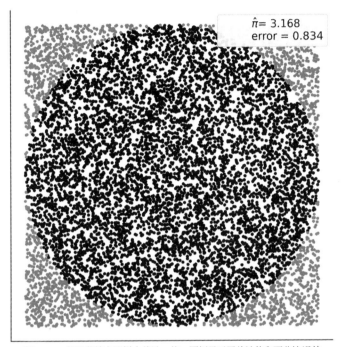

图 11.27　使用蒙特卡罗样本估计 π 值，图例显示了估计值和百分比误差

　　由于抽取满足独立同分布，因此可以在此应用中心极限定理，随后得知误差以 $\dfrac{1}{\sqrt{n}}$ 的速率减小，这意味着精度每增加一个小数位，就需要将抽取数量 N 增加 100 倍。

　　以上操作为蒙特卡罗方法[1]的一个例子，基本上是任何使用(伪)随机样本计算某些值的方法。从技术上讲，我们所做的是蒙特卡罗积分，因为我们使用样本计算有限积分的值(面积)。蒙特卡罗方法在统计学中无处不在。

　　在贝叶斯统计中，需要计算积分来获得后验或从中计算期望值。你可能会建议我们使用这个想法的变体来计算比 π 更有趣的量。但事实证明，增加问题的维度时，这种方法通常效果不佳。在代码清单 11.9 中，像以前一样从正方形采样，但是维度从 2 维增加到 15 维，计算圆内的点数。结果如图 11.28 所示，奇怪的是，增加问题的维度时，甚至当超球体接触到超立方体的壁时，内部点的比例会迅速下降。在更高维度的意义上，超立方体的所有体积值都在拐角处[2]。

---

[1] 这些名字来源于摩纳哥公国一家著名的同名赌场。

[2] 本视频以非常简洁清晰的方式展示了一个密切相关的示例：https://www.youtube.com/watch?v=zwAD6dRSVyI。

代码清单 11.9

```
1 total = 100000
2
3 dims = []
4 prop = []
5 for d in range(2, 15):
6     x = np.random.random(size=(d, total))
7     inside = ((x * x).sum(axis=0) < 1).sum()
8     dims.append(d)
9     prop.append(inside / total)
```

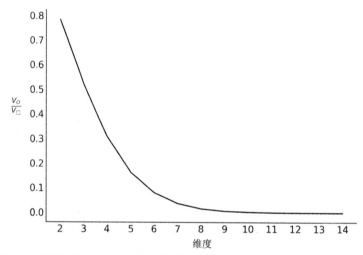

图 11.28   增加维度时，在内接于超立方体的超球体内获得一个点的概率变为 0。这表明，
在更高的维度上，超立方体的几乎所有体积值都在其拐角处

下面看另一个使用多变量高斯(Multivariate Gaussian)的例子。图 11.29 显示，增加高斯的维数时，该高斯的大部分质量位于离模式越来越远的位置。事实上，大部分质量都是围绕着距离模式半径为 $\sqrt{d}$ 的环。换句话说，增加高斯的维数时，模式变得越来越不平常。在更高的维度中，模式(即平均值)实际上是离群值。原因是，任何给定的点在所有维度上都是平均值，这是非常不寻常的！

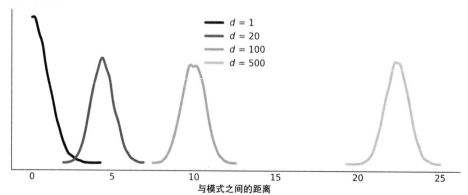

图 11.29   增加高斯的维数时，大部分质量分布在离高斯模式越来越远的地方

也可以从另一个角度来看待这一点。模式总是密度最高的点，即使在高维空间中也是如此。关键是要注意到它是独一无二的(就像平面的点)。如果离开这种模式，就会发现单个点的可能性较小，但有很多点。正如在 11.1.5 节中看到的，概率计算为密度在一个体积(在一维情况下实际上是一个区间)上的密度积分，因此为了找出分布的所有质量，必须平衡密度和它们的体积。当增加高斯的维数时，将最可能从不包括模式的环中选择一个点。包含概率分布的大部分质量的空间区域称为典型集合。这在贝叶斯统计中备受关注，因为如果要用样本来逼近高维后验，那么样本来自典型集合就足够。

11.9 推断方法

计算后验的方法有无数种。如果排除在第 1 章讨论共轭先验时已经讨论过的精确解析解，可以将推断方法分为 3 类。

- 确定性积分方法，目前书中仍未提及，但接下来会讨论。
- 模拟方法，在第 1 章中介绍过，是贯穿全书的方法。
- 逼近方法，例如，在似然函数没有解析表达式的情况下，第 8 章讨论的 ABC 方法。

虽然有些方法可以是这些类别的组合，但我们仍然认为有必要对可用方法进行排序。

要了解过去两个半世纪以来贝叶斯计算方法的发展，特别是转换贝叶斯推断的方法，建议阅读 *Computing Bayes: Bayesian Computation from* 1763 *to the* 21st *Century*[99]。

11.9.1 网格方法

网格方法是一种简单的"暴力"方法。我们想知道其域上后验分布的值，以便能够使用它(求最大值、计算期望值等)。即使不能计算整个后验，也可以逐点计算先验和似然密度函数；这是一个非常常见但并非最常见的场景。对于单参数模型，网格逼近为：

- 为参数找到一个合理的区间(先验应该给出一些提示)。
- 在该区间内定义(即绘制)点网格(通常等距)。
- 将网格中每个点的似然和先验相乘。我们可以通过将每个点的结果除以所有点的总和来归一化计算值，使得后验和为 1。

代码清单 11.10 计算贝塔二项式模型的后验，相应图示如图 11.30 所示。

代码清单 11.10

```
1 def posterior_grid(ngrid=10, α=1, β=1, heads=6, trials=9):
2     grid = np.linspace(0, 1, ngrid)
3     prior = stats.beta(α,β).pdf(grid)
4     likelihood = stats.binom.pmf(heads, trials, grid)
5     posterior = likelihood * prior
6     posterior /= posterior.sum()
7     return posterior
```

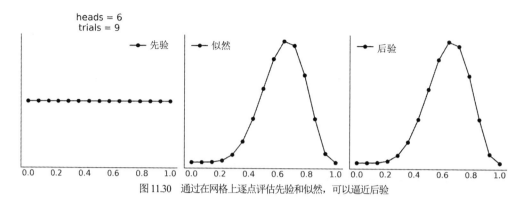

图 11.30　通过在网格上逐点评估先验和似然，可以逼近后验

可以通过增加网格的点数获得更好的逼近。事实上，如果使用无限数量的点，可以获得精确的后验，其代价就是需要无限计算资源。如 11.8 节所述，网格方法中需要特别注意的是，该方法与参数数量的比例很低。

11.9.2　Metropolis-Hastings

1.2 节中就介绍了 Metropolis-Hastings 算法[103, 78, 135]，并在代码清单 1.3 中展示了一个简单的 Python 实现。现在将提供有关此方法工作原理的更多详细信息。我们将使用 11.1.11 节中介绍的马尔可夫链语言。

Metropolis-Hastings 算法是一种通用方法，允许从所研究状态空间上的任何不可约马尔可夫链开始，然后将其修改为具有我们真正关注的平稳分布的新马尔可夫链。换句话说，我们从像多变量正态分布一样易于采样的分布中采样，并将这些样本转换为目标分布的样本。修改原始链的方式是可选的，我们只接受一些样本，拒绝其他样本。正如在第 1 章中看到的。接受新提议的概率为：

$$p_a(x_{i+1} \mid x_i) = \min\left(1, \frac{p(x_{i+1})\,q(x_i \mid x_{i+1})}{p(x_i)\,q(x_{i+1} \mid x_i)}\right) \tag{1.9}$$

将其重写为更短的形式，以便于操作：

$$a_{ij} = \min\left(1, \frac{p_j q_{ji}}{p_i q_{ij}}\right) \tag{11.88}$$

也就是说，提出提议的概率为 q_{ij}（下标 ij 读作从 i 到 j），接受提议的概率为 a_{ij}。这种方法的

一个优点是，不需要知道所采样的分布的归一化常数，因为计算 $\dfrac{p_j}{p_i}$ 时，它会被抵消。这非常

重要，因为在许多问题(包括贝叶斯推断)中，难以计算归一化常数(边际似然)。

现在，我们将证明 Metropolis-Hastings 链是可逆的，且具有平稳分布 p，如 11.1.11 节所述。我们需要证明详细的平衡条件，即可逆性条件成立，即：

设 **T** 为转移矩阵，我们只需要证明对于所有 i 和 j，$p_i t_{ij} = p_j t_{ji}$，当 $i = j$ 时可忽略不计，所以假设 $i \neq j$，可得：

$$t_{ij} = q_{ij}a_{ij} \tag{11.89}$$

这意味着从 i 转移到 j 的概率是提出移动概率乘以接受移动的概率。首先来看接受概率小于 1 的情况，这发生在 $p_jq_{ji}<p_iq_{ij}$ 时，然后得到：

$$a_{ij} = \frac{p_jq_{ji}}{p_iq_{ij}} \tag{11.90}$$

且

$$a_{ji} = 1 \tag{11.91}$$

使用式(11.89)，可得：

$$p_it_{ij} = p_iq_{ij}a_{ij} \tag{11.92}$$

替换式(11.90)中的 a_{ij} 可得：

$$p_it_{ij} = p_iq_{ij}\frac{p_jq_{ji}}{p_iq_{ij}} \tag{11.93}$$

简化上式，可得：

$$p_it_{ij} = p_jq_{ji} \tag{11.94}$$

因为 $q_{ij}=1$，所以可以在不改变公式有效性的情况下将其包括在内：

$$p_it_{ij} = p_jq_{ji}a_{ji} \tag{11.95}$$

最后得出：

$$p_it_{ij} = p_jt_{ji} \tag{11.96}$$

通过对称性，当 $p_jq_{ji}=p_iq_{ij}$ 时，将得到相同的结果。当可逆性条件成立时，q 是带有转移矩阵 $\mathbf{T}$ 的马尔可夫链的平稳分布。

上述证明为我们提供了理论上的信心，即可以使用 Metropolis-Hastings 从我们想要的几乎任何分布中进行采样。我们还可以看到，虽然这是一个非常普遍的结果，但它无助于选择提议分布。在实践中，提议分布非常重要，因为方法的效率在很大程度上取决于这一选择。一般来说，可以观察到，如果提议进行了较大的跳跃，则接受的概率非常低，并且该方法花费了大部分时间来拒绝新的状态，从而会在一个位置停留下来。相反，如果提议的跳跃幅度太小，则接受率很高，但探索性很差，因为新状态与旧状态相邻。好的提议分布是产生新的假设状态的分布，远离旧状态，接受率高。如果不知道后验分布的几何结构，这通常很难做到，但这正是我们想要做到的。在实践中，有用的 Metropolis-Hastings 方法是自适应的[76, 5, 132, 141]。例如，可以使用多变量高斯分布作为提议分布。在调整期间，可以根据后验样本计算经验协方差，并将其用作提议分布的协方差矩阵。我们还可以缩放协方差矩阵，使平均接受率接近预定接受率[62, 133, 11]。事实上，有证据表明，在某些情况下，后验维度增加时，最佳接受率收敛到幻数 0.234[62]。在实践中，大约 0.234 或稍高一点的接受率似乎可以提供相同的性能，但该结果的普遍有效性和有用性也存在争议[142, 124]。

11.9.3 节将讨论一种生成提议的巧妙方法，该方法有助于纠正基础 Metropolis-Hastings 的大部分问题。

11.9.3　哈密顿蒙特卡罗

哈密顿蒙特卡罗(HMC)[1][50, 27, 14]是一种 MCMC 方法，利用梯度生成新的提议状态。在某些状态下评估的后验的对数概率梯度提供了后验密度函数的几何信息。HMC 试图避免 Metropolis-Hastings 典型的随机行走行为，方法是使用梯度来提出与当前位置相距较远且接受概率较高的新位置。这使 HMC 能够更好地扩展到更高的维度，原则上其几何结构比替代方案更复杂。

简单来说，哈密顿量是对物理系统总能量的描述。我们可以把总能量分解成两项：动能和势能。对于一个真实的系统，比如把球滚下山，势能由球的位置决定。球越高，势能越大。动能由球的速度决定，或者更准确地说是由它的动量决定(它同时考虑了物体的速度和质量)。我们将假设总能量保持不变，这意味着如果系统获得动能，是因为它失去了相同数量的势能。可以将这样的系统的哈密顿量写成：

$$H(\mathbf{q}, \mathbf{p}) = K(\mathbf{p}, \mathbf{q}) + V(\mathbf{q}) \tag{11.97}$$

其中 $K(\mathbf{p}, \mathbf{q})$ 称为动能，$V(\mathbf{q})$ 为势能。然后，以特定动量将球停在特定位置的概率如下：

$$p(\mathbf{q}, \mathbf{p}) = e^{-H(\mathbf{q}, \mathbf{p})} \tag{11.98}$$

为了模拟这样的系统，需要求解所谓的哈密顿公式：

$$\frac{d\mathbf{q}}{dt} = \frac{\partial H}{\partial \mathbf{p}} = \frac{\partial K}{\partial \mathbf{p}} + \frac{\partial V}{\partial \mathbf{p}} \tag{11.99}$$

$$\frac{d\mathbf{p}}{dt} = -\frac{\partial H}{\partial \mathbf{q}} = -\frac{\partial K}{\partial \mathbf{q}} - \frac{\partial V}{\partial \mathbf{q}} \tag{11.100}$$

注意，$\frac{\partial V}{\partial \mathbf{P}} = 0$。

我们对一个理想化的球在理想化的山丘上滚动不感兴趣，但要想根据后验分布建模一个理想的粒子，则需要做一些调整。首先，势能由我们试图从 $p(\mathbf{q})$ 中采样的概率密度给出。对于动量，将调用一个辅助变量。也就是说，一个组合变量将帮助我们完成这一点。如果选择 $p(\mathbf{p} \mid \mathbf{q})$，那么可以写出：

$$p(\mathbf{q}, \mathbf{p}) = p(\mathbf{p}|\mathbf{q})p(\mathbf{q}) \tag{11.101}$$

这确保我们可以通过边际化动量来恢复目标分布。通过引入辅助变量，可以继续使用物理类比，然后删除辅助变量，回到我们的问题，对后验进行采样。如果将式(11.101)替换为式(11.98)，可得：

$$H(\mathbf{q}, \mathbf{p}) = \overbrace{-\log p(\mathbf{p} \mid \mathbf{q})}^{K(\mathbf{p}, \mathbf{q})} \overbrace{-\log p(\mathbf{q})}^{+V(\mathbf{q})} \tag{11.102}$$

如前所述，势能 $V(\mathbf{q})$ 由目标后验分布的密度函数 $p(\mathbf{q})$ 给出，可以自由选择动能。如果我们选择它是高斯的，并去掉归一化常数，可得：

1　也有人使用"混合蒙特卡罗"这个名字，因为它最初被认为是一种结合分子力学和 Metropolis-Hastings 的混合方法，其中分子力学是一种广泛使用的分子系统模拟技术。

$$K(\mathbf{p}, \mathbf{q}) = \frac{1}{2}\mathbf{p}^T M^{-1}\mathbf{p} + \log|M|$$ (11.103)

其中 M 是参数化高斯分布的**精度矩阵**(precision matrix，在哈密顿蒙特卡罗文献中也称为质量矩阵)。如果选择 $M=I$，即单位矩阵，它是 $n \times n$ 平方矩阵，主对角线上为 1，其他地方为 0，可得：

$$K(\mathbf{p}, \mathbf{q}) = \frac{1}{2}\mathbf{p}^T\mathbf{p}$$ (11.104)

这将易于计算，因为现在

$$\frac{\partial K}{\partial \mathbf{p}} = \mathbf{p}$$ (11.105)

且

$$\frac{\partial K}{\partial \mathbf{q}} = \mathbf{0}$$ (11.106)

然后，我们可以将哈密顿公式简化为：

$$\frac{d\mathbf{q}}{dt} = \mathbf{p}$$ (11.107)

$$\frac{d\mathbf{p}}{dt} = -\frac{\partial V}{\partial \mathbf{q}}$$ (11.108)

总之，HMC 算法是：

(1) 采样 $\mathbf{p} \sim \mathcal{N}(0, \mathrm{I})$。

(2) 模拟时长为 T 的 $\mathbf{q}_t$ 和 $\mathbf{p}_t$。

(3) $\mathbf{q}_T$ 是新提议的状态。

(4) 使用 Metropolis 接受标准，来接受或拒绝 $\mathbf{q}_T$。

为什么仍然需要使用 Metropolis 接受标准？直观地说，因为我们可以将 HMC 视为具有更好提议分布的 Metropolis-Hasting 算法。但也很好地调整了数值，因为这一步骤纠正了哈密顿公式数值模拟引入的误差。

为了计算哈密顿公式，必须计算粒子的轨迹，即两个相邻状态之间的所有中间点。在实践中，这涉及使用积分方法计算一系列小积分的步骤。最流行的是越级积分。越级积分相当于在交错的时间点更新位置 q_T 动量 $\mathbf{q}_t$，交错的方式使得它们交替跳跃。

代码清单 11.11 显示了 Python 中实现的越级积分器[1]。参数 q 和 p 分别是初始位置和动量。

dVdq 是一个 Python 函数，它返回某个目标密度函数在位置 $\mathbf{q}$ $\frac{\partial V}{\partial \mathbf{q}}$ 的位置梯度。我们使用 JAX[24] 自动微分功能来生成此函数。path_len 表示积分需要的时长，step_size 表示每个积分步骤应该有多大。结果，我们获得了一个新的位置和动量，作为函数 leapfrog 的输出。

代码清单 11.11

```
1 def leapfrog(q, p, dVdq, path_len, step_size):
2    p -= step_size * dVdq(q) / 2 # 半步
```

1 代码复制于我们的好朋友 Colin Carroll 有关于 HMC 的博客文章 https://colindcarroll.com/2019/04/11/hamiltonian-monte-carlo-from-scratch/。

```
3    for _ in range(int(path_len / step_size) - 1):
4        q += step_size * p # whole step
5        p -= step_size * dVdq(q) # 全步
6    q += step_size * p # whole step
7    p -= step_size * dVdq(q) / 2 # 半步
8
9    return q, -p # 结束时的动量翻转
```

注意，在函数 leapfrog 中，翻转输出动量的符号。这是实现可逆 Metropolis-Hastings 提议的最简单方法，因为它用负步骤增加了数值积分。

现在，我们已经具备了在 Python 中实现 HMC 方法的所有要素，如代码清单 11.12 所示。与之前在代码清单 1.3 中的 Metropolis-Hasting 示例一样，这不是用于严肃的模型推断，而是用来演示该方法的简单示例。参数为 n_samples(要返回的样本数)、negative_log_prob(要从中采样的负对数概率)、initial_position(要开始采样的初始位置)、path_len、step_size，因此从目标分布中获得样本。

代码清单 11.12

```
1    def hamiltonian_monte_carlo(
2        n_samples, negative_log_prob, initial_position,
3        path_len, step_size):
4        # 自动求导
5        dVdq = jax.grad(negative_log_prob)
6
7        # 在列表中收集所有样本
8        samples = [initial_position]
9
10       # 为动量重采样保留一个对象
11       momentum = stats.norm(0, 1)
12       # 如果 initial_position 是一个 10d 的向量，n_samples 是 100，则需要 100×10 的动量绘制。只需要调用一次
            momentum.rvs 并遍历各行即可实现这一目的
13       size = (n_samples,) + initial_position.shape[:1]
14       for p0 in momentum.rvs(size=size):
15           # 整合我们的路径，以获得新的位置和动量
16           q_new, p_new = leapfrog(
17               samples[-1], p0, dVdq, path_len=path_len, step_size=step_size,
18           )
19
20           # 检查 Metropolis 接受标准
21           start_log_p = negative_log_prob(samples[-1]) - np.sum(momentum.logpdf(p0))
22           new_log_p = negative_log_prob(q_new) - np.sum(momentum.logpdf(p_new))
23           if np.log(np.random.rand()) < start_log_p - new_log_p:
24               samples.append(q_new)
25           else:
26               samples.append(np.copy(samples[-1]))
27
28       return np.array(samples[1:])
```

图 11.31 显示了相同二维正态分布周围的 3 个不同轨迹。对于实际采样，我们不希望轨迹是圆形的，因为它们将到达与开始时相同的位置。相反，我们希望它尽可能远离起点，例如避免轨迹中的 U 形转弯，这就是最流行的动态 HMC 方法之一 —— 无 U 形转弯采样(No U-Turn Sampling，NUTS)。

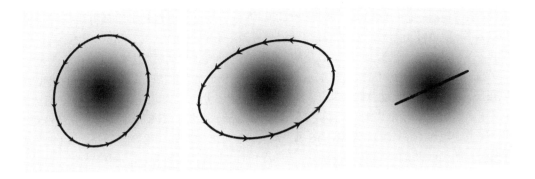

图 11.31　围绕二维多变量正态分布的 3 个 HMC 轨迹。动量由箭头的大小和方向表示，小箭头表示小动能。
所有这些轨迹都计算为在其起始位置结束，从而完成椭圆轨迹

图 11.32 展示了另一个示例，其中包含围绕同一 Neal 漏斗的 3 个不同轨迹，这是一个常见的几何结构，出现在(居中)分层模型中，如 4.6.1 节所示。这是一个轨迹未能正确模拟遵循正确分布的例子，我们称这种轨迹为发散轨迹，或者简单地称为发散。如 2.4.7 节所述，它们是有用的诊断。通常，辛积分器(如越级积分器)甚至对于长轨迹也非常精确，因为它们倾向于容忍小误差并围绕正确的轨迹波动。此外，可以通过应用 metropolis 准则来接受或拒绝哈密顿提议，以精确地纠正这些小误差。然而，这种产生小且容易修复误差的能力有一个例外：当精确轨迹位于高曲率区域时，辛积分器产生的数值轨迹可能会发散，从而产生快速接近我们试图探索的分布边界的轨迹。

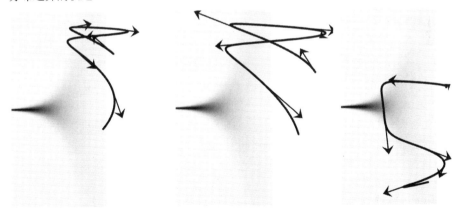

图 11.32　二维 Neal 漏斗周围的 3 个 HMC 轨迹。这种几何图形出现在居中的分层模型中。可以看到，
所有这些轨迹都是错误的。我们将其称为发散，并用作 HMC 采样器的诊断

图 11.31 和图 11.32 都强调了一个事实，即有效的 HMC 方法需要正确调整其超参数。HMC 有 3 个超参数。

- 时间离散度(跳跃的步长)
- 积分时间(跳跃步数)
- 参数化动能的精度矩阵 M

例如，如果步长太大，越级积分器会不准确，许多提议将被拒绝。然而，如果步长太小，又会浪费计算资源。如果步数太少，每次迭代的模拟轨迹会太短，采样将返回到随机行走。但如果步数太多，轨迹可能会绕圈运行，再次浪费计算资源。如果估计的协方差(精度矩阵的倒数)与后验协方差相差太大，则提议动量将是次优的，并且位置空间中的运动在某些维度上会太大或太小。

自适应动力学哈密顿蒙特卡罗方法，如 PyMC3、Stan 和其他 PPL 中默认使用的方法，可以在预热或调整阶段自动调整这些超参数。通过调整步长以匹配预定的接受目标，可以自动学习步长。例如，在 PyMC3 中，设置了参数 target_accept[1]。可以从预热阶段的样本中估计精度矩阵 M 或其逆矩阵，并且可以使用 NUTS 算法动态调整每个 MCMC 步骤的步数[80]。为了避免可能接近初始化点的过长轨迹，NUTS 将轨迹向后和向前延伸，直到满足 U 形转弯标准。此外，NUTS 应用多项式采样，从轨迹中生成的所有点中进行选择，因为这为有效探索目标分布提供了更好的标准(也可以使用固定积分时间 HMC 从轨迹中采样)。

11.9.4　序贯蒙特卡罗

序贯蒙特卡罗(Sequential Monte Carbo)是蒙特卡罗方法之一，也称为粒子滤波器。它广泛应用于静态模型和动态模型的贝叶斯推断，如时序推断和信号处理[44, 34, 108, 36]。在相同或相似的名称下有许多变体和实现，其应用也不同。因此，你有时可能会觉得文献中的描述有点混乱。我们将简要描述在 PyMC3 和 TFP 中实现的 SMC/SMC-ABC 方法。对于统一框架下 SMC 方法的详细讨论，推荐 *An Introduction to Sequential Monte Carlo* 一书[36]。

首先注意，可以用以下方式写出后验：

$$p(\boldsymbol{\theta} \mid Y)_{\beta} \propto p(Y \mid \boldsymbol{\theta})^{\beta}\, p(\boldsymbol{\theta}) \tag{11.109}$$

可以看出，当 $\beta = 0$ 时，$p(\boldsymbol{\theta} \mid Y)_{\beta}$ 是先验，当 $\beta = 1$ 时，$p(\boldsymbol{\theta} \mid Y)_{\beta}$ 是真正的后验[2]。

通过增加 s 个连续阶段的 β 值来进行 SMC$\{\beta_0 = 0 < \beta_1 < \cdots < \beta_s = 1\}$。为什么这是个好主意？有两种相关的方式可以证明这一点。第一，垫脚石类比。我们不是直接尝试从后验采样，而是从先验采样开始，这通常更容易做到。然后添加一些中间分布，直到到达后验(见图 8.2)。第二，温度类比。参数 β 类似于物理系统的逆温度，增加其值(增加温度)时，系统能够访问更多的状态，减小其值(降低温度)时系统“冻结”到后验[3]。图 8.2 显示了一个假设的回火后验序列。使用温度(或其倒数)作为辅助参数称为回火(tempering)，退火一词也很常见[4]。

在 PyMC3 和 TFP 中实现的 SMC 方法可总结如下：

(1) 在 0 处初始化 β。

(2) 从回火的后验生成 N 个样本 s_{β}。

(3) 增加 β 以将有效样本量[5]保持在预定值。

1　该值在区间[0, 1]内，默认情况下该值为 0.8，见 2.4.7 节。

2　“真正”纯粹是从数学的角度来看，但与该后验对特定实际问题的适用性无关。

3　有关与物理系统类比的更多详细信息，参见 11.2 节。

4　这些术语借用自冶金学，特别是描述合金金属被加热和冷却以获得特定分子结构这一特殊过程。

5　该有效样本量是根据重要性权重计算的，重要性权重与我们诊断 MCMC 采样器所计算的 ESS 不同，即根据样本的自相关计算。

(4) 计算一组 N 个重要性权重 W。根据新的和旧的回火后验来计算权重。

(5) 根据 W 重新采样 s_β，来获得 s_ω。

(6) 将 N 个 MCMC 链运行 k 个步骤，从 s_ω 中的不同样本开始每个步骤，仅保留最后一个步骤中的样本。

(7) 重复步骤(3)直到 $\beta=1$。

重采样步骤移除具有低概率的样本，并用具有较高概率的样本替换它们。该步骤减少了样本的多样性。然后，MCMC 步骤扰动样本，希望增加多样性，从而帮助 SMC 探索参数空间。任何有效的 MCMC 转换内核都可以在 SMC 中使用，根据你的问题，可能会发现某些内核的性能优于其他内核。例如，对于 ABC 方法，通常需要依赖无梯度方法，如随机行走 Metropolis-Hasting，因为模拟器通常不可微分。

回火方法的效率在很大程度上取决于 β 的中间值。β 的两个连续值之间的差值越小，两个连续回火后验值越接近，因此从一个阶段过渡到下一个阶段越容易。但如果步骤太小，将需要许多中间阶段，超过某一点就会浪费大量的计算资源，而不会真正提高结果的准确性。另一个重要因素是 MCMC 过渡内核的效率，它增加了样本的多样性。为了帮助提高转换效率，PyMC3 和 TFP 使用前一阶段的样本来调整当前阶段的提议分布以及 MCMC 采取的步骤数，所有链上的步骤数相同。

11.9.5 变分推断

虽然在本书中没有使用变分推断(Variational Inference，VI)，但这是一个有用的方法。与 MCMC 相比，变分推断更容易缩放到大数据，计算运行速度更快，但收敛的理论保证较少[164]。

如 11.3 节所述，可以使用一个分布来逼近另一个分布，然后使用 Kullback-Leibler(KL)散度来观测逼近的程度。结果证明，也可以使用这种方法来进行贝叶斯推断！这种方法就是变分推断 [19]。变分推断的目标是用替代分布 $q(\theta)$ 逼近目标概率密度，在此情况下是后验分布 $p(\theta \mid Y)$。在实践中，通常选择比 $p(\theta \mid Y)$ 形式更简单的 $q(\theta)$，并且使用优化来确定在 KL 散度意义上最接近目标的分布。通过对式(11.41)的微小重写，得到：

$$\mathbb{KL}(q(\theta) \parallel p(\theta \mid Y)) = \mathbb{E}_q[\log q(\theta) - \log p(\theta \mid Y)] \tag{11.110}$$

然而，这个目标很难计算，因为它需要 $p(Y)$ 的边际似然。为此，展开式(11.110)：

$$\begin{aligned}
\mathbb{KL}(q(\theta) \parallel p(\theta \mid Y)) &= \mathbb{E}[\log q(\theta)] - \mathbb{E}[\log p(\theta \mid Y)] \\
&= \mathbb{E}[\log q(\theta)] - \mathbb{E}[\log p(\theta, Y)] + \log p(Y)
\end{aligned} \tag{11.111}$$

幸运的是，由于 $\log p(Y)$ 是关于 $q(\theta)$ 的常数，因此可以在优化过程中将其省略。因此，在实践中，我们最大化证据下限(Evidence Lower Bound，ELBO)，如式(11.112)所示，这相当于最小化 KL 散度：

$$\text{ELBO}(q) = \mathbb{E}[\log p(\theta, Y)] - \mathbb{E}[\log q(\theta)] \tag{11.112}$$

最后的难点是计算式(11.112)中的期望值。我们不是求解复杂的积分，而是使用从替代分布 $q(\theta)$ 中提取的蒙特卡罗样本计算平均值，并将其代入式(11.112)。

变分推断的性能取决于许多因素。其中之一是从中选择的替代分布族。例如，更具表现力的替代分布有助于捕获目标后验分布成分之间更复杂、非线性的相关性，因此通常会给出更好的结果(见图 11.33)。自动选择一个好的替代族分布并对其进行有效优化，在当前是一个活跃的研究领域。代码清单 11.13 显示了在 TFP 中使用变分推断的简单示例，其具有两种不同类型的替代后验分布。结果如图 11.33 所示。

代码清单 11.13

```
1  tfpe = tfp.experimental
2  # 将任意密度函数作为目标
3  target_logprob = lambda x, y: -(1.-x)**2 - 1.5*(y - x**2)**2
4
5  # 设置两种不同的代理后验分布
6  event_shape = [(), ()] # theta 是两个标量
7  mean_field_surrogate_posterior = tfpe.vi.build_affine_surrogate_posterior(
8      event_shape=event_shape, operators="diag")
9  full_rank_surrogate_posterior = tfpe.vi.build_affine_surrogate_posterior(
10     event_shape=event_shape, operators="tril")
11
12 # 优化
13 losses = []
14 posterior_samples = []
15 for approx in [mean_field_surrogate_posterior, full_rank_surrogate_posterior]:
16     loss = tfp.vi.fit_surrogate_posterior(
17         target_logprob, approx, num_steps=100, optimizer=tf.optimizers.Adam(0.1),
18         sample_size=5)
19     losses.append(loss)
20     # approx 是一个 tfp 分布, 可以在训练后从中采样
21     posterior_samples.append(approx.sample(10000))
```

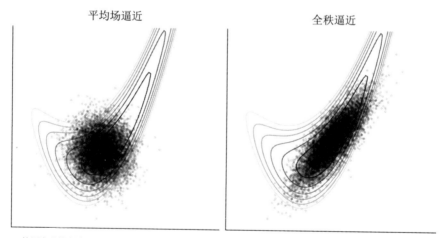

平均场逼近　　　　　　　　　　全秩逼近

图 11.33　使用变分推断来逼近目标密度函数。目标密度是使用等高线绘制的二维香蕉形函数。两种类型的替代后验分布用于逼近：左侧为平均场高斯分布(每个维度一个单变量高斯分布，具有可训练的位置和尺度)，右侧为全秩高斯分布(具有可训练平均值和协方差矩阵的二维多变量高斯分布)[90]。优化后逼近值的样本绘制为覆盖在真实密度顶部的点。比较这两者可以看到，虽然两种逼近都不能完全捕获目标密度的形状，但由于其更复杂的结构，全秩高斯是一种更好的逼近

11.10 编程参考

计算贝叶斯的一部分优势在于现有的计算机和软件工具。使用这些工具可以帮助现代贝叶斯从业者共享模型，减少错误，并加快模型构建和推断过程。为了让计算机为我们所用，需要对它进行编程，但这往往说起来容易做起来难。要想有效地使用它们，仍然需要进行思考和理解。本节将提供一些主要概念方面的高级指导。

11.10.1 选择哪种编程语言

编程语言有很多。我们主要使用 Python，但 Julia、R、C/C++等流行语言也有专门用于贝叶斯计算的应用程序。那么应该使用哪种编程语言？没有通用的对错答案。相反，你应该始终考虑整个生态系统。本书使用 Python 是因为 ArviZ、Matplotlib 和 Pandas 等包使数据处理和显示变得容易。这不是 Python 独有的。对于贝叶斯来说，要特别考虑相应特定语言中可用的 PPL，因为如果没有 PPL，那么你可能需要重新考虑所选的编程语言。还要考虑你想与之合作的社区以及他们使用的语言。本书作者之一住在南加利福尼亚州，所以有必要懂英语和一点西班牙语，因为掌握这两门语言可以保证交流。编程语言也是如此，如果你未来的试验室小组使用 R，那么你应该学习 R。

计算纯粹主义者可能会感叹，某些语言的计算速度比其他语言更快。当然，这是真的，但我们建议不要过于沉迷于讨论"哪一个是最快的 PPL"。在现实生活中，不同模型的运行时间不同。此外，还有"人类时间"(一个人迭代并提出模型的时间)，以及"模型运行时间"(计算机返回有用结果所需的时间)。这些是不同的，在不同的情况下，它们的重要性也不同。综上所述，不要太担心是否选择了"正确"的前沿语言，如果你有效地学习了一种语言，概念可以相互迁移。

11.10.2 版本控制

版本控制不是必要的，但强烈建议你使用，因为使用版本控制将带来巨大的好处。单独工作时，版本控制允许你迭代模型设计，而不必担心缺失代码或者进行破坏模型的更改或试验。这本身使你能够更快、更自信地迭代，并能够在不同的模型定义之间来回切换。与其他人合作时，版本控制可以实现协作和代码共享，如果没有版本控制系统允许的快照或比较功能，这将是一项挑战或根本不可能实现。有许多不同的版本控制系统(Mercurial、SVN、Perforce)，但目前 git 最受欢迎。版本控制通常与具体的编程语言无关。

11.10.3 依赖项管理和包仓库

几乎所有的代码都依赖于其他代码来运行(环环相扣)。PPL 尤其依赖于许多不同的库来运行。强烈建议你熟悉一个需求管理工具，该工具可以帮助你查看、列出和冻结你的分析所依赖的包。

此外，包仓库是获取这些需求包的地方。这些通常是针对特定语言的，例如，Python 中的一个需求管理工具是 pip，流行的云仓库是 pypi。在 Scala 中，sbt 是帮助处理依赖项的工具，Maven 是流行的包仓库。所有成熟的语言都会有这种工具，但你必须有意识地选择使用它们。

11.10.4　环境管理

所有代码都在某个环境中执行。大多数人会忘记这一点，直到他们的代码突然停止工作，或者在另一台计算机上无法工作。环境管理是一组用于创建可复制计算环境的工具。这对于贝叶斯建模者来说尤为重要，他们在模型中处理足够的随机性，并且不希望计算机增加额外的可变性层。遗憾的是，环境管理也是编程中最令人困惑的部分之一。一般来说，环境控制有两大类：语言特定型和语言不可知型。在 Python 中，virtualenv 是一个特定于 Python 的环境管理器，而容器化和虚拟化是语言不可知的。这里没有特别的建议，因为选择很大程度上取决于你运用这些工具的舒适程度，以及你计划运行代码的位置。不过，建议你谨慎选择，因为这样可以确保你获得可复制的结果。

11.10.5　文本编辑器、集成开发环境、笔记

写代码时，你必须把它写在某个地方。对于注重数据的人来说，通常有 3 种界面。

第一种也是最简单的，是文本编辑器。最基本的文本编辑器允许编辑文本并保存。使用这些编辑器可以编写 Python 程序，将其保存然后运行。通常，文本编辑器非常"轻"，除了 find 和 replace 这样的基本功能外，它不包含太多额外的功能。想象一下像自行车一样的文本编辑器。它们很简单，界面基本上是一个把手和一些踏板，它们可以载你到各个地方，但主要是由你来完成工作。

集成开发环境(Integrated Development Environments，IDE)相当于现代飞机。它们有着惊人的功能、大量的按钮和大量的自动化功能。IDE 允许你编辑文本，但顾名思义，它们还集成了开发的许多其他方面，如运行代码、单元测试、短距代码、版本控制、代码版本比较等功能。IDE 通常在编写跨越多个模块的大量复杂代码时最有用。

虽然我们希望提供文本编辑器与 IDE 的简单定义，但现在的界限非常模糊。建议从文本编辑器方面开始，熟悉代码工作原理后转向 IDE。否则，你很难知道 IDE 在"幕后"为你做了些什么。

笔记是一个完全不同的界面。笔记的特殊之处在于它们混合了代码、输出和文档，并且允许执行非线性代码。对于本书，大部分代码和图都在 Jupyter 笔记文件中介绍。我们还提供到 Google Colab 的链接，这是一个云笔记环境。笔记通常最好用于探索性数据分析和解释性情况，如本书。笔记不太适合运行生产代码。

我们对笔记的建议与 IDE 类似。如果你是统计计算的新手，首先从文本编辑器开始。掌握了从单个文档运行代码的强大方法后，转到笔记环境，可以是云托管的 Google Colab 或 Binder 实例，或是本地 Jupyter 笔记。

11.10.6　本书使用的专用工具

下面是我们用来编写本书的工具。需要注意，你不必因此受到限制，也可以另辟蹊径。

- **编程语言**：Python。
- **概率编程语言**：PyMC3、TensorFlow Probability。Stan 和 Numpyro 也被简要提及。
- **版本控制**：git。
- **依赖项管理**：pip 和 conda。
- **包仓库**：pypi、conda-forge。
- **环境管理**：conda。
- **通用文档**：LaTeX(用于本书写作)、Markdown(用于代码包)、Jupyter 笔记。

词 汇 表

自相关(Autocorrelation)：自相关是信号与其自身滞后副本的相关性。从概念上讲，可以将其视为观察结果之间的时间滞后的相似程度。自相关性较强是 MCMC 样本中的一个问题，因为它会减少有效样本量。

任意不确定性(Aleatoric Uncertainty)：任意不确定性是因为存在一些影响观测或观察的量，这些量本质上是不可知的或随机的。例如，即使我们能够准确地复制用弓射箭时的方向、高度和力量等条件，但箭仍然不会击中同一点，因为还有其他无法控制的条件，例如大气波动或箭杆的振动，这些条件是随机的。

贝叶斯推断(Bayesian Inference)：贝叶斯推断是一种特殊的统计推断，它组合概率分布以获得其他概率分布。换句话说，是条件概率或概率密度的公式和计算，$p(\theta \mid Y) \propto p(Y \mid \theta)p(\theta)$。

贝叶斯工作流(Bayesian Workflow)：为给定问题设计一个足够好的模型需要大量的统计和专业领域知识。这种设计通常通过称为贝叶斯工作流的迭代过程来执行。此过程包括模型构建[64]的 3 个步骤：推断、模型检查/改进和模型比较。在这种情况下，模型比较的目的不一定限于选择最佳模型，更重要的是更好地理解模型。

因果推断(Causal Inference)：也称观察性因果推断。在不测试干预的情况下，用于估计某些系统中的处理(或干预)效果的过程和工具。推断来自观测数据而非试验数据。

协方差矩阵与精度矩阵(Covariance Matrix and Precision Matrix)：协方差矩阵是一个方阵，包含随机变量集合的每对元素之间的协方差。协方差矩阵的对角线是随机变量的方差。精度矩阵是协方差矩阵的逆矩阵。

设计矩阵(Design Matrix)：在回归分析中，设计矩阵是解释变量值的矩阵。每行代表一个单独的对象，连续的列对应于该观测的变量及其特定值。它可以包含指示组成员身份的指示变量(1 和 0)，也可以包含连续值。

决策树(Decision Tree)：决策树是一个类似流程图的结构，其中每个内部节点代表对一个属性的"测试"(例如抛硬币得到正面还是反面)，每个分支代表测试的结果，每个叶节点代表一个类标签(在计算所有属性后做出的决定)。从根到叶的路径代表分类规则。如果树用于回归，则叶节点处的值可以是连续的。

dse：两个模型之间"elpd_loo"的组件差异的标准差。此误差小于单个模型的标准差(az.compare 中的 se)。原因是，通常某些观察结果对于所有模型都一样容易/难以预测，因此这会引入相关性。

d_loo: 两种模型的 elpd_loo 差异。如果比较两个以上的模型，则相对于具有最高 elpd_loo 的模型计算差异。

认知不确定性(Epistemic Uncertainty): 存在认知不确定性是因为某些观察者缺乏对系统状态的知识。它与我们在原则上应该拥有但在实践中可能没有的知识有关，与自然的内在不可知量无关(与偶然不确定性相反)。例如，我们可能不确定一件物品的重量，因为我们手头没有秤，所以我们通过举起它来估计重量，或者我们可能有一个秤但精度限制为公斤。如果设计试验或执行忽略因素的计算，也可能存在认知不确定性。例如，估计开车去另一个城市需要多少时间时，可能会忽略在收费站花的时间，或者可能会假设天气或道路状况良好等。换句话说，认知不确定性源于无知，与偶然不确定性相反，原则上可以通过获取更多信息来减少认知不确定性。

统计量(Statistic): 统计量(不是复数)或样本统计量是从样本中计算出的任何量。计算样本统计量有多种原因，包括估计总体(或数据生成过程)参数、描述样本或评估假设。样本平均值(也称为经验平均值)是一个统计量，样本方差(或经验方差)是另一个统计量。当统计量用于估计总体(或数据生成过程)参数时，该统计量称为估计量。因此，样本平均值可以是一个估计量，而后验平均值可以是另一个估计量。

ELPD: 预期对数逐点预测密度(或离散模型的预期对数逐点预测概率)。这个量通常通过交叉验证或使用诸如 WAIC(elpd_waic)或 LOO(elpd_loo)等方法来估计。由于概率密度可以小于或大于 1，因此对于连续变量，ELPD 可以是负数或正数；而对于离散变量，ELPD 可以是非负数。

可交换性(Exchangeability): 如果随机变量在序列中的位置改变，其联合概率分布不改变，则随机变量序列是可交换的。可交换的随机变量不一定是独立同分布，但独立同分布是可交换的。

贝叶斯模型的探索性分析(Exploratory Analysis of Bayesian Models): 执行成功的贝叶斯数据分析所需要的任务集合，而不是推断本身。这包括：诊断使用数值方法获得的推断结果的质量；模型批评，包括对模型假设和模型预测的评估；模型比较，包括模型选择或模型平均；为特定受众准备结果。

哈密顿蒙特卡罗(Hamiltonian Monte Carlo，HMC): HMC 是一种马尔可夫链蒙特卡罗(Markov Chain Monte Carlo，MCMC)方法，它使用梯度有效地探索概率分布函数。在贝叶斯统计中，这最常用于从后验分布中获取样本。HMC 方法是 Metropolis-Hastings 算法的实例，其中提出的新点是从哈密顿量计算的，这使得提出新状态的方法远离当前具有高接受概率的状态。系统的演化是使用时间可逆和保体积的数值积分器(最常见的是蛙式积分器)来模拟的。HMC 方法的效率高度依赖于该方法的某些超参数。因此，贝叶斯统计中最有用的方法是 HMC 的自适应动态版本，它可以在预热或调整阶段自动调整这些超参数。

异方差性(Heteroscedasticity): 如果一个随机变量序列中的所有随机变量不具有相同的方差，即如果它们不是同方差的，则该序列是异方差的。这也称为方差异质性。

同方差性(Homoscedasticity): 如果一个随机变量序列的所有随机变量具有相同的有限方差，则该序列是同方差的。这也称为同方差性。与之互补的概念称为异方差性。

iid: 独立同分布。如果某随机变量集合中的每个随机变量与其他随机变量具有相同的概率分布并且都相互独立，则该集合是独立且同分布的。如果随机变量的集合是 iid，那么它也是可交换的，但反过来不一定是正确的。

个体条件期望(Individual Conditional Expectation，ICE)：ICE 显示结果变量和研究的协变量之间的依赖项。这是对每个样本分别进行的，每个样本一行。与之相对的是 PDP，表示协变量的平均效应。

推断(Inference)：通俗地说，推断是根据证据和推断得出结论。在本书中，通常指的是贝叶斯推断，它具有更严格和更精确的定义。贝叶斯推断是将模型调整为可用数据并获得后验分布的过程。因此，为了基于证据和推断得出结论，需要执行更多的步骤，而不仅仅是贝叶斯推断。因此，需要在贝叶斯模型的探索性分析方面，或更一般地在贝叶斯工作流方面讨论贝叶斯分析。

填充(Imputation)：通过选择的方法替换缺失的数据值。常用方法可能包括最常见的事件或基于其他(当前)观测数据的插值。

KDE：核密度估计。一种从有限样本集中估计随机变量概率密度函数的非参数方法。经常使用术语 KDE 来谈论估计密度而不是方法。

LOO：在本文中为帕累托平滑重要性采样留一交叉验证法(Pareto Smoothed Importance Sampling Leave One Out Cross-Validation，PSIS-LOO-CV)的简写。但在留一法交叉验证文献中，LOO 可能表示单纯的留一交叉验证法。

最大后验估计(Maximum A Posteriori，MAP)：未知量的估计量，等于后验分布的众数。MAP 估计器需要对后验进行优化，这与需要积分的后验平均值不同。如果先验是平坦的，或者在无限样本大小的限制下，那么 MAP 估计量相当于最大似然估计量。

赔率(Odds)：衡量特定结果的似然。计算为产生该结果的事件数与不产生该结果的事件数之比。赔率通常用于赌博。

过拟合(Overfitting)：当模型产生的预测与用于拟合模型的数据集过于接近而无法拟合新数据集时，模型就会过拟合。就参数数量而言，过拟合模型包含的参数比数据所能解释的要多。[2] 任意的过于复杂的模型不仅会拟合数据，还会拟合噪声，从而导致预测不佳。

部分依赖图(Partial Dependence Plots，PDP)：PDP 显示结果变量和一组研究的协变量之间的依赖项，这是通过边际化所有其他协变量的值来完成的。直观地说，可以将部分依赖性解释为：结果变量的期望值关于研究的协变量的函数。

帕累托 k 估计(Pareto k estimates) $\hat{k}$：LOO 使用的帕累托平滑重要性采样(Pareto Smoothed Importance Sampling，PSIS)诊断。帕累托 k 估计单个留一观察与完整分布的距离。如果留一观察值对后验的影响太大，那么重要性采样就无法给出可靠的估计。如果 $\hat{k}<0.5$，则以高精度估计 elpd_loo 的对应分量。如果 $0.5<\hat{k}<0.7$，则准确度较低，但在实践中仍然有用。如果 $\hat{k}>0.7$，则重要性采样无法为该观察提供有用的估计。$\hat{k}$ 值也可用于衡量观察的影响。具有高度影响力的观测值具有较高的 $\hat{k}$ 值。非常高的 $\hat{k}$ 值通常表示模型错误指定、异常值或数据处理中存在错误。

点估计(Point Estimate)：单个值，通常(但不一定)在参数空间中，用作未知量的最佳估计的汇总。点估计可以与区间估计(如最高密度区间)进行对比，后者提供描述未知量的值的范围或区间。我们还可以将点估计与分布估计进行对比，如后验分布或其边际。

p_loo：elpd_loo 和非交叉验证的对数后验预测密度之间的差。它描述了预测未来数据难于预测观测数据的程度。在某些正则条件下渐近，p_loo 可以解释为参数的有效数量。在表现良好的情况下，p_loo 应该低于模型中的参数数量并且低于数据中的观察值数量。如果不是，这表明模型的预测能力非常弱，因此可能表明模型严重错误。参见高帕累托 k 诊断值的情况。

概率编程语言(Probabilistic Programming Language)：一种由原语组成的编程语法，用于定义贝叶斯模型并自动执行推断。通常，概率编程语言还包括生成先验或后验预测样本甚至分析推断结果的功能。

先验预测分布(Prior Predictive Distribution)：根据模型(先验和似然)得到的数据的预期分布。也就是说，模型在看到任何数据之前期望看到的数据。参见式(1.7)。先验预测分布可用于先验选择，因为根据观测数据来考虑通常比根据模型参数来考虑更容易。

后验预测分布(Posterior Predictive Distribution)：这是根据后验的(未来)数据分布，而分布又是模型(先验和似然)和观察数据的结果。换句话说，这些是模型的预测。参见式(1.8)。除了生成预测，后验预测分布还可用于通过将模型与观测数据进行比较来评估模型的拟合度。

残差(Residuals)：观察值与研究的量的估计值之间的差异。如果一个模型假设方差是有限的并且对于所有残差都是相同的，则有同方差性。如果相反，方差可以改变，则有异方差性。

充分统计量(Sufficient Statistics)：某统计量对于模型参数来说充分的条件是，从同一样本计算的其他统计量不会对该样本提供任何附加信息。换句话说，该统计数据足以汇总样本而不会缺失信息。例如，给定来自具有期望值 μ 和已知有限方差的正态分布的独立值样本，样本平均值对于 μ 来说是足够的统计量。注意，平均值没有说明离散度，因此仅就参数 μ 而言足够。众所周知，对于独立同分布数据，具有足够统计量且维度等于 θ 维度的唯一一分布是指数族的分布。对于其他分布，充分统计量的维度随着样本量的增加而增加。

合成数据(Synthetic Data)：也称为假数据，它是指从模型生成的数据，而不是从试验或观察中收集的数据。来自后验/先验预测分布的样本是合成数据的示例。

时间戳(Timestamp)：时间戳是用于识别特定事件何时发生的编码信息。通常时间戳以日期和时间的格式写入，必要时使用更精确的几分之一秒。

图灵完备(Turing-complete)：在口语中，用于表示任何现实世界的通用计算机或计算机语言都可以逼近地模拟任何其他现实世界的通用计算机或计算机语言的计算方面。